CURSO DE CIRCUITOS ELÉTRICOS

Volume 2

Blucher

L. Q. ORSINI
DENISE CONSONNI
ESCOLA POLITÉCNICA DA UNIVERSIDADE
DE SÃO PAULO

CURSO
DE
CIRCUITOS ELÉTRICOS

Volume 2
2.ª edição

Curso de circuitos elétricos – vol. 2
© 2004 Luiz de Queiroz Orsini
　　　　Denise Consonni
2ª edição – 2004
3ª reimpressão – 2016
Editora Edgard Blücher Ltda.

Blucher

Rua Pedroso Alvarenga, 1245, 4º andar
04531-934 – São Paulo – SP – Brasil
Tel.: 55 11 3078-5366
contato@blucher.com.br
www.blucher.com.br

É proibida a reprodução total ou parcial por quaisquer
meios, sem autorização escrita da Editora.

Todos os direitos reservados pela Editora
Edgard Blücher Ltda.

FICHA CATALOGRÁFICA

Orsini, Luiz de Queiroz
　Curso de circuitos elétricos / Luiz de Queiroz
Orsini e Denise Consonni – 2ª edição – São Paulo:
Blucher, 2004.

　Bibliografia.
　ISBN 978-85-212-0332-2

　1. Circuitos elétricos – Estudo e ensino
I. Consonni, Denise II. Título.

03-6905	CDD-621.319207

Índices para catálogo sistemático:
1. Circuitos elétricos: Engenharia elétrica: Estudo
e ensino   621.319207

Conteúdo

Prefácio da 1.ª Edição XI
Prefácio da 2.ª Edição XIII

9 A ANÁLISE DE FOURIER 287

9.1 Introdução 287
9.2 As fórmulas de Euler-Moivre..289
9.3 A série exponencial complexa de Fourier.......................................290
9.4 Periodicidade da série de Fourier e representação
de funções periódicas..293
9.5 As formas trigonométricas da série de Fourier................................295
9.6 Efeitos da simetria das funções no desenvolvimento
em série de Fourier...298
  a) Funções pares...298
  b) Funções ímpares 298
  c) Funções com simetria de ½ onda 299
9.7 Estudo de alguns espectros de sinais reais periódicos 299
  a) Exemplo de sinal com espectro limitado 299
  b) Espectro de uma seqüência periódica de impulsos.........................300
  c) Espectro de onda periódica retangular 302
9.8 O teorema do deslocamento no tempo 305
9.9 Séries de Fourier truncadas; síntese de Fourier 306
9.10 Relação de Parseval, valor eficaz e espectro de potência 308
9.11 Aplicação das séries de Fourier à determinação do regime
permanente em redes lineares fixas...311
9.12 A automação da análise espectral...316
  Exercícios básicos do Capítulo 9 319
  Formulário de séries de Fourier 323

10 A SÉRIE DE FOURIER DE TEMPO DISCRETO 327

10.1 Definição e propriedades principais...327
10.2 Teorema de Parseval-Rayleigh 335
*10.3 Expressão matricial da série de Fourier de tempo discreto
e de sua inversa 335
10.4 Sinais amostrados e condições de Nyquist 337
10.5 Relação entre série de Fourier de tempo discreto (DTFS) e série de
Fourier de tempo contínuo (CTFS) 340
10.6 Espectro do sinal periódico amostrado 344
10.7 A análise espectral de sinais periódicos e seus erros 346
  Exercícios básicos do Capítulo 10 352

VI

11 ANÁLISE NODAL DE REDES R, L, C **354**

11.1 As equações gerais de análise nodal 354
11.2 A introdução de condições iniciais não-nulas por meio
de geradores equivalentes 361
11.3 Extensões da análise nodal 363
   a) Caso dos geradores ideais de tensão 363
   b) Circuito com geradores controlados 365
   c) Circuito com amplificador operacional ideal 366
11.4 Análise nodal em regime permanente senoidal 369
11.5 A análise nodal modificada 372
11.6 Aplicações computacionais da análise nodal modificada 375
   1 - Análise CC 376
   2 - Análise CA 376
   3 - Análise transitória 377
11.7 A integração numérica das equações de análise nodal modificada
(caso linear) 378
Bibliografia do Capítulo 11 379
Exercícios básicos do Capítulo 11 379

12 ANÁLISE DE LAÇOS E ANÁLISE DE MALHAS **388**

12.1 A análise de laços 388
12.2 A análise de malhas de redes R, L, C lineares 389
12.3 Extensões da análise de malhas 393
   a) Inclusão de geradores ideais de corrente 393
   b) Inclusão de geradores controlados 395
12.4 Observações sobre a análise de redes; aplicação a divisores
de freqüência para alto-falantes 396
*12.5 A regra da dualidade 399
Bibliografia do Capítulo 12 403
Exercícios básicos do Capítulo 12 403

13 INDUTÂNCIAS MÚTUAS E TRANSFORMADORES **407**

13.1 Definição de indutância mútua 407
13.2 Métodos de medida de indutância mútua 413
13.3 Energia armazenada em duas bobinas com mútua 415
13.4 Generalização para m bobinas acopladas 416
13.5 A inclusão das indutâncias mútuas nos métodos de análise
de circuitos 418
   a) Análise de malhas 418
   b) Análise nodal 420
   c) Análise nodal modificada 422
13.6 Coeficiente de acoplamento, transformador perfeito
e transformador ideal 423
   a) Acoplamento perfeito 424
   b) Acoplamento imperfeito 425
13.7 Modelos lineares de transformadores com núcleo não magnético 428

*13.8 Modelos de transformadores com núcleo ferromagnético 430
13.9 Os transformadores de medidas...435
    a) Transformadores de potencial..435
    b) Transformadores de corrente 436
Exercícios básicos do Capítulo 13...436

14 PROPRIEDADES GERAIS DAS REDES LINEARES 441

14.1 Freqüências complexas próprias das redes lineares fixas...........................441
14.2 Componentes constantes das respostas livres...446
14.3 Estabilidade e suas definições 449
    a) Estabilidade das redes livres 450
    b) Estabilidade das redes com excitações 450
14.4 Critérios de estabilidade das redes lineares fixas 452
    a) Estabilidade das redes livres 452
    b) Estabilidade das redes com excitação 452
14.5 Tipos de funções de redes e suas propriedades 454
14.6 Propriedades das funções de rede e relações com as
    freqüências complexas próprias...457
14.7 Teorema da substituição 460
*14.8 Teorema de Tellegen 462
14.9 Teorema da superposição 463
14.10 Teoremas de Thévenin e Norton..468
Exercícios básicos do Capítulo 14...475

15 REGIME PERMANENTE SENOIDAL E RESPOSTA EM FREQÜÊNCIA 478

15.1 Introdução 478
15.2 Determinação das funções de rede pelo método das impedâncias.............479
15.3 Diagramas de fasores 482
15.4 Exemplos de diagramas de fasores 485
15.5 Funções de rede e resposta em freqüência 488
15.6 Resposta em freqüência e banda passante 490
*15.7 Transformador ressonante; acoplamento crítico..496
Exercícios básicos do Capítulo 15...502

16 NORMALIZAÇÃO, DECIBÉIS E DIAGRAMAS DE BODE 506

16.1 Normalização de freqüência e impedância..506
16.2 Decibéis e nepers..509
16.3 Diagramas de Bode...512
16.4 Diagramas de Bode: pólos e zeros reais 514
16.5 Diagramas de Bode: pares conjugados de pólos
    e zeros complexos 521
Exercícios básicos do Capítulo 16...531

17 NOÇÕES SOBRE FILTROS PASSIVOS... 533

17.1 Introdução; resposta em freqüência 533
17.2 Ganho, atenuação e perda de inserção de um filtro....................................535

VIII

17.3 O projeto de filtros passivos 536
   a) Filtro de Butterworth de ordem n 537
   b) Filtro de Chebyshev de ordem n 540
17.4 Etapas de projeto de filtros passivos 543
17.5 Transformações de freqüência e desnormalização 544
   a) Transformação de passa-baixas em passa-altas 544
   b) Transformação de passa-baixas em passa-faixa 546
   c) Transformação de passa-baixas em rejeita-faixa 547
Bibliografia do Capítulo 17 554
Exercícios básicos do Capítulo 17 555

18 *QUADRIPOLOS 558

18.1 Introdução 558
18.2 Os parâmetros dos quadripolos; matriz de impedâncias
   e matriz de admitâncias 559
   a) Matriz de impedâncias em circuito aberto 560
   b) Matriz de admitâncias em curto-circuito 562
18.3 Outras matrizes de parâmetros de quadripolos 566
   a) Matrizes híbridas 566
   b) Matrizes de transmissão 568
18.4 Relações entre as várias matrizes dos quadripolos 570
18.5 Quadripolos recíprocos e quadripolos simétricos 571
18.6 Quadripolos não recíprocos; giradores e conversores
   de impedância negativa 574
18.7 Quadripolos equivalentes 575
18.8 Associações de quadripolos 576
   a) Associação série 577
   b) Associação paralela 579
   c) Associação em cascata 581
Bibliografia do Capítulo 18 584
Exercícios básicos do Capítulo 18 584

19 POTÊNCIA E ENERGIA EM REGIME PERMANENTE SENOIDAL 587

19.1 Potência nos bipolos; fator de potência 587
   a) Potência ativa ou real 589
   b) Fator de potência 589
   c) Potência reativa 590
19.2 Representação complexa da potência 592
   a) Primeira aplicação: Cálculo da corrente de linha 594
   b) Segunda aplicação: Correção do fator de potência de uma instalação
     monofásica 596
19.3 Potências ativa e reativa nas impedâncias e nas admitâncias 598
19.4 Transferência de potência em regime permanente senoidal 602
*19.5 Transformação e combinação de impedâncias 605
   a) Combinação de impedâncias com células L 605
   b) Combinação de impedâncias com célula π e com mínimo
     índice de mérito Q 606

c) Combinação de impedâncias com célula π e com Q arbitrário..................608
d) Combinação de impedâncias com transformador..................................610
*19.6 Exemplos de combinação de impedâncias...611
a1) Combinação com célula **L**...611
a2) Combinação com célula **L** invertida.......................................611
b) Combinação com célula π e mínimo Q...612
c) Combinação com célula π e Q arbitrário...612
d) Combinação com transformador..613
*19.7 Potência de bipolos em regime permanente não senoidal.........................614
*19.8 Conservação das potências ativa e reativa em regime permanente senoidal..615
*19.9 O fluxo de potência nos sistemas em regime permanente senoidal.............620
Exercícios básicos do Capítulo 19..624

20 REDES TRIFÁSICAS E SUAS APLICAÇÕES 627

20.1 Os sistemas elétricos de potência...627
20.2 Sistemas polifásicos simétricos...628
20.3 Sistemas trifásicos simétricos e equilibrados..................................630
a) Ligação estrela—estrela (ou Y—Y).......................................632
b) Ligação triângulo—estrela (ou Δ—Y)...................................635
c) Ligações triângulo—triângulo e estrela—estrela.......................637
*20.4 Impedâncias mútuas e impedâncias cíclicas.....................................641
*20.5 Verificação da seqüência de fases no trifásico.................................643
20.6 A transformação estrela—triângulo e vice-versa................................645
20.7 As potências ativas e reativas nos trifásicos simétricos e equilibrados.........648
20.8 A potência nos sistemas polifásicos e sua medida..............................653
20.9 Transformadores trifásico—trifásico e trifásico—monofásico....................659
*20.10 Os sistemas de distribuição monofásicos..662
20.11 Exemplos de sistemas monofásicos..663
a) Monofásico a três fios...663
b) O sistema de distribuição em delta aberto..............................666
Exercícios básicos do Capítulo 20..669

PROBLEMAS PROPOSTOS 671

ÍNDICE ALFABÉTICO 720

Prefácio da 1.ª edição

O *Curso de Circuitos Elétricos*, aqui apresentado em edição definitiva em dois volumes, corresponde às disciplinas Circuitos Elétricos I e II do curso de Engenharia Elétrica da Escola Politécnica da Universidade de São Paulo. Essas disciplinas são fundamentais, pois conceitos e técnicas nelas introduzidos são utilizados em muitas disciplinas subseqüentes do mesmo curso.

O segundo volume do *Curso de Circuitos Elétricos* começa com uma introdução às séries de Fourier, essenciais ao estudo de sinais periódicos não senoidais. Para atender ao aspecto computacional, a transformada discreta de Fourier e sua aplicação a sinais periódicos são apresentadas no Capítulo 10.

Esses capítulos, dedicados a sinais, são seguidos por dois outros dedicados, respectivamente, às análises nodal e de malhas. As equações são montadas no domínio do tempo e, no caso linear, resolvidas por transformação de Laplace. Também aqui, para atender a necessidades computacionais, é dada ênfase à análise nodal modificada.

O capítulo seguinte é dedicado às indutâncias mútuas e sua aplicação à modelagem de transformadores. Mostra-se aí que as mútuas se inserem sem dificuldade no métodos de análise de redes, mediante o uso do formalismo matricial.

Concluída a modelagem matemática das redes inicia-se, no Capítulo 14, o estudo de suas propriedades gerais, começando com uma revisão e ampliação do conceito de freqüência complexa própria e sua aplicação à determinação da estabilidade das redes lineares. Nesse mesmo capítulo são apresentados alguns teoremas básicos: teoremas da substituição, de Tellegen, da superposição, de Thévenin e de Norton.

Os últimos capítulos do livro são essencialmente dedicados ao regime permanente senoidal, com vistas à sua aplicação nas áreas de Comunicações, de Controles e de Sistemas de Potência. Assim, no Capítulos 15, dedicado à resposta em freqüência, são introduzidos os diagramas de fasores, sobretudo empregados nas áreas de Eletrotécnica e de Sistemas de Potência, e os diagramas de Bode, tipicamente usados em Comunicações, Eletrônica e Controles. O Capítulo 16 complementa o anterior, com uma introdução sobre filtros passivos, em que são fornecidos elementos para um pré-projeto de filtros L, C biterminados.

O Capítulo 17 estuda as importantes relações de potência e energia em regime permanente senoidal. Como a importância dos conceitos aí introduzidos é primordial em várias áreas da Engenharia Elétrica, indicamos algumas aplicações tecnológicas: a combinação de impedâncias, usada nos sistemas de radiocomunicação, e uma introdução à determinação do fluxo de potência, usada nos sistemas elétricos de potência.

Tendo em vista a coordenação com disciplinas simultâneas ou sucessivas na área de Eletrônica, o Capítulo 18, considerado facultativo, é dedicado ao estudo dos quadripolos e de suas associações. Se for o caso, a matéria desse capítulo pode ser deixada a cargo das disciplinas de Eletrônica.

XII

Finalmente, o Capítulo 19 estuda as redes polifásicas e suas aplicações. Nesse capítulo procurou-se dar uma idéia sucinta da estrutura dos Sistemas de Potência, tendo em vista sobretudo os estudantes da área de Eletrônica. De fato, estes estudantes não terão mais informações sobre estes sistemas no decorrer do curso.

Este segundo volume, como o anterior, resultou da experiência de muitos anos de ensino desta matéria, e dificilmente se poderá apresentá-lo completamente num só semestre. O professor deverá então fazer uma seleção entre os muitos exercícios e aplicações constantes do texto. Marcamos com um asterisco algumas seções que julgamos de menor importância.

Agradeço à prof.ª dr.ª Denise Consonni pela edição dos exercícios que constam do Apêndice final. Muitos desses exercícios foram usados como questões de provas no curso da Politécnica.

Finalmente, agradeço também à d. Dilma Alves da Silva pelo cuidado e pela paciência com que datilografou as várias versões do manuscrito original, bem como ao sr. Marcelo Alba de Albuquerque, a quem devemos as versões finais de muitas das figura do texto.

São Paulo, dezembro de 1993
Luiz de Queiroz Orsini

Prefácio da 2.ª edição

Apresentamos aqui a 2ª edição, melhorada e ampliada, do *Curso de Circuitos Elétricos*, Volume II, agora contando com a preciosa colaboração da professora doutora Denise Consonni. Resumem-se neste livro uma longa experiência dos dois autores no ensino e na prática de Circuitos Elétricos, bem como a valiosa contribuição dos professores que têm se dedicado ao ensino dessa disciplina na Escola Politécnica da Universidades de São Paulo, dentre eles: Walter Del Picchia, Flávio A. M. Cipparrone, Wagner L. Zucchi, Vitor H. Nascimento, Márcio Rillo e José Roberto de A. Amazonas.

Em relação à anterior, esta edição se distingue, em primeiro lugar, por uma apresentação gráfica mais esmerada, graças, sobretudo, ao empenho e ao esmero da Editora Edgard Blücher. Em segundo lugar, procuramos tornar a obra mais didática, introduzindo um conjunto de exercícios básicos ao fim de cada capítulo. As respostas desses exercícios são fornecidas, permitindo ao estudante verificar seu grau de proficiência em resolvê-los.

Ainda em relação à edição anterior, foram introduzidos alguns novos exemplos e aplicações. O capítulo sobre regime permanente senoidal da edição anterior foi subdividido em dois, separando as partes específicas de resposta em freqüência, mais gerais, da parte referente às normalizações e aos diagramas de Bode, mais dirigida às aplicações em Eletrônica.

Procuramos também aumentar os exemplos de recursos computacionais, apresentando resultados de aplicação dos programas PSPICE, Mathcad e Matlab.

Finalmente, notamos que o material contido no texto dificilmente pode ser apresentado na íntegra num semestre letivo. Caberá ao professor selecionar exemplos ou mesmo capítulos que possam ser omitidos sem prejuízo para o curso. Para facilitar essa escolha, alguns tópicos foram marcados com um asterisco. A omissão desses tópicos não trará problemas para a compreensão do resto do curso.

São Paulo, julho de 2003
Luiz de Queiroz Orsini
Denise Consonni

Capítulo 9

A ANÁLISE DE FOURIER

9.1 Introdução

A *análise de Fourier* baseia-se na possibilidade de decompor um grande número de funções de uma variável utilizadas em Engenharia Elétrica e aqui designadas genericamente por $s(t)$, em uma soma convergente de um número finito ou infinito de componentes senoidais ou, inversamente, na possibilidade de construir uma desejada $s(t)$, também a partir de somas de componentes senoidais. Daí decorre sua importância em Engenharia Elétrica, com especial ênfase na tecnologia de Comunicações. Note-se que podem também ocorrer componentes de freqüência zero, ou *componentes contínuos*.

A primeira operação acima mencionada é a *análise* da função, ao passo que a segunda corresponde à sua *síntese*. Ambas foram introduzidas por *Jean Baptiste Joseph Fourier* (1768-1830), e o seu estudo conjunto constitui a *análise de Fourier*.

No que se segue as funções $s(t)$ serão designadas por *sinais*, pois corresponderão, em nosso curso, a tensões ou correntes elétricas, muitas vezes usadas para transmitir informação. Em outras disciplinas os sinais poderão ter naturezas diferentes, pois não é só em Engenharia Elétrica que as técnicas de Fourier são utilizadas. Basta lembrar aqui que Fourier as desenvolveu em estudos de transmissão de calor.

Os componentes senoidais em que se decompõe um dado sinal formam o *espectro do sinal*. Logo mais esse conceito será precisado.

A análise de Fourier pode ser feita por meio das *séries de Fourier* ou das *integrais de Fourier*. Ambas têm grande importância tecnológica, mas neste curso só trataremos das séries de Fourier.

Para sinais elétricos, a análise de Fourier pode ser feita experimentalmente pelos *analisadores espectrais*, ao passo que a síntese de Fourier é feita por *sintetizadores de sinal*. Estes últimos são muito usados na construção de instrumentos musicais eletrônicos.

A fim de dar uma idéia da importância da análise de Fourier, basta notar que fazemos uma análise espectral toda vez que sintonizamos uma estação de rádio ou TV. De fato, o aparelho receptor recebe da antena um sinal extremamente complexo, decorrente da soma dos sinais gerados pelas ondas eletromagnéticas que chegam à antena. Estes sinais são gerados por vários transmissores e por interferências naturais (por exemplo, relâmpagos) ou artificiais, cujas ondas eletromagnéticas chegam à antena receptora. Desse sinal complexo o aparelho receptor extrai o sinal desejado, filtrando os componentes de freqüências que o compõem. Para receber, por exemplo, uma estação de amplitude modulada com a freqüência de 1 MHz, devemos filtrar os componentes de freqüências entre 0,995 e 1,005 MHz, presentes no complexo sinal fornecido pela antena. Com esses componentes, o aparelho receptor recompõe o sinal transmitido.

Vamos desde já indicar a existência de duas classes de espectros de sinais:

a) *espectros discretos*, ou *espectros de raias*, em que os vários componentes do sinal têm *freqüências discretas*, muitas vezes múltiplas de uma *freqüência fundamental*;

b) *espectros contínuos*, em que as freqüências dos componentes do sinal distribuem-se em intervalos contínuos do eixo real.

As séries de Fourier são sobretudo úteis no estudo de *funções periódicas*. Como se sabe, são periódicas as funções $s(.)$ para as quais existem constantes $T > 0$ tais que

$$s(t - T) = s(t), \forall \, t \text{ real.} \tag{9.1}$$

O menor dos T que satisfaz à condição acima é o *período* da função, e será designado por T_0.

Exemplos:

a) a função $10 \, \text{sen}(10 \, \pi t + 30°)$ é periódica, com período $T_0 = 0,2$;

b) a função $s_1(t) = 2 \cos(1,5t + 45°) + 5 \, \text{sen}(2t + 30°)$ também é periódica, com período 4π, pois a freqüência 0,5 corresponde ao maior divisor comum entre 1,5 e 2,0 (Fig. 9.1,a);

c) a função $s_2(t) = 2 \cos(1,5t) + 0,5 \cos(2\pi t)$ é aperiódica, pois, embora cada um dos seus dois componentes seja periódico, suas freqüências não estão em relação racional, ou seja, não são múltiplas de um fator comum (Fig. 9.1, b).

De fato, para que uma soma de funções periódicas seja também periódica, é preciso que as freqüências das parcelas sejam múltiplas inteiras de uma *freqüência fundamental*, o que implica uma relação racional entre essas freqüências.

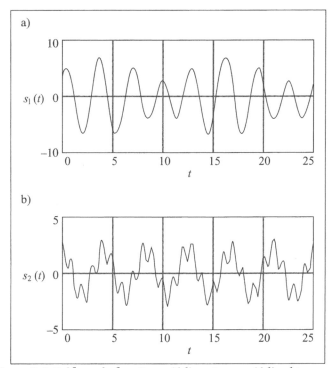

Figura 9.1 Gráficos de função periódica a) e aperiódica b).

9.2 As Fórmulas de Euler-Moivre

Antes de prosseguir, vamos relembrar aqui as fórmulas de Euler-Moivre, que têm papel essencial nas séries de Fourier:

$$\begin{cases} e^{j\theta} = \cos\theta + j\,\text{sen}\,\theta \\ \cos\theta = \dfrac{1}{2}\left(e^{j\theta} + e^{-j\theta}\right) \\ \text{sen}\,\theta = \dfrac{1}{2j}\left(e^{j\theta} - e^{-j\theta}\right) \end{cases} \quad (9.2)$$

A interpretação geométrica no plano complexo dessas fórmulas está indicada na figura 9.2. Note que o complexo $e^{j\theta}$ tem módulo igual a 1, componente horizontal $\cos\theta$ e componente vertical $j\,\text{sen}\,\theta$, como indicado na figura. Também está aí representado o conjugado desse complexo.

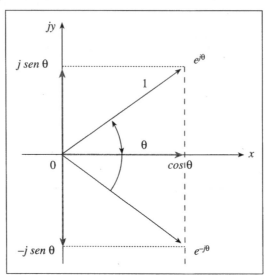

Figura 9.2 Representação das exponenciais complexas no plano complexo.

9.3 A Série Exponencial Complexa de Fourier

Vamos mostrar nesta seção que funções $s(t)$, definidas num intervalo $[t_0, t_1]$ do conjunto real e sujeitas a restrições satisfeitas pela maioria das funções encontradas na prática, podem ser representadas, nesse intervalo, pela *série exponencial complexa de Fourier*

$$s(t) = \sum_{k=-\infty}^{\infty} c_k e^{jk\omega_0 t} \qquad (9.3)$$

onde c_k é o *coeficiente complexo de Fourier* e

$$\omega_0 = 2\pi/(t_1 - t_0) = 2\pi/T_0 \qquad (9.4)$$

onde ω_0 é a *freqüência angular fundamental* e T_0 é o *período fundamental* da série. Define-se também a *freqüência (cíclica) fundamental* por

$$f_0 = \omega_0/2\pi = 1/(t_1 - t_0) = 1/T_0 \qquad (9.5)$$

A existência da série de Fourier é garantida se a função $s(t)$ satisfizer as conhecidas *condições de Dirichlet*. Essas condições, apenas suficientes, são as seguintes:

1. a integral $\int_{t_0}^{t_1} |s(t)| dt$ existe para quaisquer t_0 e t_1 reais;

2. a função $s(.)$ tem apenas um número finito de máximos e mínimos no intervalo considerado;

3. a função $s(.)$ tem apenas um número finito de descontinuidades no intervalo considerado.

A Série Exponencial Complexa de Fourier

Para calcular os coeficientes complexos de Fourier vamos multiplicar ambos os membros de (9.3) pela exponencial $e^{jm\omega_0 t}$, onde m é um inteiro, e integrar de t_0 a t_1:

$$\int_{t_0}^{t_1} s(t)e^{jm\omega_0 t}\,dt = \int_{t_0}^{t_1} \sum_{k=-\infty}^{\infty} c_k e^{j(k+m)\omega_0 t}\,dt$$

Podemos agora permutar a integral com o somatório no segundo membro, pois, por hipótese, a série é convergente. Colocando ainda o coeficiente c_k fora da integral obtemos

$$\int_{t_0}^{t_1} s(t)e^{jm\omega_0 t}\,dt = \sum_{k=-\infty}^{\infty} c_k \int_{t_0}^{t_1} e^{j(k+m)\omega_0 t}\,dt \qquad (9.6)$$

Para todos os $k + m \neq 0$ a integral do segundo membro é nula. De fato, pela fórmula de Euler, a exponencial pode ser escrita na forma

$$e^{j(k+m)\omega_0 t} = \cos\big[(k+m)\omega_0 t\big] + j\mathrm{sen}\big[(k+m)\omega_0 t\big] \qquad (9.7)$$

e a integral da exponencial se reduz à soma das integrais de senos e co-senos de períodos $2\pi/[(k+m)\omega_0]$. Se essa integral for feita sobre um número inteiro de períodos, como é o caso no segundo membro de (9.6), o resultado é obviamente nulo. Se, ao contrário, for $k + m = 0$, a (9.7) fica igual a 1 e sua integral resulta igual a $T_0 = t_1 - t_0$.

Essas propriedades caracterizam a *ortogonalidade* das exponenciais complexas. Mais sinteticamente, essa ortogonalidade se exprime por

$$\int_{T_0} e^{j(k+m)\omega_0 t}\,dt = \begin{cases} 0, & (k+m) \neq 0 \\ T_0, & (k+m) = 0 \end{cases} \qquad (9.8)$$

onde $\omega_0 = 2\pi/T_0$ e a integração é feita num qualquer intervalo de largura T_0 como, por exemplo, de 0 a T_0 ou de $- T_0/2$ a $+ T_0/2$.

Em conseqüência da ortogonalidade, o somatório do segundo membro da (9.6) reduz-se a um único termo não nulo, correspondente a $k = - m$ e, portanto,

$$\int_{t_0}^{t_1} s(t)e^{-jk\omega_0 t}\,dt = c_k \cdot (t_1 - t_0)$$

A fórmula para o cálculo do coeficiente complexo de Fourier é então:

$$c_k = \frac{1}{t_1 - t_0} \cdot \int_{t_0}^{t_1} s(t)e^{-jk\omega_0 t}\,dt \qquad (9.9)$$

A fórmula (9.3), que permite calcular a função a partir dos seus coeficientes de Fourier, ou seja, sintetizá-la, é dita *fórmula de síntese de Fourier*. A (9.9), ao contrário, por permitir o cálculo dos coeficientes a partir da função, é uma *fórmula de análise de Fourier*. Note-se que o expoente da exponencial é *positivo* na fórmula de síntese e *negativo* na fórmula de análise.

No que se segue vamos restringir-nos, salvo especial menção em contrário, a funções de variável real com valor real, isto é, funções $s(.)$ tais que

$$s(.): \mathbf{R} \to \mathbf{R},$$

onde **R** representa o conjunto real.

O coeficiente c_0 tem um significado particular. De fato, pela (9.9), com $k = 0$, resulta

$$c_0 = \frac{1}{t_1 - t_0} \cdot \int_{t_0}^{t_1} s(t) e^{-j0\omega_0 t} dt = \frac{1}{t_1 - t_0} \cdot \int_{t_0}^{t_1} s(t) dt \qquad (9.10)$$

Portanto, o coeficiente c_0 é igual ao *valor médio da função* no intervalo da integração, correspondente ao seu *componente contínuo*. Em particular, se a $s(t)$ for periódica e representar uma tensão ou uma corrente elétricas, c_0 corresponderá ao valor medido por um voltímetro ou amperímetro de corrente contínua.

Exemplo de cálculo de coeficientes de Fourier:

Consideremos a função $s(t)$ dada por

$$s(t) = \begin{cases} 2, & 0 \le t \le 2 \\ 0, & 2 < t \le 4 \end{cases}$$

representada na figura 9.3.

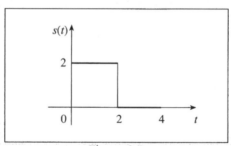

Figura 9.3

Vamos calcular sua expansão em série complexa de Fourier, no intervalo [0, 4].

A freqüência fundamental será

$$\omega_0 = \frac{2\pi}{4} = \frac{\pi}{2}$$

O coeficiente c_0 será dado por

$$c_0 = \frac{1}{4} \int_0^4 s(t) \cdot e^{-j0} dt = 1$$

Note-se que c_0 é o valor médio da função no intervalo considerado. Para os $k \ne 0$ teremos

$$c_k = \frac{1}{4} \int_0^2 2 e^{-jk\frac{\pi}{2}t} dt = \frac{j}{k\pi}(e^{-jk\pi} - 1)$$

Periodicidade da Série de Fourier e Representação de Funções Periódicas **293**

Os coeficientes c_k serão em geral complexos, como mostra a (9.9) e como foi exemplificado acima.

Se a $s(t)$ for uma função de valor real, pela expressão (9.9) verifica-se facilmente que c_k e c_{-k} são *complexos conjugados*:

$$c_k = c_{-k}^* \qquad (9.11)$$

9.4 Periodicidade da Série de Fourier e Representação de Funções Periódicas

A série de Fourier é *periódica*, com período

$$T_0 = 2\pi/\omega_0 = 1/f_0 \qquad (9.12)$$

onde f_0 é a *freqüência fundamental* da série. De fato,

$$\sum_{k=-\infty}^{\infty} c_k e^{jk\omega_0(t+T_0)} = \sum_{k=-\infty}^{\infty} c_k e^{jk\omega_0 t}$$

pois $e^{jk\omega_0 T_0} = e^{jk2\pi} = 1$.

Os termos de freqüência $k\omega_0$ definem o k-*ésimo harmônico* da $s(t)$.

Conseqüência:

Se uma função $s(t)$ for periódica, com período T_0, a série de Fourier representará essa função para qualquer valor de t.

Assim, por exemplo, a série de Fourier com os coeficientes calculados no exemplo anterior

$$\begin{cases} c_0 = 1 \\ c_k = \dfrac{j}{k\pi}\left(e^{-jk\pi} - 1\right), \ k \neq 0 \end{cases}$$

representa a onda quadrada da figura 9.4, para qualquer t.

O conjunto dos c_k, correspondentes às freqüências $k\omega_0$, constitui o *espectro* da função considerada. Como os coeficientes de Fourier são em geral complexos, para representá-los graficamente precisamos de dois gráficos referentes, respectivamente, aos módulos e aos argumentos dos coeficientes. Assim, por exemplo, para o sinal da figura 9.4, $c_0 = 1$, os coeficientes correspondentes aos k pares são nulos; para os k ímpares teremos, sucessivamente,

$$c_1 = \frac{-j2}{\pi}, \quad c_3 = \frac{-j2}{\pi} \cdot \frac{1}{3}, \quad c_5 = \frac{-j2}{\pi} \cdot \frac{1}{5}, \quad c_7 = \frac{-j2}{\pi} \cdot \frac{1}{7}, \ \dots$$

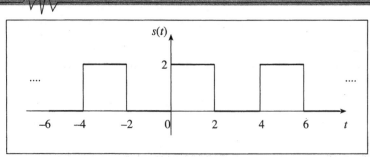

Figura 9.4

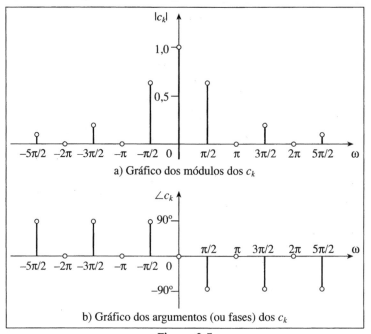

a) Gráfico dos módulos dos c_k

b) Gráfico dos argumentos (ou fases) dos c_k

Figura 9.5

Na figura 9.5, a) e b), apresentamos os gráficos de módulo e argumento (ou fase) dos c_k, em função de $k\omega_0 = k \cdot \pi/2$.

Devem ser notadas as simetrias dos gráficos do espectro:

a) o gráfico dos módulos é simétrico em relação ao eixo vertical, pois o módulo de c_k é igual ao módulo de c_{-k}, uma vez que ambos são complexos conjugados. O módulo dos c_k é, portanto, uma função par;

b) o gráfico dos argumentos é anti-simétrico em relação ao eixo vertical, pois o argumento dos coeficientes é uma função ímpar.

Por essas razões, freqüentemente só se desenha o semiplano positivo desses gráficos.

Demonstra-se[1] que a representação de uma função pela série de Fourier é *exata* em

---

[1]CHILOV, G., *Analyse Mathématique, Tome II* (trad. francesa), págs. 172 e segs., Editions Mir, Moscou, 1973.

As Formas Trigonométricas da Série de Fourier   **295**

todos os pontos em que a função for contínua. Nos pontos de descontinuidade, a série de Fourier fornece a média dos valores da função à esquerda e à direita da descontinuidade, isto é, se $\bar{t}$ for um ponto de descontinuidade vale

$$\sum_{k=-\infty}^{\infty} c_k e^{jk\omega_0 \bar{t}} = \frac{1}{2}\left[s(\bar{t}_-) + (\bar{t}_+)\right] \tag{9.13}$$

9.5 As Formas Trigonométricas da Série de Fourier

Além da forma complexa, a série de Fourier pode ainda ser colocada em duas *formas trigonométricas*, como mostraremos a seguir, restringindo-nos a funções $s(t)$ periódicas e de valor real.

Para isso, vamos expandir a série complexa (9.3):

$$s(t) = c_0 + \sum_{k=1}^{\infty}\left(c_k e^{jk\omega_0 t} + c_{-k} e^{-jk\omega_0 t}\right) \tag{9.14}$$

O termo c_0 é real e representa, como já vimos, o componente contínuo da função. Os coeficientes c_k são em geral complexos, e os c_{-k} são seus conjugados. Explicitando módulo e argumento desses complexos, podemos escrevê-los na forma

$$c_k = |c_k| \cdot e^{j\theta_k} \rightarrow c_{-k} = c_k^* = |c_k| \cdot e^{-j\theta_k} \tag{9.15}$$

de modo que a expansão (9.14) pode ser posta na forma

$$s(t) = c_0 + \sum_{k=1}^{\infty}\left[|c_k|\left(e^{j(k\omega_0 t + \theta_k)} + e^{-j(k\omega_0 t + \theta_k)}\right)\right] \tag{9.16}$$

Mas, pelas fórmulas de Euler-Moivre (9.2), o termo entre parênteses reduz-se a $2\cos(k\omega_0 t + \theta_k)$. Introduzindo a notação

$$A_0 = c_0,\ A_k = 2|c_k|,\ k = 1,\ 2,\ 3,\ \ldots \tag{9.17}$$

da (9.16) resulta a *forma trigonométrica* polar da série de Fourier:

$$s(t) = A_0 + \sum_{k=1}^{\infty} A_k \cos(k\omega_0 t + \theta_k) \tag{9.18}$$

Note-se que, por definição, tem-se sempre $A_k \geq 0$, para os $k \neq 0$.

A forma trigonométrica polar é especialmente útil em alguns campos da Engenharia Elétrica. Cada um dos termos co-senoidais do somatório de (9.18) pode ser representado por um fasor:

$$\hat{A}_k = A_k\, e^{j\theta_k} \tag{9.19}$$

Se desenvolvermos agora os co-senos de (9.18) pela fórmula do co-seno da soma de ângulos obtemos

$$s(t) = A_0 + \sum_{k=1}^{\infty} A_k \big[\cos\theta_k \cdot \cos(k\omega_0 t) - \text{sen}\,\theta_k \cdot \text{sen}(k\omega_0 t)\big] \qquad (9.20)$$

Fazendo

$$\begin{cases} a_0 = A_0 \\ a_k = A_k \cos\theta_k \\ b_k = -A_k \,\text{sen}\,\theta_k, \quad k = 1,2,3,\dots \end{cases} \qquad (9.21)$$

e substituindo na expressão anterior, chegamos à *forma trigonométrica retangular* da série de Fourier:

$$s(t) = a_0 + \sum_{k=1}^{\infty} \big[a_k \cos(k\omega_0 t) + b_k \,\text{sen}(k\omega_0 t)\big] \qquad (9.22)$$

Essa é, aliás, a forma originalmente proposta por Fourier.

Vamos agora estabelecer as relações entre os coeficientes das formas trigonométrica retangular e exponencial complexa. Para isso, vamos substituir no segundo membro da (9.14) as exponenciais pela sua expressão em termos de senos e co-senos e reagrupar os termos:

$$s(t) = c_0 + \sum_{k=1}^{\infty} \big[c_k(\cos k\omega_0 t + j\,\text{sen}\,k\omega_0 t) + c_{-k}(\cos k\omega_0 t - j\,\text{sen}\,k\omega_0 t)\big] =$$

$$= c_0 + \sum_{k=1}^{\infty} \big[(c_k + c_{-k})\cos k\omega_0 t + j(c_k - c_{-k})\text{sen}\,k\omega_0 t\big]$$

Comparando o último membro dessa expressão com o segundo membro de (9.22) concluímos que

$$\begin{cases} a_0 = c_0 \\ a_k = c_k + c_{-k}, & k > 0 \\ b_k = j(c_k - c_{-k}), & k > 0 \end{cases} \qquad (9.23)$$

Deve-se observar que os coeficientes das formas trigonométrica retangular (a_k e b_k) e polar (A_k) são números reais, enquanto que os coeficientes da série exponencial (c_k) são, em geral, números complexos.

Exemplo 1:

Vamos determinar a forma trigonométrica retangular da expansão da onda quadrada da figura 9.4.

Aplicando as (9.23) aos resultados já obtidos, teremos

As Formas Trigonométricas da Série de Fourier

$$\begin{cases} a_0 = c_0 = 1 \\ a_k = 0, \text{ pois } c_k \text{ e } c_{-k} \text{ são imaginários puros e conjugados} \\ b_k = j \cdot \left[\dfrac{j}{k\pi} \left(e^{-jk\pi} - 1 \right) - \dfrac{-j}{k\pi} \left(e^{jk\pi} - 1 \right) \right] = -\dfrac{2}{k\pi} (\cos k\pi - 1) = \begin{cases} 0, & k \text{ par} \\ \dfrac{4}{k\pi}, & k \text{ ímpar} \end{cases} \end{cases}$$

Portanto, na forma trigonométrica retangular, a onda quadrada da figura 9.4 se exprime por

$$s(t) = 1 - \sum_{k=1}^{\infty} \frac{2}{k\pi} (\cos k\pi - 1) \cdot \operatorname{sen} k\omega_0 t \tag{9.24}$$

onde $\omega_0 = \pi/2$.

Fica claro que essa expansão só tem harmônicos ímpares.

Exemplo 2:

Os coeficientes não-nulos da expansão em série trigonométrica retangular de uma tensão periódica e não senoidal, com freqüência da fundamental igual a 60 Hz, são

$a_1 = 134,23 \qquad a_3 = -53,03$

$b_1 = -77,50 \qquad b_3 = -53,03$

Determinar sua expansão na forma trigonométrica polar.

Para resolver o problema, é mais simples calcular primeiro os correspondentes coeficientes complexos.

Assim, a partir das (9.23) obtemos

$$c_k = \frac{1}{2}(a_k - jb_k) \Rightarrow \begin{cases} c_1 = 67,12 + j38,75 = 77,5\angle 30° \\ c_3 = -26,52 + j26,52 = 37,5\angle 135° \end{cases} \tag{9.25}$$

Usando as (9.17) e (9.18) obtemos, finalmente, a desejada forma trigonométrica polar da tensão dada:

$$v(t) = 155\cos(377t + 30°) + 75,0\cos(1.131t + 135°)$$

Uma lista das relações entre os coeficientes das várias formas da série de Fourier consta do formulário anexado a este capítulo. Sugerimos que o estudante procure, como exercício, demonstrar as fórmulas que não foram deduzidas no corpo deste capítulo.

9.6 Efeitos da Simetria das Funções no Desenvolvimento em Série de Fourier

Eventuais simetrias nas funções $s(.)$: $\mathbf{R} \to \mathbf{R}$ levam a simplificações nos seus desenvolvimentos em série de Fourier. Os casos mais úteis são os que se seguem.

a) Funções pares

Nas *funções pares*, isto é, funções $s_p(t)$ que satisfazem a

$$s_p(t) = s_p(-t) \tag{9.26}$$

para qualquer t, a série trigonométrica retangular só pode ter o termo constante e os termos em co-senos que têm simetria par. Os termos em senos, tendo simetria ímpar, destruiriam a simetria par. Portanto,

$$s_p(t) = a_0 + \sum_{k=1}^{\infty} a_k \cos(k\omega_0 t) \tag{9.27}$$

Para determinar os coeficientes de Fourier da expansão das funções de simetria par, vamos expandir o co-seno da (9.27) pelas fórmulas de Euler-Moivre:

$$s_p(t) = a_0 + \sum_{k=1}^{\infty} a_k \cdot \frac{1}{2} \cdot \left(e^{jk\omega_0 t} + e^{-jk\omega_0 t} \right)$$

Comparando essa expressão com a (9.14), concluímos que

$$\begin{cases} c_0 = a_0 \\ c_k = c_{-k} = \dfrac{1}{2} a_k, & k > 0 \end{cases} \tag{9.28}$$

e os c_k são reais.

b) Funções ímpares

Nas *funções ímpares* temos $s_i(t) = -s_i(-t)$, e a forma trigonométrica retangular da série de Fourier reduz-se aos termos em senos, que são funções ímpares:

$$s_i(t) = \sum_{k=1}^{\infty} b_k \, \text{sen}(k\omega_0 t) \tag{9.29}$$

Procedendo de maneira análoga ao caso das funções pares, concluímos que os coeficientes da série complexa de Fourier do desenvolvimento de funções ímpares serão imaginários puros e se relacionam com os b_k por

$$\begin{cases} c_0 = 0 \\ c_k = -\dfrac{j}{2} b_k; \quad c_{-k} = \dfrac{j}{2} b_k, & k > 0 \end{cases} \tag{9.30}$$

e os c_k são imaginários puros.

c) Funções com simetria de 1/2 onda

As *funções com simetria de 1/2 onda* são funções periódicas com período T_0 e tais que

$$s_m(t) = -s_m(t - T_0/2), \qquad (9.31)$$

ou seja, atrasando a função de meio período e trocando seu sinal, recaímos na função original.

O desenvolvimento em série de Fourier dessas funções só tem harmônicos ímpares. Na forma trigonométrica retangular teremos então

$$\begin{cases} a_{2m} = 0, & m = 1, 2, 3, \ldots \\ b_{2m} = 0, & m = 1, 2, 3, \ldots \end{cases} \qquad (9.32)$$

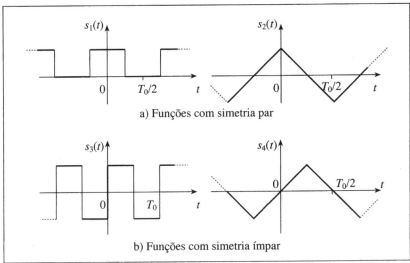

Figura 9.6 Exemplos dos vários tipos de simetrias.

A demonstração desse resultado fica por conta do estudante interessado.

Na figura 9.6 damos alguns exemplos de funções dos três tipos acima mencionados. Os exemplos em b) têm simetria de 1/2 onda, além da simetria ímpar.

9.7 Estudo de Alguns Espectros de Sinais Reais Periódicos

a) Exemplo de sinal com espectro limitado

Alguns sinais têm *espectro limitado*, isto é, são nulos seus harmônicos a partir de uma certa freqüência $M\omega_0$. A título de exemplo, consideremos um sinal dado por

$$s(t) = \cos^3(4\pi t) \qquad (9.33)$$

Usando a identidade trigonométrica $\cos^3 x = (3\cos x + \cos 3x)/4$ obtemos imediatamente a expansão dessa função na forma trigonométrica polar:

$$s_1(t) = \frac{1}{4}(3\cos 4\pi t + \cos 12\pi t) \qquad (9.34)$$

O seu gráfico está representado na figura 9.7.

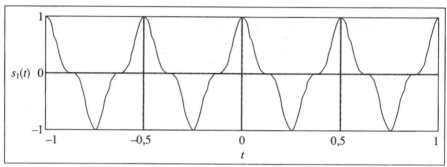

Figura 9.7 Gráfico da função $s_1(t)$.

O espectro dessa função contém apenas a fundamental e o terceiro harmônico. É, portanto, um espectro discreto e limitado.

b) Espectro de uma seqüência periódica de impulsos

Vamos calcular o desenvolvimento em série de Fourier da seqüência periódica de impulsos

$$s(t) = \sum_{n=-\infty}^{\infty} A\delta(t - nT_0) \qquad (9.35)$$

onde A é a amplitude dos impulsos e T_0 é o período da seqüência. O gráfico dessa função está representado na figura 9.8, a).

Aplicando a (9.9), com $t_1 - t_0 = T_0$, e integrando entre $-T_0/2$ e $+T_0/2$ obtemos

$$\begin{cases} c_k = \dfrac{1}{T_0} \displaystyle\int_{-T_0/2}^{T_0/2} \sum_{n=-\infty}^{\infty} A\delta(t - nT_0)e^{-jk\omega_0 t}dt, \\ \omega_0 = 2\pi/T_0 \end{cases}$$

Notando que, no intervalo de integração, o integrando vale $A\delta(t)$, da equação anterior resulta, levando em conta as propriedades do impulso unitário,

$$c_k = \frac{1}{T_0}\int_{-T_0/2}^{T_0/2} A\delta(t)e^{-jk\omega_0 t}dt = \frac{A}{T_0}, \quad k = 0, \pm 1, \pm 2,\ldots \qquad (9.36)$$

Portanto a seqüência periódica de impulsos tem raias espectrais de amplitude constante nas freqüências $k\omega_0$, como indicado na figura 9.8, b). Esse espectro é, então, discreto e ilimitado.

Estudo de Alguns Espectros de Sinais Reais, Periódicos

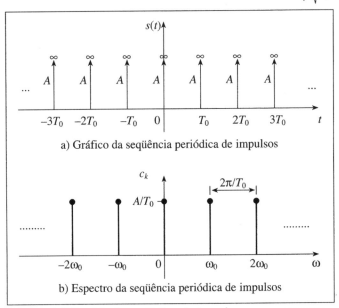

Figura 9.8 Seqüência periódica de impulsos e seu espectro.

Como conseqüência da (9.36), podemos exprimir a seqüência impulsiva periódica na forma

$$s(t) = \frac{A}{T_0} \sum_{k=-\infty}^{\infty} e^{jk\omega_0 t} = \frac{A}{T_0}\left[1 + 2\sum_{k=1}^{\infty} \cos(k\omega_0 t)\right] \quad (9.37)$$

Esse resultado pode surpreender à primeira vista: a seqüência impulsiva periódica se exprime como uma soma de co-senos mais uma constante que, aliás, é o componente contínuo da seqüência!

Mas esse resultado é mais ou menos intuitivo. Para mostrá-lo, apresentamos na figura 9.9, a), os gráficos de três co-senos de freqüências harmônicas. Vemos que as amplitudes se somam nos pontos múltiplos do período e tendem a se cancelar nos pontos intermediários. Esse argumento é reforçado pela figura 9.9, b), onde fizemos a soma dos primeiros 25 co-senos harmônicos. Como se vê, a soma está efetivamente tendendo a uma seqüência impulsiva.

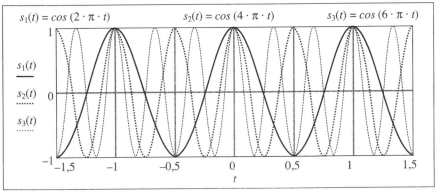

Figura 9.9 a) Composição da soma de 3 co-senos harmônicos.

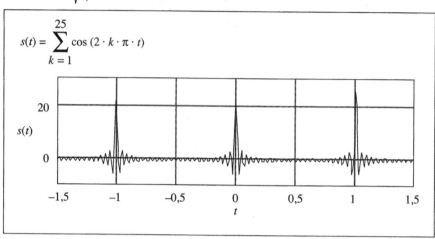

Figura 9.9 b) Composição da soma de 25 co-senos harmônicos.

c) Espectro da onda periódica retangular

Consideremos agora a onda retangular, com componente contínuo igual a $A\tau/T_0$, indicada na figura 9.10. A relação τ/T_0 é designada por *taxa de trabalho* da forma de onda.

Aplicando a (9.9), com $t_1 - t_0 = T_0$, e tomando o intervalo de integração de $-T_0/2$ a $+T_0/2$, obtemos

$$c_k = \frac{1}{T_0} \int_{-T_0/2}^{T_0/2} s(t) e^{-jk\omega_0 t} dt$$

Note-se agora que o integrando só é não-nulo no intervalo $-\tau/2, \tau/2$ e, nesse intervalo, vale A. Segue-se então

$$c_k = \frac{1}{T_0} \int_{-\tau/2}^{\tau/2} A e^{-jk\omega_0 t} dt = \frac{1}{-jk\omega_0 T_0} \left(e^{-jk\omega_0 \tau/2} - e^{jk\omega_0 \tau/2} \right)$$

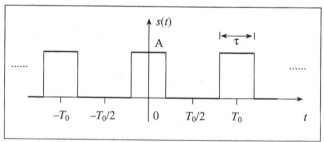

Figura 9.10 Onda periódica retangular.

Considerando que $\omega_0 T_0 = 2\pi$ e levando em conta as fórmulas de Euler-Moivre, resulta, após algum rearranjo,

$$c_k = A \frac{\tau}{T_0} \frac{\operatorname{sen}(k\pi\tau/T_0)}{k\pi\tau/T_0} \qquad (9.38)$$

Estudo de Alguns Espectros de Sinais Reais, Periódicos **303**

O componente contínuo da expansão obtém-se fazendo $k = 0$ nessa expressão. Resulta, como já foi apontado, o valor médio da função

$$c_0 = \frac{A\tau}{T_0} \tag{9.39}$$

Para o caso particular da *onda quadrada*, $\tau = T_0/2$ e, portanto,

$$c_k = \frac{A}{2}\frac{\text{sen}(k\pi/2)}{k\pi/2} \tag{9.40}$$

A função $\text{sen}(\pi x)/(\pi x)$ que aparece em (9.38) e (9.40) é muito útil em análise de Fourier, recebendo por isso o nome especial de *função sinc*. O gráfico desta função, para os $|x| \le 5$, está na figura 9.11. Verifica-se aí que a função sinc se anula para todos os x inteiros.

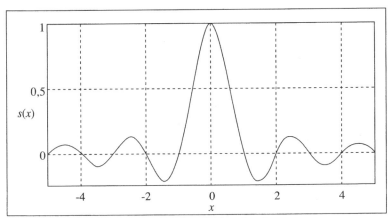

Figura 9.11 Gráfico da função sinc x.

Usando essa função, os coeficientes complexos de Fourier para as ondas retangular e quadrada ficam, respectivamente,

$$c_k = A\frac{\tau}{T_0}\text{sinc}(k\tau/T_0) \quad \text{(onda retangular)} \tag{9.41}$$

e

$$c_k = \frac{A}{2}\text{sinc}(k/2) \quad \text{(onda quadrada)} \tag{9.42}$$

É interessante examinar a variação do espectro das ondas retangulares quando a taxa de trabalho, isto é, a relação τ/T_0, varia. Na figura 9.12 estão representados os módulos dos c_k para essa relação variando de 1/2 a 1/8 e amplitude da onda normalizada em 1. Note-se que só foi desenhado o semi-eixo positivo das freqüências, pois o módulo dos c_k é uma função par.

Observe-se que o caso-limite em que $\tau \to 0$ e $A \to \infty$ recai na seqüência periódica de impulsos do item b), cujo espectro é discreto e ilimitado, com valor constante para todos os componentes harmônicos.

Verifica-se dessa figura que a amplitude dos primeiros harmônicos tende a uniformizar-se à medida que a taxa de trabalho diminui. Podemos então dizer que a onda de pulsos periódicos estreitos é mais rica em harmônicos do que uma onda quadrada. As implicações desse fato serão discutidas em outros cursos. Em todos os casos, o envoltório do espectro é um sinc, também representado na figura.

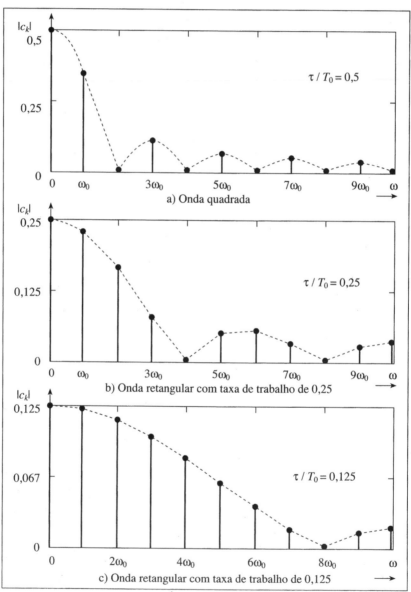

Figura 9.12 Módulos dos espectros de ondas retangulares.

A expansão em série de Fourier de mais algumas formas de ondas úteis são apresentadas no formulário anexo a este capítulo.

9.8 O Teorema do Deslocamento no Tempo

Vamos introduzir agora um teorema útil, o *teorema do deslocamento no tempo*. Esse teorema mostra que um deslocamento da função no domínio do tempo corresponde apenas a mudar linearmente as fases de seus componentes de Fourier.

Seja então uma função periódica $s(t)$, desenvolvível em série de Fourier:

$$s(t) = \sum_{k=-\infty}^{\infty} c_k\, e^{jk\omega_0 t}$$

Para determinar o espectro dessa função atrasada de um certo τ, constante real > 0, vamos fazer a mudança de variáveis $t \to \bar{t} - \tau$ na equação anterior. Obtemos, sucessivamente,

$$\begin{aligned}
s(\bar{t} - \tau) &= \sum_{k=-\infty}^{\infty} c_k\, e^{jk\omega_0(\bar{t}-\tau)} = \\
&= \sum_{k=-\infty}^{\infty} c_k\, e^{-jk\omega_0 \tau} \cdot e^{jk\omega_0 \bar{t}} = \\
&= \sum_{-\infty}^{\infty} \bar{c}_k\, e^{jk\omega_0 \bar{t}}
\end{aligned}$$

Portanto, os coeficiente de Fourier da função atrasada serão

$$\bar{c}_k = c_k \cdot e^{-jk\omega_0 \tau} \tag{9.43}$$

Em conclusão, atrasar uma função periódica de τ unidades de tempo corresponde a reduzir de $k\omega_0\tau$ radianos o seu argumento.

Exemplo:

O espectro da onda quadrada deslocada de $1/4$ de período em relação à onda da figura 9.10, isto é, com a origem dos tempos deslocada para a subida da onda, como indicado na figura 9.13, obtém-se de (9.40), aplicando a (9.43), com

$\tau = T_0/4 = \pi/(2\omega_0)$

de modo que os coeficientes de Fourier da onda quadrada deslocada serão

$$c_k = \frac{A}{2} \frac{\operatorname{sen}(k\pi/2)}{k\pi/2} \cdot e^{-jk\pi/2} \tag{9.44}$$

Portanto o deslocamento no tempo tornou os vários componentes ímpares imaginários puros, pois $exp(-jk\pi/2)$ vale $+j$ ou $-j$, para os k ímpares (não esqueça que os harmônicos pares dessa onda são nulos!).

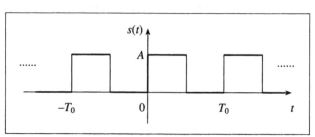

Figura 9.13 Onda quadrada deslocada.

Vamos agora procurar uma expansão simples para essa função de tempo. Para isso, vamos recorrer à forma trigonométrica retangular da série de Fourier, equação (9.22). Pelas (9.23) vemos que $a_0 = A/2$, que os demais a_k são nulos e que os b_k valem

$$b_k = 2A \frac{\text{sen}(k\pi/2)}{k\pi}$$

Essa expressão mostra que são nulos os b_k com k par. Entrando com esses resultados na (9.12) e substituindo k por $2n - 1$, para considerar só os harmônicos ímpares, chegamos então à forma simples da desejada expansão:

$$s(t) = \frac{A}{2} + \frac{2A}{\pi} \sum_{n=1}^{\infty} \frac{\text{sen}[(2n-1)\omega_0 t]}{2n-1} \qquad (9.45)$$

9.9 Séries de Fourier Truncadas; Síntese de Fourier

Já sabemos que uma função periódica pode ser representada exatamente por uma série infinita de Fourier, a menos de eventuais pontos de descontinuidade.

Inversamente, se desejarmos sintetizar praticamente uma função, por meio de sua expansão em série de Fourier, ficaremos limitados a um número finito de termos. A função será então aproximada por um *polinômio de Fourier*, que corresponde a uma série de Fourier truncada a partir de um certo termo. Vejamos como procede essa aproximação.

Seja então

$$s(t) = \sum_{k=-\infty}^{\infty} c_k \, e^{jk\omega_0 t} \qquad (9.46)$$

uma função periódica de valor real, desenvolvida em série de Fourier.

Truncando a série no N-ésimo termo obtemos a aproximação

$$s_N(t) = \sum_{k=-N}^{N} c_k \, e^{jk\omega_0 t} \qquad (9.47)$$

Em cada ponto da aproximação, o módulo do erro será $|s(t) - s_N(t)|$, acarretando o *erro quadrático médio* da aproximação

$$\varepsilon_N = \frac{1}{T_0} \int_{T_0} \left[s(t) - s_N(t)\right]^2 dt \qquad (9.48)$$

Pode-se demonstrar[2] que, para um dado N, o polinômio de Fourier (dentro de outros tipos de expansões trigonométricas) minimiza esse erro quadrático médio. Naturalmente, aumentando N o erro diminuirá.

Comumente o erro da aproximação pela série truncada é oscilatório, com picos nas vizinhanças das descontinuidades da $s(t)$. Além do mais, quando N aumenta, as oscilações acumulam-se nas vizinhanças das descontinuidades e o pico do erro tende a um valor da ordem de 9% da amplitude da descontinuidade. Esse comportamento é designado por *fenômeno de Gibbs*[3].

Para ilustrar esse fenômeno, na figura 9.14 apresentamos as sucessivas aproximações da onda quadrada da figura 9.13, considerando, sucessivamente, as somas: apenas os componentes contínuo e fundamental, até os 3.º, 5.º e 25.º harmônicos. Na figura 9.14, a), além da aproximação, foi desenhada a onda quadrada.

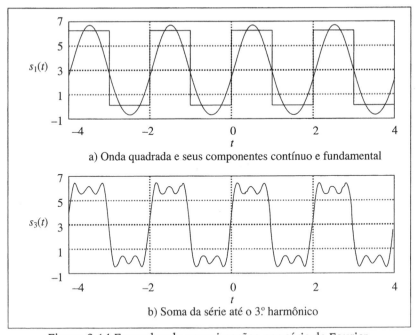

Figura 9.14 Exemplos de aproximações por série de Fourier.

---

[2] SOMMERFELD, A., *Partielle Differential Gleichnungen der Physik*, págs. 2 e segs., Dietrich'sche Verlagen, Wiesbaden, Alemanha, 1947.

[3] BRACEWELL, R. N., *The Fourier Transforms and its Applications*, 2.ª edição, McGraw-Hill Kogakusha, 1978.

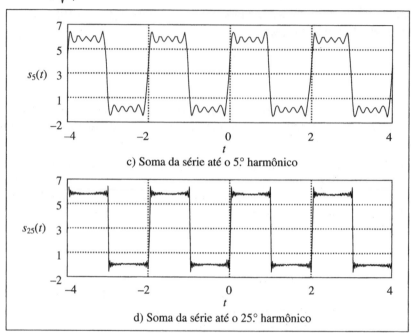

Figura 9.14 Exemplos de aproximações por série de Fourier.

Essas figuras evidenciam claramente a aproximação oscilatória e o fenômeno de Gibbs.

9.10 Relação de Parseval, Valor Eficaz e Espectro de Potência

Consideremos um sinal real $s(t)$, com período T_0, desenvolvido na série complexa de Fourier

$$s(t) = \sum_{k=-\infty}^{\infty} c_k \, e^{jk\omega_0 t}$$

onde os coeficientes de Fourier serão calculados por (9.9), com $t_1 - t_0 = T_0$.

O quadrado desse sinal fornece uma medida de sua "potência instantânea". De fato, se o sinal for, por exemplo, uma tensão aplicada a uma resistência de 1 ohm, seu quadrado fornecerá a potência instantânea dissipada na resistência. Usando duas vezes a expansão para obter $s^2(t)$, teremos

$$s^2(t) = \sum_{k=-\infty}^{\infty} c_k \, e^{jk\omega_0 t} \cdot \sum_{n=-\infty}^{\infty} c_n \, e^{jn\omega_0 t} = \sum_{k=-\infty}^{\infty} \sum_{n=-\infty}^{\infty} c_k c_n \, e^{j(k+n)\omega_0 t}$$

onde usamos o índice n no segundo somatório, para evitar confusão com o primeiro, e aplicamos a comutatividade das somas.

Relação de Parseval, Valor Eficaz e Espectro de Potência **309**

Evidentemente essa função é também periódica em T_0. Vamos integrá-la num período; a série sendo convergente, podemos trocar a integral com os somatórios, de modo que obtemos

$$\int_{T_0} s^2(t)dt = \sum_{k=-\infty}^{\infty} \sum_{n=-\infty}^{\infty} c_k c_n \int_{T_0} e^{j(k+n)\omega_0 t} dt$$

Mas, pela ortogonalidade das exponenciais complexas, a última integral da expressão acima só é não-nula para os $n = -k$, quando vale T_0. Portanto, a integral do quadrado do sinal num período reduz-se a

$$\int_{T_0} s^2(t)dt = T_0 \sum_{k=-\infty}^{\infty} c_k c_{-k}$$

Relembrando que c_k e c_{-k} são complexos conjugados, para sinais reais, chegamos à *relação de Parseval*:

$$\frac{1}{T_0}\int_{T_0} s^2(t)dt = \sum_{k=-\infty}^{\infty} |c_k|^2 \qquad (9.49)$$

Portanto o *valor médio quadrático* do sinal periódico é igual à soma dos quadrados dos módulos dos coeficientes de Fourier de seu espectro.

Admitindo por um instante que o nosso sinal seja uma tensão elétrica aplicada a uma resistência de 1 ohm, a (9.49) forneceria a *potência média* dissipada na resistência. Por isso costuma-se designar a integral (9.49) por potência média do sinal. Essa expressão mostra, então, que a *potência média* do sinal se distribui por suas raias espectrais, ou seja, depende dos quadrados das amplitudes dessas raias. Esse fato está associado à possibilidade de se aproveitar apenas parte da potência do sinal, separando algumas de suas raias espectrais.

Note-se também que a (9.49) fornece o quadrado do *valor eficaz* do sinal. Indicando-o por S_{ef}, temos então

$$S_{ef}^2 = \sum_{k=-\infty}^{\infty} |c_k|^2 = c_0^2 + \sum_{k=1}^{\infty} 2|c_k|^2 \qquad (9.50)$$

pois $|c_k| = |c_{-k}|$.

Consideremos agora um sinal

$$s(t) = A_0 + \sum_{k=1}^{\infty} A_k \cos(k\omega_0 t + \theta_k)$$

expandido na forma trigonométrica polar, muito conveniente em Engenharia Elétrica. Considerando que $A_0 = c_0$ e $|c_k| = A_k/2$, o valor eficaz do sinal pode ser expresso na forma

$$S_{ef} = \sqrt{A_0^2 + \sum_{k=1}^{\infty} \frac{A_k^2}{2}} = \sqrt{A_0^2 + \sum_{k=1}^{\infty} A_{kef}^2} \qquad (9.51)$$

onde A_{kef} indica o valor eficaz do k-ésimo harmônico do sinal.

Portanto, esse resultado indica que o valor eficaz de um sinal periódico é igual à raiz quadrada da soma dos quadrados dos valores eficazes dos seus componentes.

Exemplo - Leitura de voltímetro de valor eficaz verdadeiro:

Um voltímetro de valor eficaz verdadeiro, calibrado na faixa de 30 a 300 Hz, mede a tensão

$$v(t) = 160 \cos(120\pi t) + 50 \cos(360\pi t + 30°) + 20 \cos(600\pi t + 60°) \text{ volts.}$$

Qual será a leitura do voltímetro?

Por (9.51) o valor eficaz dessa tensão será

$$V_{ef} = \left[\frac{1}{2}\left(160^2 + 50^2 + 20^2\right)\right]^{1/2} = 119,4 \text{ volts}$$

Como a freqüência do harmônico mais elevado é de 300 Hz, caindo pois dentro da faixa de resposta do aparelho, o voltímetro indicará 119,4 V.

> Alguns voltímetros de valor eficaz verdadeiro não consideram eventuais componentes contínuos da tensão. Nesse caso, se houver componente contínuo, seu valor deve ser medido com um aparelho CC e o quadrado desse valor deve ser incluído no cálculo, como indicado por (9.51). É o caso do aparelho desse exemplo.

Aplicação - Cálculo de distorção harmônica:

A curva de transferência CC de um amplificador de áudio, com entrada v_1 e saída v_2, pode ser aproximada pela relação

$$v_2 = 100 \, v_1 - 1.400 \, v_1^3 \quad \text{(volts)} \tag{9.52}$$

para $-0,15 < v_1 < 0,15$ e freqüências de 0 a 10 kHz.

Tomando $v_1(t) = 0,1 \cos(2.000\pi t)$, (V, seg), determine:

a) a expansão de $v_2(t)$ em série de Fourier na forma trigonométrica polar;

b) o valor eficaz de $v_2(t)$;

c) a distorção harmônica total do sinal de saída.

Solução:

a) Entrando com o valor de v_1 na (9.52), obtemos a tensão instantânea de saída

$$v_2(t) = 10 \cos(2.000\pi t) - 1,4 \cos^3(2.000\pi t)$$

Lembrando que $\cos^3 x = (\cos 3x + 3 \cos x)/4$, obtemos facilmente a desejada expansão na forma trigonométrica polar da série de Fourier:

$$v_2(t) = 8,95 \cos(2.000\pi t) - 0,35 \cos(6.000\pi t) =$$

$$= 8,95 \cos(2.000\pi t) + 0,35 \cos(6.000\pi t + 180°), \text{ (V, seg)}$$

b) O valor eficaz de v_2 será

$$V_{ef} = \sqrt{\frac{1}{2}\left(8,95^2 + 0,35^2\right)} = 6,333 \quad (V)$$

c) A distorção harmônica total (percentual) de um sinal expandido na forma trigonométrica polar da série de Fourier define-se por

$$D_T(\%) = \frac{1}{A_1}\sqrt{\sum_{k=2}^{\infty} A_k^2} \cdot 100 \tag{9.53}$$

Como aqui a distorção é constituída apenas pelo 3.º harmônico,

$$D_r = \frac{0,35 \times 100}{8,95} = 3,91\%$$

Note-se que pudemos usar a curva de transferência em CC porque a freqüência do harmônico de freqüência mais elevada é inferior a 10 kHz.

9.11 Aplicação das Séries de Fourier à Determinação do Regime Permanente em Redes Lineares Fixas

A determinação do regime permanente numa rede linear e invariante no tempo, submetida a uma excitação periódica $e(t)$, pode ser feita convenientemente por meio das séries de Fourier. Além do mais, os resultados aqui obtidos poderão ser generalizados por meio das integrais de Fourier, para sinais não-periódicos.

Essa aplicação fundamenta-se na extensão do *princípio de superposição* para um número infinito de componentes, mas com soma convergente.

Consideremos então a excitação $e(t)$, nas formas trigonométrica polar e complexa:

$$e(t) = E_0 + \sum_{k=1}^{\infty} E_k \cos(k\omega_0 t + \theta_k) \quad (E_k \geq 0) \tag{9.54, a}$$

$$e(t) = \sum_{k=-\infty}^{\infty} c_k\, e^{jk\omega_0 t} \tag{9.54, b}$$

onde

$$\begin{cases} c_0 = E_0 \\ c_k = \dfrac{1}{2} E_k\, e^{j\theta_k}, \ k \neq 0 \end{cases} \tag{9.54, c}$$

O fasor do k-ésimo componente da excitação será então

$$\hat{E}_k = E_k \cdot e^{j\theta_k} \tag{9.55}$$

312

A Análise de Fourier

Usando essa definição e exprimindo o co-seno da (9.54 a) pelas fórmulas de Euler-Moivre, a excitação pode ser posta na forma

$$e(t) = E_0 + \sum_{k=1}^{\infty} \frac{1}{2}\left(\hat{E}_k \, e^{jk\omega_0 t} + \hat{E}_k^* \, e^{-jk\omega_0 t}\right) \tag{9.56}$$

Sejam agora $r_p(t)$ a resposta da nossa rede em regime permanente e

$$F(j\omega) = \frac{\hat{R}_p(j\omega)}{\hat{E}(j\omega)} = |F(j\omega)| \, e^{j\psi(\omega)} \tag{9.57}$$

a função de rede que relaciona resposta e excitação em regime senoidal. Admitiremos que essa função de rede não tem pólos no semiplano complexo direito fechado, isto é, com o eixo imaginário incluído.

O fasor do k-ésimo componente da resposta será

$$\hat{R}_p(jk\omega_0) = F(jk\omega_0) \cdot \hat{E}_k = |F(jk\omega_0)| \cdot |\hat{E}_k| \cdot e^{j[\theta_k + \psi(k\omega_0)]} \tag{9.58}$$

Essa relação mostra como se modificam os fasores dos componentes da excitação por ação da função de rede. Aplicando então essa relação a cada componente de (9.56) e somando tudo, obtemos a resposta em regime permanente:

$$r_p(t) = F(0)E_0 + \sum_{k=1}^{\infty}\left[F(jk\omega_0)\frac{\hat{E}_k}{2} e^{jk\omega_0 t} + F(-jk\omega_0)\frac{\hat{E}_k^*}{2} e^{-jk\omega_0 t}\right] \tag{9.59}$$

Finalmente, voltando à forma complexa chegamos ao resultado mais elegante

$$r_p(t) = \sum_{k=-\infty}^{\infty} F(jk\omega_0)c_k \, e^{jk\omega_0 t} \tag{9.60}$$

onde os c_k são dados pela (9.54, c). O produto $F(jk\omega_0) \cdot c_k$ é o coeficiente complexo de Fourier do k-ésimo harmônico da resposta.

Com os recursos computacionais atuais, a (9.60) pode ser mais conveniente que a (9.59).

Exemplo 1:

Consideremos o circuito R, C da figura 9.15, a), excitado pela onda quadrada da figura 9.15, b) e vamos determinar a tensão $v(t)$ em regime permanente.

Como já sabemos, a expansão da onda quadrada em série de Fourier complexa será

$$a) \quad e_s(t) = \sum_{k=-\infty}^{\infty} \frac{E}{2} \frac{\text{sen}(k\pi / 2)}{k\pi / 2} e^{jk\omega_0 t}$$

Aplicação das Séries de Fourier à Determinação do Regime Permanente em Redes Lineares

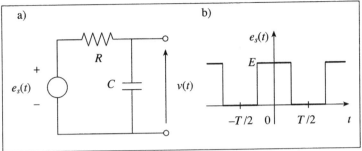

Figura 9.15 Circuito R, C excitado por onda quadrada.

A função de rede que relaciona entrada e saída é

b) $\quad F(j\omega) = \dfrac{\hat{V}}{\hat{E}_s} = \dfrac{1}{1 + j\omega RC}$

O coeficiente c_k é a expressão que multiplica a exponencial, dentro do somatório da expressão de $e_s(t)$. Portanto, substituindo em (9.60) e fazendo $\omega = k\omega_0$ obtemos

c) $\quad v_p(t) = \displaystyle\sum_{k=-\infty}^{\infty} \dfrac{1}{1 + jk\omega_0 RC} \cdot \dfrac{E}{2} \dfrac{\text{sen}(k\pi/2)}{k\pi/2} \cdot e^{jk\omega_0 t}$

Verifica-se que a amplitude de cada raia do espectro da resposta se obtém multiplicando a correspondente raia do espectro da excitação pelo módulo $1/\sqrt{1+(k\omega_0 RC)^2}$ da função de rede, na freqüência correspondente.

Convém ainda passar o resultado final para a forma trigonométrica polar. Usando a (9.17) e após algumas simplificações, obtemos

d) $\quad v_p(t) = \dfrac{E}{2} + \displaystyle\sum_{k=1}^{\infty} \dfrac{E}{\sqrt{1+k^2\omega_0^2 R^2 C^2}} \cos[k\omega_0 t - \text{atan}(k\omega_0 RC)]$

Vamos agora considerar os seguintes valores numéricos:

$T_0 = 2$ ms $\rightarrow \omega_0 = \pi$ rad/ms

$E = 5$ V, $\quad R = 1$ kΩ, $\quad C = 0{,}2$ μF

e vamos construir o gráfico da tensão de saída. Para isso usaremos o programa Mathcad[4] e a expressão d). O resultado está apresentado na figura 9.16.

---

[4] Mathcad 5.0, MathSoft Inc., Cambridge, MA, 1994.

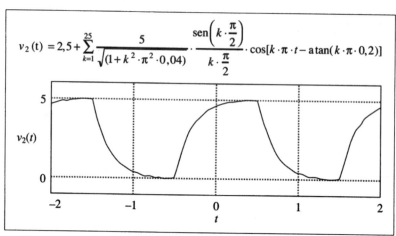

$$v_2(t) = 2.5 + \sum_{k=1}^{25} \frac{5}{\sqrt{(1+k^2 \cdot \pi^2 \cdot 0.04)}} \cdot \frac{\operatorname{sen}\left(k \cdot \frac{\pi}{2}\right)}{k \cdot \frac{\pi}{2}} \cdot \cos[k \cdot \pi \cdot t - \operatorname{atan}(k \cdot \pi \cdot 0.2)]$$

Figura 9.16 Tensão de saída do circuito RC, com a fórmula utilizada para o cálculo numérico.

Convém notar que esse problema poderia também ser resolvido, manualmente, pela chamada *técnica dos transitórios repetidos*.

Exemplo 2:

Consideremos agora o circuito ressonante da figura 9.17, excitado por uma seqüência periódica impulsiva:

$$i_s(t) = \sum_{n=-\infty}^{\infty} 2\delta(t - 2\pi n)$$

Portanto o período e a freqüência fundamental da seqüência serão, respectivamente, $T_0 = 2\pi$ e $\omega_0 = 1$ (todos os dados estão em um sistema de unidades consistente). Como já vimos (equação 9.37), o desenvolvimento em série de Fourier complexa da corrente de excitação será

$$i_s(t) = \sum_{k=-\infty}^{\infty} \frac{1}{\pi} e^{jkt}$$

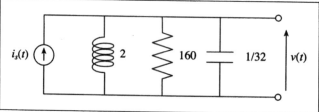

Figura 9.17 Circuito ressonante com excitação periódica impulsiva.

A impedância do circuito ressonante será

$$Z(j\omega) = \frac{1}{\frac{1}{160} + j\left(\frac{\omega}{32} - \frac{1}{2\omega}\right)} = \frac{160\omega}{\omega + j(5\omega^2 - 80)}$$

A freqüência de ressonância desse circuito será $\omega_r = 4$, com o índice de mérito $Q_r = 20$, nessa mesma freqüência.

Façamos agora $\omega = k\omega_0 = k$. Pela (9.60) a resposta permanente do circuito será então

$$v(t) = \sum_{k=-\infty}^{\infty} \frac{1}{\pi} \cdot \frac{160k}{k + j(5k^2 - 80)} \cdot e^{jkt}$$

O gráfico dessa tensão, calculado com o Mathcad e considerando os primeiros 51 harmônicos, está representado na figura 9.18. As setas na mesma figura indicam os instantes em que ocorreram os impulsos.

Em conseqüência, os fasores dos componentes harmônicos nas freqüências $k\omega_0 = k$ serão dados por

$$\hat{V}_k = \frac{2}{\pi} \cdot \frac{160k}{k + j(5k^2 - 80)}$$

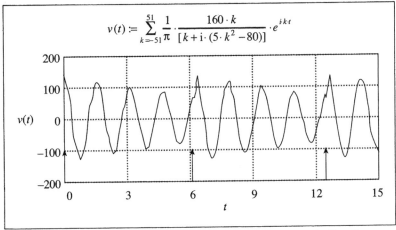

Figura 9.18 Gráfico da tensão no circuito ressonante, com indicação dos instantes em que ocorrem os impulsos de corrente.

TABELA DOS FASORES DOS COMPONENTES DA TENSÃO			
k	$V(k)$	$\|V(k)\|$	$F(k)$
1	0.018 + 1.358i	1.358	89.236
2	0.113 + 3.392i	3.393	88.091
3	0.743 + 8.667i	8.699	85.101
4	101.859	101.859	0
5	1.242 − 11.18i	11.248	−83.660
6	0.365 − 6.09i	6.101	−86.566
7	0.183 − 4.314i	4.317	−87.571
8	0.113 − 3.392i	3.393	−88.091
9	0.078 − 2.819i	2.820	−88.414
10	0.058 − 2.424i	2.425	−88.636

Finalmente, na tabela acima indicamos os fasores $V(k)$ das tensões dos 10 primeiros harmônicos, seus módulos $|V(k)|$ e ângulos $F(k)$ (em graus), também calculados pelo Mathcad. O efeito da ressonância é evidente (para $k=4$, $|V(k)|$ é máximo e $F(k) = 0$).

Em conclusão, vamos calcular o valor eficaz da tensão $v(t)$, considerando apenas os harmônicos indicados na tabela acima. Aplicando a (9.51) teremos

$V_{ef} = 73{,}05$ V

Note-se que se considerássemos apenas os três harmônicos de maior intensidade, em torno da ressonância, obteríamos para a tensão eficaz o valor de 72,7, isto é, uma boa aproximação.

9.12 A Automação da Análise Espectral

Devido à grande redução dos custos computacionais, a análise espectral automatizada tem dado lugar a um grande número de aplicações, nos mais variados campos. Aqui vamos tratar sucintamente da automação da análise de sinais periódicos de valor real. Mais detalhes a respeito serão vistos no próximo capítulo.

Esta análise passa, essencialmente, por três etapas:

1. *amostragem do sinal;*
2. *cálculo da série de Fourier de tempo discreto (DTFS) da seqüência das amostras;*
3. *cálculo do espectro do sinal.*

Vejamos brevemente os fundamentos dessas etapas, sempre restringindo-nos a sinais periódicos. A análise de sinais não-periódicos fica a cargo de outro curso.

1. *Amostragem do sinal periódico*

A amostragem do sinal periódico será feita tomando-se N amostras eqüidistantes do sinal, a cada t_a segundos, numa *janela de amostragem* de *duração* T_d.

Para que seja possível reconstruir o sinal a partir dessas amostras, demonstra-se[5] que devem ser satisfeitas as seguintes condições:

a) a duração da janela deve ser exatamente igual a um número inteiro de períodos do sinal;

b) o espectro do sinal deve ser limitado a uma *freqüência máxima* f_M, isto é, devem ser nulos todos os coeficientes do desenvolvimento do sinal em série de Fourier, a partir da freqüência f_M;

c) a *freqüência de amostragem* f_a, isto é, o número de amostras por segundo, deve ser maior que $2 f_M$.

As condições b) e c) são chamadas *condições de Nyquist* e a freqüência f_M é chamada *freqüência de Nyquist* do sinal.

A amostragem gera então uma *seqüência de amostras* $\{s_n\}_{n=0}^{N-1}$.

Na figura 9.19 damos um exemplo de amostragem: na parte superior está indicada a janela de amostragem, correspondendo a dois períodos do sinal, e na parte inferior representamos a seqüência de amostras.

É fácil ver que valem as relações

$$\begin{cases} f_a = \dfrac{1}{t_a} \\ T_d = N t_a \end{cases} \qquad (9.61)$$

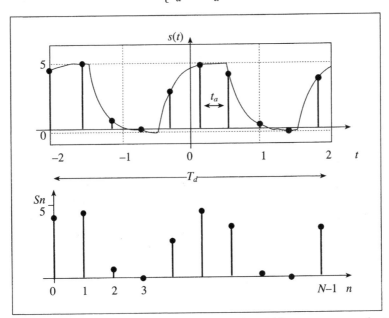

Figura 9.19 Janela de amostragem de um sinal periódico e correspondente seqüência de amostras.

---

[5] OPPENHEIIM, A. V., WILLSKY, A. S. e NAWAB, S. H., *Signals and Systems*, 2.ª edição, Upper Saddle River, Nova Jersey, Prentice Hall, 1997.

2. Cálculo da série de Fourier de tempo discreto do sinal

Para motivar a introdução da série de Fourier de tempo discreto e relacioná-la com os coeficientes complexos de Fourier, vamos aplicar o algoritmo de Euler para a integração numérica de (9.9), com $t_1 - t_0 = T_d$, $t = nt_a$, onde t_a é o *período de amostragem*, $dt = t_a$ e $\omega_0 = \omega_d = 2\pi/T_d$:

$$c_k = \frac{1}{T_d} \int_{T_d} s(t)\, e^{-jk\omega_a t} dt \cong \frac{1}{T_d} \sum_{n=0}^{N-1} s(nt_a)\, e^{jk\frac{2\pi}{T_d}nt_a} \cdot t_a \qquad (9.62)$$

Note-se que a duração T_d será o período fundamental de nossa análise. Fazendo ainda $s(n\, t_a) = s_n$ para tornar a notação mais eficiente, obtemos a seguinte aproximação para o coeficiente c_k:

$$c_k \cong \frac{1}{T_d} \cdot \sum_{n=0}^{N-1} s_n\, e^{-jk\frac{2\pi}{T_d}nt_a} \cdot t_a \qquad (9.63)$$

Passando t_a para fora do somatório e notando que $T_d = Nt_a$, chegamos a

$$c_k \cong \frac{1}{N} \cdot \sum_{n=0}^{N-1} s_n\, e^{-jk\frac{2\pi}{N}n} \qquad (9.64)$$

A *série de Fourier de tempo discreto* (*DTFS*, **do inglês** *Discrete Time Fourier Series*) da seqüência dos s_n é uma segunda seqüência, também com N termos, e cujo termo genérico é dado por

$$S_k \cong \sum_{n=0}^{N-1} s_n\, e^{-jk\frac{2\pi}{N}n}, \quad k = 0,1,2,\dots N-1 \qquad (9.65)$$

Comparando essa expressão com a (9.64), verifica-se que a série de Fourier de tempo discreto, dividida por N, fornece uma aproximação para os coeficientes complexos de Fourier. Sendo satisfeitas certas condições, que serão examinadas em detalhe no próximo capítulo, essa relação fica exata.

Se a seqüência de amostras tiver um número elevado de termos, o cálculo da (9.65) é penoso, mesmo para um computador. Esse problema foi resolvido pelo *algoritmo de transformada rápida de Fourier (FFT)*[3], que reduz o número de operações por várias ordens de grandeza. Não cabe discutir aqui esse algoritmo. Vamos apenas notar que sua aplicação exige que o número de amostras seja igual a uma potência de dois. São assim comuns programas que usam 1.024 ou 2.048 amostras.

3. Cálculo do espectro do sinal

A comparação de (9.64) com (9.65) mostra que os coeficientes complexos de Fourier calculam-se por

$$c_k = \frac{1}{N} \cdot S_k, \quad k \leq \frac{N}{2} \qquad (9.66)$$

Exercícios Básicos do Capítulo 9

Duas observações devem ser feitas com relação à (9.66): em primeiro lugar, note-se que o sinal de aproximadamente igual em (9.65) foi substituído pelo sinal de igual, e o índice k foi restringido aos valores menores ou iguais a $N/2$. A primeira modificação deve-se ao fato de que realmente valerá a igualdade se forem satisfeitas as três condições para a amostragem, enunciadas em 1., no início desta seção. A razão da restrição aos harmônicos inferiores à ordem $N/2$ exige um estudo mais aprofundado da série de Fourier de tempo discreto, que será feito no próximo capítulo. Para justificá-la intuitivamente basta lembrar que essa é a ordem do harmônico de ordem mais elevada do sinal, se forem satisfeitas as condições de Nyquist.

Como supusemos sinal de valor real, os coeficientes c_{-k} serão os complexos conjugados dos c_k.

EXERCÍCIOS BÁSICOS DO CAPÍTULO 9

1. Quando possível, determine os coeficientes não-nulos das séries complexas de Fourier que representam as funções abaixo, para qualquer t real:

   a) $s_1(t) = 5\cos(3t) + 2\text{sen}(4t + 30°)$;
   b) $s_2(t) = 10\cos^2(5t) + 5\cos(5t)$;
   c) $s_3(t) = 5\cos(3t) + 2\cos(3\pi t)$.

   Resp.: a) $c_3 = 2{,}5$; $c_{-3} = 2{,}5$; $c_4 = e^{-j60°}$; $c_{-4} = e^{j60°}$;
   b) $c_0 = 5$; $c_1 = 2{,}5$; $c_{-1} = 2{,}5$; $c_2 = 2{,}5$; $c_{-2} = 2{,}5$;
   c) impossível, pois o sinal é não-periódico.

2. Obtenha as expansões em série de Fourier trigonométrica retangular das funções do problema anterior, quando possível.

   Resp.: a) $5\cos(3t) + \sqrt{3}\,\text{sen}(4t) + \cos(4t)$;
   b) $5 + 5\cos(5t) + 5\cos(10t)$;
   c) impossível.

3. Determine a expansão em série de Fourier trigonométrica polar do sinal triangular da figura E9.1.

   Figura E9.1
   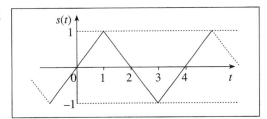

   Resp.: $s(t) = \dfrac{8}{\pi^2} \sum_{n=1}^{\infty} \left\{ 5\dfrac{1}{(2n-1)^2} \cdot \cos\left[(2n-1)\dfrac{\pi}{2}t\right] \cdot e^{-jn\pi/2} \right\}$

4   Dada a função

$$f_1(t) = 2,5 + \sum_{n=1}^{\infty}\left[5\frac{\operatorname{sen}(0,25\pi n)}{0,25\pi n} \cdot \cos\left(\frac{\pi}{4}nt\right)\right]$$

a) construa seu gráfico em função do tempo;
b) determine os coeficientes da expansão em série complexa de Fourier das funções
  $f_2(t) = f_1(t-1)$;
  $f_3(t) = f_1(4t)$;
c) faça os gráficos dessas duas funções.

Resp.: a)

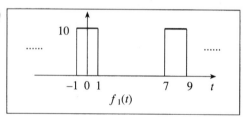

b)
$$f_1(t) \to c_n = 2,5 \cdot \frac{\operatorname{sen}(0,25\pi n)}{0,25\pi n}$$

$$f_2(t) \to c_n = 2,5 \cdot \frac{\operatorname{sen}(0,25\pi n)}{0,25\pi n} \cdot e^{-j\frac{\pi}{4}n}$$

$$f_3(t) \to c_n = 2,5 \cdot \frac{\operatorname{sen}(0,25\pi n)}{0,25\pi n} \quad \text{e} \quad f_3(t) = 2,5 + \sum_{n=1}^{\infty} 2c_n \cos(\pi nt)$$

c)

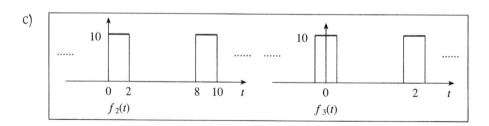

5   Os módulos e fases do espectro de uma função periódica $f(t)$ estão indicados na figura E9.2. Determine a função na forma trigonométrica polar.

Figura E9.2

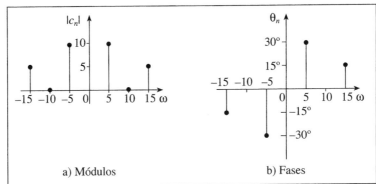

a) Módulos b) Fases

Resp.: $f(t) = 20\cos(5t + 30°) + 10\cos(15t + 15°)$

6. a) Demonstre que qualquer função periódica $s(t)$, de valor real, pode ser decomposta na soma de uma função par $s_p(t)$ com uma função ímpar $s_i(t)$, isto é,

   $s(t) = s_p(t) + s_i(t)$

   Mostre como calcular as componentes par e ímpar da $s(t)$.

   b) Decomponha a função $s(t) = 10\,\text{sen}(10\pi t + \pi/4)$ em suas componentes par e ímpar.

   Resp.: a) $s_p(t) = \frac{1}{2}[s(t) + s(-t)]$, $s_i(t) = \frac{1}{2}[s(t) - s(-t)]$;

   b) $s_p(t) = 7{,}071\cos(10\pi t)$, $s_i(t) = 7{,}071\text{sen}(10\pi t)$

7. Um gerador de sinais fornece uma onda quadrada de período igual a 2 segundos, excursionando entre os níveis de –5 e +10 volts. Quais serão, respectivamente, as leituras de um voltímetro de corrente contínua e de um voltímetro de corrente alternada, conectados à saída do gerador?

   Resp.: $V_{CC} = 2{,}5$ V; $V_{CA} = 7{,}5$ V.

8. O quadripolo da figura E9.3 é um filtro passa-baixas ideal, com ganho 0,8 e freqüência de corte superior f_C igual a 2 kHz. Uma tensão $s(t) = 5\cos(2\pi t + 30°) + 5\cos(3\pi t + 60°) + 5\cos(5\pi t)$ (unidades A.F.) é aplicada à entrada do filtro. Qual será a leitura de um voltímetro de valor eficaz aplicado à saída do filtro?

Figura E9.3

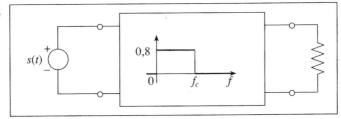

Resp.: $V_{ef} = 4$ V.

9 O sinal periódico mostrado na figura E9.4 (senóide retificada) pode ser expresso por:

$$f(t) = \frac{2A}{\pi} + \sum_{n=1}^{\infty} \frac{4A}{\pi(1-4n^2)} \cos(n\omega_0 t), \qquad \omega_0 = \frac{2\pi}{T_0}$$

Esse sinal é injetado em um filtro de ganho unitário que permite a passagem somente das componentes contínua e fundamental. Forneça a razão entre os valores eficazes do sinal na saída do filtro e do sinal $f(t)$ na sua entrada.

Figura E9.4
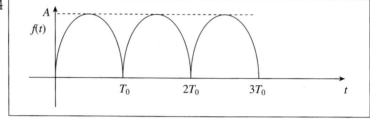

Resp.: $r = 3{,}4/\pi = 1{,}08$.

10 Um gerador de tensão fornece uma tensão retificada em onda completa

$v(t) = |12\cos(377t)|$ (V, seg)

Dimensione o indutor L do circuito da figura E9.5 de modo que o módulo de cada harmônico da tensão $v_0(t)$ da carga seja menor que 4% da sua componente contínua (adaptado de Dorf e Svoboda[6]).

Nota: Esse circuito não serve como modelo para um retificador de onda completa real, pois não leva em conta a não linearidade dos diodos retificadores.

Figura E9.5
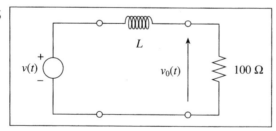

Resp.: $L > 4{,}41$ H.

---

[6] DORF, R. C.; SVOBODA, J. A., Introduction to Eletrical Circuits, 5.ª edição, Nova York: J. Willey, 2001.

Formulário de Séries de Fourier

Formulário de Séries de Fourier

1 FÓRMULAS DE SÍNTESE PARA SINAIS s(t) REAIS, PERIÓDICOS, DE PERÍODO T_0

a) Forma exponencial complexa:

$$s(t) = \sum_{k=-\infty}^{\infty} c_k e^{jk\omega_0 t}, \quad \omega_0 = \frac{2\pi}{T_0}$$

b) Forma trigonométrica polar:

$$s(t) = A_0 + \sum_{k=1}^{\infty} A_k \cos(k\omega_0 t + \theta_k)$$

c) Forma trigonométrica retangular:

$$s(t) = a_0 + \sum_{k=1}^{\infty} [a_k \cos(k\omega_0 t) + b_k \operatorname{sen}(k\omega_0 t)]$$

2 FÓRMULAS DE ANÁLISE PARA SINAIS REAIS

$$\begin{cases} c_k = \dfrac{1}{T_0} \displaystyle\int_{T_0} s(t) e^{-jk\omega_0 t} dt \\ c_{-k} = c_k^*, \quad k = 0, 1, 2, \ldots \end{cases}$$

$$A_0 = \frac{1}{T_0} \int_{T_0} s(t) dt$$

$$A_k \cdot e^{j\theta_k} = \frac{2}{T_0} \int_{T_0} s(t) e^{-jk\omega_0 t} dt, \quad k = 1, 2, \ldots$$

$$\begin{cases} a_0 = \dfrac{1}{T_0} \displaystyle\int_{T_0} s(t) dt \\ a_k = \dfrac{2}{T_0} \displaystyle\int_{T_0} s(t) \cos(k\omega_0 t) dt \\ b_k = \dfrac{2}{T_0} \displaystyle\int_{T_0} s(t) \operatorname{sen}(k\omega_0 t) dt, \quad k = 1, 2, \ldots \end{cases}$$

3 RELAÇÕES ENTRE COEFICIENTES DE FOURIER PARA SINAIS REAIS

a) Forma complexa → forma polar:

$$\begin{cases} A_0 = c_0 \\ A_k = 2 \cdot |c_k|, \quad k = 1, 2, \ldots \\ \theta_k = \arg c_k \end{cases}$$

b) Forma polar → forma complexa:

$$\begin{cases} c_0 = A_0 \\ c_k = \dfrac{1}{2} A_k e^{j\theta_k}, \quad k = 1, 2, \ldots \end{cases}$$

c) Forma complexa → forma retangular:

$$\begin{cases} a_0 = c_0 \\ a_k = c_k + c_{-k}, \quad k = 1, 2, \ldots \\ b_k = j \cdot (c_k - c_{-k}) \end{cases}$$

d) Forma retangular → forma complexa:

$$\begin{cases} c_0 = a_0 \\ c_k = \dfrac{1}{2}(a_k - jb_k) \quad k = 1, 2, \ldots \\ c_{-k} = \dfrac{1}{2}(a_k + jb_k) \end{cases}$$

e) Forma polar → forma retangular:

$$\begin{cases} a_0 = A_0 \\ a_k = A_k \cos \theta_k, \quad k = 1, 2, \ldots \\ b_k = -A_k \mathrm{sen}\, \theta_k \end{cases}$$

f) Forma retangular → forma polar:

$$\begin{cases} A_0 = a_0 \\ A_k = \sqrt{a_k^2 + b_k^2}, \quad k = 1, 2, \ldots \\ \theta_k = \arctan \dfrac{-b_k}{a_k} \end{cases}$$

4 ALGUNS ESPECTROS

a) Seqüência impulsiva periódica:

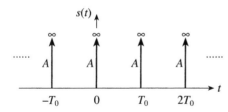

$$s(t) = \sum_{k=-\infty}^{\infty} A\delta(t - kT_0)$$

$$s(t) = \frac{A}{T_0}\left[1 + 2\sum_{k=1}^{\infty} \cos(k\omega_0 t)\right]$$

$$c_k = A / T_0$$

b) Onda quadrada sem componente contínuo:

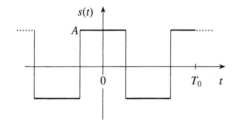

$$s(t) = \frac{4A}{\pi} \sum_{k=1}^{\infty} \frac{(-1)^{k+1}}{2k-1} \cos[(2k-1)\omega_0 t]$$

$$c_k = 2A \cdot \frac{\operatorname{sen}(k\pi/2)}{k\pi}, \quad k = 1, 2, 3, \ldots$$

c) Onda retangular:

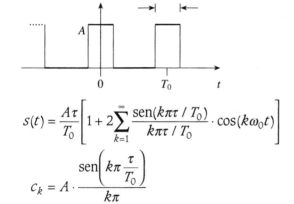

$$s(t) = \frac{A\tau}{T_0}\left[1 + 2\sum_{k=1}^{\infty} \frac{\operatorname{sen}(k\pi\tau/T_0)}{k\pi\tau/T_0} \cdot \cos(k\omega_0 t)\right]$$

$$c_k = A \cdot \frac{\operatorname{sen}\left(k\pi \dfrac{\tau}{T_0}\right)}{k\pi}$$

d) Onda triangular sem componente contínuo:

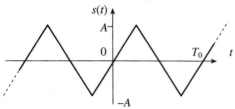

$$s(t) = \frac{8A}{\pi^2} \sum_{k=1,3,5,\ldots}^{\infty} \frac{1}{k^2} \operatorname{sen}\frac{k\pi}{2} \cdot \operatorname{sen}(k\omega_0 t)$$

e) Dente de serra:

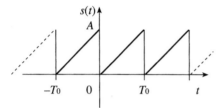

$$s(t) = \frac{A}{2} - \frac{A}{\pi} \sum_{k=1}^{\infty} \frac{1}{k} \operatorname{sen}(k\omega_0 t)$$

f) Retificação de meia-onda:

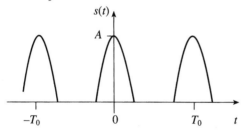

$$s(t) = \frac{2A}{\pi}\left[\frac{1}{2} + \frac{\pi}{4}\cos(\omega_0 t) + \sum_{k=1}^{\infty} \frac{(-1)^{k-1}}{4k^2 - 1} \cdot \cos(2k\omega_0 t)\right]$$

g) Retificação de onda completa:

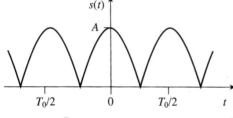

$$s(t) = \frac{4A}{\pi}\left[\frac{1}{2} + \sum_{k=1}^{\infty} \frac{(-1)^{k-1}}{4k^2 - 1} \cdot \cos(2k\omega_0 t)\right]$$

Capítulo **10**

A SÉRIE DE FOURIER
DE TEMPO DISCRETO

10.1 Definições e Propriedades Principais

O enorme aumento das disponibilidades computacionais ocorrido nos últimos anos permitiu uma ampla exploração das possibilidades teóricas abertas pela análise de Fourier. Em particular, a *análise espectral por microcomputadores* tornou-se uma realidade.

Essas computações são quase sempre realizadas com as *séries de Fourier de tempo discreto (DTFS, Discrete Time Fourier Series)*, que serão estudadas neste capítulo.

Essencialmente o interesse das séries de Fourier de tempo discreto provém de dois fatos:

1. As séries de Fourier de tempo discreto fornecem aproximações das séries de Fourier de tempo contínuo, estudadas no capítulo anterior.

2. Foram desenvolvidos algoritmos extremamente eficientes para o cálculo numérico das DTFS ou de suas inversas. Esses algoritmos, designados por *algoritmos de transformada rápida de Fourier (FFT, Fast Fourier Transform)*, podem ser programados sem dificuldade e implementados em microcomputadores, calculadoras portáteis ou mesmo em microcircuitos.

A série de Fourier de tempo discreto permite representar os componentes de uma seqüência numérica de elementos reais por meio de uma combinação linear de componentes exponenciais complexos adequados. As seqüências originais podem ser essencialmente de tempo discreto ou, alternativamente, resultam de alguma *operação de amostragem* que fornece uma seqüência de amostras de uma função de tempo contínuo, como, por exemplo, as amostras da intensidade sonora de uma música, gravadas num disco digital de áudio. Nesse caso, suporemos que essas amostras são sempre *eqüidistantes*, isto é, separadas pelo mesmo intervalo de amostragem.

Se essa seqüência se originar de N amostras de uma função $f(t)$, efetuada a cada Δ unidades de tempo, poderemos indicar seu elemento genérico pelas notações

$$f_n = f(n\Delta) = f(n), \quad n = 0, 1, \ldots, N-1 \qquad (10.1)$$

onde Δ é o *período de amostragem*. Seu inverso é a *freqüência de amostragem*, f_a. Vale, portanto,

$$f_a = \frac{1}{\Delta} \qquad (10.2)$$

Se a amostra contiver N elementos, o intervalo de tempo

$$T_d = N\Delta \qquad (10.3)$$

é a *duração da amostragem*, como indicado na figura 10.1.

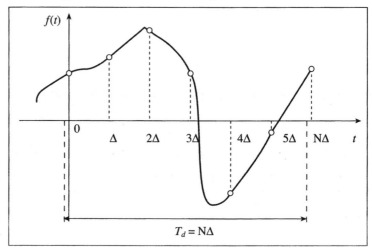

Figura 10.1 Função amostrada no tempo.

Admitiremos aqui que as seqüências $\{f(n)\}$ sejam *periódicas*, isto é, que existam inteiros N, tais que

$$f(n) = f(n+N) \qquad (10.4)$$

O menor dos N que satisfaz a essa relação será o *período* da seqüência, que indicaremos por N_0. Naturalmente, se a seqüência for periódica, admitiremos que ela será *duplamente infinita* e se estenderá, conservando a periodicidade, para qualquer n inteiro, positivo ou negativo.

Por meio da *série de Fourier de tempo discreto*, podemos representar o n-ésimo elemento de uma seqüência periódica, com período N_0 (passos) e dada, num período, pela seqüência $\{f(n)\}_{n=0}^{N_0-1}$, por

$$f(n) = \frac{1}{N_0} \cdot \sum_{k \in \langle N_0 \rangle} F(k) \cdot e^{jk(2\pi/N_0)n}, \quad n,k \in \mathbf{Z} \qquad (10.5,\text{a})$$

onde $\mathbf{Z}$ representa o conjunto dos inteiros positivos e negativos, e a notação $k \in \langle N_0 \rangle$ indica que k deve ser tomado sobre um conjunto de N_0 inteiros consecutivos e $F(k)$ é o k-ésimo *coeficiente espectral* da representação de Fourier da seqüência dos $f(n)$.

Definições e Propriedades Principais **329**

São usados freqüentemente os conjuntos $\{0, 1,... N_0 - 1\}$ ou, para o caso de N_0 pares, $\{-N_0/2, ...,(N_0/2) - 1\}$, embora quaisquer outros conjuntos de N_0 inteiros consecutivos possam ser usados, quando conveniente.

O *coeficiente espectral* $F(k)$ é calculado por

$$F(k) = \sum_{n \in <N_0>} f(n) \cdot e^{-jk(2\pi/N_0)n}$$

$$(10.6, \text{a})$$

A seqüência dos $F(k)$ é também periódica, com período N_0, como a seqüência original. A demonstração dessas relações não cabe neste curso e pode ser encontrada, por exemplo, no livro de Oppenheim e outros[1].

As equações (10.5, a) e (10.6, a) constituem um par da série de Fourier de tempo discreto. A primeira é a *equação de síntese*, pois permite determinar os elementos da seqüência original. A segunda equação é a *equação de análise,* que possibilita a determinação dos coeficientes espectrais da seqüência dada.

Na literatura e nos programas computacionais, encontram-se ainda as seguintes variantes das relações acima:

$$f(n) = \sum_{k \in <N_0>} F(k) \cdot e^{jk(2\pi/N_0)n} \qquad (10.5, \text{b})$$

$$F(k) = \frac{1}{N_0} \sum_{n \in <N_0>} f(n) \cdot e^{-jk(2\pi/N_0)n} \qquad (10.6, \text{b})$$

ou, ainda,

$$f(n) = \frac{1}{\sqrt{N_0}} \sum_{k \in <N_0>} F(k) \cdot e^{jk(2\pi/N_0)n} \qquad (10.5, \text{c})$$

$$F(k) = \frac{1}{\sqrt{N_0}} \sum_{n \in <N_0>} f(n) \cdot e^{-jk(2\pi/N_0)n} \qquad (10.6, \text{c})$$

É claro, como observado antes, que podemos fazer os somatórios sobre qualquer seqüência de N_0 inteiros consecutivos.

As relações (10.5, a) e (10.6, a) são usadas na calculadora HP48G; as (10.5, b) e (10.6, b) são usadas no livro já citado de Oppenheim e outros, bem como no programa MATLAB[2]. Finalmente, as (10.5, c) e (10.6, c) são usadas no programa MathCad[3] ou em muitos livros de Matemática.

Nessas equações, o índice n será considerado como um *índice de tempo,* ao passo que o índice k será um *índice de freqüência.*

---

[1] OPPENHEIM, A. V., WILSKY, A. S. e NAWAB, S. H., *Signal & Systems*, 2ª edição, págs. 212 e segs., Upper Saddle River, Nova Jersey: Prentice-Hall, 1997.
[2] MATLAB, ver www.mathworks.com
[3] MathCad, ver www.mathcad.com

Os *coeficientes espectrais* $F(k)$ são em geral complexos. Podem, portanto, ser caracterizados por seu *módulo* e sua *fase* (ou argumento):

$$M(k) = |F(K)|, \qquad \phi(k) = \arg F(k) \tag{10.7}$$

Nas expressões (10.5) e (10.6) aparece a *exponencial complexa* $\exp\left(\pm jk\frac{2\pi}{N_0}n\right)$, responsável pela periodicidade da série de Fourier de tempo discreto. É importante notar as seguintes propriedades:

a) para um dado n, essa exponencial é *periódica* em k; seu período é igual a N_0/k e sua freqüência angular é

$$\Omega = k\Omega_0 = \frac{2\pi}{N_0}k; \tag{10.8}$$

em particular, para $k = 1$, temos a *freqüência fundamental* da série de Fourier de tempo discreto:

$$\Omega_0 = \frac{2\pi}{N_0}; \tag{10.9}$$

b) os complexos correspondentes a essas exponenciais dispõem-se no plano complexo segundo os raios de uma estrela regular, como indicado na figura 10.2 (para $N_0 = 8$, $k = 1$ e sinal positivo);

c) as freqüências das exponenciais são múltiplas da freqüência fundamental Ω_0.

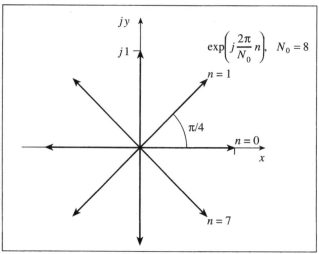

Figura 10.2 Representação da exponencial complexa, com n variando de 0 a 8, no plano complexo.

Definições e Propriedades Principais

Portanto, a série de Fourier de tempo discreto permite representar os elementos de uma seqüência periódica em termos de componentes harmônicos de exponenciais complexas.

Para maior facilidade, diremos algumas vezes que a seqüência dos $F(k)$ é a *transformada pela DTFS* da seqüência dos $f(n)$. Os elementos das seqüências original e transformada serão representados, respectivamente, pela mesma letra em minúscula e em maiúscula. Note-se que os índices n (da seqüência original) e k (da seqüência $\{F(k)\}$) correspondem, respectivamente, aos *domínios do tempo* e *da freqüência*.

Se a seqüência original $\{f(n)\}_{n=0}^{N_0-1}$ for *real*, verifica-se facilmente que os elementos da seqüência dos $F(k)$ satisfazem a

$$F(N_0 - k) = F^*(k) \tag{10.10}$$

onde o asterisco indica o complexo conjugado de $F(k)$.

Como conseqüência desse fato podemos verificar que $F(N_0/2)$ é sempre real, para os N_0 pares. De fato, fazendo $k = N_0/2$ em (10.10) resulta

$$F(N_0/2) = F^*(N_0/2) \tag{10.11}$$

Essa expressão mostra que $F(N_0/2)$ é *autoconjugado* e, portanto, é real.

Observem alguns fatos básicos:

a) Em conseqüência da já apontada periodicidade da exponencial complexa, a seqüência dos $F(k)$ resulta periódica em k, e seu período é igual a N_0. Essa periodicidade mostra que teremos um *máximo de N_0 coeficientes espectrais distintos* na transformada discreta de Fourier, correspondentes às freqüências $k\Omega_0$, $k = 0, 1, 2, N_0-1$.

b) Uma vez conhecidos os coeficientes espectrais de uma seqüência, a seqüência original (no domínio do tempo) pode ser determinada exatamente pela aplicação sucessiva da (10.5, a), o que corresponde a fazer a *síntese* da seqüência original ou a transformada inversa discreta (*Inverse Discrete Time Fourier Series, IDTFS*) da seqüência dos $F(k)$.

Exemplo 1 - Subseqüência da seqüência impulsiva periódica:

A *seqüência impulsiva periódica* será definida como a seqüência duplamente infinita, com o período correspondente de $n = 0$ a $n = 3$ dado por

$\{s(n)\}_{n=0}^{3} = \{1, 0, 0, 0\}$.

Vamos calcular seus coeficientes espectrais de Fourier.

Indicando por $S(k)$ o termo genérico da seqüência transformada, a (10.6) fornece

$$S(k) = \sum_{n=0}^{3} s(n) \cdot e^{-jk\frac{2\pi}{4}n} = 1e^{j0} = 1, \quad \forall k \in \mathbf{Z}$$

O espectro da seqüência impulsiva é, pois, constante para qualquer k.

Exemplo 2 - Seqüência constante:

Vamos agora calcular o espectro da *seqüência constante periódica,* com o período correspondente de $n = 0$ a $n = 3$ dado por

$\{s(n)\}_{n=0}^3 = \{1,1,1,1\}.$

Aplicando a (10.6, a), obtemos

$$S(k) = \sum_{n=0}^{3} 1 \cdot e^{-jk\frac{2\pi}{4}n} = \begin{cases} 4, & k = 0 \ (\mathrm{mod}.4) \\ 0, & k \neq 0 \ (\mathrm{mod}.\ 4) \end{cases}$$

isto é, $S(k)$ é igual a 4, se k for divisível por 4, e é nulo caso contrário. Esses resultados verificam-se facilmente representando as exponenciais no plano complexo.

Exemplo 3 - Seqüência quadrada:

Consideremos agora a seqüência

$\{s(n)\}_{n=0}^3 = \{1,1,0,0\}.$

correspondente à amostragem de um período de uma onda quadrada.

Aplicando sucessivamente a (10.6, a), obtemos

$$\begin{cases} S(0) = \displaystyle\sum_{n=0}^{3} s(n) \cdot e^{-j0\frac{2\pi}{4}n} = 2 \\[4mm] S(1) = \displaystyle\sum_{n=0}^{3} s(n) \cdot e^{-j1\frac{2\pi}{4}n} = 1 - j1 \\[2mm] S(2) = 0 \\[1mm] S(3) = 1 + j1 \end{cases}$$

Nessas expressões, os dois últimos termos foram obtidos usando as propriedades (10.10) e (10.11). Portanto, os coeficientes espectrais são

$\{S(k)\}_{k=0}^3 = \{2,\ 1 - j1,\ 0,\ 1 + j1\}.$

Exemplo 4 - Outra seqüência quadrada:

Retomemos a seqüência *onda quadrada,* mas agora com 8 elementos num período, dada por

$\{s(n)\}_{n=0}^7 = \{1,1,1,1,0,0,0,0\}.$

Aplicando a (10.6, a), obtemos para o coeficiente espectral genérico

$$S(k) = \sum_{n=0}^{3} e^{-jk\frac{\pi}{4}n},\quad k = 0,1,2,\ldots 7$$

Definições e Propriedades Principais **333**

Note-se que o somatório foi feito para n variando de 0 a 3, em correspondência aos quatro únicos elementos não-nulos da seqüência original.

Apesar dessa simplificação, os cálculos são assaz longos, justificando o uso de um microcomputador.

Usando o programa MATLAB[4] obtivemos os resultados abaixo, em que estão indicados os valores de $s(n)$, $S(k)$, seu módulo e sua fase (em radianos). Note-se que o programa fez corresponder o índice 1 ao primeiro elemento da seqüência.

```
>> % Espectro da onda quadrada;
>> >> s = [1 1 1 1 0 0 0 0]
s = 1 1 1 1 0 0 0 0
>> S = fft(s)
S =

   Columns 1 through 5
   4.0000 1.0000 - 2.4142i 0 1.0000 - 0.4142i 0

   Columns 6 through 8
   1.0000 + 0.4142i 0 1.0000 + 2.4142i

>> M = abs(S)
M =
   4.0000    2.6131    0    1.0824    0    1.0824    0    2.6131

>> F = angle(S)
F =
   0    -1.1781    0    -0.3927    0    0.3927    0    1.1781
>>
```

Na figura 10.3 apresentamos os gráficos dos módulos $\mid S(k) \mid$ e das fases $\arg[S(k)]$ (em graus) de seus coeficientes espectrais. O primeiro gráfico mostra simetria em relação ao centro, decorrente do fato que

$$S(N-k) = S^*(k) \Rightarrow |S(N-k)| = |S(k)|$$

---

[4]MATLAB, _The Math Works Inc._, www.mathworks.com

Como se pode verificar desse último exemplo, o cálculo manual da série de Fourier de tempo discreto é longo e maçante. Convém usar para isso um microcomputador ou mesmo, nos casos mais simples, uma calculadora portátil. Note-se que os programas de microcomputadores ou de calculadoras programáveis normalmente usam o algoritmo da *transformada rápida de Fourier* (*FFT*)[5]. Esse algoritmo exige que o número de elementos da seqüência original seja igual a uma potência de 2 e reduz o número de cálculos numéricos por algumas ordens de grandeza.

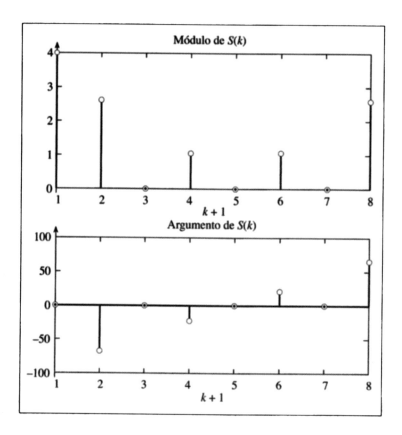

Figura 10.3 Módulo e fase dos coeficientes espectrais da seqüência de onda quadrada.

---

[5] Para maiores detalhes sobre a transformada rápida de Fourier (FFT) ver, por exemplo, BRIGHAM, E. O., *The Fast Fourier Transform*. Englewood Clifs, Nova Jersey: Prentice-Hall, 1974.

Expressão Matricial da Série de Fourier de Tempo Discreto e de Sua Inversa **335**

10.2 Teorema de Parseval-Rayleigh

As principais propriedades das séries de Fourier de tempo contínuo têm suas correspondentes (discretas!) nas séries de tempo discreto. Examinaremos aqui em detalhe o teorema de Parseval-Rayleigh:

Dada uma seqüência de elementos reais $\{f(n)\}_{n=0}^{N_0-1}$, cujos coeficientes espectrais compõem a seqüência $\{F(k)\}_{k=0}^{N_0-1}$, vale

$$\sum_{n\in<N_0>} f^2(n) = \frac{1}{N_0} \sum_{k\in<N_0>} |F(k)|^2 \tag{10.12}$$

ou seja, a "energia num período" do sinal distribui-se por seus vários componentes de Fourier, analogamente ao que acontecia nos sinais de tempo contínuo.

Para demonstrar esse resultado, façamos

$$\sum_{n=0}^{N_0-1} f^2(n) = \sum_{n=0}^{N_0-1} \left\{ \frac{1}{N_0} \sum_{k_1=0}^{N_0-1} F(k_1)e^{jk_1\frac{2\pi}{N_0}n} \cdot \frac{1}{N_0} \sum_{k_2=0}^{N_0-1} F(k_2)e^{jk_2\frac{2\pi}{N_0}n} \right\}$$

Note-se que usamos dois índices de freqüência, k_1 e k_2, nos dois somatórios. Trocando agora a ordem dos somatórios, vem

$$\sum_{n=0}^{N_0-1} f^2(n) = \frac{1}{N_0^2} \sum_{k_1=0}^{N_0-1}\sum_{k_2=0}^{N_0-1} F(k_1)F(k_2) \cdot \left[\sum_{n=0}^{N_0-1} e^{j(k_1+k_2)\frac{2\pi}{N_0}n} \right]$$

O somatório entre colchetes só é não-nulo para $k_1 + k_2 = 0$ (módulo N_0), valendo N_0 nesse caso. Fazendo $k_1 = k$, a condição anterior fornece $k_2 = N_0 - k$.

Considerando ainda que $F(N_0 - k) = F^*(k)$, $k = 0, 1, \ldots N_0 - 1$, para sinais reais, o somatório dos quadrados, fica

$$\sum_{n=0}^{N_0-1} f^2(n) = \frac{1}{N_0}\sum_{k=0}^{N_0-1} F(k)\cdot F(N_0-k) = \frac{1}{N_0}\sum_{n=0}^{N_0-1} F(k)\cdot F^*(k) = \frac{1}{N_0}\sum_{k=0}^{N_0-1} |F(k)|^2$$

como queríamos demonstrar.

*10.3 Expressão Matricial da Série de Fourier de Tempo Discreto e de Sua Inversa

A série de Fourier de tempo discreto de uma seqüência $\{x(n)\}_{n=0}^{N_0-1}$ pode ser representada elegantemente em forma matricial. Para isso, vamos definir

$$W_{N_0} = e^{-j\frac{2\pi}{N_0}} \tag{10.13}$$

Note-se que W_{N_0} não é senão uma raiz n-ésima da unidade, isto é, uma solução da equação algébrica

$$x^{N_0} = 1 = e^{j2\pi m}, \ m = 0, 1, 2, \ldots, N_0 - 1$$

Em conseqüência, a definição (10.6, a) do termo genérico da DTFS fica

$$X(k) = \sum_{n=0}^{N_0-1} x(n) W_{N_0}^{kn} \tag{10.14}$$

Vamos agora definir os vetores

$$\mathbf{X} = \begin{bmatrix} x(0) \\ x(1) \\ \vdots \\ x(N_0 - 1) \end{bmatrix} \quad \mathbf{X} = \begin{bmatrix} X(0) \\ X(1) \\ \vdots \\ X(N_0 - 1) \end{bmatrix} \tag{10.15}$$

e a *matriz da DTFS*

$$\mathbf{W_{N_0}} = \begin{bmatrix} 1 & 1 & 1 & \ldots & 1 \\ 1 & W_{N_0} & W_{N_0}^2 & \ldots & W_{N_0}^{N_0-1} \\ 1 & W_{N_0}^2 & W_{N_0}^4 & \ldots & W_{N_0}^{2(N_0-1)} \\ \cdots & \cdots & \cdots & \cdots & \cdots \\ 1 & W_{N_0}^{N_0-1} & W_{N_0}^{2(N_0-1)} & \ldots & W_{N_0}^{(N_0-1)(N_0-1)} \end{bmatrix} \tag{10.16}$$

Em conseqüência, a série de Fourier de tempo discreto inversa (*IDTFS*) da seqüência dos $x(n)$ pode ser escrita na forma matricial

$$\mathbf{X} = \mathbf{W_{N_0}} \mathbf{X} \tag{10.17}$$

Verifica-se ainda que a DTFS, que fornece a seqüência original, no domínio do tempo, pode ser calculada por[6]

$$\mathbf{x} = \mathbf{W_{N_0}^{-1}} \cdot \mathbf{X} \tag{10.18}$$

A matriz inversa acima indicada existe e pode ser calculada por

$$\mathbf{W_{N_0}^{-1}} = (1/N_0) . \ \mathbf{W^*}/N_0 \tag{10.19}$$

onde $\mathbf{W^*}/N_0$ indica a conjugada da matriz da DTFS.

---

[6]HSU, H. P., *Signals and Systems*, Schaum's Outlines, McGraw-Hill, 1005, pág. 349.

Sinais Amostrados e Condições de Nyquist

Exemplo:

Para $N_0 = 4$, a matriz da DTFS fica

$$\mathbf{W}_4 = \begin{bmatrix} 1 & 1 & 1 & 1 \\ 1 & -j & -1 & j \\ 1 & -1 & 1 & -1 \\ 1 & j & -1 & -j \end{bmatrix}$$

Com esse resultado, fica fácil calcular a DTFS de seqüências de 4 elementos. Experimente fazê-lo. Calcule também a transformação inversa por (10.18)!

10.4 Sinais Amostrados e Condições de Nyquist

Consideremos um sinal real, representado pela função do tempo $s(t)$. Em grande número de situações práticas só dispomos de *valores amostrados* desse sinal.

Se, por exemplo, o sinal for a temperatura de um forno, suas amostras podem ser obtidas lendo a temperatura a cada Δ segundos. Essas leituras fornecem uma seqüência $\{s(n\Delta)\}$ de amostras da temperatura do forno.

Um outro exemplo de emprego de sinais amostrados são os discos digitais de áudio. Para gravar esses discos, o sinal de áudio, previamente filtrado para limitar seu espectro na freqüência máxima de 20 kHz, é amostrado a uma freqüência de 44,1 kHz. Essas amostras são digitalizadas e o resultado é gravado no disco. Na sua leitura, as amostras digitais são convertidas para um sinal analógico, que reproduz fielmente o sinal original. Esse é um exemplo trivial, que mostra a possibilidade de reconstituição do sinal amostrado, com excelente fidelidade.

Para que a reconstituição do sinal amostrado possa ser feita com exatidão, a amostragem deve satisfazer a certas condições, designadas por *condições de Nyquist*. Vamos agora examinar essas condições, de maneira intuitiva e restringindo-nos ao caso de sinais periódicos. A extensão a sinais não-periódicos será feita em cursos subseqüentes.

Consideraremos aqui apenas o caso de *amostragem uniforme*, isto é, em que o *período de amostragem* Δ é constante. Para que o sinal amostrado também seja periódico, obviamente o período de amostragem T_d deve satisfazer à condição

$$\Delta = T_d/N$$

onde T_d é um múltiplo do período do sinal e N é o número total de amostras.

Para estabelecer alguma intuição sobre a amostragem de sinais, consideremos um sinal

$$s(t) = \cos(0{,}125\pi t) + \cos(0{,}625\pi t)$$

com período $T_0 = 16$ e composto unicamente da fundamental e do 5.° harmônico (figura 10.4, a). Na mesma figura, b), representamos os dois componentes do sinal.

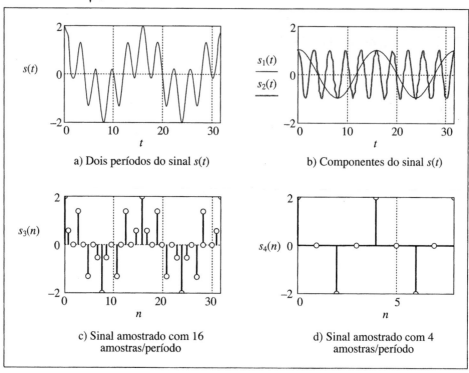

Figura 10.4 Amostragem de sinal periódico.

Ainda na figura 10.4, c) e d), estão representadas duas amostragens desse sinal, com períodos de amostragem iguais, respectivamente, a 1 e 4 segundos. É óbvio que seria impossível recompor o sinal original a partir apenas das amostras indicadas na figura 10.4, d). Ao contrário, a partir das amostras da figura 10.4, c), é possível reconstruir o sinal com boa precisão, até mesmo graficamente. No segundo caso a impossibilidade provém essencialmente da baixa taxa de amostragem, que, em particular, faz menos de duas amostras por ciclo do componente de freqüência mais elevada. Intuitivamente, vemos que a recomposição do componente de freqüência mais elevada exige mais de duas amostras em cada ciclo desse componente. É o que acontece no caso c), em que o sinal poderá ser reconstituído exatamente por meio de sua expansão de Fourier, como mostraremos logo mais.

Efetivamente, a possibilidade de reconstituir um sinal periódico a partir de suas amostras é afirmada pelo *teorema da amostragem*[7]:

Um sinal $s(t)$, de tempo contínuo e de banda limitada, isto é, com componentes espectrais nulos para freqüências $\omega > \omega_M$, fica univocamente determinado por suas amostras $s(n\Delta)$, $n = 0, \pm 1, \pm 2, \ldots$, se a freqüência de amostragem $\omega_a = 2\pi/\Delta$ satisfizer à condição

$$\omega_a > 2\omega_M, \text{ (rad/s)}$$

Dadas essas amostras, o sinal $s(t)$ pode ser reconstituído gerando-se uma seqüência periódica de impulsos, cujas amplitudes sucessivas sejam os sucessivos valores das amostras. Passando essa seqüência de impulsos por um filtro passa-baixas ideal, com ganho Δ

---

[7] OPPENHEIM, A. V., WILSKY, A. S. e NAWAB, S. H., *Signals and Systems*, 2.ª edição, Prentice-Hall, Nova Jersey, 1997, págs. 518 e segs.

Sinais Amostrados e Condições de Nyquist 339

e freqüência de corte maior que ω_M e menor que $\omega_a - \omega_M$, obtém-se, na saída do filtro, um sinal exatamente igual ao sinal $s(t)$ original.

A freqüência $2\omega_M$ é chamada *taxa de Nyquist* e ω_M é designada por *freqüência de Nyquist*. As duas grandezas são características do sinal.

Resumindo, o teorema da amostragem impõe duas condições na amostragem:

a) O sinal deve ter *espectro limitado*, isto é, devem ser nulos seus componentes de Fourier com freqüências maiores que uma certa freqüência angular

$$\omega_M = 2\pi f_M \qquad (10.20)$$

b) A freqüência de amostragem ω_a deve ser tal que

$$\omega_a > 2\omega_M \text{ (rad/s)} \qquad (10.21)$$

ou dividindo por 2π,

$$f_a > 2 f_M \text{ (hertz)} \qquad (10.22)$$

No caso de sinal periódico e com amostragem limitada no tempo, mais uma condição deve ser satisfeita:

c) A duração total $N\Delta$ da amostragem deve ser exatamente igual a um número inteiro de períodos.

A plausibilidade dessa última condição pode ser estabelecida pelo seguinte argumento: a série de Fourier de tempo discreto, operando sobre uma seqüência original $\{x(n)\}_{n=0}^{N-1}$, que convirá designar por *seqüência no domínio do tempo*, fornece uma *seqüência periódica* $\{X(k)\}_{k\in\mathbb{Z}}$ (no *domínio da freqüência*). Antitransformando uma subseqüência de N elementos dessa seqüência transformada obtemos, no domínio do tempo, uma seqüência periódica, cujos elementos de 0 a $N-1$ reproduzem exatamente a seqüência original.

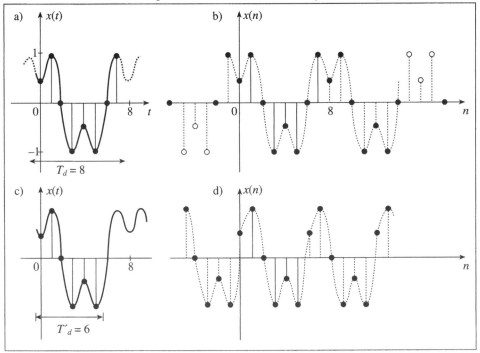

Figura 10.5 Reprodução de sinal periódico com a DTFS.

Considremos então o sinal de período 8 representado na figura 10.5, a). Na mesma figura indicamos oito amostras (de $n = 0$ a 7) desse sinal, com duração total de amostragem T_d exatamente igual ao período do sinal. Se aplicarmos a DTFS a essas 8 amostras e, depois, aplicarmos a inversa, IDTFS, obtemos a seqüência periódica indicada na figura 10.5, b). Observamos que essa seqüência de amostras permite a reconstituição gráfica do sinal.

Vamos agora amostrar esse mesmo sinal, mas com uma duração de amostragem T'_d diferente de múltiplo inteiro do seu período. É o que está indicado na figura 10.5, c), onde tomamos seis amostras em T'_d. Novamente, fazendo a DTFS dessas 6 amostras e aplicando a IDTFS ao resultado, obtemos a seqüência periódica indicada na figura 10.5, d). É óbvio que essa seqüência não representa o sinal original e que esse problema decorreu da duração da amostragem ser diferente de um múltiplo inteiro do período do sinal original.

Na próxima seção vamos quantificar essas observações.

10.5 Relação entre Série de Fourier de Tempo Discreto (DTFS) e Série de Fourier de Tempo Contínuo (CTFS)

Consideremos um sinal $s(t)$, real e periódico, com período T_0 e com espectro limitado a M harmônicos. Desenvolvendo-o em série de Fourier (de tempo contínuo), teremos

$$s(t) = \sum_{m=-M}^{M} c_m e^{jm\omega_0 t}, \quad \omega_0 = 2\pi / T_0 \tag{10.23}$$

Vamos agora mostrar que os coeficientes da série de Fourier desse sinal podem ser calculados pela DTFS de uma seqüência de amostras do sinal. Esse cálculo será exato se forem obedecidas as condições expostas na seção anterior. Para isso, vamos amostrar o sinal com N_0 amostras num período. Para satisfazer ao teorema da amostragem devemos fazer $N_0 > 2\,M$. Vamos tomar então

$$\begin{cases} N_0 \text{ par: } M = \dfrac{N_0}{2} - 1 \\[2mm] N_0 \text{ ímpar: } M = \dfrac{N_0 - 1}{2} \end{cases}$$

Sendo Δ o período da amostragem, a duração da amostragem será

$$T_d = T_0 = N_0\Delta \rightarrow \omega_0 = 2\pi/(N_0\Delta)$$

e as amostras do sinal serão (já que $t = n\Delta$)

$$s(n\Delta) = \sum_{m=-M}^{M} c_m e^{jm\frac{2\pi}{N_0}n}, \quad n = 0,1,\dots N_0 - 1$$

A DTFS dessa seqüência terá os elementos

$$S(p) = \sum_{n=0}^{N_0-1} s(n\Delta)e^{-jp\frac{2\pi}{N_0}n}, \quad p = \dots -1,0,1,\dots$$

Relação entre Série de Fourier de Tempo Discreto (DTFS) e de Tempo Contínuo (CTFS) 341

Substituindo $s(n\Delta)$ por sua expansão em série, vem

$$S(p) = \sum_{n=0}^{N_0-1} \sum_{m=-M}^{M} c_m e^{jm\frac{2\pi}{N_0}n} \cdot e^{-jp\frac{2\pi}{N_0}n}$$

Trocando a ordem dos somatórios

$$S(p) = \sum_{m=-M}^{M} c_m \sum_{n=0}^{N_0-1} e^{jn\frac{2\pi}{N_0}(m-p)}, \quad p = ..., -1, 0, 1, ...$$

O segundo somatório dessa expressão só é não-nulo quando for $m - p = 0$, ou $m = p$, $m = -M, ..., 0, ... + M$, e nesse caso o somatório vale N_0. Note-se que

$$-N_0/2 < m < N_0/2$$

Portanto, $S(m) = N_0 \cdot c_m$, para os $m = -M, ..., 0, ..., M$. Convém considerar em separado os casos dos índices m positivos e negativos. A relação entre os coeficientes complexos de Fourier, para os m não negativos, fica então, muito simplesmente,

$$c_m = S(m) / N_0 \qquad (m = 0, 1, 2, ..., M) \tag{10.24}$$

Vamos considerar agora o caso dos índices negativos, que vão ser indicados por $-m, m = 1, 2, M$:

$$c_{-m} = S(-m)/N_0$$

Mas, pela periodicidade da DTFS, essa última fórmula pode ser escrita

$$c_{-m} = S(N_0 - m)/N_0 \tag{10.25}$$

Inversamente, as relações entre a DTFS e os coeficientes complexos de Fourier serão

$$\begin{cases} S(k) = N_0 \cdot c_k \\ S(N_0 - k) = N_0 \cdot c_{-k} \end{cases} \quad k = 0, 1, 2, ... M \tag{10.26}$$

Há, portanto, uma relação de proporcionalidade entre os coeficientes da série complexa de Fourier de um sinal real e os coeficientes espectrais da série de Fourier de tempo discreto de uma seqüência de amostras desse sinal, desde que a amostragem tenha satisfeito as condições de Nyquist.

Em conseqüência, sendo válidas as condições acima, a reconstituição de um sinal amostrado a partir de suas amostras se faz assim:

a) calculam-se os coeficientes espectrais da DTFS da seqüência de amostras, ou seja, os $S(k)$;

b) os coeficientes da série de Fourier do sinal original são calculados por (10.24) e (10.25);

c) monta-se a série de Fourier de tempo contínuo correspondente ao sinal, com a freqüência fundamental $\omega_0 = 2\pi/(N_0\Delta)$.

Resumindo, o termo $S(k)$ da DTFS, para $k < N_0/2$, corresponde ao coeficiente c_k do espectro de Fourier do sinal, correspondendo-lhe a freqüência

$$k\omega_0 = k\frac{2\pi}{T_0} = k\frac{2\pi}{N_0\Delta} \tag{10.27}$$

Em particular, $S(0)$ corresponde ao componente contínuo, enquanto $S(1)$ corresponde ao componente na freqüência fundamental ω_0.

Para $k = N_0$ obtemos então a freqüência

$$N_0 \omega_0 = N_0 \frac{2\pi}{\Delta N_0} = 2\pi f_a \qquad (10.28)$$

onde f_a é a freqüência de amostragem, ou seja, o índice N_0 corresponde à freqüência de amostragem.

Devemos ressaltar ainda que a DTFS só pode fornecer harmônicos de freqüências menores que $N_0\, \omega_0/2$.

As relações entre os índices k, n e, respectivamente, os tempos e as freqüências estão indicados na figura 10.6.

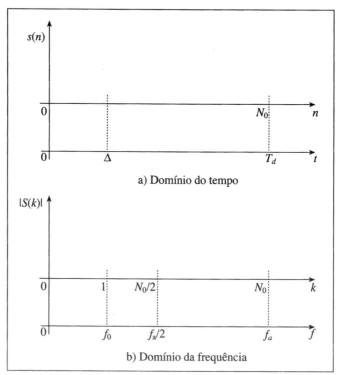

Figura 10.6 Relação entre domínios do tempo e da freqüência.

Como as raias do espectro de freqüência estão separadas por

$$f_0 = \frac{1}{N_0 \Delta} = \frac{1}{T_d} \qquad (10.29)$$

onde T_d é a duração da amostragem, diremos que $f_0 = 1/T_d$ é a *definição do espectro da amostragem*.

Relação entre Série de Fourier de Tempo Discreto (DTFS) e de Tempo Contínuo (CTFS) **343**

No domínio da freqüência o espectro tem uma simetria em relação a $N_0/2$, ou $f_a/2$. Pelas relações (10.26), as freqüências maiores que $f_a/2$, com índices maiores que $N_0/2$, correspondem, efetivamente, às freqüências negativas da série de Fourier de tempo contínuo.

Antes de prosseguir, vejamos alguns exemplos.

Exemplo 1

A amostragem de um período de um certo sinal periódico, feita satisfazendo as condições de Nyquist e com freqüência de amostragem de 1Hz, forneceu a seqüência de amostras

$$\{s_n\}_{n=0}^3 = \{0,1,0,-1\}$$

Vamos determinar o sinal correspondente a essas amostras. Para isso, começamos calculando a DTFS da seqüência de amostras. Usando a (10.6), ou a expressão matricial (10.17), obtemos

$$\{S(k)\}_{k=0}^3 = \{0, -j2, 0, j2\}$$

e, à vista de (10.24) e (10.25),

$$\begin{cases} c_0 = \dfrac{1}{4}S(0) = 0, & c_1 = \dfrac{1}{4}S(1) = -j0,5 \\[2mm] c_2 = \dfrac{1}{4}S(2) = 0, & c_{-1} = \dfrac{1}{4}S(3) = j0,5 \end{cases}$$

Para passar ao domínio do tempo, escreveremos

$$s(t) = c_{-1} e^{-j\omega_0 t} + c_1 e^{j\omega_0 t}$$

Mas, como a duração da amostragem foi de 4 segundos, com freqüência de amostragem $f_a = 1$Hz, e número de amostras $N_0 = 4$, a freqüência fundamental do sinal será $\omega_0 = \frac{2\pi}{4} = \frac{\pi}{2}$. Portanto

$$s(t) = j0,5e^{-j(\pi/2)t} - j0,5e^{j(\pi/2)t} = \mathrm{sen}\left(\frac{\pi}{2}t\right)$$

Essa é a reconstituição perfeita do sinal amostrado.

Exemplo 2

Um certo sinal periódico, de período $T_0 = 8$, é amostrado num período, com $\Delta = 1$ e $N_0 = 8$. A seqüência de amostras obtidas foi

$$\{s_n\}_{n=0}^7 = \{1,57006;\ 0,11207;\ -0,22855;\ -0,28884;\ -0,86295;\ -0,81918;$$
$$-0,47885;\ 0,99596\}$$

Supondo que as condições de Nyquist foram satisfeitas na amostragem, vamos determinar a representação desse sinal em série de Fourier de tempo contínuo.

A freqüência fundamental do sinal será $\omega_0 = 2\pi/8 = \pi/4$. Calculando a DTFS da seqüência de amostras, por meio de algum programa adequado, obtemos a seqüência transformada

$$\{S(k)\}^7_{k=0} = \{0;\ 4;\ 2e^{j0,785};\ 1e^{j0,523};\ 0;\ 1e^{-j0,523};\ 2e^{-j0,785};\ 4\}$$

Usando agora as (10.24) e (10.25), obtemos os coeficientes da série de Fourier:

$$\begin{cases} c_0 = 0;\ c_1 = 0,5;\ c_2 = 0,25e^{j\pi/4} \\ c_{-1} = 0,25e^{-j\pi/4};\ c_3 = 0,125e^{j\pi/6};\ c_{-3} = 0,125e^{j\pi/6} \end{cases}$$

Portanto, a expansão do sinal em co-senos será

$$s(t) = \cos\left(\frac{\pi}{4}t\right) + 0,5\cos\left(\frac{\pi}{2}t + \frac{\pi}{4}\right) + 0,25\cos\left(\frac{3\pi}{4}t + \frac{\pi}{6}\right)$$

10.6 Espectro do Sinal Periódico Amostrado

Vamos mostrar que a amostragem de um sinal periódico faz, essencialmente, com que seu espectro seja replicado em torno de freqüências múltiplas da freqüência de amostragem. De fato, essa propriedade vale também para sinais não-periódicos. Para manter a demonstração simples e dentro do quadro das séries de Fourier, vamos considerar aqui apenas o caso da amostragem impulsiva de sinais periódicos.

Consideremos então um sinal periódico $s(t)$, com período T_0 e o espectro limitado a uma freqüência ω_M. Sua expansão em série de Fourier será então

$$s(t) = \sum_{k=-M}^{M} c_k e^{jk\omega_0 t}, \quad \omega_0 = 2\pi / T_0$$

com

$$c_k = \frac{1}{T_0} \int_{T_0} s(t)e^{-jk\omega_0 t} dt \tag{10.30}$$

Como esses coeficientes são função de k e de ω_0, vamos designá-los por $c_k = c(k\omega_0)$.

O sinal amostrado será obtido multiplicando-se $s(t)$ pela *seqüência impulsiva periódica*

$$p(t) = \sum_{n=-\infty}^{\infty} \delta(t - n\Delta)$$

onde Δ é o período da amostragem.

A expansão da seqüência impulsiva em série de Fourier é, como já vimos,

$$p(t) = \sum_{k=-\infty}^{\infty} \frac{1}{\Delta} e^{jk\omega_a t}, \quad \omega_a = \frac{2\pi}{\Delta}$$

Espectro do Sinal Periódico Amostrado

Em conseqüência, o sinal amostrado pode ser representado por

$$s_p(t) = s(t) \cdot p(t) = \sum_{k=-\infty}^{\infty} \frac{1}{\Delta} s(t) e^{jk\omega_a t} \tag{10.31}$$

A amostragem de um sinal, bem como sua influência nos espectros, está ilustrada na figura 10.7. Nessa figura, as colunas da esquerda e da direita correspondem, respectivamente, aos domínios do tempo e da freqüência. Assim, na coluna da esquerda representamos, de cima para baixo, o sinal $s(t)$, a seqüência impulsiva $p(t)$ e o sinal amostrado $s_p(t)$. Note-se que, nesse último caso, os impulsos foram desenhados com alturas proporcionais às respectivas amplitudes. Na coluna da direita, também de cima para baixo, estão representados, sucessivamente, os módulos dos coeficientes de Fourier dos espectros do sinal, da seqüência amostradora e do sinal amostrado.

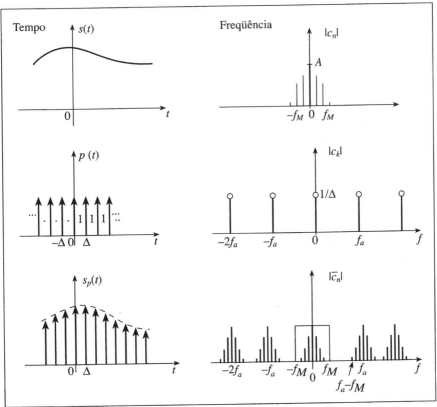

Figura 10.7 O sinal amostrado e seu espectro.

Para determinar esse último espectro, vamos calcular os respectivos coeficientes complexos de Fourier. Designando-os por $\bar{c}_k$ teremos, à vista de (10.30),

$$\bar{c}_k = \frac{1}{T_0} \int_{T_0} \left(\sum_{\nu=-\infty}^{\infty} \frac{1}{\Delta} s(t) e^{j\nu\omega_a t} \right) \cdot e^{-jk\omega_0 t} dt$$

donde, trocando a ordem do somatório com a integral,

$$\bar{c}_k = \frac{1}{\Delta} \cdot \sum_{v=-\infty}^{\infty} \frac{1}{T_0} \int_{T_0} s(t) e^{-j(k\omega_0 - v\omega_a)t} dt \qquad (10.32)$$

Comparando (10.32) com (10.30), resulta

$$\bar{c}_k = \frac{1}{\Delta} \sum_{v=-\infty}^{\infty} c(k\omega_0 - v\omega_a) \qquad (10.33)$$

ou seja, o espectro do sinal amostrado consta da replicação do espectro original de $s(t)$ a cada ω_a, tudo multiplicado por $1/\Delta = f_a$. Essa replicação do espectro está indicada à direita, na última linha da figura 10.7. É fácil perceber que não haverá superposição das sucessivas réplicas se for $\omega_a > 2\omega_M$, como exigido pela segunda condição de Nyquist.

Satisfeita essa condição, o sinal original poderá ser recuperado passando o sinal amostrado por um filtro passa-baixas retangular, com ganho $\Delta = 1/f_a$ na banda passante e freqüência de corte satisfazendo a

$$\omega_M < \omega_c < \omega_a - \omega_M \qquad (10.34)$$

A recuperação analógica de sinais amostrados é muito empregada hoje em dia. O exemplo mais comum são os discos digitais de áudio, em cuja reprodução os sinais digitais, gravados no disco, são convertidos em sinais analógicos. Note-se que efetivamente essa reprodução é mais complicada do que foi indicado acima, pois praticamente não é possível realizar uma amostragem por seqüências impulsivas. O que se usa realmente é a amostragem por seqüências periódicas de pulsos retangulares muito estreitos; na reconstituição do sinal, o filtro passa-baixas deve ser modificado convenientemente.

10.7 A Análise Espectral de Sinais Periódicos e Seus Erros

Praticamente a análise espectral de sinais se realiza por meio de instrumentos chamados *analisadores espectrais.* Há dois tipos de analisadores espectrais:

1. *Analisadores espectrais analógicos*, constituídos essencialmente por filtros passa-faixa, com banda passante estreita e com freqüência central ajustável. Em geral são aparelhos dispendiosos e de uso complicado, sendo usados hoje em dia sobretudo para a análise de sinais de freqüências altas.

2. *Analisadores espectrais digitais,* em que o sinal a ser analisado é previamente amostrado e o espectro é obtido calculando-se a DTFS da seqüência de amostras. São os aparelhos mais usados atualmente. Sua operação é simples, mas a interpretação dos resultados deve ser feita com cuidado, por causa dos erros que serão discutidos a seguir.

Na *análise espectral de sinais periódicos* (único caso que consideraremos aqui), a partir de uma seqüência de amostras do sinal original, podem ocorrer os seguintes tipos de erros:

A Análise Espectral de Sinais Periódicos e Seus Erros

1. erros de vazamento (*leakage effect*);
2. erros de efeito cerca (*picket fence effect*);
3. erros de recobrimento ou rebatimento (*aliasing*).

O estudo quantitativo completo dos erros de vazamento e de efeito cerca só pode ser feito após o estudo das integrais de Fourier. Por enquanto, vamos dar apenas uma explicação qualitativa desses erros. Para isso, consideremos o sinal

$$s(t) = \cos(2\pi t) + \cos\left(4\pi t + \frac{\pi}{2}\right),$$

com período $T_0 = 1$, e cujos coeficientes de Fourier são $c_1 = 0,5 = c_{-1}$, $c_2 = j\,0,5$ e $c_{-2} = -j\,0,5$. Na figura 10.8, a), representamos dois períodos desse sinal e, na mesma figura, b), suas amostras são tomadas com um período de amostragem $t_a = 0,125$. Temos então exatamente $N = 8$ amostras por período. As condições de Nyquist estão satisfeitas, pois o sinal tem espectro limitado, com a freqüência do harmônico de maior ordem igual a 2 e freqüência de amostragem igual a 8.

Na figura 10.9, a), estão representados os módulos dos $S_a(k)$, correspondentes à DTFS das oito primeiras amostras representadas na figura 10.8, b). No eixo horizontal transformamos as abscissas k em seus equivalentes de freqüência pela relação $f = k/T_d$. Foi tomado $T_d = 1$, pois essa foi a duração de nossa janela de amostragem, correspondente às oito primeiras amostras utilizadas no cálculo da DTFS. Note-se que assim cobrimos exatamente um período do sinal. Aplicando (10.24) e (10.25) aos valores de $|S_8(f)|$ indicados no gráfico, obtemos exatamente os coeficientes de Fourier do sinal dado, nas freqüências 1 e 2. Portanto, a análise espectral forneceu resultados corretos.

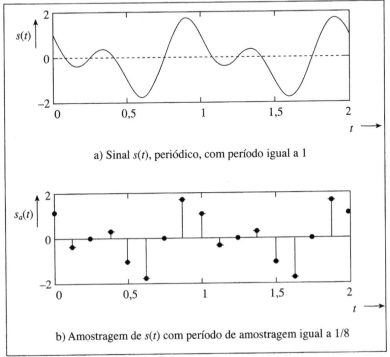

a) Sinal $s(t)$, periódico, com período igual a 1

b) Amostragem de $s(t)$ com período de amostragem igual a 1/8

Figura 10.8 Sinal periódico e suas amostras.

Já na figura 10.9, b), em que foram representados os módulos da DTFS de 10 amostras, correspondendo a uma janela de amostragem com duração igual a 1,25 do período, aparecem raias espectrais nas freqüências 0; 0,8; 1,6; 2,4 e 3,2, não correspondendo ao espectro do sinal dado. Vemos aqui os erros de efeito cerca — as raias obtidas "cercam" as raias verdadeiras — e de vazamento, pois aparecem raias com freqüências mais elevadas que as presentes no sinal original.

Assim, os erros de vazamento e de efeito cerca, no caso de sinais periódicos, decorrem, essencialmente, de a duração da amostragem não coincidir com um número inteiro de períodos do sinal original. Como já foi discutido a propósito da figura 10.5, nesse caso o período do sinal original é interpretado como sendo a duração da seqüência de amostras considerada, podendo então ocorrer descontinuidades que causarão as freqüências espúrias na análise, com o conseqüente aparecimento do vazamento.

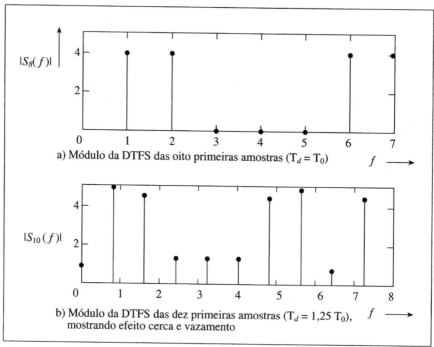

Figura 10.9 Espectros do sinal $s(t)$ obtidos com janela de amostragem iguais a: a) um período do sinal; b) 1,25 do período do sinal.

Vamos agora ilustrar os erros de recobrimento (*aliasing*). Esses erros aparecem quando a freqüência de amostragem for inferior ao dobro da máxima freqüência do espectro do sinal a ser analisado.

Essencialmente, os erros de recobrimento decorrem de que apenas freqüências de 0 a $f_a/2$ podem ser distinguidas numa amostragem com freqüência f_a.

De fato, consideremos um sinal

$$s(t) = A\cos(\omega t + \phi) = A\cos(2\pi f t + \phi)$$

A Análise Espectral de Sinais Periódicos e Seus Erros **349**

que será amostrado com uma freqüência f_a tal que

$$f_a/2 < f < f_a$$

Amostrando o sinal a cada $\Delta = 1/f_a$ unidades de tempo, obtemos as amostras

$$s(n) = A\cos\left(2\pi f \frac{1}{f_a} n + \phi\right), \quad (n = 0, 1, \ldots N-1) \qquad (10.35)$$

Considerando que o co-seno é função par e que podemos somar um múltiplo inteiro de 2π ao seu argumento, sem modificar o valor da função, podemos escrever

$$s(n) = A\cos\left(2\pi n - 2\pi \frac{f}{f_a} n - \phi\right)$$

ou, rearranjando,

$$s(n) = A\cos\left(2\pi \frac{f_a - f}{f_a} n - \phi\right) \qquad (10.36)$$

As relações (10.35) e (10.36) mostram que duas co-senóides de freqüências f e $f_a - f$ fornecem exatamente as mesmas amostras.

Portanto, um componente de freqüência f, maior que $f_a/2$, será interpretado como tendo a freqüência $f_a - f$. Tudo se passa como se o espectro acima de $f_a/2$ fosse "dobrado (ou rebatido) em $f_a/2$", como sugerido pela figura 10.10.

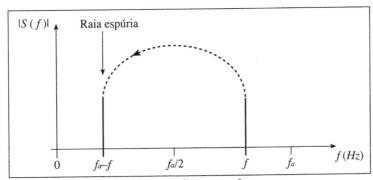

Figura 10.10 Recobrimento do espectro.

O recobrimento pode também ser interpretado como decorrendo de uma "estroboscopia" do sinal de freqüência alta. Essa interpretação está ilustrada na figura 10.11, onde o sinal co-senoidal

$$s(t) = \cos\left(\frac{5\pi}{4} t\right)$$

de freqüência $f = 5/8$, foi amostrado com uma freqüência $f_a = 1$. Aparentemente essas amostras (indicadas pelas bolinhas na figura) correspondem a uma co-senóide de freqüência $f_a - f = 1 - 5/8 = 3/8$.

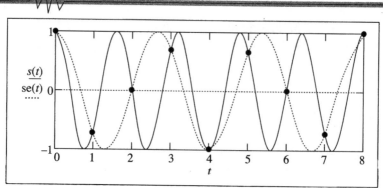

Figura 10.11 Co-senóide subamostrada.

Para concluir, vamos considerar um exemplo mais completo de sinal subamostrado. Seja então o sinal

$$s(t) = \cos(2\pi t) + \cos\left(4\pi t + \frac{\pi}{2}\right) + 0,5\cos\left(10\pi t + \frac{\pi}{3}\right)$$

composto por fundamental, segundo e quinto harmônicos, com freqüência fundamental igual a 1. Vamos amostrá-lo com freqüência de amostragem igual a 8 e, portanto, inferior ao dobro da freqüência do máximo harmônico. Na figura 10.12, a) e b), representamos, respectivamente, dois períodos do sinal e dezesseis de suas amostras.

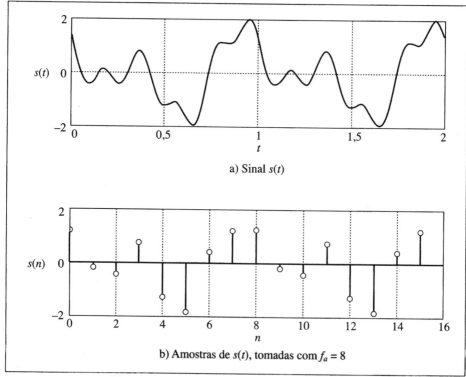

Figura 10.12 Exemplo de sinal subamostrado.

A Análise Espectral de Sinais Periódicos e Seus Erros   **351**

   Na figura 10.13 representamos o módulo e a fase dos coeficientes espectrais da DTFS, calculados com as dezesseis primeiras amostras da seqüência acima. Portanto, a duração da janela de amostragem está exatamente igual a dois períodos do sinal.

> O gráfico de fases da figura 10.13, b) deve ser interpretado com cuidado. As fases indicadas para os valores correspondentes a $|S(k)| = 0$ resultaram de ruídos numéricos. De fato, o programa forneceu, por exemplo,
>
> $S(1) = -8,88 \cdot 10^{-15}$, $S(3) = -(3,11 + j\,2,72) \cdot 10^{-15}$, etc.
>
> Só os valores correspondentes aos k pares e maiores que zero têm sentido.

   Como a freqüência de amostragem ficou abaixo da taxa de Nyquist do sinal, devemos esperar erro de rebatimento. De fato, é o que se verifica na figura 10.13: há duas raias espectrais nas freqüências (corretas!) de 1 e 2 (correspondentes a $k = 2$ e 4), mas apareceu uma raia espúria na freqüência 3 (correspondente a $k = 6$), pois $f_a - f_M = 8 - 5 = 3$.

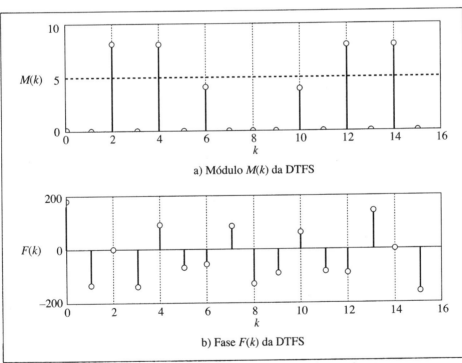

Figura 10.13 DTFS de dezesseis amostras do sinal $s(t)$.

   Contra o erro de rebatimento só há dois remédios: 1. se for possível, aumentar a freqüência de amostragem, até um valor maior do que o dobro da freqüência máxima do espectro do sinal; 2. caso contrário, filtrar o sinal analógico, *antes da amostragem*, de modo a suprimir suas freqüências maiores do que $f_a/2$.

Em conclusão, notemos que será possível obter o espectro de um sinal periódico sem erro se, e apenas se, forem satisfeitas as condições:

a) a duração da janela de amostragem for exatamente igual a um número inteiro de períodos do sinal periódico;

b) o espectro do sinal original for limitado a uma freqüência f_M;

c) a freqüência de amostragem f_a for maior que $2 f_M$.

Ao usar um analisador de espectros digital, o usuário deve sempre certificar-se de que essas condições estão sendo satisfeitas.

EXERCÍCIOS BÁSICOS DO CAPÍTULO 10

Para resolver estes problemas é conveniente dispor de recursos computacionais, como os programas Mathcad ou Matlab ou mesmo alguma calculadora com capacidade para o cálculo de FFTs.

1   Determine a representação da função

$$s(n) = \cos\left(\frac{\pi}{8}n + \pi/3\right)$$

em série de Fourier de tempo discreto, sem usar a fórmula (10.6, a).

(Sugestão: use as fórmulas de Euler-Moivre e identifique os coeficientes.)

Resp.: $s(n) = \frac{1}{2}e^{j\frac{\pi}{3}} \cdot e^{j\frac{\pi}{8}n} + \frac{1}{2}e^{-j\frac{\pi}{3}} \cdot e^{-j\frac{\pi}{8}n}$

2   Um período de uma seqüência periódica é dado por
$\{s(n)\}_{n=0}^{7} = \{-1,1,0,0,0,0,1,-1\}$
Determine os coeficientes espectrais dessa seqüência.
Resp.: $\{0; -1 -j0{,}4142; -2 -j2; -1 -j2{,}4142; 0; -1 +j2{,}4142; -2 +j2; -1 +j0{,}4142\}$

3   Determine os coeficientes espectrais das duas seqüências
$\{s_1(n)\}_{n=0}^{3} = \{1,1,0,0\}$; $\{s_2(n)\}_{n=0}^{7} = \{1,1,0,0,1,1,0,0\}$
e compare os resultados.
Resp.: $\{S_1(k)\}_{k=0}^{3} = \{2; 1-j1; 0; 1+j1\}$
$\{S_2(k)\}_{k=0}^{7} = \{4; 0; 2-j2; 0; 0; 0; 2+j2; 0\}$

Exercícios Básicos do Capítulo 10

4. Os coeficientes espectrais de uma certa seqüência periódica $\{s(n)\}$ são dados por $\{S(k)\}_{k=0}^{3} = \{4,0,0,0\}$. Determine a seqüência original $\{s(n)\}$.

   Resp.: $\{s(n)\}_{n=0}^{3} = \{1,1,1,1\}$

5. A seqüência

   $\{s(n)\}_{n=0}^{7} = \{4.000;\ 0,4824;\ -2,7321;\ -0,9319;\ 2,000;\ 1,5176;\ 0,7321;\ 2,9319\}$

   contém as oito amostras eqüidistantes, tomadas num período de um sinal periódico $s(t)$, com período $T_0 = 2$ e satisfazendo às condições de Nyquist.

   a) Determine os coeficientes espectrais $\{S(k)\}_{k=0}^{7}$ da série de Fourier de tempo discreto (DTFS).

   b) Obtenha a expansão em série de Fourier de tempo contínuo do sinal $s(t)$ que originou a seqüência dada.

   Resp.: a) $\{S(k)\}_{k=0}^{7} = \{8;\ 4 + j6,933;\ 8;\ 0;\ 0;\ 0;\ 8;\ 4 - j6,933\}$

   b) $s(t) = 1 + 2\cos(\pi t + \pi/3) + 2\cos(2\pi t)$

6. Uma função de valor real $s(t)$, periódica e com período $T_0 = 1$, foi amostrada com freqüência de amostragem $f_a = 1/8$, satisfazendo às condições de Nyquist. Os coeficientes espectrais da seqüência de amostras correspondentes a um período resultaram

   $\{S(k)\}_{k=0}^{7} = \{0;\ 17,3205 + j10,00;\ 0;\ 8,4853 + j8,4853;\ 0;\ S(5);\ S(6);\ S(7)\}$

   a) Determine $S(5)$, $S(6)$ e $S(7)$.

   b) Determine a seqüência original de amostras da função.

   c) Determine a função $s(t)$.

   Resp.: a) $8,4853 - j8,4853;\ 0;\ 17,3205 - j10$.

   b) $\{6,415;\ -1,7059;\ -0,3787;\ -4,8296;\ -6,4514;\ 1,7059;\ 0,3787;\ 4,8296\}$

   c) $s(t) = 5\cos(2\pi t + \pi/6) + 3\cos(6\pi t + \pi/4)$

7. Suponha que a seqüência do Exercício 2 foi obtida amostrando-se um período de uma função periódica de tempo contínuo $s(t)$, com freqüência de amostragem $f_a = 10$ Hz.

   a) É possível determinar a função $s(t)$ a partir dessas amostras?

   b) Se for possível, determine $s(t)$.

   Resp.: a) Não, pois não se sabe se a amostragem satisfez às condições de Nyquist.

Capítulo **11**

ANÁLISE NODAL
DE REDES R, L, C

11.1 As Equações Gerais de Análise Nodal

Na primeira parte deste curso já mostramos que a análise nodal de redes resistivas lineares se processa pelas seguintes etapas:

1) definindo os *ramos* e *nós* do circuito;

2) escolhendo um *nó de referência*;

3) definindo as *tensões nodais* e_i, medidas entre cada um dos n_i nós não de referência e o nó de referência, e orientando os r ramos com os sentidos de referência positiva para as respectivas correntes;

4) aplicando a 1.ª lei de Kirchhoff a cada um dos nós não de referência;

5) eliminando as correntes de ramo j_i nessas equações, por meio das relações entre corrente e tensão no ramo;

6) ordenando as equações em relação às tensões nodais e arranjando-as numa só equação matricial.

Relembremos que, em princípio, a escolha do nó de referência da etapa 2 é arbitrária, mas, normalmente, será orientada por alguma razão prática, como, por exemplo, fazendo-o coincidir com a *terra* do circuito.

Completadas essas etapas, obtém-se um sistema linear de equações algébricas, cuja solução fornece as tensões nodais da rede.

Vamos agora generalizar esse método de análise, aplicando-o a redes com elementos armazenadores de energia. Mais especificamente, começaremos considerando redes constituídas apenas por resistores, indutores e capacitores lineares, excitadas por geradores de corrente independentes. Outros elementos serão incluídos posteriormente.

Neste caso, mais geral, a análise nodal começa, como no caso resistivo, com a aplicação das quatro primeiras etapas acima.

As Equações Gerais de Análise Nodal

O nó de referência receberá o índice zero, e aos demais nós n_i serão atribuídas as tensões nodais e_i.

Isso feito, a análise prossegue com a etapa 4, aplicando a 1.ª lei de Kirchhoff a cada nó não de referência. Aqui aparece a diferença em relação às redes resistivas: em vez de usarmos somente a lei de Ohm para eliminar as correntes de ramos, teremos ainda de considerar as relações entre corrente e tensão nos ramos indutivos e capacitivos, que envolvem integrais e derivadas.

Como ilustração dessa etapa, consideremos o nó não de referência genérico j, indicado na figura 11.1, para o qual convergem ramos orientados, com todos os tipos de elementos aqui considerados e cuja tensão nodal é e_j.

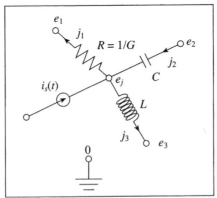

Figura 11.1 Nó genérico de uma rede R, L, C.

A aplicação da 1.ª lei de Kirchhoff a esse nó, atribuindo sinal positivo às correntes cujos sentidos de referência saem do nó e sinal negativo em caso contrário, fornece

$$j_1(t) - j_2(t) + j_3(t) - i_s(t) = 0 \quad (11.1)$$

As relações entre correntes de ramo e tensões nodais serão agora dos tipos

$$\begin{cases} j_1(t) = G[e_j(t) - e_1(t)] & \text{(ramo resistivo)} \\ j_2(t) = C\dfrac{d}{dt}[e_2(t) - e_j(t)] & \text{(ramo capacitivo)} \\ j_3(t) = \dfrac{1}{L}\int_{0_-}^{t}[e_j(\tau) - e_3(\tau)]\,d\tau + j_3(0_-) & \text{(ramo indutivo)} \end{cases} \quad (11.2)$$

Suposemos aqui que $j_3(0_-)$ é o *valor inicial* da corrente no indutor.

Substituindo-se na equação da 1.ª lei de Kirchhoff (11.1), rearranjando os termos e colocando a corrente do gerador no segundo membro da equação, obtemos a equação para o j-ésimo nó:

$$-G_1 e_1(t) - C\dfrac{de_2(t)}{dt} - \dfrac{1}{L}\int_{0_-}^{t}e_3(\tau)d\tau + \left[Ge_j(t) + C\dfrac{de_j(t)}{dt} + \dfrac{1}{L}\int_{0_-}^{t}e_j(\tau)d\tau\right] = i_s(t) - j_3(0_-)$$

$$(11.3)$$

A condição inicial, correspondente à corrente na indutância, já foi introduzida e passada para o segundo membro da equação, pois é uma constante conhecida.

A (11.3) é uma *equação íntegro-diferencial* bastante longa. Convém compactar a notação. Para isso, vamos introduzir o *operador de derivação*

$$D^k = \frac{d^k}{dt^k}, \quad (k = 0,1,2,...)$$ (11.4)

que agirá sobre a função à sua direita, efetuando a derivada de k-ésima ordem. Por consistência, definiremos também

$$D^{-1} = \int_{0_-}^{t} dt$$ (11.5)

Os operadores CD e $\frac{1}{L}D^{-1}$ serão designados, respectivamente, por *operadores de admitância capacitiva* e *de admitância indutiva*. Com esses operadores, as relações (11.2) ficam

$$\begin{cases} j_1(t) = G[e_j(t) - e_1(t)] \\ j_2(t) = CD[e_2(t) - e_j(t)] \\ j_3(t) = \frac{1}{L}D^1[e_j(t) - e_3(t)] + j_3(0_-) \end{cases}$$ (11.6)

e a equação (11.3) pode ser posta na forma

$$-Ge_1(t) - CDe_2(t) - \frac{1}{L}D^{-1}e_3(t) + \left(G + CD + \frac{1}{L}D^{-1}\right) \cdot e_j(t) = i_S(t) - j_3(0_-)$$ (11.7)

Vejamos então como generalizar o procedimento de obtenção das equações nodais das redes resistivas para as redes R, L, C.

Nos ramos resistivos mantemos as condutâncias; nos ramos capacitivos e indutivos, em vez de condutância, introduzimos, respectivamente, o *operador de admitância capacitiva* CD e o *operador de admitância indutiva* $(1/L) \cdot D^{-1}$. No segundo membro colocamos as correntes de fonte que pertencem ao nó, bem como as correntes iniciais nos indutores, com os sinais apropriados.

Repetindo o mesmo procedimento para os demais nós não de referência do circuito, obtemos um sistema de equações íntegro-diferenciais, que pode ser escrito de maneira mais sucinta com a notação matricial:

$$\mathbf{Y_n}(D) \cdot \mathbf{e}(t) = \mathbf{i_{sn}}(t) + \mathbf{j_0}$$ (11.8)

onde $\mathbf{Y_n}(D)$ = matriz das admitâncias nodais;
$\mathbf{e}(t)$ = vetor das tensões nodais;
$\mathbf{i_{sn}}(t)$ = vetor das fontes de corrente nodais equivalentes;
$\mathbf{j_0}$ = vetor das corrents iniciais nos indutores.

A (11.8) é dita *equação (matricial) de análise nodal no domínio do tempo* e pode ser escrita por inspeção do circuito, usando as regras expostas a seguir.

As Equações Gerais de Análise Nodal

1. Para montar $Y_n(D)$

Vale a regra análoga à utilizada para montar a matriz $\mathbf{G_n}$ na análise *CC*, suplementando-a com a introdução dos operadores de admitância:

a) a cada ramo com resistência, indutor ou capacitor associam-se, respectivamente, uma *condutância G*, um *operador de admitância indutiva* $(1/L)D^{-1}$ e um *operador de admitância capacitiva* $C \cdot D$;

b) os elementos (j, j) da diagonal principal da matriz são dados pela soma das condutâncias e dos operadores de admitância dos ramos pertencentes ao j-ésimo nó;

c) os elementos (i, j), com $i \neq j$, ou seja, fora da diagonal principal da matriz de análise nodal, são dados pelo negativo da soma das condutâncias e dos operadores de admitância dos ramos que interligam os nós i e j.

Resulta então uma matriz quadrada $(n \times n)$ e simétrica, onde n é igual ao número de nós não de referência, e cujos elementos são, em geral, polinômios em D.

Note-se que esse procedimento é uma generalização da regra para montar a matriz de condutâncias nodais das redes resistivas.

2. Para montar o segundo membro da equação de análise nodal

a) As fontes independentes de correntes são tratadas como no caso *CC*;

b) as correntes iniciais nos indutores são incluídas como se fossem correntes de geradores independentes.

A análise nodal no domínio do tempo fornece-nos assim um sistema de equações íntegro-diferenciais. Para resolver esse sistema, podemos aplicar-lhe a transformação de Laplace. Para isso, formalmente substituímos os operadores D por s e D^{-1} por $1/s$ e as correntes e tensões pelas respectivas transformadas. No segundo membro da equação matricial, o vetor das correntes iniciais nos indutores, sendo constante, será substituído por $\mathbf{j_0}/s$. Aí serão também incluídas as cargas iniciais dos capacitores, constituindo o vetor $\mathbf{q_0}$ das cargas iniciais. Veremos depois como montar esse vetor.

A aplicação da transformação de Laplace fornece então uma equação matricial (no *domínio de freqüência complexa* ou *domínio transformado*) com a forma geral

$$Y_n(s) \cdot E(s) = I_{Sn}(s) + \frac{j_0}{s} + q_0 \tag{11.9}$$

No caso de condições iniciais nulas, essa equação se reduz a

$$Y_n(s) \cdot E(s) = I_{Sn}(s) \tag{11.10}$$

Com um pouco de experiência, as equações (11.9) e (11.10) podem ser escritas diretamente por inspeção do circuito.

Obtido o sistema de equações íntegro-diferenciais da rede, complementadas pelas condições iniciais adequadas, temos um *problema de valor inicial*, que pode ser completamente resolvido usando métodos numéricos (com um computador) ou transformação de Laplace.

Se as excitações forem senoidais (ou soma de senóides) e se o sistema for assintoticamente estável, poderemos determinar, mais simplesmente, apenas a *solução em regime permanente*.

Finalmente, a partir de (11.10) podemos calcular *funções de rede* do circuito dado.

Esses dois últimos procedimentos, de grande interesse em Engenharia Elétrica, serão detalhados mais tarde.

Antes de prosseguir, examinemos alguns exemplos.

Exemplo 1:

Consideremos o circuito da figura 11.2, com $i_S(t) = 1(t)$, ou seja, excitado por um degrau unitário, inicialmente com condições iniciais nulas.

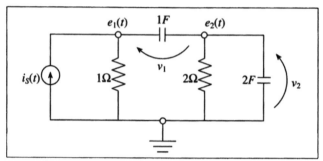

Figura 11.2 Exemplo simples de análise nodal.

As equações de análise nodal no domínio do tempo escrevem-se imediatamente usando a regra anterior:

$$\begin{bmatrix} D+1 & -D \\ -D & 3D+\dfrac{1}{2} \end{bmatrix} \cdot \begin{bmatrix} e_1(t) \\ e_2(t) \end{bmatrix} = \begin{bmatrix} 1(t) \\ 0 \end{bmatrix} \tag{I}$$

Aplicando a transformação de Laplace a esse sistema, com condições iniciais nulas, obtemos imediatamente as equações transformadas:

$$\begin{bmatrix} s+1 & -s \\ -s & 3s+\dfrac{1}{2} \end{bmatrix} \cdot \begin{bmatrix} E_1(s) \\ E_2(s) \end{bmatrix} = \begin{bmatrix} 1/s \\ 0 \end{bmatrix} \tag{II}$$

Resolvendo, em relação a $E_1(s)$ e $E_2(s)$,

$$\begin{bmatrix} E_1(s) \\ E_2(s) \end{bmatrix} = \dfrac{1}{2} \cdot \dfrac{1}{s^2 + \dfrac{7}{4}s + \dfrac{1}{4}} \cdot \begin{bmatrix} \dfrac{6s+1}{2s} \\ 1 \end{bmatrix} \tag{III}$$

A equação característica do circuito é

$$s^2 + \frac{7}{4}s + \frac{1}{4} = 0 \tag{IV}$$

de modo que suas freqüências complexas próprias são

$$\begin{cases} s_1 = -1,5931 \\ s_2 = -0,15693 \end{cases}$$

As tensões nodais ficam então

$$\begin{cases} E_1(s) = \dfrac{1}{4} \cdot \dfrac{6s+1}{(s+0,157)\cdot(s+1,593)\cdot s} \\ E_2(s) = \dfrac{1}{2} \cdot \dfrac{1}{(s+0,157)\cdot(s+1,593)} \end{cases} \tag{V}$$

Antitransformando (use um programa computacional adequado!) chegamos ao resultado desejado:

$$\begin{cases} e_1(t) = 1 - 0,0643 e^{-0,157t} - 0,9533 e^{-1,593t} \\ e_2(t) = 0,3482(e^{-0,157t} - e^{-1,593t}) \quad (t \geq 0) \end{cases}$$

Na figura 11.3 reproduzimos um gráfico de $e_2(t)$.

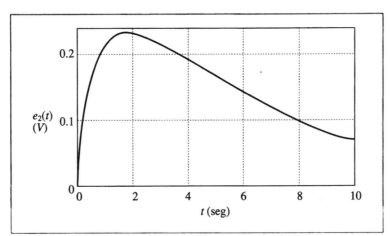

Figura 11.3 Análise transitória do circuito da figura 11.2.

Vamos ainda aproveitar esse exemplo para ver o que acontece se as condições iniciais forem não-nulas. Tomemos então $v_1(0_-) = v_{10}$ e $v_2(0_-) = v_{20}$.

As relações entre as tensões nos capacitores e as tensões nodais são:

$$\begin{cases} v_1 = e_1 - e_2 \\ v_2 = e_2 \end{cases} \rightarrow \begin{cases} e_1 = v_1 + v_2 \\ e_2 = v_2 \end{cases} \tag{VI}$$

Fazendo essas mudanças de variáveis nas equações nodais (I), no domínio do tempo, obtemos

$$\begin{cases} (D+1)v_1 + v_2 = i_s(t) \\ -Dv_1 + \left(2D + \dfrac{1}{2}\right)v_2 = 0 \end{cases} \quad \text{(VII)}$$

Aplicando a transformação de Laplace às relações (VII), com as condições iniciais dadas, seguem-se

$$\begin{cases} (s+1)V_1(s) + V_2(s) = I_s(s) + v_{10} \\ -sV_1(s) + \left(2s + \dfrac{1}{2}\right)V_2(s) = -v_{10} + 2v_{20} \end{cases}$$

Mudando novamente para as variáveis $E_1(s)$ e $E_2(s)$, chegamos a

$$\begin{cases} (s+1)E_1(s) - sE_2(s) = I_s(s) + v_{10} \\ -sE_1(s) + \left(3s + \dfrac{1}{2}\right)E_2(s) = -v_{10} + 2v_{20} \end{cases} \quad \text{(VIII)}$$

Note-se que v_{10} e $2v_{20}$ correspondem às cargas iniciais dos dois capacitores.

Comparando essas equações com as (II), referentes às condições iniciais nulas, vemos que os primeiros membros não se modificaram. Nos segundos membros apareceram parcelas constantes, com papel análogo ao dos geradores.

Exemplo 2:

Consideremos agora o circuito R, L, C da figura 11.4, excitado por um gerador de corrente e com as condições iniciais

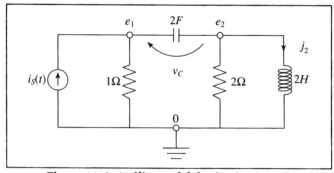

Figura 11.4 Análise nodal de circuito R, L, C.

$$\begin{cases} v_c(0_-) = e_1(0_-) - e_2(0_-) = v_0 \\ j_2(0_-) = j_0 \end{cases}$$

A Introdução de Condições Iniciais Não-Nulas por meio de Geradores Equivalentes **361**

As equações no domínio do tempo podem ser escritas por inspeção:

$$\begin{bmatrix} 2D+1 & -2D \\ -2D & 2D+\dfrac{1}{2}+\dfrac{1}{2}D^{-1} \end{bmatrix} \cdot \begin{bmatrix} e_1(t) \\ e_2(t) \end{bmatrix} = \begin{bmatrix} i_s(t) \\ -j_0 \end{bmatrix} \qquad \textbf{(I)}$$

Aplicando a transformação de Laplace, com condições iniciais nulas, obtemos imediatamente

$$\begin{bmatrix} 2s+1 & -2s \\ -2s & 2s+\dfrac{1}{2}+\dfrac{1}{2s} \end{bmatrix} \cdot \begin{bmatrix} E_1(s) \\ E_2(s) \end{bmatrix} = \begin{bmatrix} I_s(s) \\ 0 \end{bmatrix} \qquad \textbf{(II)}$$

A equação característica do circuito, obtida igualando a zero o determinante da matriz acima, é

$$3s+\frac{1}{2s}+\frac{3}{2}=0 \quad \rightarrow \quad s^2+\frac{1}{2}s+\frac{1}{6}=0 \qquad \textbf{(III)}$$

As freqüências complexas próprias do circuito são, portanto, $s_{1,2} = -0,25 \pm j \cdot 0,3228$.

Do sistema (II) obtemos, após alguns cálculos,

$$E_1(s) = \frac{2}{3} \frac{s^2+\dfrac{1}{4}s+\dfrac{1}{4}}{s^2+\dfrac{1}{2}s+\dfrac{1}{6}} \cdot I_s(s) \qquad \textbf{(IV)}$$

Uma vez dada a excitação $i_s(t)$, a antitransformação de (IV) nos fornece a tensão $e_1(t)$.

A introdução de condições iniciais não-nulas exigirá cálculos bem mais extensos. Vejamos como introduzi-las de maneira simples.

11.2 A Introdução de Condições Iniciais Não-Nulas por meio de Geradores Equivalentes

A introdução de condições iniciais não-nulas na montagem das equações de rede, transformadas segundo Laplace, pode ser feita substituindo os capacitores ou indutores com condição inicial pela associação do elemento passivo em série ou em paralelo com geradores equivalentes adequados.

As regras para essas substituições, bem como as relações que as justificam, estão indicadas na figura 11.5.

Nessa figura mostramos que é possível substituir condições iniciais não-nulas por associações série ou paralelo do elemento passivo com um gerador adequado.

O uso dessas regras exige uma certa cautela: no circuito equivalente as correntes ou tensões no elemento com condição inicial podem ficar modificadas. Assim, por exemplo, no caso do indutor, a corrente j no indutor do circuito sem modificação (veja a primeira linha da figura 11.5) corresponde à corrente $j_L + j_0 \cdot \mathbf{1}(t)$ no circuito paralelo equivalente.

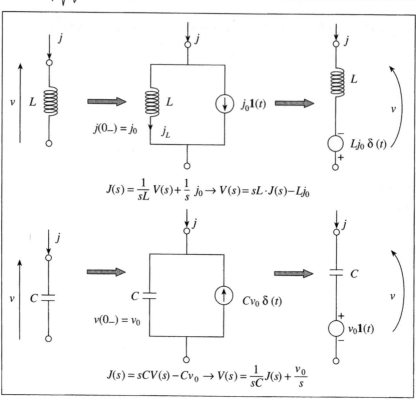

Figura 11.5 Regras práticas para a substituição de condições iniciais não-nulas por geradores equivalentes.

Em caso de dúvidas sobre a aplicação desta regra, convém escrever as equações nodais no domínio do tempo e aplicar a essas equações a transformação de Laplace, levando em conta as condições iniciais.

Como exemplo de aplicação, consideremos o circuito da figura 11.4, mas agora com as condições iniciais $v_C(0_-) = v_0$ e $j_2(0_-) = j_0$. Introduzindo os geradores equivalentes a essas condições iniciais, chegamos ao circuito da figura 11.6.

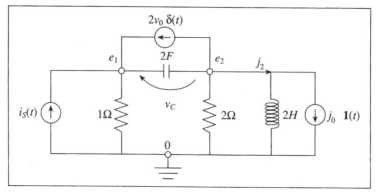

Figura 11.6 Exemplo de substituição de condições iniciais não-nulas por geradores equivalentes.

Extensões da Análise Nodal

Em conseqüência, as equações de análise nodal do circuito, transformadas segundo Laplace, ficam

$$\begin{bmatrix} 2s+1 & -2s \\ -2s & 2s+\dfrac{1}{2}+\dfrac{1}{2s} \end{bmatrix} \cdot \begin{bmatrix} E_1(s) \\ E_2(s) \end{bmatrix} = \begin{bmatrix} I_s(s)+2v_0 \\ -2v_0 - j_0/s \end{bmatrix}$$

Note-se que a corrente no indutor do circuito original é a soma de j_0 com a corrente no indutor (sem corrente inicial!) da figura 11.4.

11.3 Extensões da Análise Nodal

A análise nodal pode também ser estendida a circuitos contendo geradores ideais de tensão, geradores vinculados e amplificadores operacionais ideais. Basta aplicar as mesmas regras já vistas a propósito das redes resistivas, que relembramos e ampliamos em seguida.

a) Caso dos geradores ideais de tensão

Há dois subcasos:

1. *Gerador de tensão com um terminal ligado ao nó de referência*

   Se o gerador tiver um de seus terminais ligado ao nó de referência, o outro terminal define o potencial do nó em que estiver ligado. Portanto, esse potencial será conhecido e não é preciso escrever a 1.ª lei de Kirchhoff para esse nó. Onde aparecer, o potencial desse nó será jogado para o segundo membro das equações. O número de equações independentes fica reduzido de uma unidade, bem como o número de incógnitas.

   Como exemplo desse caso, consideremos o circuito de ponte de Wien, indicado na figura 11.7. Esse circuito é utilizado em instrumentação, para comparação de capacitâncias.

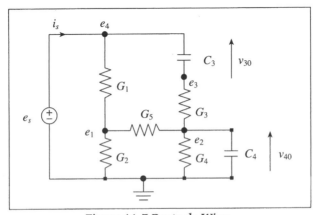

Figura 11.7 Ponte de Wien.

Como, trivialmente, $e_4(t) = e_s(t)$, não é necessário escrever a equação nodal para o nó 4. Basta escrever as equações para os demais nós não-de-referência e jogar todos os termos com $e_4(t) = e_s(t)$ para o segundo membro. No domínio do tempo obtemos então

$$\begin{bmatrix} G_1 + G_2 + G_5 & -G_5 & 0 \\ -G_5 & G_3 + G_4 + G_5 + C_4 D & -G_3 \\ 0 & -G_3 & G_3 + C_3 D \end{bmatrix} \cdot \begin{bmatrix} e_1(t) \\ e_2(t) \\ e_3(t) \end{bmatrix} = \begin{bmatrix} G_1 e_s(t) \\ 0 \\ C_3 D e_s(t) \end{bmatrix}$$

Admitindo agora condições iniciais nulas e transformando segundo Laplace, obtemos

$$\begin{bmatrix} G_1 + G_2 + G_5 & -G_5 & 0 \\ -G_5 & G_3 + G_4 + G_5 + sC_4 & -G_3 \\ 0 & -G_3 & G_3 + sC_3 \end{bmatrix} \cdot \begin{bmatrix} E_1(s) \\ E_2(s) \\ E_3(s) \end{bmatrix} = \begin{bmatrix} G_1 E_s(s) \\ 0 \\ C_3 s E_s(s) \end{bmatrix}$$

Aproveitemos esse exemplo para ilustrar a regra de substituição de condições iniciais por geradores equivalentes. Assim, supondo as tensões iniciais v_{30} e v_{40} nos capacitores C_3 e C_4 do circuito de ponte de Wien da figura 11.7 e usando a regra indicada na figura 11.5, chegamos ao circuito da figura 11.8. A escrita das equações transformadas desse circuito, supondo agora condições iniciais não-nulas, é imediata. Apenas o vetor do segundo membro da equação matricial modifica-se para

$$\begin{bmatrix} G_1 E_s(s) \\ C_4 v_{40} \\ sC_3 E_s(s) - C_3 v_{30} \end{bmatrix}$$

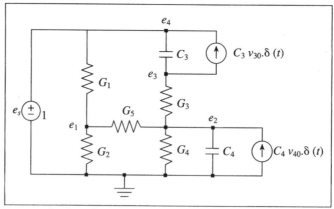

Figura 11.8 Exemplo de substituição de condições iniciais por fontes equivalentes.

2. *Gerador de tensão sem terminal ligado ao nó de referência*

Se o circuito tiver geradores de tensão independentes ligados entre dois nós não-de-referência, a eliminação da corrente nesse ramo não pode ser feita, pois não existe relação entre essa corrente e as tensões nodais. Introduz-se então a corrente através do gerador como uma nova incógnita e adiciona-se uma nova equação ao

Extensões da Análise Nodal

sistema, igualando a tensão do gerador à diferença entre as duas tensões nodais nos extremos do ramo. Ficamos assim com mais uma incógnita e mais uma equação.

Como exemplo, consideremos o circuito da figura 11.9. As equações da 1.ª lei de Kirchhoff aplicadas aos nós 1 e 2 fornecem

$$\begin{cases} G_1 e_1(t) + \dfrac{1}{L} D^{-1}\left[e_1(t) - e_2(t)\right] + j_0 - i_E = 0 \\ (G_2 + CD) e_2(t) + \dfrac{1}{L} D^{-1}\left[e_2(t) - e_1(t)\right] - j_0 + i_E = 0 \end{cases}$$

ou, rearranjando e completando com a equação no ramo do gerador de tensão, chegamos a

$$\begin{cases} \left(G_1 + \dfrac{1}{L} D^{-1}\right) e_1(t) - \dfrac{1}{L} D^{-1} e_2(t) - i_E = -j_0 \\ -\dfrac{1}{L} D^{-1} e_1(t) + \left(G_2 + CD + \dfrac{1}{L} D^{-1}\right) e_2(t) + i_E = j_0 \\ -e_1(t) + e_2(t) = e_s(t) \end{cases}$$

Ficamos assim com três equações independentes, a três incógnitas. Prosseguiríamos aplicando a transformação de Laplace para resolver o problema de valor inicial ou calcular as funções de rede

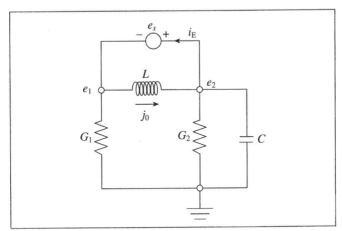

Figura 11.9 Exemplo de inclusão de gerador de tensão sem terminal ligado ao nó de referência.

b) **Circuito com geradores controlados**

Para incluir geradores controlados na análise nodal, devemos inicialmente tratá-los como se fossem geradores independentes, colocando-os no segundo membro da equação. Em seguida, exprime-se a variável de controle em função das tensões nodais e rearranjam-se as equações, passando o que for possível para o primeiro membro.

Ilustremos esse procedimento com o circuito da figura 11.10, que tem um gerador controlado (ou vinculado), controlado pela corrente j_2. Essa corrente se exprime em termos das tensões nodais por

$$j_2 = G_2 \cdot (e_1 - e_2)$$

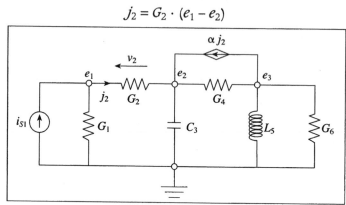

Figura 11.10 Exemplo de rede com gerador controlado.

Vamos agora escrever as equações nodais transformadas, tratando o gerador vinculado como se fosse independente, mas substituindo a corrente controladora pela expressão acima indicada, e adotando condições iniciais nulas:

$$\begin{bmatrix} G_1 + G_2 & -G_2 & 0 \\ -G_2 & G_2 + G_4 + sC_3 & -G_4 \\ 0 & -G_4 & G_4 + G_6 + \dfrac{1}{sL_5} \end{bmatrix} \cdot \begin{bmatrix} E_1(s) \\ E_2(s) \\ E_3(s) \end{bmatrix} = \begin{bmatrix} I_{s1}(s) \\ \alpha G_2 \left[E_1(s) - E_2(s) \right] \\ -\alpha G_2 \left[E_1(s) - E_2(s) \right] \end{bmatrix}$$

Juntando as funções incógnitas no primeiro membro, obtemos as equações finais:

$$\begin{bmatrix} G_1 + G_2 & -G_2 & 0 \\ -(1+\alpha)G_2 & (1+\alpha)G_2 + G_4 + sC_3 & -G_4 \\ \alpha G_2 & -\alpha G_2 - G_4 & G_4 + G_6 + \dfrac{1}{sL_5} \end{bmatrix} \cdot \begin{bmatrix} E_1(s) \\ E_2(s) \\ E_3(s) \end{bmatrix} = \begin{bmatrix} I_{s1}(s) \\ 0 \\ 0 \end{bmatrix}$$

Verifica-se que a presença do gerador controlado destruiu a simetria da matriz de admitâncias nodais.

c) **Circuito com amplificador operacional ideal**

Nos circuitos com amplificador operacional ideal ($\mu \to \infty$), no nó ligado à saída do operacional não podemos eliminar a corrente por ele fornecida, pois não há relação constitutiva. Em compensação, teremos uma condição suplementar, correspondente à igualdade das tensões nas duas entradas do operacional. Lembremos ainda que a impedância de entrada do operacional ideal é infinita, de modo que não entra corrente por esses terminais. Com isso, poderemos obter um conjunto adequado de equações

Extensões da Análise Nodal

íntegro-diferenciais para o circuito. Vamos ilustrar esse procedimento examinando o circuito de um *oscilador a ponte de Wien*, representado na figura 11.11. Este circuito é básico para a construção de geradores de audiofreqüência com baixa distorção.

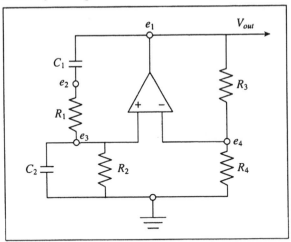

Figura 11.11 Oscilador a ponte de Wien.

As equações de análise nodal para os nós 2, 3 e 4 desse circuito serão, respectivamente,

Nó 2: $(C_1 D + G_1) \cdot e_2(t) - C_1 D e_1(t) - G_1 e_3(t) = 0$
Nó 3: $-G_1 \cdot e_2(t) + (C_2 D + G_1 + G_2) \cdot e_3(t) = 0$
Nó 4: $-G_3 e_1(t) + (G_3 + G_4) \cdot e_4(t) = 0$

onde substituímos as resistências por condutâncias, isto é, fizemos $G_i = 1/R_i$.

A essas equações devemos acrescentar a equação de condição na entrada do operacional:

$$e_3(t) = e_4(t)$$

Eliminando e_4 das equações anteriores, ordenando as equações resultantes numa equação matricial e fazendo ainda as simplificações $G_1 = G_2 = G$ e $C_1 = C_2 = C$, obtemos

$$\begin{bmatrix} -CD & G+CD & -G \\ 0 & -G & 2G+CD \\ -G_3 & 0 & G_3+G_4 \end{bmatrix} \cdot \begin{bmatrix} e_1(t) \\ e_2(t) \\ e_3(t) \end{bmatrix} = \begin{bmatrix} 0 \\ 0 \\ 0 \end{bmatrix} \qquad (11.11)$$

Naturalmente, para obter uma solução não-nula devemos impor condições iniciais não-nulas nos capacitores.

Suponhamos agora que aplicamos a transformação de Laplace a esse sistema. A matriz de admitâncias nodais transformada fica então

$$\mathbf{Y}_n(s) = \begin{bmatrix} -sC & sC+G & -G \\ 0 & -G & sC+2G \\ -G_3 & 0 & G_3+G_4 \end{bmatrix} \qquad (11.12)$$

Igualando a zero o determinante dessa matriz obtemos a equação característica do circuito:

$$G_3C^2s^2 + CG(2G_3 - G_4)s + G_3G^2 = 0 \tag{11.13}$$

As raízes dessa equação, freqüências complexas próprias do circuito, são

$$s_{1,2} = \frac{G}{2G_3C} \cdot \left(-2G_3 + G_4 \pm \sqrt{-4G_4G_3 + G_4^2}\right) \tag{11.14}$$

Portanto, se for

$$G_4 = 2G_3 \quad \text{ou} \quad R_4 = \frac{R_3}{2} \tag{11.15}$$

as freqüências complexas próprias do circuito são imaginários puros, e o circuito *oscila* na freqüência

$$\omega_0 = \frac{G}{C} = \frac{1}{RC} \quad \text{ou} \quad f_0 = \frac{1}{2\pi RC} \tag{11.16}$$

isto é, se as condições iniciais forem não-nulas, a tensão de saída será uma senóide, cuja amplitude vai depender dessas condições iniciais. O circuito funciona então como um oscilador, com forma de onda senoidal.

Na prática, a tensão da senóide de saída será limitada pela não-linearidade (saturação em torno das tensões de alimentação) do operacional.

Para ilustrar a operação desse circuito, fizemos sua simulação no PSPICE, usando um amplificador operacional uA741 no circuito reproduzido na figura 11.12.

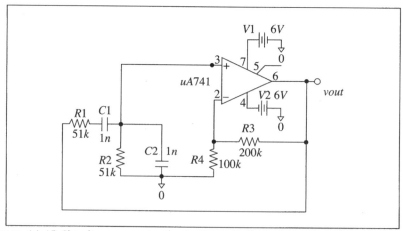

Figura 11.12 Circuito para a simulação do oscilador a ponte de Wien no PSPICE.

Na figura 11.13 representamos a tensão de saída do oscilador em função do tempo. Vemos aí que a saída é senoidal.

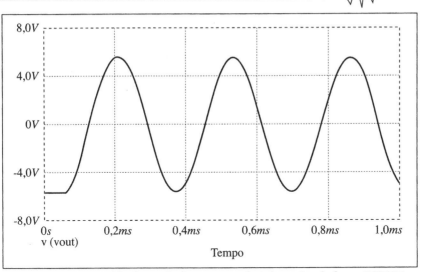

Figura 11.13 Saída do oscilador a ponte de Wien, simulada no PSPICE.

Na construção de um oscilador a ponte de Wien real, se quisermos obter uma saída senoidal com baixa distorção seria preciso ter valores exatos dos componentes, o que não é realizável praticamente. Em conseqüência, será necessário modificar o circuito de modo que o controle de amplitude da oscilação seja feito automaticamente, evitando a saturação do operacional. Para mais informação sobre as realizações práticas desse oscilador consulte, por exemplo, o livro de Horowitz e Hill[1].

11.4 Análise Nodal em Regime Permanente Senoidal

Admitamos agora que todas as fontes independentes do circuito são co-senoidais, com a mesma freqüência e sincronizadas, de modo que suas defasagens relativas não se alteram com o tempo. Admitamos ainda que todos os componentes transitórios do circuito livre tendem a zero quando o tempo tende a infinito, isto é, o circuito é assintoticamente estável.

Nesse caso, depois de algum tempo estabelece-se o *regime permanente senoidal*. Como já foi visto no *Curso de Circuitos Elétricos*, Vol. I, o cálculo desse regime pode ser feito substituindo-se, nas equações diferenciais da rede, as correntes e as tensões por seus fasores, o operador D por $j\omega$, e supondo nulas todas as condições iniciais. Alternativamente, podemos substituir s por $j\omega$ e transformadas de correntes ou tensões pelos respectivos fasores, nas equações transformadas segundo Laplace, sempre supondo nulas as condições iniciais. As equações (11.8) ou (11.10) transformam-se então em

$$\mathbf{Y_n}(j\omega) \cdot \hat{\mathbf{E}}(j\omega) = \hat{\mathbf{I}}_{Sn} \tag{11.17}$$

---

[1] HOROWITZ, P. e HILL W. *The Art of Electronics*, 2.ª edição, págs. 296 e segs., Nova York, Cambridge University Press, 1989.

Note-se que os operadores de admitância CD e $(1/L)D^{-1}$, ou as admitâncias transformadas sC e $1/(sL)$, transformam-se, respectivamente, em $j\ C$ e $-j/(\omega L)$.

A (11.17) representa um sistema de equações algébricas linear, no corpo complexo. Sua resolução se faz exatamente como no caso das redes resistivas, bastando substituir a álgebra real pela álgebra complexa:

$$\hat{E}(j\omega) = \mathbf{Y_n^{-1}}(j\omega) \cdot \hat{\mathbf{I}}_{Sn}(j\omega) = \frac{1}{\det[\mathbf{Y_n}(j\omega)]} adj\ \mathbf{Y_n}(j\omega) \cdot \hat{\mathbf{I}}_{Sn}(j\omega) \qquad (11.18)$$

Como resultado, obtemos os fasores das tensões nodais; se necessário, passaremos ao domínio do tempo, pelas regras já conhecidas.

Estudemos alguns exemplos para ilustrar este procedimento.

Exemplo 1:

Retomemos o Exemplo 1 da seção 11.1 (figura 11.2), supondo agora que

$$i_s(t) = 10\cos(2t + 45°) \rightarrow \hat{I}_s = 10 \angle 45°, \quad \omega = 2$$

com todos os valores numéricos dados num sistema consistente de unidades.

Aplicando a regra acima às equações (I) ou (II) desse exemplo, e substituindo a excitação pelo respectivo fasor, obtemos

$$\begin{bmatrix} 1 + j2 & -j2 \\ -j2 & \frac{1}{2} + j6 \end{bmatrix} \cdot \begin{bmatrix} \hat{E}_1 \\ \hat{E}_2 \end{bmatrix} = \begin{bmatrix} 10\angle 45° \\ 0 \end{bmatrix}$$

Como o determinante da matriz do sistema e sua adjunta são, respectivamente,

$$\det \begin{bmatrix} 1 + j2 & -j2 \\ -j2 & \frac{1}{2} + j6 \end{bmatrix} = -7,5 + j7, \quad adj\ \mathbf{Y_n} = \begin{bmatrix} \frac{1}{2} + j6 & j2 \\ j2 & 1 + j2 \end{bmatrix}$$

pela equação (11.18) obtemos os fasores das tensões nodais:

$$\begin{bmatrix} \hat{E}_1 \\ \hat{E}_2 \end{bmatrix} = \frac{1}{-7,5 + j7} \begin{bmatrix} \frac{1}{2} + j6 & j2 \\ j2 & 1 + j2 \end{bmatrix} \cdot \begin{bmatrix} 10\angle 45° \\ 0 \end{bmatrix} = \begin{bmatrix} 5,87 \angle -6,73° \\ 1,95 \angle -1,97° \end{bmatrix}$$

Voltando ao domínio do tempo, teremos

$$e_1(t) = 5,87 \cos(2t - 6,73°)$$

$$e_2(t) = 1,95 \cos(2t - 1,97°)$$

Exemplo 2 – Circuito T-paralelo:

O *circuito T-paralelo*, ilustrado na figura 11.14, pode ser dimensionado de modo a tornar-se um *filtro de rejeição*, isto é, um quadripolo que não transmite uma certa *freqüência de rejeição*. Vamos verificar esse fato usando a função de rede do circuito. Para determinar a função de rede adequada, recorreremos à análise nodal.

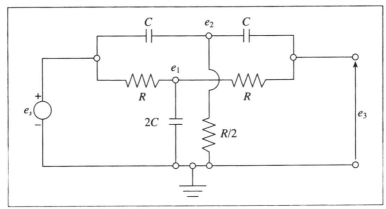

Figura 11.14 O circuito T-paralelo.

Suponhamos que o circuito está excitado por um gerador senoidal, sendo $\hat{E}_s$ o fasor da sua tensão. Sejam $\hat{E}_1$, $\hat{E}_2$, e $\hat{E}_3$ os fasores das tensões nodais dos nós 1, 2 e 3, com o circuito em regime permanente senoidal. Como já vimos, para obter as equações nodais desse circuito bastará escrever as equações nodais em regime permanente senoidal para os nós 1, 2 e 3, e passar para o segundo membro da equação os termos em que aparecer a tensão da fonte. Obtemos então

$$\begin{bmatrix} 2(G + j\omega C) & 0 & -G \\ 0 & 2(G + j\omega C) & -j\omega C \\ -G & -j\omega C & G + j\omega C \end{bmatrix} \begin{bmatrix} \hat{E}_1 \\ \hat{E}_2 \\ \hat{E}_3 \end{bmatrix} = \begin{bmatrix} G\hat{E}_s \\ j\omega C \hat{E}_s \\ 0 \end{bmatrix}$$

Pela regra de Cramer, o fasor da tensão de saída do circuito será então

$$\hat{E}_3 = \frac{\begin{vmatrix} 2(G + j\omega C) & 0 & G \\ 0 & 2(G + j\omega C) & j\omega C \\ -G & -j\omega C & 0 \end{vmatrix} \cdot \hat{E}_s}{2(G + j\omega C) \cdot (-\omega^2 C^2 + G^2 + j4\omega CG)} = \frac{G^2 - \omega^2 C^2}{G^2 - \omega^2 C^2 + j4\omega CG} \cdot \hat{E}_s$$

Portanto, o ganho de tensão do circuito é

$$G_V(j\omega) = \frac{G^2 - \omega^2 C^2}{G^2 - \omega^2 C^2 + j4\omega CG}$$

A *freqüência de rejeição* do filtro, na qual o ganho se anula, é pois

$$\omega_R = \frac{G}{C} = \frac{1}{RC}$$

Esse circuito pode então ser usado como filtro de rejeição na freqüência ω_R.

Na figura 11.15 apresentamos os gráficos do módulo e da defasagem desse filtro, em escala logarítmica nas freqüências angulares, e normalizado em $C = 1$ e $R = 1$. Nesse caso, a freqüência de rejeição é igual a 1. Essas curvas constituem a resposta em freqüência do T-paralelo. Note-se que o uso da escala logarítmica de freqüência fez com que o gráfico dos módulos ficasse simétrico em relação à freqüência de rejeição.

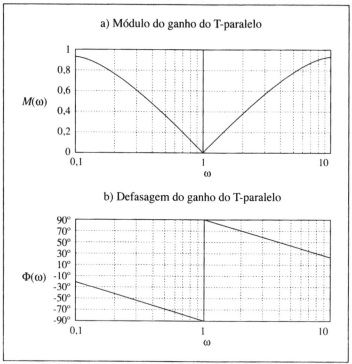

Figura 11.15 Resposta em freqüência normalizada do T-paralelo.

11.5 A Análise Nodal Modificada

Os principais programas computacionais de análise de circuitos utilizam o método da *análise nodal modificada,* mais ou menos de acordo com a proposta de Ho e outros[2].

Nesse tipo de análise, como já vimos no *caso das redes resistivas* (na seção 3.4 do primeiro volume desta obra), as variáveis incógnitas são de dois tipos:

a) as *tensões nodais*, como na análise nodal;

b) as *correntes nos ramos tipo impedância*, ou seja, ramos que contêm geradores ideais de tensão ou ramos cuja corrente se deseja destacar, como ramos que contêm correntes controladoras de geradores vinculados.

---

[2] HO, C.-W., RUEHLI, A. E. e BRENNAN, P. A., "The Modified Nodal Approach to Network Analysys". *IEEE Trans. on Circuits and Systems*, CAS-22, págs. 504-509, 1975.

A Análise Nodal Modificada

Em conseqüência desse aumento de número de incógnitas, o conjunto de equações da 1.ª lei de Kirchhoff, aplicada aos nós não de referência, deve ser aumentado com as relações constitutivas dos ramos do tipo b).

Conforme já foi mostrado, a equação de análise nodal modificada de *redes resistivas lineares* pode ser escrita na forma

$$\begin{bmatrix} G_n & | & B \\ \hline F & | & -R \end{bmatrix} \cdot \begin{bmatrix} e \\ \hline i \end{bmatrix} = \begin{bmatrix} i_{Sn} \\ \hline e_{Sn} \end{bmatrix} \tag{11.19}$$

onde: e = vetor das tensões nodais;
i = vetor das correntes incógnitas;
i_{Sn} = vetor das correntes de geradores de corrente equivalentes;
e_{Sn} = vetor das tensões de ramos com correntes incógnitas.

Vamos agora estender a análise nodal modificada para redes R, L, C lineares e invariantes no tempo, com geradores de tensão ou de corrente, independentes ou controlados. Neste caso vimos que a análise nodal simples leva a um sistema de equações íntegro-diferenciais; para a integração numérica é preferível tratar de um sistema em que compareçam apenas derivadas primeiras das funções incógnitas. Isso se consegue, na análise nodal modificada, designando como incógnitas suplementares as correntes nos ramos indutivos e adicionando às equações de rede as correspondentes relações constitutivas. Além disso, as correntes nos ramos com geradores de tensão serão também introduzidas como incógnitas, adicionando-se as relações entre a tensão do gerador e as tensões nodais.

As variáveis independentes ou incógnitas da análise nodal modificada serão então

1. obrigatórias:
   a) as tensões nodais nos nós independentes (não-de-referência);
   b) as correntes de ramos contendo unicamente geradores ideais de tensão, independentes ou controlados;
   c) as correntes de ramos indutivos;
   d) as correntes que são variáveis de controle de geradores vinculados; e

2. facultativas:
   e) eventualmente, correntes de ramos resistivos que devem ser explicitadas por alguma razão particular.

Os ramos com correntes incógnitas serão designados por *ramos tipo impedância*.

As equações de análise serão constituídas do conjunto de equações da 1.ª lei de Kirchhoff, aplicadas aos nós não-de-referência, e das relações constitutivas dos ramos cujas correntes foram tomadas como incógnitas.

Antes de prosseguir, façamos um exemplo, escrevendo as equações de análise nodal modificada do circuito da figura 11.16. As variáveis incógnitas serão as tensões nodais e_1, e_2, e_3, e as correntes i_1 e i_2.

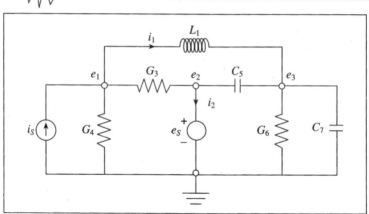

Figura 11.16 Exemplo de análise nodal modificada de rede R, L, C.

As equações da 1.ª lei de Kirchhoff para os nós independentes, no domínio do tempo, serão:

$$\begin{cases} (G_3 + G_4)e_1 - G_3 e_2 + i_1 = i_s \\ -G_3 e_1 + (G_3 + C_5 D)e_2 - C_5 D e_3 + i_2 = 0 \\ -C_5 D e_2 + [G_6 + (C_5 + C_7)D]e_3 - i_1 = 0 \end{cases}$$

As relações constitutivas para os ramos 1 e 2 são:

$$\begin{cases} e_1 - e_3 - L_1 D i_1 = 0 \\ e_2 = e_s \end{cases}$$

Reunindo essas equações numa equação matricial, obtemos

$$\begin{bmatrix} G_3 + G_4 & -G_3 & 0 & 1 & 0 \\ -G_3 & G_3 + C_5 D & -C_5 D & 0 & 1 \\ 0 & -C_5 D & G_6 + (C_5 + C_7)D & -1 & 0 \\ 1 & 0 & -1 & -L_1 D & 0 \\ 0 & 1 & 0 & 0 & 0 \end{bmatrix} \cdot \begin{bmatrix} e_1 \\ e_2 \\ e_3 \\ i_1 \\ i_2 \end{bmatrix} = \begin{bmatrix} i_s \\ 0 \\ 0 \\ 0 \\ e_s \end{bmatrix}$$

Os termos que contêm derivadas podem ser separados nessa equação e reunidos numa segunda matriz. A equação anterior fica então na forma

$$\begin{bmatrix} G_3 + G_4 & -G_3 & 0 & 1 & 0 \\ -G_3 & G_3 & 0 & 0 & 1 \\ 0 & 0 & G_6 & -1 & 0 \\ 1 & 0 & -1 & 0 & 0 \\ 0 & 1 & 0 & 0 & 0 \end{bmatrix} \cdot \begin{bmatrix} e_1 \\ e_2 \\ e_3 \\ i_1 \\ i_2 \end{bmatrix} + \begin{bmatrix} 0 & 0 & 0 & 0 & 0 \\ 0 & C_5 D & -C_5 D & 0 & 0 \\ 0 & -C_5 D & (C_5 + C_7)D & 0 & 0 \\ 0 & 0 & 0 & -L_1 D & 0 \\ 0 & 0 & 0 & 0 & 0 \end{bmatrix} \cdot \begin{bmatrix} e_1 \\ e_2 \\ e_3 \\ i_1 \\ i_2 \end{bmatrix} = \begin{bmatrix} i_s \\ 0 \\ 0 \\ 0 \\ e_s \end{bmatrix}$$

Esse exemplo ilustra a possibilidade de escrever as equações de análise nodal modificada de uma rede linear, com elementos armazenadores de energia, na forma

$$\left[\begin{array}{c|c} G_n & B \\ \hline F & -R \end{array}\right] \cdot \left[\begin{array}{c} e \\ i \end{array}\right] + \left[\begin{array}{c|c} C_n & 0 \\ \hline 0 & -L_n \end{array}\right] \cdot \frac{d}{dt} \left[\begin{array}{c} e \\ i \end{array}\right] = \left[\begin{array}{c} i_{Sn} \\ e_{Sn} \end{array}\right] \tag{11.20}$$

A primeira matriz dessa equação descreve a parte resistiva da rede e pode ser escrita por inspeção, usando as regras já vistas. A segunda matriz contém os elementos armazenadores de energia e, obviamente, também pode ser escrita por inspeção.

Note-se que na equação (11.20) só aparecem derivadas primeiras, adequadas à solução por algoritmos de integração numérica.

Por outro lado, a análise nodal simplificada introduz matrizes de ordem mais elevada que a simples análise nodal. É conveniente, portanto, usar métodos numéricos eficientes no manuseio das matrizes da análise nodal modificada. Como nessas matrizes há um grande número de elementos nulos, impõe-se o uso de *técnicas de matrizes esparsas*.

Nas seções seguintes vamos discutir a aplicação da análise nodal modificada à análise computacional de circuitos.

11.6 Aplicações Computacionais da Análise Nodal Modificada

A análise nodal modificada é extensamente utilizada em programas computacionais para a análise de circuitos eletrônicos, tais como os programas da família SPICE. Nesses programas, os dispositivos eletrônicos, tais como diodos, transistores e circuitos integrados de vários tipos são substituídos por *modelos não-lineares* e o circuito resultante é submetido a uma *análise não-linear*.

Não há tempo, neste curso, para estudar os aspectos não-lineares. Vamos restringir-nos ao caso linear que, embora simples, dá uma idéia da estrutura geral desses programas. No caso linear, a equação básica é, como vimos, a (11.20).

Introduzindo as seguintes notações

$$\left[\begin{array}{c|c} G_n & B \\ \hline F & -R \end{array}\right] = T_{nm} \tag{11.21}$$

$$\left[\begin{array}{c|c} C_n & 0 \\ \hline 0 & -L_n \end{array}\right] = H_{nm} \tag{11.22}$$

$$x = \left[\begin{array}{c} e \\ i \end{array}\right]; \quad u = \left[\begin{array}{c} i_{Sn} \\ e_{Sn} \end{array}\right] \tag{11.23}$$

a (11.20) assume a forma compacta

$$T_{nm} \cdot x + H_{nm} \cdot \dot{x} = u \tag{11.24}$$

376   *Análise Nodal de Redes R, L, C*

que corresponde, obviamente, a um sistema de equações diferenciais em que só aparecem derivadas primeiras das funções incógnitas.

A partir dessa equação, os programas executam três tipos básicos de análise:

1. análise CC (corrente contínua);

2. análise CA (corrente alternativa);

3. análise TRAN (transitória).

Vamos examinar estes três tipos.

1. Análise CC

Todas as fontes são estacionárias (CC) e supõe-se que os eventuais transitórios de ligação já tenham desaparecido. Os capacitores são então considerados como circuitos abertos e os indutores como curto-circuitos.

A matriz $\mathbf{H_{nm}}$ e a derivada de $\mathbf{x}$ se anulam, de modo que a (11.24) reduz-se a

$$\mathbf{T_{nm} \cdot x = u} \tag{11.25}$$

onde $\mathbf{u}$ é agora um vetor de constantes conhecidas. A análise numérica reduz-se então à solução numérica do sistema algébrico linear (11.25), usando alguma técnica do tipo da eliminação de Gauss. Se o circuito for grande, provavelmente a matriz $\mathbf{T_{nm}}$ terá muitos elementos nulos, recomendando o uso de *técnicas de matrizes esparsas*.

No caso de circuitos com elementos não-lineares, tais como transistores ou outros semicondutores, o sistema (11.25) torna-se não-linear e sua solução exige métodos numéricos iterativos, tais como o método de Newton-Raphson.

Nos circuitos eletrônicos, a análise CC determina o *ponto de operação* (ou *ponto quiescente*).

Outra possibilidade, muitas vezes incorporada à análise CC, é a determinação de *curvas de transferência,* isto é, curvas que relacionam uma das variáveis incógnitas, isto é, um dos componentes do vetor $\mathbf{x}$ com a tensão ou corrente contínua de um gerador de excitação. Note-se que os pontos da curva de transferência são determinados por uma sucessão de estados estacionários, independentes da dinâmica do circuito.

O importante papel das curvas de transferência será destacado nos cursos de Eletrônica.

2. Análise CA

Essa análise corresponde à determinação do regime permanente senoidal; todas as fontes devem ter a mesma freqüência e estar sincronizadas. Como já sabemos, no caso linear basta substituir as incógnitas e as fontes pelos respectivos fasores e os operadores de derivação por $j\omega$. A equação (11.24) fornece então

$$(\mathbf{T_{nm}} + j\omega\mathbf{H_{nm}}) \cdot \hat{\mathbf{X}} = \hat{\mathbf{U}} \tag{11.26}$$

onde $\hat{\mathbf{X}}$ e $\hat{\mathbf{U}}$ são, respectivamente, os vetores dos fasores das incógnitas e das fontes.

Aplicações Computacionais da Análise Nodal Modificada   **377**

O sistema (11.26) será também resolvido por um processo de eliminação de Gauss no corpo complexo. Como resultado, obtemos os fasores das incógnitas.

A extensão a sistemas não-lineares é complicada. Os programas mais comuns, como os da família SPICE, resolvem o problema substituindo os dispositivos não-lineares por adequados *modelos incrementais lineares*. Os parâmetros desses modelos são calculados a partir do ponto de operação (ou ponto quiescente) do circuito. Portanto, a análise CA serve-se de uma *linearização do circuito no ponto de operação*.

Freqüentemente a análise CA é feita numa faixa de freqüências determinada pelo usuário do programa. Determina-se assim a resposta em freqüência do circuito.

3. Análise transitória

A análise transitória linear corresponde à solução numérica de um *problema de valor inicial,* definido pela equação diferencial (11.24) e pelos valores iniciais das incógnitas, $\mathbf{x}_0 = \mathbf{x}(t_0)$, onde t_0 é o instante em que se inicia a integração numérica. Normalmente faz-se $t_0 = 0$.

Os valores iniciais das incógnitas são determinados a partir das condições iniciais nos indutores e nos capacitores do circuito. Em princípio as condições iniciais são arbitrárias, a menos que o circuito contenha laços constituídos só de capacitores e geradores ideais de tensão ou, dualmente, cortes de indutores e fontes ideais de correntes. Note-se que o PSPICE não aceita circuitos que apresentem esses laços ou cortes.

No caso de circuitos eletrônicos sem chaveamento no instante inicial, os valores iniciais das incógnitas são determinados a partir de uma análise CC, que determina o ponto de operação do circuito.

Discutiremos em seguida um algoritmo simples de integração numérica, usado nos programas SPICE. Para maiores detalhes sobre esse programa, consulte a tese de Nagel (referência bibliográfica no fim deste capítulo).

> O programa SPICE, originalmente desenvolvido na Universidade da Califórnia, gerou toda uma família de programas comerciais, entre os quais o PSPICE, que será utilizado neste curso.

Para terminar essa introdução, convém observar que a qualidade e a praticidade de um programa computacional de análise de circuitos dependem da escolha judiciosa dos algoritmos numéricos e, sobretudo, dos modelos de dispositivos não-lineares utilizados. Assim, por exemplo, nos programas da família SPICE alguns modelos de transistores usam cerca de 40 parâmetros.

11.7 A Integração Numérica das Equações de Análise Nodal Modificada (Caso Linear)

Para iniciar a integração numérica da (11.24) devemos partir dos valores iniciais da incógnitas, isto é, de

$$x(t_0) = \begin{bmatrix} e(t_0) \\ i(t_0) \end{bmatrix} = x_0 \tag{11.27}$$

A integração numérica prossegue aplicando à (11.24) um *algoritmo de integração numérica*, que permita determinar o valor x_{k+1}, no passo $k + 1$, a partir do valor de x_k, calculado no passo anterior.

O estudo dos vários algoritmos de integração e suas propriedades não cabe neste curso. Vamos aqui apenas ilustrar o processo de integração, usando o *algoritmo trapezoidal*, que, por sua simplicidade e estabilidade, é o algoritmo *default* nos programas SPICE.

Como se sabe de Cálculo Numérico, nesse algoritmo o valor de x_{k+1} é calculado por

$$x_{k+1} = x_k + \frac{h_k}{2}(\dot{x}_{k+1} + \dot{x}_k) \tag{11.28}$$

onde h_k é o *passo de integração* (ou *passo de tempo*). Os índices k e $k + 1$ indicam dois *pontos de tempo* sucessivos. Como sugerido pela notação, o passo de integração pode variar de um a outro ponto de tempo, de modo que o algoritmo é designado por *algoritmo de passo variável*. Veremos logo mais que a escolha de um passo adequado e sua variação ao longo da execução do programa é um dos pontos delicados do algoritmo.

Para aplicar esse algoritmo à equação de análise nodal modificada, vamos escrever a (11.24) nos passos k e $k + 1$:

$$\begin{cases} T_{nm}x_{k+1} + H_{nm}\dot{x}_{k+1} = u_{k+1} \\ T_{nm}x_k + H_{nm}\dot{x}_k = u_k \end{cases}$$

Somando essas duas equações membro a membro, eliminando as derivadas pelo algoritmo trapezoidal (11.28) e rearranjando os termos, chegamos a

$$\left(T_{nm} + \frac{2}{h_k} \cdot H_{nm}\right) \cdot x_{k+1} = -\left(T_{nm} - \frac{2}{h_k} \cdot H_{nm}\right) \cdot x_k + u_{k+1} + u_k \tag{11.29}$$

Obtemos assim um sistema de equações algébricas lineares em x_{k+1}, pois todos os termos do segundo membro são conhecidos. Esse sistema pode ser resolvido numericamente, por um método de eliminação de Gauss, fornecendo x_{k+1}. Essa integração será iniciada com $x_k = x_0$ e terminará quando x_{k+1} corresponder ao tempo final prescrito para o cálculo do transitório.

O tempo de cálculo tende a ser elevado, pois devemos resolver o sistema linear (11.29) em cada ponto de tempo. Há, portanto, interesse em usar passos de integração tão grandes quanto possível. Por outro lado, aumentando o passo de integração, os erros numéricos tendem a aumentar, piorando a precisão do cálculo. Há, claramente, a necessidade de controlar o passo de integração no decorrer do cálculo, de modo a obter-se uma precisão desejada, dentro de um tempo de cálculo aceitável. Esse controle é um ponto delicado dos programas

Exercícios Básicos do Capítulo 11　　　　　　　　　　　　　　　　　　　　**379**

de simulação de circuitos, cuja discussão não cabe neste curso. Os interessados poderão consultar a respeito a tese de Nagel ou o livro de Chua e outros, referenciados em seguida.

> **Nota importante:** *Toda a integração numérica deve ser verificada*! Nos algoritmos de passo fixo, essa verificação é feita reduzindo o passo de integração e repetindo o cálculo, até que se obtenham resultados concordantes, dentro da precisão desejada, em duas integrações sucessivas. Nos algoritmos de passo variável, deve-se reduzir um parâmetro de tolerância (RELTOL no PSPICE), também até obter concordância em rodadas sucessivas.

Bibliografia do Capítulo 11

1) NAGEL, L. W., "SPICE2: A Computer Program to Simulate Semiconductor Circuits", Memo ERL-M250, May 1975, Electronics Research Lab., Universidade da Califórnia, Berkeley.

2) CHUA, L. O. e LIN, P.-M., *Computer-Aided Analysis of Electronic Circuits*, Prentice Hall, Englewood Cliffs, New Jersey, 1975.

3) VLACH, J. e SINGHAL, K., *Computer Methods for Circuit Analysis and Design*, 2.ª edição, Van Nostrand Reinhold, New York, 1994.

EXERCÍCIOS BÁSICOS DO CAPÍTULO 11

1) Quando necessário, faça transformações prévias no circuito.

2) Procure escrever o menor número possível de equações em cada caso.

1 a) Escreva as equações de análise nodal do circuito da figura E11.1, no domínio do tempo e com condições iniciais nulas.

    b) Reescreva as equações para o mesmo circuito, supondo agora as condições iniciais $v_C(0_-) = 2$ e $i_L(0_-) = 1$.

Figura E11.1

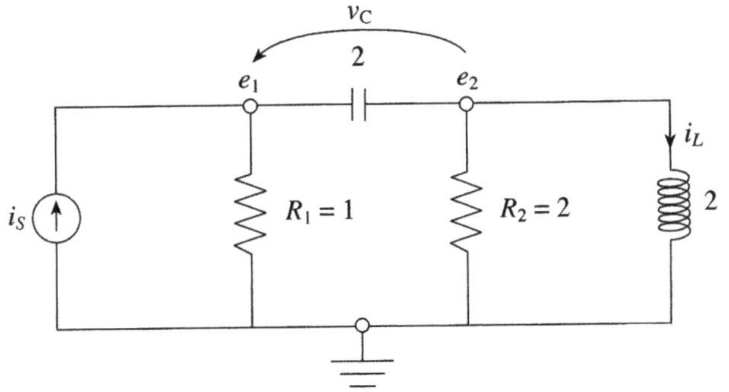

Resp.: a)
$$\begin{bmatrix} 2D+1 & -2D \\ -2D & 2D+0,5+\dfrac{1}{2}D^{-1} \end{bmatrix} \cdot \begin{bmatrix} e_1(t) \\ e_2(t) \end{bmatrix} = \begin{bmatrix} i_s(t) \\ 0 \end{bmatrix}$$

b)   O segundo membro da equação se modifica para

$$\begin{bmatrix} 0 \\ i_s(t) - 1 \end{bmatrix}$$

2   a)   Escreva as equações de análise nodal dos circuitos da figura E11.2, no domínio do tempo e com condições iniciais nulas.

b)   Reescreva as equações para o circuito c), supondo $e_1(5) = 2$ e $i(5) = 1$.

Figura E11.2

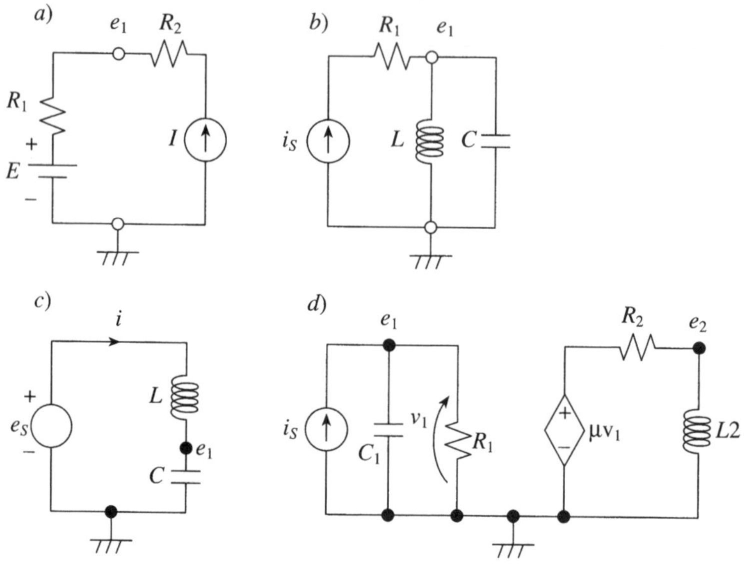

Resp.: a) $e_1 = E + R_1 I$; $\left(CD + \dfrac{1}{L} D^{-1} \right) \cdot e_1 = i_s$; $\left(CD + \dfrac{1}{L} D^{-1} \right) \cdot e_1 = \dfrac{1}{L} D^{-1} e_s$;

$$\begin{cases} (G_1 + C_1 D) \cdot e_1 = i_s \\ \left(G_2 + \dfrac{1}{L} D^{-1} \right) \cdot e_2 = G_2 \mu e_1 \end{cases};$$

b) $C \dfrac{de_1}{dt} + \dfrac{1}{L} \displaystyle\int_{t_0}^{t} e_1(\tau) d\tau = \dfrac{1}{L} \displaystyle\int_{t_0}^{t} e_s(\tau) d\tau + i(t_0),   \quad t_0 = 5$

3   Desenhe circuitos que admitam as seguintes equações de análise nodal:

a) $e_2 = \beta \dfrac{R_2}{R_1} e_s$;   b) $\begin{bmatrix} 4/3 & -1 \\ -4 & 3 \end{bmatrix} \cdot \begin{bmatrix} e_1 \\ e_2 \end{bmatrix} = \begin{bmatrix} i_{s1} \\ 0 \end{bmatrix}$;

c) $\begin{bmatrix} 3 & -2 & 0 \\ -2 & 4 & -1 \\ 0 & -1 & 4 \end{bmatrix} \cdot \begin{bmatrix} e_1 \\ e_2 \\ e_3 \end{bmatrix} = \begin{bmatrix} 3\text{sen}t - 2 \\ 5 \\ -3\text{sen}t \end{bmatrix}$

Exercícios Básicos do Capítulo 11

Resp.: Figura E11.3

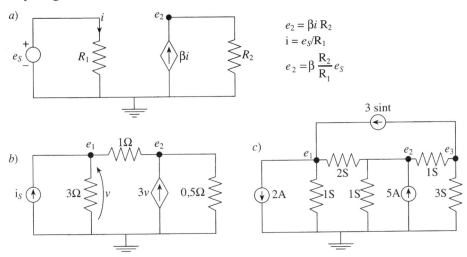

$e_2 = \beta i\, R_2$
$i = e_S/R_1$
$e_2 = \beta \dfrac{R_2}{R_1} e_S$

4 a) Escreva as equações de análise nodal do circuito com amplificador operacional ideal indicado na figura E11.4, supondo $R_x = 80$ kΩ. A equação para o nó 3 não pode ser escrita, porque a corrente de saída do amplificador operacional é indeterminada. Lembrando que o operacional impõe $e_1 = e_2$ (se não estiver saturado!), mostre que $e_3 = 9$ V.

b) Supondo que o operacional real é alimentado com ± 10 V, qual o valor de R_x que o leva à saturação? (ver Nilsson, 2ª edição, pág. 287)

Figura E11.4

Resp.: a) Equações nodais no sistema A. F. de unidades:

nó 1: $\left(\dfrac{1}{3,3} + \dfrac{1}{46,2}\right) e_1 - \dfrac{1}{46,2} e_3 = 0$

nó 2: $\left(\dfrac{1}{R_x} + \dfrac{1}{20}\right) e_2 = \dfrac{1}{20} e_2$

amplificador operacional: $e_1 = e_2$
Resolvendo com $R_x = 80$ e $e_S = 0,75$ V, vem $e_2 = 0,6$ V e $e_3 = 9,0$ V.

b) $R_{x\,\text{sat}} = 160$ kΩ.

5   A equação matricial de análise nodal do circuito da figura E11.5 é:

$$\begin{bmatrix} 10,5 & -3 & -5 \\ 17 & 5 & -2 \\ -5 & -2 & 8 \end{bmatrix} \cdot \begin{bmatrix} e_1 \\ e_2 \\ e_3 \end{bmatrix} = \begin{bmatrix} 6 \\ 0 \\ 0 \end{bmatrix}$$

Determine:

a) a tensão E do gerador independente e as condutâncias G_1 e G_2;
b) o ganho de corrente β.

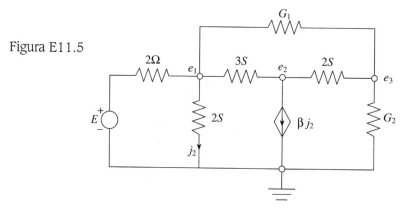

Figura E11.5

c) Mostre que a relação entre e_1 e β é do tipo

$$e_1 = \frac{k_1}{k_2\beta + k_3}$$

onde k_1, k_2 e k_3 são constantes.

Resp.: a) $E = 12$ V, $G_1 = 5S$, $G_2 = 1S$;
b) $\beta = 2$;
c) $e_1 = 216/(68\beta + 121)$

6   Voltando ao circuito da figura E11.1, com unidades A.F.,

a) escreva suas equações de análise nodal modificada, no domínio do tempo, com as condições iniciais $i_L(0_-) = i_0$, $v_C(0_-) = v_0$;
b) obtenha a equação característica do circuito e verifique se ele admite regime permanente senoidal;
c) admita agora $i_s(t) = 5 \cos 0,25t$ e determine os fasores de $e_1(t)$ e $e_2(t)$, em RPS.

Resp.: a) $\begin{bmatrix} 2D+1 & -2D & 0 \\ -2D & 2D+0,5 & 1 \\ 0 & 1 & -2D \end{bmatrix} \cdot \begin{bmatrix} e_1 \\ e_2 \\ i_L \end{bmatrix} = \begin{bmatrix} i_s \\ 0 \\ 0 \end{bmatrix}$

b) det $\mathbf{Y}_{nm}(s) = -6s^2 - 3s - 1 = 0$; zeros: $-0,25 \pm j\, 0,323$.

Como os zeros têm parte real negativa, o circuito admite RPS.

c) $\hat{E}_1 = 4,0489 \angle -31,76°$, $\hat{E}_2 = 1,2804 \angle 129,8°$.

7 O circuito da figura E11.6 é um modelo incremental simplificado de um amplificador transistorizado. O enunciado está todo em unidades do sistema A.F. Pede-se:

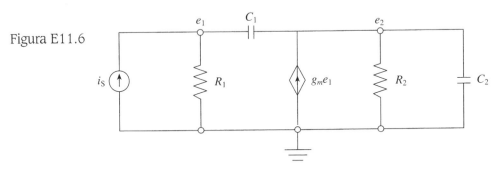

Figura E11.6

a) Escreva a equação matricial de análise nodal desse circuito, no domínio do tempo, supondo condições iniciais arbitrárias em C_1 e C_2.

b) Fazendo $C_1 = 0,001$, $C_2 = 0,2$, $R_1 = 10$, $R_2 = 100$, o determinante de $\mathbf{Y_n}(s)$ fica

$$\det \mathbf{Y_n}(s) = \frac{20s^2 + (2.011 - 100 g_m)s + 10}{10^5}$$

Determine as condições em g_m para que os pólos do circuito tenham:

b1) parte real negativa;

b2) parte real negativa e parte imaginária não-nula.

c) Fazendo $g_m = 15$ e com os parâmetros acima indicados, a solução das equações nodais transformadas segundo Laplace, com condições iniciais nulas, fornece:

$$\begin{bmatrix} E_1(s) \\ E_2(s) \end{bmatrix} = \frac{1}{20s^2 + 511s + 100} \begin{bmatrix} 100(201s + 10) \\ 100(s + 15.000) \end{bmatrix} I_s(s)$$

Excitando o circuito com $i_s(t) = 10 \cos 5t$, e considerando regime permanente senoidal, qual será a relação V_2/V_1 das leituras de voltímetros AC de valor eficaz ligados para medir e_2 e e_1?

Resp.: a) $\begin{bmatrix} \dfrac{1}{R_1} + C_1 D & -C_1 D \\ -g_m - C_1 D & (C_1 + C_2)D + \dfrac{1}{R_2} \end{bmatrix} \cdot \begin{bmatrix} e_1 \\ e_2 \end{bmatrix} = \begin{bmatrix} i_s \\ 0 \end{bmatrix}$

b1) $g_m < 20,11$; b2) $19,83 < g_m < 20,11$

c) $V_2/V_1 = 14,92$

8   As equações de análise nodal de um certo circuito, transformadas segundo Laplace, são:

$$\begin{bmatrix} 0,1+\dfrac{1}{2s} & -\dfrac{1}{2s} \\ -\dfrac{1}{2s} & 3s+0,2+\dfrac{1}{2s} \end{bmatrix} \cdot \begin{bmatrix} E_1(s) \\ E_2(s) \end{bmatrix} = \begin{bmatrix} I_s(s)-10/s \\ 10/s+5 \end{bmatrix}$$

com os dados numéricos no sistema A.F. de unidades.

a) Desenhe um diagrama desse circuito, especificando os valores dos componentes e as condições iniciais, indicando as respectivas unidades.

b) Determine a função de transferência $G_1(s) = E_1(s)/I_s(s)$.

Resp.: a) Figura E11.7

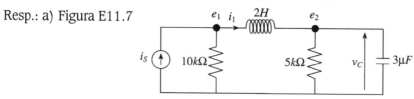

b) $G(s) = \dfrac{10(s^2 + 0,067s + 0,17)}{s^2 + 5,07s + 0,5}$

9   Usando o circuito da figura E11.8:

a) escreva as correspondentes equações de ANM;

b) mostre que a resistência de entrada desse circuito vale

$R_{in} = e_1/i_s = (2-k)R_c/(2+k)$

Insira no ramo com i_4 um gerador ideal de tensão, com tensão nula.

Figura E11.8

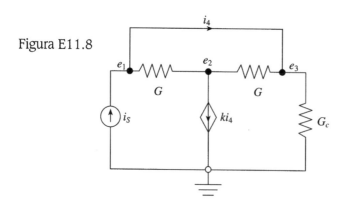

Resp.: a) $\begin{bmatrix} G & -G & 0 & | & 1 \\ -G & 2G & -G & | & k \\ 0 & -G & G+G_c & | & -1 \\ \hline 1 & 0 & -1 & | & 0 \end{bmatrix} \cdot \begin{bmatrix} e_1 \\ e_2 \\ e_3 \\ \hline i_4 \end{bmatrix} = \begin{bmatrix} i_s \\ 0 \\ 0 \\ \hline 0 \end{bmatrix}$

b) $R_{in} = \dfrac{e_1}{i_s} = \dfrac{G(k-2)}{-GG_c(k+2)} = \dfrac{(2-k)R_c}{(2+k)}$

10 Escreva as equações de análise nodal modificada no domínio do tempo dos circuitos da figura E11.9, supondo condições iniciais arbitrárias e usando só as incógnitas indicadas na figura.

Figura E11.9

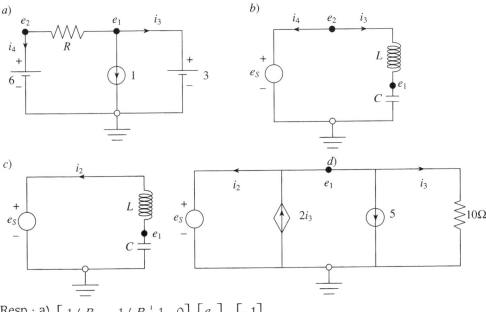

Resp.: a) $\begin{bmatrix} 1/R & -1/R & | & 1 & 0 \\ -1/R & 1/R & | & 0 & 1 \\ \hline 1 & 0 & | & 0 & 0 \\ 0 & 1 & | & 0 & 0 \end{bmatrix} \cdot \begin{bmatrix} e_1 \\ e_2 \\ \hline i_3 \\ i_4 \end{bmatrix} = \begin{bmatrix} -1 \\ 0 \\ \hline 3 \\ 6 \end{bmatrix}$

b) $\begin{bmatrix} CD & 0 & | & -1 & 0 \\ 0 & 0 & | & 1 & 1 \\ \hline -1 & 1 & | & -LD & 0 \\ 0 & 1 & | & 0 & 0 \end{bmatrix} \cdot \begin{bmatrix} e_1 \\ e_2 \\ \hline i_3 \\ i_4 \end{bmatrix} = \begin{bmatrix} 0 \\ 0 \\ \hline 0 \\ e_s \end{bmatrix}$

c) $\begin{bmatrix} CD & | & 1 \\ \hline 1 & | & -LD \end{bmatrix} \cdot \begin{bmatrix} e_1 \\ i_2 \end{bmatrix} = \begin{bmatrix} 0 \\ \hline e_s \end{bmatrix}$;

d) $\begin{bmatrix} 0 & 1 & | & -1 \\ 1 & 0 & | & 0 \\ 1 & 0 & | & -10 \end{bmatrix} \cdot \begin{bmatrix} e_1 \\ i_2 \\ i_3 \end{bmatrix} = \begin{bmatrix} -5 \\ e_s \\ 0 \end{bmatrix}$

11 O circuito da Figura E11.10 pode ser descrito por 2 equações nodais, 3 equações de malhas ou 7 equações de análise nodal modificada.

a) Escreva esses conjuntos de equações, transformadas segundo Laplace e com condições iniciais nulas;

b) verifique que os determinantes desses três sistemas admitem os mesmos zeros não-nulos; reflita sobre esse fato;

c) suponha que $e_{s1}(t) = e_{s2}(t) = 10\cos 2t$. Determine a corrente $i_2(t)$ em regime permanente senoidal.

Figura E11.10

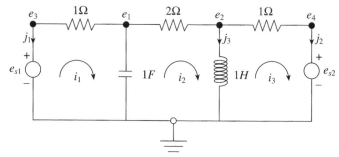

Resp.: - a) Análise nodal: $\begin{bmatrix} 1{,}5+s & -0{,}5 \\ -0{,}5 & 1{,}5+1/s \end{bmatrix} \cdot \begin{bmatrix} E_1 \\ E_2 \end{bmatrix} = \begin{bmatrix} 1 \cdot E_{s1} \\ 1 \cdot E_{s2} \end{bmatrix}$

Análise de malhas: $\begin{bmatrix} 1+1/s & -1/s & 0 \\ -1/s & 2+s+1/s & -s \\ 0 & -s & 1+s \end{bmatrix} \cdot \begin{bmatrix} I_1 \\ I_2 \\ I_3 \end{bmatrix} = \begin{bmatrix} E_{s1} \\ 0 \\ -E_{s2} \end{bmatrix}$

Análise nodal modificada: $\begin{bmatrix} 1{,}5+s & -0{,}5 & -1 & 0 & 0 & 0 & 0 \\ -0{,}5 & 1{,}5 & 0 & -1 & 0 & 0 & 1 \\ -1 & 0 & 1 & 0 & 1 & 0 & 0 \\ 0 & -1 & 0 & 1 & 0 & 1 & 0 \\ 0 & 0 & 1 & 0 & 0 & 0 & 0 \\ 0 & 0 & 0 & 1 & 0 & 0 & 0 \\ 0 & 1 & 0 & 0 & 0 & 0 & -s \end{bmatrix} \cdot \begin{bmatrix} E_1 \\ E_2 \\ E_3 \\ E_4 \\ J_1 \\ J_2 \\ J_3 \end{bmatrix} = \begin{bmatrix} 0 \\ 0 \\ 0 \\ 0 \\ E_{s1} \\ E_{s2} \\ 0 \end{bmatrix}$

b) Análise nodal:
det = 0 → $1{,}5s^2 + 3s + 1{,}5 = 0$
raízes: $s_{1,2} = -1$

Análise de malhas:
det = 0 → $3s^2 + 6s + 3 = 0$
raízes: $s_{1,2} = -1$

Análise nodal modificada:
det = 0 → $-1{,}5s^2 - 3s - 1{,}5 = 0$
raízes: $s_{1,2} = -1$

As raízes não-nulas do determinante da matriz de qualquer análise são as freqüências complexas próprias do circuito e portanto não devem variar de acordo com o tipo de análise realizada. Os três determinantes só diferem por uma constante multiplicativa.

c) Pela análise nodal, fazendo $s = j2$

$$\begin{bmatrix} 1,5 + j2 & -0,5 \\ -0,5 & 1,5 - 0,5\,j \end{bmatrix} \cdot \begin{bmatrix} \hat{E}_1 \\ \hat{E}_2 \end{bmatrix} = \begin{bmatrix} 10\angle 0° \\ 10\angle 0° \end{bmatrix}$$

donde

$$\rightarrow i_2(t) = 3,334 \cos(2t - 126,87°).$$

Capítulo 12

ANÁLISE DE LAÇOS E ANÁLISE DE MALHAS

12.1 A Análise de Laços

Apesar de sua generalidade, a análise de laços é muito pouco utilizada, sobretudo pela dificuldade de implantá-la em programas computacionais.

Para formular a análise de laços, partimos da aplicação da 2.ª lei de Kirchhoff aos *laços fundamentais* do circuito. Admitiremos, nessa formulação, que o circuito é constituído exclusivamente por resistores, capacitores e indutores lineares, bem como geradores ideais de tensão independentes.

Como foi mostrado na seção 2.4 do primeiro volume do *Curso de Circuitos Elétricos*, a aplicação da 2.ª lei de Kirchhoff aos laços fundamentais do circuito fornece

$$\mathbf{B} \cdot \mathbf{v} = \mathbf{0} \qquad (12.1)$$

onde $\mathbf{B}$ é a *matriz dos laços fundamentais,* e $\mathbf{v}$ é o *vetor da tensões de ramos.*

Bastará então eliminar as tensões de ramos pelas relações constitutivas em cada ramo, chegando-se então a

$$\mathbf{v} = \mathbf{Z}(D) \cdot \mathbf{j} + \mathbf{e_s} \qquad (12.2)$$

onde $\mathbf{Z}(D)$ é a *matriz dos operadores de impedâncias de ramos*, $\mathbf{j}$ é o *vetor da correntes de ramos* e $\mathbf{e_s}$ é o *vetor das fontes independentes de tensão.*

As correntes de ramos relacionam-se com as correntes de ramos de ligação por

$$\mathbf{B}^t \cdot \mathbf{i} = \mathbf{j} \qquad (12.3)$$

Substituindo (12.3) em (12.2) obtemos as relações entre tensões de ramos e correntes de ligação. Introduzindo esse valor em (12.1) e passando as tensões das fontes independentes de tensão para o segundo membro, chegamos a

$$\mathbf{B} \cdot \mathbf{Z}(D) \cdot \mathbf{B}^t \cdot \mathbf{i} = - \mathbf{B} \cdot \mathbf{e_s} \qquad (12.4)$$

A Análise de Malhas de Redes R, L, C Lineares   **389**

Definindo agora

$$\mathbf{Z}_L\,(D) = \mathbf{B} \cdot \mathbf{Z}(D) \cdot \mathbf{B^t} = \text{matriz dos operadores de impedâncias de laços;}$$

$$\mathbf{e_{SL}} = -\,\mathbf{B} \cdot \mathbf{e_S} = \text{vetor das fontes de tensão equivalentes de laços,}$$

a (12.4) pode ser posta na forma

$$\mathbf{Z_L}\,(D) \cdot \mathbf{i} = \mathbf{e_{SL}} \tag{12.5}$$

A solução dessa equação, com as condições iniciais adequadas, fornece as correntes de ramos de ligação. As correntes de ramos poderão então ser calculadas por (12.3), e as tensões de ramos se obtêm usando (12.2).

Como esse método é pouco usado, não entraremos aqui em mais detalhes. O interessados poderão ter mais informações consultando, por exemplo, os itens 1) e 2) da bibliografia do fim do capítulo.

12.2 A Análise de Malhas de Redes R, L, C Lineares

O método de análise de malhas para redes resistivas, estudado no Capítulo 3, volume 1, pode ser facilmente estendido para redes contendo resistores, indutores e capacitores. De fato, basta notar que esse método consistiu, essencialmente, em atribuir uma *corrente de malha* a cada malha de uma rede planar, escrever as equações da 2.ª lei de Kirchhoff para cada malha e exprimir as tensões dos ramos em termos dessas correntes de malhas.

Nos resistores essas tensões são do tipo $R_k(\,i_i - i_j)$, onde i_i e i_j são as correntes de malhas adjacentes ao resistor. Se tivermos um indutor ou um capacitor em vez do resistor, as tensões se exprimirão, respectivamente, por $L_k \frac{d}{dt}(i_i - i_j)$ e $\frac{1}{C_k}\int_{t_0}^{t}(i_i - i_j)d\tau + v_{k0}$, onde v_{k0} é a tensão inicial no capacitor. Naturalmente, se o ramo pertencer a uma malha externa do circuito, uma das duas correntes será nula.

Usando o operador de derivação, as relações que fornecem as tensões nos ramos em função das correntes de malhas serão

$$\begin{cases} R_k[i_i(t) - i_j(t)] \\ L_k D[i_i(t) - i_j(t)] \\ \dfrac{1}{C_k}D^{-1}[i_i(t) - i_j(t)] + v_{k0} \end{cases} \tag{12.6}$$

onde v_{k0} é a tensão inicial no capacitor e a integração será feita desde o instante inicial t_0 até um instante t desejado.

Portanto, a matriz do sistema de equações de análise de malhas no domínio do tempo, ou *matriz dos operadores de impedâncias de malhas* $\mathbf{Z_m}\,(D)$, será obtida por uma regra análoga à da matriz de resistências de malhas, já apresentada no Capítulo 3, substituindo-se as resistências pelos *operadores de impedâncias indutivas* $L_k D$ ou pelos *operadores de impedâncias capacitivas* $\frac{1}{C_k}D^{-1}$, quando encontrarmos indutores ou capacitores.

Em correspondência aos capacitores, devemos adicionar ao vetor das fontes equivalentes de tensão de malha, no segundo membro da equação, as tensões iniciais dos capacitores,

390   *Análise de Laços e Análise de Malhas*

com o sinal adequado. Esse sinal será positivo se a corrente da malha considerada sair pela ponta positiva da referência de tensão do capacitor.

Assim procedendo, obtemos as *equações de análise de malhas no domínio do tempo*, na forma geral

$$\mathbf{Z_m}(D) \cdot \mathbf{i}(t) = \mathbf{e_{Sm}}(t) + \mathbf{v_0} \tag{12.7}$$

onde $\mathbf{Z_m}(D)$ = matriz dos operadores de impedâncias de malhas;
$\mathbf{i}(t)$ = vetor das correntes de malhas;
$\mathbf{e_{Sm}}(t)$ = vetor das fontes equivalentes das tensões de malhas;
$\mathbf{v_0}$ = vetor das tensões iniciais nos capacitores.

A matriz $\mathbf{Z_m}(D)$ para redes R, L, C lineares e sem geradores vinculados será, obviamente, uma *matriz simétrica.*

As (12.7) constituem um sistema de equações íntegro-diferenciais. Como no caso da análise nodal, podemos agora:

a) Integrá-lo manual ou computacionalmente, para obter uma solução completa do problema de valor inicial. Para essa integração necessitaremos também das correntes iniciais nos indutores.

b) Obter a solução completa por transformação de Laplace. Neste caso, como já sabemos, devemos formalmente substituir o operador de derivação D pela variável complexa s e as funções de tempo por suas respectivas transformadas; as condições iniciais nos capacitores ficam divididas por s (pois correspondem a transformadas de constantes para os $t > 0$). Ao fazer as transformadas das derivadas, aparecem os valores iniciais das correntes nos indutores, multiplicadas pelas respectivas indutâncias. Esses produtos das correntes iniciais pelas indutâncias fornecem os *fluxos concatenados iniciais*, designados por λ_{i0} e que comporão o *vetor dos fluxos concatenados iniciais,* que será designado por $\boldsymbol{\lambda_0}$. Em conseqüência, a equação (12.7) se transforma em

$$\mathbf{Z_m}(s) \cdot \mathbf{I}(s) = \mathbf{E_{Sm}}(s) + \frac{1}{s}\mathbf{v_0} + \boldsymbol{\lambda_0} \tag{12.8}$$

Relembremos que as condições iniciais não-nulas podem ser substituídas por geradores de tensão equivalentes, como indicado na última coluna da figura 11.5, da seção 11.2 do Capítulo 11.

c) Determinar a *solução em regime permanente senoidal*, se o sistema for assintoticamente estável e todas as fontes independentes forem de mesma freqüência e sincronizadas. Como já sabemos, para isso devemos substituir, em (12.7), o operador D por $j\omega$ e as funções do tempo pelos respectivos fasores. Os termos de condições iniciais desaparecem, e a (12.7) transforma-se numa equação entre fasores:

$$\mathbf{Z_m}(j\omega) \cdot \hat{\mathbf{I}}(j\omega) = \hat{\mathbf{E}}_{\mathbf{Sm}} \tag{12.9}$$

d) Calcular funções de rede, a partir da (12.8), com condições iniciais nulas. Para isso, devemos calcular a transformada da resposta desejada, a partir das transformadas das correntes de malhas.

Vamos agora ilustrar esses procedimentos com alguns exemplos.

Exemplo 1:

Dado o circuito da figura 12.1, escrever as equações de análise de malhas:

a) no domínio do tempo, com as condições iniciais (em $t = 0_-$) indicadas;
b) transformadas segundo Laplace e com condições iniciais nulas;
c) em regime permanente senoidal, sabendo que $e_S(t) = 10 \cos(10t)$.
d) determinar a função de rede $G(s) = V(s)/E_S(s)$, onde $V(s)$ é a transformada da tensão no resistor de 4 unidades, como indicado na figura.

Todos os dados numéricos estão num sistema consistente de unidades.

Solução:

a) O circuito é planar e tem duas malhas, às quais atribuiremos as correntes de malha i_1 e i_2, como indicado na figura. A aplicação da 2.ª lei de Kirchhoff às malhas 1 e 2 fornece, no domínio do tempo:

Malha 1: $2i_1 + 0{,}2D(i_1 - i_2) = e_S(t)$
Malha 2: $4i_2 + 0{,}2D(i_2 - i_1) + 50D^{-1}i_2 + v_0 = 0$

Reunindo essas duas equações numa equação matricial, chegamos a

$$\begin{bmatrix} 2+0{,}2D & -0{,}2D \\ -0{,}2D & 4+0{,}2D+50D^{-1} \end{bmatrix} \cdot \begin{bmatrix} i_1(t) \\ i_2(t) \end{bmatrix} = \begin{bmatrix} e_S(t) \\ -v_0 \end{bmatrix} \quad \text{(I)}$$

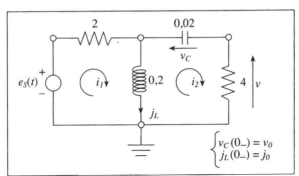

Figura 12.1 Primeiro exemplo de análise de malhas.

b) Transformando segundo Laplace as equações anteriores, com condições iniciais nulas, obtemos

$$\begin{bmatrix} 2+0{,}2s & -0{,}2s \\ -0{,}2s & 0{,}2s+4+\dfrac{50}{s} \end{bmatrix} \cdot \begin{bmatrix} I_1(s) \\ I_2(s) \end{bmatrix} = \begin{bmatrix} E_S(s) \\ 0 \end{bmatrix} \quad \text{(II)}$$

c) Para obter as equações em regime permanente senoidal, com $e_S(t) = 10 \cos(10.t)$, basta substituir s por $j10$ na equação anterior e as correntes e as tensões transformadas pelos respectivos fasores. Ficamos então com a equação

$$\begin{bmatrix} 2+j2 & -j2 \\ -j2 & 4-j3 \end{bmatrix} \cdot \begin{bmatrix} \hat{I}_1 \\ \hat{I}_2 \end{bmatrix} = \begin{bmatrix} 10\angle 0° \\ 0 \end{bmatrix} \quad \text{(III)}$$

Resolvendo essa equação obtemos

$$\begin{bmatrix} \hat{I}_1 \\ \hat{I}_2 \end{bmatrix} = \begin{bmatrix} 2,012 - j1,89 \\ 0,122 + j1,098 \end{bmatrix} = \begin{bmatrix} 2,761\angle -43,21° \\ 1,104\angle 83,66° \end{bmatrix} \quad \text{(IV)}$$

d) Resolvendo a equação (II) em relação a $I_2(s)$ pela regra de Cramer, obtemos

$$I_2(s) = \frac{\begin{vmatrix} 2+0,2s & E_s(s) \\ -0,2s & 0 \end{vmatrix}}{\begin{vmatrix} 2+0,2s & -0,2s \\ -0,2s & 0,2+4+\dfrac{50}{s} \end{vmatrix}} = \frac{0,1667s}{s^2 + 15s + 83,33} E_s(s)$$

Como $v(t) = 4\,i_2(t)$, a função de rede pedida será

$$G(s) = \frac{V(s)}{E_s(s)} = \frac{2,6668s}{s^2 + 15s + 83,333}$$

Exemplo 2:

Determinar as equações de análise de malhas, transformadas segundo Laplace, para o circuito da figura 12.2, com as condições iniciais indicadas.

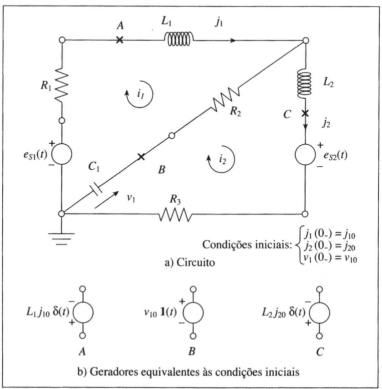

Figura 12.2 Exemplo de análise de malhas com condições iniciais não-nulas.

Extensões da Análise de Malhas **393**

Na solução, vamos substituir as condições iniciais pelos geradores equivalentes. Para isso, nos pontos A, B, C da figura 12.2, a) o circuito será aberto e os respectivos geradores equivalentes, indicados também pelas letras A, B e C na figura 12.2, b), serão introduzidos em série nos respectivos ramos, com o sentido de orientação coincidente com o sentido das condições iniciais j_{10}, v_{10} e j_{20}. Com esse artifício, as equações de análise de malhas transformadas podem ser escritas por inspeção;

$$\begin{bmatrix} (R_1 + R_2) + sL_1 + \dfrac{1}{sC} & -R_2 - \dfrac{1}{sC_1} \\ -R_2 - \dfrac{1}{sC_1} & R_2 + R_3 + sL_2 + \dfrac{1}{sC_1} \end{bmatrix} \cdot \begin{bmatrix} I_1(s) \\ I_2(s) \end{bmatrix} = \begin{bmatrix} E_{s1}(s) - \dfrac{v_{10}}{s} + L_1 j_{10} \\ -E_{s2}(s) + \dfrac{v_{10}}{s} + L_2 j_{20} \end{bmatrix}$$

12.3 Extensões da Análise de Malhas

Veremos aqui como incluir geradores de corrente e geradores controlados na análise de malhas.

a) Inclusão de geradores ideais de corrente

Como no caso dual da análise nodal, devemos distinguir dois subcasos, a seguir desenvolvidos.

1. *O gerador de corrente pertence a um ramo da malha externa*

   Nesse caso uma das correntes de malha será igual à corrente do gerador, a menos de um sinal. Portanto, uma das correntes de malha fica conhecida e é reduzida do número de incógnitas. Basta então escrever as equações para as demais malhas e rearranjá-las, passando a corrente do gerador para o segundo membro. Vamos exemplificar esse procedimento fazendo a análise do circuito da figura 12.3, a), em regime permanente senoidal. Para isso, devemos inicialmente escolher as correntes de malha e redesenhar o circuito "no domínio de freqüência", isto é, colocando as impedâncias dos vários elementos, na freqüência dos geradores, e os fasores das correntes e tensões, como indicado na figura 12.3, b).

   Bastará aqui escrever as equações para as malhas 1, 2 e 3, pois a corrente da quarta malha é conhecida. Passando ainda os termos em que aparecer a corrente $\hat{I}_{s2}$ para o segundo membro, resulta a equação

$$\begin{bmatrix} 2 - j2 & j2 & 0 \\ j2 & 2 & -2 \\ 0 & -2 & 4 - j2 \end{bmatrix} \cdot \begin{bmatrix} \hat{I}_1 \\ \hat{I}_2 \\ \hat{I}_3 \end{bmatrix} = \begin{bmatrix} 6\angle 0° \\ j2 \cdot 3\angle -90° \\ 2 \cdot 3\angle -90° \end{bmatrix} = \begin{bmatrix} 6 \\ 6 \\ -j6 \end{bmatrix}$$

   Suponhamos agora que se deseja calcular a tensão v_C, indicada na figura. Pela relação tensão—corrente no ramo capacitivo,

$$\hat{V}_C = -j2 \cdot \hat{I}_3$$

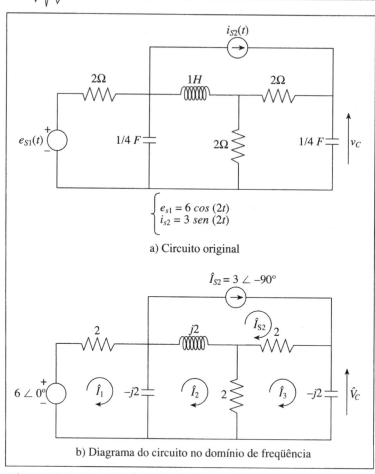

Figura 12.3 Exemplo de análise de malhas de circuito com gerador independente na malha externa.

A corrente $\hat{I}_3$ calcula-se das equações de análise de malhas, pela regra de Cramer:

$$\hat{I}_3 = \frac{\begin{vmatrix} 1-j1 & j1 & 3 \\ j1 & 1 & 3 \\ 0 & -1 & -j3 \end{vmatrix}}{\begin{vmatrix} 1-j1 & j1 & 0 \\ j1 & 1 & -1 \\ 0 & -1 & 2-j1 \end{vmatrix}} = 3{,}33 \angle -33{,}7°$$

Portanto,
$$\hat{V}_C = -j2 \cdot 3{,}33 \angle -33{,}7° = 6{,}66 \angle -123{,}7°$$

e, voltando ao domínio do tempo,
$$v_C(t) = 6{,}66\cos(2t - 123{,}7°) \text{ volts.}$$

2. *O gerador de corrente não pertence a ramo da malha externa*

Nesse caso devemos introduzir a tensão nos terminais do gerador como incógnita adicional e uma nova equação relacionando a corrente do gerador com as correntes de malhas. Ilustramos esse procedimento com a análise do circuito da figura 12.4, onde v_S, tensão no gerador de corrente, é a incógnita auxiliar.

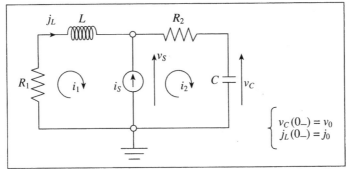

Figura 12.4 Circuito com gerador de corrente não pertencente à malha externa.

As equações da 2.ª lei de Kirchhoff nas duas malhas e mais a equação suplementar, correspondendo à 1.ª lei de Kirchhoff aplicada ao ramo do gerador de corrente, são, no domínio do tempo,

$$\begin{cases} R_1 i_1 + LDi_1 + v_S = 0 \\ R_2 i_2 + \frac{1}{C} D^{-1} i_2 + v_0 - v_S = 0 \\ i_2 - i_1 = i_S \end{cases}$$

Somando as duas primeiras equações, para eliminar v_S e eliminando i_2 com a ajuda da terceira equação, obtemos, finalmente,

$$\left(R_1 + R_2 + LD + \frac{1}{C} D^{-1} \right) i_1 = -\left(R_2 + \frac{1}{C} D^{-1} \right) i_S - v_0$$

O mesmo resultado poderia ser obtido usando o teorema do deslocamento de fontes, para deslocar a fonte de corrente para os ramos externos e depois usando transformações de fontes. Assim o circuito transformado ficaria com uma só malha com geradores de tensão e obteríamos facilmente o resultado anterior.

b) Inclusão de geradores controlados

A inclusão de geradores controlados se faz, muito simplesmente, usando a regra seguinte:

Numa primeira etapa, os geradores controlados são introduzidos nas equações da rede como se fossem geradores independentes. Em seguida, as variáveis de controle serão eliminadas em termos das correntes de malhas e as equações são rearranjadas. Como exemplo de aplicação dessa regra, consideremos o circuito da figura 12.5, que contém um gerador de tensão controlado por tensão. Para analisá-lo, aplicamos a 2.ª lei de Kirchhoff às duas malhas e exprimimos v_1 em função das correntes de malhas:

$$\begin{cases} (R_1 + R_2)\, i_1 - R_2 i_2 = e_s \\ -R_2 i_1 + (R_2 + R_3)\, i_2 + LDi_2 + \dfrac{1}{C} D^{-1} i_2 + v_0 = \mu v_1 \\ v_1 = R_2(i_1 - i_2) \end{cases}$$

onde $v_0 = v_C(0_-)$ é a tensão inicial no capacitor.

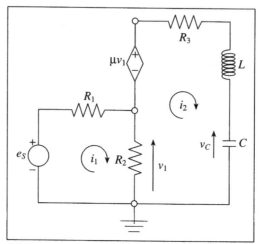

Figura 12.5 Circuito com gerador controlado.

Eliminando v_1 das equações anteriores e rearranjando o resultado numa equação matricial, obtemos

$$\begin{bmatrix} R_1 + R_2 & -R_2 \\ -(1+\mu)R_2 & (1+\mu)R_2 + R_3 + LD + \dfrac{1}{C} D^{-1} \end{bmatrix} \cdot \begin{bmatrix} i_1 \\ i_2 \end{bmatrix} = \begin{bmatrix} e_s \\ -v_0 \end{bmatrix}$$

Note-se que a matriz ficou assimétrica, por efeito do gerador vinculado.

Poderíamos agora aplicar a transformação de Laplace, ou passar ao regime permanente senoidal, como já foi feito em outros exemplos.

12.4 Observações sobre a Análise de Redes; Aplicação a Divisores de Freqüência para Alto-Falantes

Os métodos gerais de análise de redes que acabamos de apresentar permitem o cálculo de todas as tensões e correntes de uma rede, bem como de suas funções de rede. Raramente, no entanto, precisa-se de todas essas informações.

Antes de iniciar a análise convém, então, verificar qual o método que nos fornece a informação desejada, com um mínimo de cálculos. Em particular, nesta etapa devem ser aplicados os métodos de simplificação já estudados no Capítulo 4 do volume 1 do *Curso de*

Circuitos Elétricos. É necessário, porém, cuidar que as variáveis de interesse não se percam ou se modifiquem nessas transformações. O emprego judicioso das técnicas de simplificação de redes e a escolha do melhor método de análise podem levar, muitas vezes, a uma redução considerável do trabalho.

Se a rede for complexa, levando a sistemas diferenciais de ordem superior à 2.ª ou 3.ª, convém usar um dos muitos programas computacionais disponíveis.

É importante notar que nas aplicações em Engenharia Elétrica têm grande importância as funções de rede e as curvas de resposta em freqüência. Vamos ilustrar esse ponto examinando o projeto de filtros divisores de freqüência para alto-falantes.

As caixas de alto-falantes simples são construídas com dois alto-falantes, sendo um para a reprodução de freqüências baixas (*woofer*) e outro para as freqüências altas (*tweeter*). Como os dois alto-falantes serão alimentados por um mesmo amplificador, devemos empregar filtros que separem as freqüências altas e as baixas, encaminhando-as aos correspondentes alto-falantes. Isto se consegue com o circuito da figura 12.6. A parte superior do circuito, que alimenta o alto-falante de freqüências baixas (ou alto-falante de graves) é, visivelmente, um *filtro passa-baixas;* é fácil ver que teremos ganho 1 para freqüências muito baixas. O circuito que alimenta o alto-falante de freqüências altas (ou alto-falante de agudos), ao contrário, é um *filtro passa-altas;* o ganho será igual a 1 para freqüências muito altas. Os alto-falantes serão representados pelas resistências R_0, tipicamente iguais a 8 ohms.

Cabe aqui uma análise em regime permanente senoidal, para a determinação das curvas de resposta em freqüência dos dois circuitos. Admitiremos então que o circuito é excitado por um gerador co-senoidal, com a tensão fasorial $\hat{E}_S$. Convém fazer análise nodal, que nos dará uma equação para cada filtro. Indicaremos por $\hat{E}_1$ e $\hat{E}_2$ os fasores das tensões nodais nas saídas dos dois filtros.

A equação nodal no nó G, saída do filtro de graves, será

$$\left(j\omega C_1 - j\frac{1}{\omega L_1} + G_0 \right) \cdot \hat{E}_1 = -j\frac{1}{\omega L_1}\hat{E}_s$$

ao passo que no nó A teremos

$$\left(j\omega C_2 - j\frac{1}{\omega L_2} + G_0 \right) \cdot \hat{E}_2 = j\omega C_2 \hat{E}_s$$

Em ambas as equações, $G_0 = 1/R_0$.

Seguem-se então as funções de transferência

a)
$$\frac{\hat{E}_1}{\hat{E}_s} = \frac{-j}{\omega L_1 G_0 + j(\omega^2 L_1 C_1 - 1)} \quad \text{(filtro passa-baixas)}$$

b)
$$\frac{\hat{E}_2}{\hat{E}_s} = \frac{j\omega^2 L_2 C_2}{\omega L_2 G_0 + j(\omega^2 L_2 C_2 - 1)} \quad \text{(filtro passa-altas)}$$

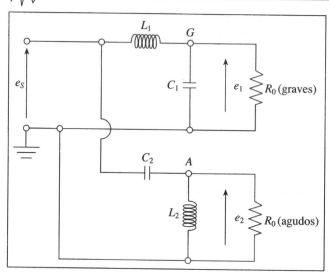

Figura 12.6 Divisor de freqüências para alto-falantes.

O ganho da função a) vale 1 para freqüência nula e tende a zero quando a freqüência aumenta. Vamos impor que numa certa freqüência ω_c, designada por *freqüência (angular) de corte,* o módulo do ganho reduza-se a $1/\sqrt{2} = 0{,}707$. Essa freqüência é especificada pelo fabricante dos alto-falantes. Impondo ainda que essa freqüência seja igual à freqüência de ressonância do circuito ressonante do filtro passa-baixas, chegamos às seguintes condições:

(c)
$$\begin{cases} \omega_c^2 L_1 C_1 = 1 \\ L_1 = \dfrac{\sqrt{2}R_0}{\omega_c} = \dfrac{R_0}{\sqrt{2}\cdot \pi f_c} \end{cases}$$

onde f_c é a *freqüência (cíclica) de corte.*

O ganho da função b), correspondente ao filtro passa-altas, é nulo para $\omega = 0$, e tende a 1 quando ω tende a infinito. Imporemos agora que o módulo desse ganho seja igual a $1/\sqrt{2} = 0{,}707$ na freqüência de corte. Resultam então as seguintes relações

d)
$$\begin{cases} \omega_c^2 L_2 C_2 = 1 \\ C_2 = \dfrac{G_0}{\sqrt{2}\cdot \omega_c} = \dfrac{1}{2\sqrt{2}\cdot \pi f_c R_0} \end{cases}$$

É fácil ver que resultam $C_1 = C_2$ e $L_1 = L_2$.

Essas relações foram aplicadas ao cálculo de um divisor de freqüências com $R_0 = 8$ ohms e freqüência de corte igual a 4 kHz. Aplicando as fórmulas acima, obtemos os valores de 0,45 mH para os indutores e 3,517 µF para os capacitores. Na figura 12.7 apresentamos as curvas de módulo e de defasagem das respostas em freqüência dos dois filtros, com a freqüência, em kHz.

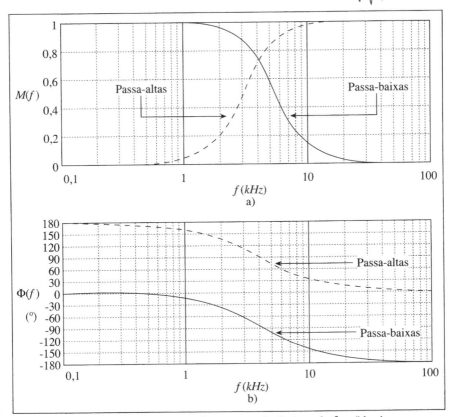

Figura 12.7 Resposta em freqüência do divisor de freqüências:
a) módulo; b) defasagem.

Note-se que há uma defasagem de 180° entre os dois sinais, em qualquer freqüência. Por causa dessa defasagem, ao se fazerem as conexões da caixa é necessário inverter a polaridade de um dos alto-falantes.

*12.5 A Regra da Dualidade

Já na seção 2.6 do volume 1 deste livro introduzimos o conceito de dualidade nos circuitos elétricos e, ao longo do curso, aplicamos esse conceito para aumentar o número de circuitos estudados.

Vamos agora ampliar o conceito de dualidade, introduzindo os conceitos de *grafos duais* e *redes* (ou *circuitos*) *duais*.

Preliminarmente, vamos definir *grafo articulado* como sendo um grafo que pode ser subdividido em dois subgrafos não degenerados, de modo que ambos os subgrafos só têm um nó em comum. Os grafos que não têm essa propriedade são ditos *grafos não articulados*. Na figura 12.8 damos exemplos de grafos dessas duas classes.

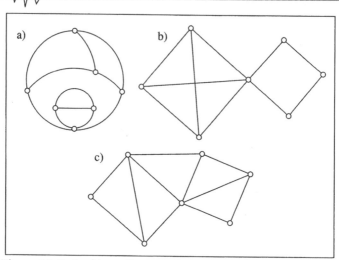

Figura 12.8 a) e b): grafos articulados; c) grafo não articulado.

Isto posto, consideremos um grafo planar e não articulado, indicado por G, com n_t nós e r ramos. O *grafo dual* de G, que será indicado por G_D, pode ser obtido pela seguinte construção:

a) no interior de cada malha interna de G coloca-se um nó, que será o nó de G_D correspondente, por dualidade, à malha considerada. Vamos atribuir a esse nó o mesmo número da malha correspondente;

b) fora de G coloca-se um outro nó de G_D, que corresponderá à malha externa de G e que receberá o número 0;

c) em correspondência a cada ramo de G que pertença às malhas j e k (inclusive à malha externa), colocamos no segundo grafo um ramo entre os correspondentes nós j e k.

Essa construção está ilustrada na figura 12.9, com o grafo G em traço interrompido e o seu dual G_D em traço cheio.

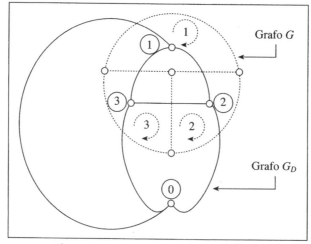

Figura 12.9 Construção do grafo dual.

A Regra da Dualidade

Nessa figura as malhas do grafo G estão numeradas de 1 a 3. Em correspondência, no grafo dual G_D os nós também estão numerados de 1 a 3; o nó "0" corresponde à malha externa. Sempre que possível, faremos corresponder o nó de referência de um dos grafos à malha externa de seu dual.

A relação de dualidade entre grafos é *reflexiva*, isto é, se G_D for dual de G, então G será dual de G_D.

Suponhamos agora que o grafo G, planar e não articulado, é *orientado*. Admitamos também que todas as malhas internas de G estejam orientadas num mesmo sentido (por exemplo, o horário). Para orientar os ramos de G_D, preservando a dualidade, devemos proceder de modo que sua matriz de incidência nós—ramos reduzida $\mathbf{A_D}$, tendo o nó zero como nó de referência, seja igual à matriz de malhas $\mathbf{M}$ do grafo G.

A matriz de malhas do grafo G, indicado por linhas pontilhadas na figura 12.10, é

$$\mathbf{M} = \begin{bmatrix} -1 & 1 & 0 & 0 & 0 & 1 \\ 0 & -1 & 1 & 1 & 0 & 0 \\ 1 & 0 & -1 & 0 & -1 & 0 \end{bmatrix}$$

Essa matriz será então igual à matriz de incidência nós—ramos reduzida, $\mathbf{A_D}$, do gráfico dual, isto é,

$$\mathbf{A_D} = \begin{bmatrix} -1 & 1 & 0 & 0 & 0 & 1 \\ 0 & -1 & 1 & 1 & 0 & 0 \\ 1 & 0 & -1 & 0 & -1 & 0 \end{bmatrix}$$

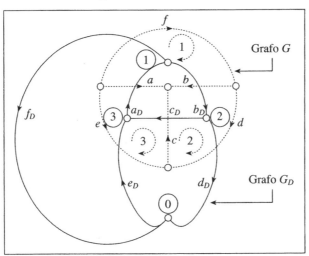

Figura 12.10 Grafos orientados duais.

Com essa matriz podemos orientar os ramos do grafo G_D, chegando assim ao resultado indicado em traço cheio na figura 12.10.

Obviamente o número de equações de análise de malhas do grafo G será igual ao número de equações de análise nodal do grafo dual, G_D.

Resta-nos agora investigar em que condições esses conjuntos de equações são iguais, exceto pela troca de correntes por tensões ou vice-versa. Para isso, vamos definir *redes duais,* restringindo-nos ao caso de redes R, L, C lineares.

Duas redes compostas de resistores, capacitores indutores e geradores, controlados ou não, serão *duais* quando:

a) os respectivos grafos forem duais;

b) os elementos dos ramos do grafo G_D correspondentes, por dualidade, aos ramos do grafo G forem relacionados como indica a lista abaixo:

$$\begin{aligned} \text{resistores R} &\longleftrightarrow \text{condutâncias G} \\ \text{indutores L} &\longleftrightarrow \text{capacitores C} \\ \text{gerador de tensão} &\longleftrightarrow \text{gerador de corrente} \end{aligned}$$

Cabem então as seguintes relações entre variáveis e conexões do par de circuitos duais:

$$\begin{aligned} \text{série} &\longleftrightarrow \text{paralelo} \\ \text{tensão} &\longleftrightarrow \text{corrente} \\ \text{curto-circuito} &\longleftrightarrow \text{circuito aberto} \end{aligned}$$

Satisfeitas essas correspondências, as correntes em ramos de um dos grafos corresponderão às tensões nos ramos duais do outro grafo.

Se a correspondência entre parâmetros acima mencionada se estender aos valores numéricos, isto é, se a resistências de R ohms, indutâncias de L henrys e capacitâncias de C farads corresponderem, respectivamente, pela dualidade, condutâncias de R siemens, capacitâncias de L farads e indutâncias de C henrys, os dois circuitos serão ditos *exatamente duais.* Se não houver essas correspondências entre os valores numéricos, os circuitos serão designados por *potencialmente duais.*

Como primeiro exemplo de circuitos duais, temos o circuito R, L, C série, alimentado por um gerador de tensão, e o circuito R, L, C paralelo, alimentado por um gerador de corrente.

De fato, para o circuito série a aplicação da 2.ª lei de Kirchhoff fornece

$$L\frac{di(t)}{dt} + Ri(t) + \frac{1}{C}\int_{t_0}^{t} i(\tau)d\tau + v_0 = e_s(t)$$

Fazendo as mudanças acima indicadas, e trocando tensões por correntes e vice-versa, obtemos a equação

$$C\frac{dv(t)}{dt} + Gv(t) + \frac{1}{L}\int_{t_0}^{t} v(\tau)d\tau + i_0 = i_s(t)$$

que é, como já sabemos, o resultado da aplicação da 1.ª lei de Kirchhoff a um dos nós de um circuito ressonante paralelo, alimentado por gerador de corrente.

A vantagem da dualidade provém do fato de que, determinadas as propriedades de um circuito, as propriedades do circuito dual obtêm-se pela simples aplicação das regras da dualidade.

Lembremos que a dualidade foi mostrada aqui apenas para redes com grafos planares e não articulados.

Exercícios Básicos do Capítulo 12   **403**

Bibliografia do Capítulo 12:

1) CHUA, L. O. e LIN, P.-M., *Computer-Aided Analysis of Electronic Circuits*, Prentice Hall, Englewood Cliffs, Nova Jersey, 1975.

2) VLACH, J. e SINGHAL, K., *Computer Methods for Circuit Analysis and Design*, 2.ª edição, Van Nostrand Reinhold, Nova York, 1994.

EXERCÍCIOS BÁSICOS DO CAPÍTULO 12

1   Dado o circuito da figura E12.1:

   a) escreva suas equações de análise de malhas no domínio do tempo, com as condições iniciais indicadas;

   b) escreva agora as equações de análise de malhas, transformadas segundo Laplace, sempre com as condições iniciais indicadas.

Figura E12.1

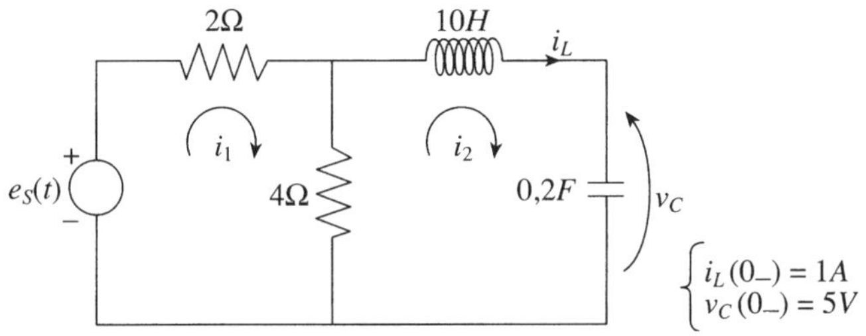

$$\begin{cases} i_L(0_-) = 1A \\ v_C(0_-) = 5V \end{cases}$$

Resp.: a) $\begin{bmatrix} 6 & -4 \\ -4 & 10D + 4 + 5D^{-1} \end{bmatrix} \cdot \begin{bmatrix} i_1(t) \\ i_2(t) \end{bmatrix} = \begin{bmatrix} e_s(t) \\ -5 \end{bmatrix}$

b) $\begin{bmatrix} 6 & -4 \\ -4 & 10s + 4 + \dfrac{5}{s} \end{bmatrix} \cdot \begin{bmatrix} I_1(s) \\ I_2(s) \end{bmatrix} = \begin{bmatrix} E_s(s) \\ 10 - \dfrac{5}{s} \end{bmatrix}$

2   Ainda no circuito da figura E12.1, suponha que $e_s(t) = 5\cos(t)$ (V, seg).

   a) Escreva as equações de análise de malhas do circuito, em regime permanente senoidal;

   b) determine a corrente $i_1(t)$.

Resp.: a) $\begin{bmatrix} 6 & -4 \\ -4 & 4 + j5 \end{bmatrix} \cdot \begin{bmatrix} \hat{I}_1 \\ \hat{I}_2 \end{bmatrix} = \begin{bmatrix} 5 \\ 0 \end{bmatrix}$

b) $i_1(t) = 1,03 \cos(t - 23,73°)$ (A, seg)

3. Dado o circuito da figura E12.2:

   a) escreva a sua equação de análise de malhas, transformada segundo Laplace e com a condição inicial $v_c(0_-) = 10$ V;

   b) determine a corrente $i(t)$ em regime permanente senoidal, supondo $R_1 = R_2 = 1\,k\Omega$, $C = 2\,\mu F$ e $i_g(t) = 5\cos(10^4 t)$ (mA, s).

Figura E12.2

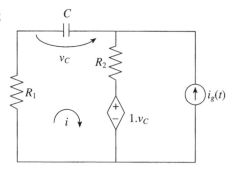

Resp.: a) $(R_1 + R_2)I(s) = -R_2 I_g(s)$;

b) $i_1(t) = -2{,}5\cos(10^4 t)$, (mA, seg).

4. a) Escreva as equações de análise de malhas dos circuitos da figura E12.3, transformadas segundo Laplace, supondo condições iniciais nulas;

   b) determine $v_1(t)$, $t > 0$, sempre com condições iniciais nulas.

Resp.: a) $(2s+3)I_2(s) - 2s \cdot \dfrac{2}{s} = -\dfrac{10}{s}$;   b) $v_1(t) = 16 \cdot e^{-1,5t} \cdot \mathbf{1}(t)$ (V, seg);

Figura E12.3

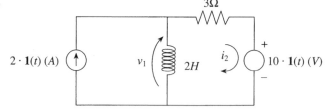

5. a) Escreva equações de análise do circuito da figura E12.4, transformadas segundo Laplace, com condições iniciais nulas e usando as incógnitas indicadas no esquema da figura E12.5;

   b) determine também a tensão $v_1(t)$.

Resp.: a) $\begin{bmatrix} 10 & -5 & 0 \\ -5 & 2s+5 & -1 \\ -5 & 1 & 0 \end{bmatrix} \cdot \begin{bmatrix} I(s) \\ I_3(s) \\ V_1(s) \end{bmatrix} = \begin{bmatrix} 10/s \\ 0 \\ 2/s \end{bmatrix}$

b) $v_1(t) = -\frac{50}{3} \cdot 1(t) - \frac{28}{3} \cdot \delta(t)$ (V, seg)

Figura E12.4

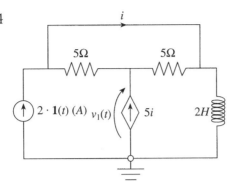

Figura E12.5

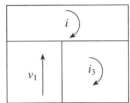

6. No circuito da figura E12.6, sabendo que $v_s = 2{,}5\cos 10t$, (V, seg) e usando a 2.ª lei de Kirchhoff no subcircuito da esquerda e a 1.ª lei de Kirchhoff à direita, determine:

a) o fasor $\hat{V}_2$ da tensão de saída;
b) os valores da indutância e da capacitância do circuito;
c) os modos naturais do circuito e verifique se o regime permanente senoidal pode nele se estabelecer.

Figura E12.6

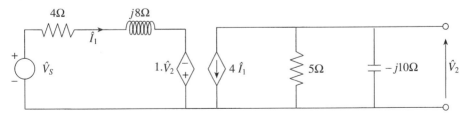

Resp.: a) $\hat{V}_2 = 2{,}2361 \angle 153{,}43°$;

b) $L = 0{,}8$ H, $C = 0{,}01$ F;

c) modos naturais complexos: $A_1 e^{(-12{,}5 + j21{,}06)t}$, $A_1^* e^{(-12{,}5 - j21{,}06)t}$
modo natural real: $B_1 e^{-12{,}5t} \cos(21{,}06t - \theta_1)$, onde as constantes A_1, B_1 e θ_1 dependem das condições iniciais e da excitação. O regime permanente senoidal pode se estabelecer, pois os modos naturais tendem a zero.

7   Para o circuito da figura E12.7, pede-se:
   a) escreva sua equação matricial de análise de malhas, transformadas segundo Laplace e com condições iniciais nulas;
   b) responda se é possível analisar esse circuito com um número menor de equações, eventualmente utilizando transformações de fontes;
   c) determine as freqüências complexas próprias e os modos naturais desse circuito;
   d) suponha $e_{s2}(t) = 0$, e calcule a função de transferência $E_1(s)/E_{s1}(s)$.

Figura E12.7

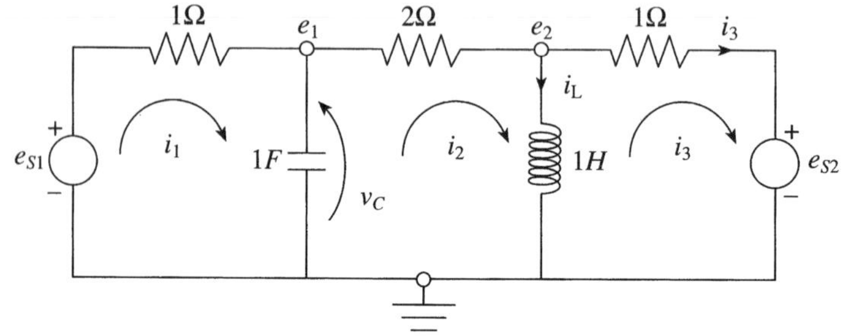

Resp.: a) $$\begin{bmatrix} 1+1/s & -1/s & 0 \\ -1/s & s+2+1/s & -s \\ 0 & -s & s+1 \end{bmatrix} \cdot \begin{bmatrix} I_1(s) \\ I_2(s) \\ I_3(s) \end{bmatrix} = \begin{bmatrix} E_{s1}(s) \\ 0 \\ -E_{s2}(s) \end{bmatrix}$$

b) Sim, transformando os geradores de tensão em geradores de corrente e aplicando-se análise nodal nas variáveis $e_1(t)$ e $e_2(t)$.

c) Freqüências complexas próprias: $s_{1,2} = -1$ (dupla); modos naturais: $A_1 e^{-t}$, $A_2 t e^{-t}$.

d) $\dfrac{E_1(s)}{E_{s1}(s)} = \dfrac{s + 0{,}667}{s^2 + 2s + 1}$

8   Ainda no circuito da figura E12.7, suponha $e_{s2} = 0$ e $e_{s1} = 5\cos t$ (V, seg). Calcule $e_1(t)$, em regime permanente senoidal.

Resp.: $e_1(t) = 3\cos(t - 33{,}7°)$, (V, seg).

Capítulo 13

INDUTÂNCIAS MÚTUAS E TRANSFORMADORES

13.1 Definição de Indutância Mútua

A circulação de corrente numa bobina cria um fluxo de indução magnética no espaço circundante. Se uma segunda bobina for colocada em sua vizinhança, uma parte do fluxo criado pela primeira bobina poderá concatenar-se com essa segunda bobina. Essa concatenação é indicada pela existência de linhas de força do vetor de indução magnética **B**, que se encadeiam, ou se concatenam, com os circuitos de ambas as bobinas.

Se varia a corrente i_1 na primeira bobina, muda também o fluxo concatenado com ambas as bobinas. Pela lei da indução eletromagnética (lei de Faraday-Neumann), na primeira bobina aparece uma tensão induzida, proporcional à indutância própria da bobina e à taxa de variação de i_1. Na segunda bobina aparece também uma tensão induzida, dependente da taxa de variação de i_1; essa tensão pode fazer circular uma corrente na segunda bobina, com possível dispêndio de energia. Em conseqüência, a existência do *fluxo mútuo* permite transferir energia do circuito da primeira bobina ao circuito da segunda.

Duas ou mais bobinas que tenham um fluxo de indução magnética em comum dizem-se *acopladas magneticamente*. Entre essas duas bobinas há uma *indutância mútua,* que logo definiremos.

Um dispositivo elétrico constituído por bobinas com indutância mútua é chamado *transformador*. A bobina que estiver ligada à fonte de energia é chamada *primário* do transformador. As demais bobinas são chamadas *secundários* do transformador.

Muito freqüentemente deseja-se que a maior parte do fluxo de indução magnética criado pela bobina primária se concatene com as bobinas secundárias. Nesse caso, as bobinas são enroladas sobre um mesmo núcleo de *material ferromagnético* (chapas de aço-silício, ferrites, etc.), que constitui o *circuito magnético* do transformador.

Os transformadores encontram-se em todos os campos da Engenharia Elétrica, com grandes variações de tamanho e massa. Podemos encontrar desde transformadores com massa de alguns gramas e dimensões da ordem do centímetro, até grandes transformadores usados nos Sistemas de Potência, com massa de muitas toneladas e com dimensões da ordem de dezena de metros.

Na figura 13.1 indicamos os símbolos usados para vários tipos de transformadores.

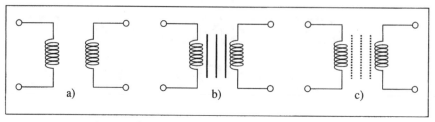

Figura 13.1 Esquemas de transformadores: a) com núcleo de ar; b) com núcleo de aço-silício; c) com núcleo de cerâmica ferromagnética (ferrite) ou pó ferromagnético.

Para iniciar o estudo de circuitos com indutância mútua, comecemos considerando dois enrolamentos dispostos de modo que ambos tenham um fluxo de indução magnético Φ em comum (figura 13.2). Esse fluxo, designado por *fluxo ligado,* será dado pela soma das linhas de força que atravessam as duas bobinas, ou se concatenam com as duas. Vamos também fixar sentidos de referência positivos para as correntes e tensões, de acordo com a convenção do receptor, como indicado na figura 13.2.

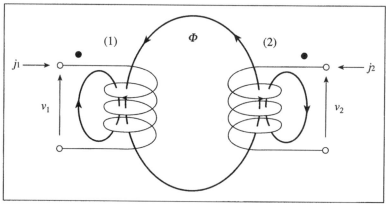

Figura 13.2 Indutância mútua entre duas bobinas.

Se o fluxo ligado variar com o tempo, aparecerão tensões induzidas nas duas bobinas. Essas tensões dependem do *fluxo concatenado* ψ, que depende do fluxo ligado e do número de espiras de cada bobina. Se a bobina for *concentrada,* isto é, suas espiras estiverem muito próximas umas das outras, o fluxo concatenado com uma bobina será igual ao produto do fluxo ligado pelo seu número de espiras. De fato, o fluxo concatenado será obtido calculando o fluxo do vetor de indução magnética através de uma superfície helicoidal que se apóia sobre as espiras da bobina. O fluxo concatenado é o que aparece na lei da indução eletromagnética.

Definição de Indutância Mútua **409**

Designando então por $\psi_1(j_1, j_2)$ e $\psi_2(j_1, j_2)$ os fluxos concatenados respectivamente com as bobinas 1 e 2, pela lei de Faraday-Neumann as tensões induzidas nas duas bobinas, com a convenção do receptor, serão

$$\begin{cases} v_1(t) = \dfrac{d\Psi_1(j_1, j_2)}{dt} \\ v_2(t) = \dfrac{d\Psi_2(j_1, j_2)}{dt} \end{cases}$$

ou, supondo que j_1 e j_2 são funções de tempo,

$$\begin{cases} v_1(t) = \dfrac{\partial\Psi_1}{\partial j_1} \cdot \dfrac{dj_1}{dt} + \dfrac{\partial\Psi_1}{dj_2} \cdot \dfrac{dj_2}{dt} \\ v_2(t) = \dfrac{\partial\Psi_2}{\partial j_1} \cdot \dfrac{dj_1}{dt} + \dfrac{\partial\Psi_2}{dj_2} \cdot \dfrac{dj_2}{dt} \end{cases} \tag{13.1}$$

No curso de Eletromagnetismo mostra-se que, para meio linear e geometria constante, os fluxos concatenados são funções lineares das correntes, ou seja,

$$\begin{cases} \Psi_1 = L_{11} j_1 + L_{12} j_2 \\ \Psi_2 = L_{21} j_1 + L_{22} j_2 \end{cases} \tag{13.2}$$

Os coeficientes L_{ii} são as já conhecidas *indutâncias próprias* das bobinas, ao passo que os L_{ij}, $i \neq j$, são as *indutâncias mútuas* entre as bobinas i e j. Mostra-se, em Eletromagnetismo, que vale $L_{ij} = L_{ji}$, de modo que a matriz dos coeficientes do segundo membro de (13.2) é *simétrica*. Além do mais, os L_{ii} são sempre positivos, ao passo que os L_{ij} podem ser positivos ou negativos, conforme o fluxo criado por uma das correntes se adicione ou se subtraia do fluxo criado pela outra. No caso de apenas duas bobinas, indicaremos as indutâncias mútuas por M.

No caso de um meio magneticamente homogêneo e linear, com geometria constante, a (13.1) pode então ser posta na forma

$$\begin{cases} v_1 = L_{11} \dfrac{dj_1}{dt} + M \dfrac{dj_2}{dt} \\ v_2 = M \dfrac{dj_1}{dt} + L_{22} \dfrac{dj_2}{dt} \end{cases} \tag{13.3}$$

Essas são as *relações constitutivas* do circuito de duas indutâncias com mútua.

No caso da figura 13.2, é fácil ver que a indutância mútua é positiva, pois os fluxos de indução magnética criados pelas correntes j_1 e j_2 serão aditivos, se as duas correntes tiverem o mesmo sinal.

Nos diagramas de circuitos, ou nos transformadores, nem sempre é possível visualizar os sentidos dos enrolamentos, de modo que é necessário introduzir-se uma informação que permita verificar a relação aditiva ou subtrativa entre os fluxos criados pelas várias correntes das bobinas. Essa informação pode ser dada de duas maneiras:

a)   pelas *marcas de polaridade*, isto é, marcas idênticas em terminais, tais que a entrada de corrente pelos terminais homônimos causa fluxos aditivos;

410   *Indutâncias Mútuas e Transformadores*

b) indicando no diagrama do circuito os sentidos de referência positivos das correntes nos vários enrolamentos e fornecendo a *matriz das indutâncias* do circuito

$$\mathbf{L} = \begin{bmatrix} L_{11} & L_{12} \\ L_{21} & L_{22} \end{bmatrix} = \begin{bmatrix} L_1 & M \\ M & L_2 \end{bmatrix} \tag{13.4}$$

onde M pode ser positivo ou negativo.

Na figura 13.2 as marcas de polaridade estão indicadas por pontos. Com as convenções para os sentidos de referência das correntes indicados na figura, o termo M da matriz de indutâncias será positivo. Se invertermos o sentido de referência de uma qualquer das duas correntes, M passa a ser negativo.

Introduzindo nas relações (13.3) a notação indicada em (13.4), as relações constitutivas na mútua, no domínio do tempo, ficam com a forma

$$\begin{cases} v_1(t) = L_1 \dfrac{dj_1(t)}{dt} + M \dfrac{dj_2(t)}{dt} \\ v_2(t) = M \dfrac{dj_1(t)}{dt} + L_2 \dfrac{dj_2(t)}{dt} \end{cases} \tag{13.5}$$

ou, sob forma matricial,

$$\begin{bmatrix} v_1(t) \\ v_2(t) \end{bmatrix} = \begin{bmatrix} L_1 & M \\ M & L_2 \end{bmatrix} \cdot \begin{bmatrix} dj_1(t)/dt \\ dj_2(t)/dt \end{bmatrix} \tag{13.6}$$

Podemos agora aplicar a transformação de Laplace a essas equações. Considerando condições iniciais nulas, para maior simplicidade, teremos as relações constitutivas no domínio transformado:

$$\begin{cases} V_1(s) = sL_1 J_1(s) + sM J_2(s) \\ V_2(s) = sM J_1(s) + sL_2 J_2(s) \end{cases} \tag{13.7}$$

Como sabemos, para adaptar essas equações ao regime permanente senoidal, basta trocar transformadas por fasores e s por $j\omega$. Portanto, as relações constitutivas em regime permanente senoidal serão

$$\begin{cases} \hat{V}_1 = j\omega L_1 \hat{J}_1 + j\omega M \hat{J}_2 \\ \hat{V}_2 = j\omega M \hat{J}_1 + j\omega L_2 \hat{J}_2 \end{cases} \tag{13.8}$$

Para ilustrar a aplicação dessas relações ao caso de um circuito com mútua, vamos examinar os transitórios no circuito da figura 13.3, onde a chave, há muito tempo na posição inferior, muda para a posição superior em $t = 0$. Admitindo correntes iniciais nulas, vamos determinar a tensão $v_2(t)$, $t \geq 0$, para os seguintes casos:

a) $R_2 \to \infty$, ou secundário em aberto;

b) R_2 finita, ou *resistência de carga* finita.

Definição de Indutância Mútua

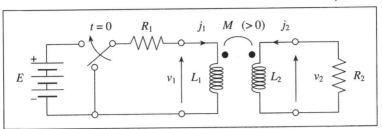

Figura 13.3 Transitório simples em circuito com mútua.

a) R_2 infinita:

Nesse caso, $j_2 = 0$ e teremos, pela 2.ª lei de Kirchhoff aplicada à malha do primário, para os $t \geq 0$,

$$R_1 j_1 + v_1 = E$$

ou, levando em conta as relações na mútua,

$$R_1 j_1 + L_1 \frac{dj_1}{dt} = E \quad (t \geq 0)$$

A tensão no secundário será

$$v_2 = M \frac{dj_1}{dt}$$

onde M é um número positivo, de acordo com as marcas de polaridade.

A solução da equação do primário já é conhecida:

$$j_1 = \frac{E}{R_1} \cdot \left(1 - e^{-\frac{R_1}{L_1} t}\right), \qquad (t \geq 0) \tag{13.9}$$

Em conseqüência, a tensão no secundário fica

$$v_2 = \frac{M}{L_1} \cdot E \cdot e^{-\frac{R_1}{L_1} t}, \qquad (t \geq 0) \tag{13.10}$$

b) R_2 finita:

Vamos agora aplicar a 2.ª lei de Kirchhoff às malhas do primário e do secundário:

$$\begin{cases} R_1 j_1 + L_1 \dfrac{dj_1}{dt} + M \dfrac{dj_2}{dt} = E \\ M \dfrac{dj_1}{dt} + L_2 \dfrac{dj_2}{dt} + R_2 j_2 = 0 \end{cases}$$

Aplicando a transformação de Laplace a esse sistema, com condições iniciais nulas e usando notação matricial para maior conforto, obtemos

$$\begin{bmatrix} sL_1 + R_1 & sM \\ sM & sL_2 + R_2 \end{bmatrix} \cdot \begin{bmatrix} J_1(s) \\ J_2(s) \end{bmatrix} = \begin{bmatrix} E/s \\ 0 \end{bmatrix}$$

Resolvendo em relação a $J_2(s)$, vem

$$J_2(s) = \frac{-ME}{(L_1 L_2 - M^2)s^2 + (R_1 L_2 + R_2 L_1)s + R_1 R_2} \tag{13.11}$$

Notemos que o denominador dessa expressão resultou igual ao determinante da matriz da equação de análise. Portanto, igualando-o a zero obtemos a equação característica do circuito, cujas raízes fornecem suas freqüências complexas próprias. Como o circuito é passivo e contém resistências, essas raízes devem ter parte real não positiva. Conclui-se então que deve ser satisfeita a condição $M^2 \leq L_1 L_2$.

Para prosseguir com o caso mais simples, vamos tomar

$$M^2 = L_1 L_2 \tag{13.12}$$

condição designada por *acoplamento perfeito*. Notemos que esse acoplamento perfeito é um limite inatingível na prática. Resulta então

$$J_2(s) = -\frac{ME}{R_1 L_2 + R_2 L_1} \cdot \frac{1}{s + R_1 R_2 / (R_1 L_2 + R_2 L_1)} \tag{13.13}$$

Para simplificar a notação, façamos

$$R_1 R_2 / (R_1 L_2 + R_2 L_1) = \alpha_1$$

de modo que

$$J_2(s) = -\frac{\alpha_1 ME}{R_1 R_2} \cdot \frac{1}{(s + \alpha_1)} \tag{13.14}$$

Antitransformando, obtemos

$$j_2(t) = -\frac{\alpha_1 ME}{R_1 R_2} \cdot e^{-\alpha_1 t}, \qquad (t \geq 0) \tag{13.15}$$

A tensão de saída, na resistência R_2, será

$$v_2(t) = -R_2 j_2(t) = \frac{\alpha_1 ME}{R_1} \cdot e^{-\alpha_1 t} = \frac{R_2 ME}{R_1 L_2 + R_2 L_1} \cdot e^{-\alpha_1 t}, \qquad (t \geq 0) \tag{13.16}$$

Aqui aparece um resultado interessante: na origem dos tempos a corrente j_2 é descontínua e, apesar disso, não aparece tensão impulsiva em L_2. Esse fato é uma conseqüência da hipótese de indutância mútua com acoplamento perfeito. Além do mais, nesse caso, o circuito é *redutível*, pois tem uma só constante de tempo, apesar das duas indutâncias.

Métodos de Medida de Indutância Mútua

Exemplo:

Vamos montar o circuito da figura 13.3, com uma *bobina de ignição automotiva,* cujos indutores serão representados por modelos dados pela associação série de indutâncias L_i com resistores R_{Si}. Em conseqüência, na figura 13.3 o resistor R_1 será substituído por R_{S1}, e um resistor R_{S2} será colocado em série com L_2. Os parâmetros foram medidos, encontrando-se os seguintes valores:

$L_1 = 3$ mH, $R_{S1} = R_1 = 4\ \Omega$

$L_2 = 30$ H, $R_{S2} = 8$ kΩ

$M = 0{,}3$ H

Tomemos ainda $E = 14$ V, e vamos deixar o secundário em aberto ($R_2 = \infty$). Suponhamos que a chave S, há muito tempo na posição inferior, passa para a posição superior em $t = 0$. A tensão nos terminais do secundário será, por (13.10)

$$v_2(t) = \frac{0{,}3}{0{,}003} \cdot 14 \cdot e^{-\frac{4}{0{,}003}t} = 1.400 \cdot e^{-1.333{,}33t}, \quad (t \geq 0)$$

Aparece, portanto, um pico de tensão de 1.400 V no secundário.

Essa tensão não é suficiente para causar a ignição nos automóveis. Para obter uma tensão de pico bem mais elevada, superior a 20 kV, aumenta-se o circuito com um capacitor. Para maiores detalhes, consulte o livro de Nilsson e Riedel[1].

13.2 Métodos de Medida de Indutância Mútua

Vamos discutir dois métodos simples para a medida de indutâncias mútuas: o método do voltímetro e do amperímetro e o método das ligações em séries aditiva e subtrativa.

Para o primeiro método, empregamos o circuito da figura 13.4, excitado por um gerador senoidal e em regime permanente. Suporemos que o voltímetro e o amperímetro são ideais, isto é, têm, respectivamente, impedâncias infinita e nula, e indicam valores eficazes.

Aplicando a segunda equação de (13.8), com a corrente do secundário igual a zero, obtemos

$$\hat{V}_2 = j\omega M \hat{I}_1 \rightarrow |M| = \frac{1}{\omega} \left| \frac{\hat{V}_2}{\hat{I}_1} \right|$$

Mas os aparelhos indicam os valores V_2 e I_1, correspondentes aos módulos dos valores eficazes da tensão e da corrente. Portanto, o módulo da indutância mútua será dado por

---

[1]NILSSON, J. W. e RIEDEL, S. A., *Electric Circuits,* 5.ª edição, 1996, págs. 531 e segs., Addison-Wesley, Reading, Massachusetts.

$$|M| = \frac{V_2}{\omega I_1} \qquad (13.17)$$

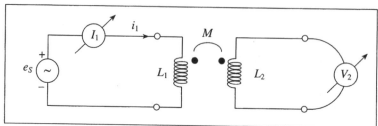

Figura 13.4 Circuito para medida de mútua com o método do amperímetro e do voltímetro.

O sinal de M vai depender da fixação dos sentidos de referência positivos das correntes.

Para a medida com o método das ligações série aditiva e série subtrativa, devemos montar o circuito da figura 13.5, excitado por um gerador senoidal de freqüência adequada. Essa freqüência deve ser suficientemente alta para que as reatâncias indutivas sejam muito maiores que as resistências próprias das bobinas; por outro lado, essa freqüência deve ser suficientemente baixa para que efeitos devidos às capacitâncias parasitas das bobinas sejam desprezíveis.

Montado o circuito, fazem-se duas medidas de tensão e corrente eficazes, com as bobinas respectivamente nas ligações série aditiva e série subtrativa.

Como $j_1 = j_2 = i$, as tensões nas bobinas relacionam-se com as correntes por

$$\begin{bmatrix} v_1(t) \\ v_2(t) \end{bmatrix} = \begin{bmatrix} L_1 & M \\ M & L_2 \end{bmatrix} \cdot \frac{di(t)}{dt} \qquad (13.18)$$

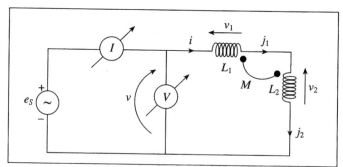

Figura 13.5 Circuito para a medida de indutância mútua.

Nessa equação M será positivo para ligação aditiva (fluxos concordantes) e negativo para ligação subtrativa (fluxos discordantes). Para passar de uma ligação à outra, basta inverter uma das bobinas.

A tensão medida pelo voltímetro será

$$v(t) = v_1(t) + v_2(t) \qquad (13.19)$$

Passando ao regime senoidal, (13.18) e (13.19) fornecem

$$\hat{V}' = \left(L_1 + L_2 + 2|M|\right) \cdot j\omega \hat{I}'$$
$$\hat{V}'' = \left(L_1 + L_2 - 2|M|\right) \cdot j\omega \hat{I}''$$

respectivamente para as ligações aditiva e subtrativa. Os valores eficazes das tensões lidas pelo voltímetro serão, pois,

$$\begin{cases} V' = \left(L_1 + L_2 + 2|M|\right) \cdot \omega I' \\ V'' = \left(L_1 + L_2 - 2|M|\right) \cdot \omega I'' \end{cases} \qquad (13.20)$$

onde V', V'', I' e I'' são, respectivamente, as tensões e correntes eficazes medidas pelo voltímetro e pelo amperímetro.

As indutâncias equivalentes, vistas pelo gerador, serão, portanto,

$$\begin{cases} L'_{eq} = \dfrac{V'}{\omega I'} = L_1 + L_2 + 2|M| \\ L''_{eq} = \dfrac{V''}{\omega I''} = L_1 + L_2 - 2|M| \end{cases} \qquad (13.21)$$

Dessas duas equações segue-se

$$|M| = \frac{1}{4}(L'_{eq} - L''_{eq}) \qquad (13.22)$$

Note-se que esse método de medida não é muito bom, pois fornece o resultado como diferença de dois valores, que podem ser bastante próximos.

13.3 Energia Armazenada em Duas Bobinas com Mútua

Vamos agora determinar a energia armazenada em um sistema de duas bobinas com mútua, com as tensões e as correntes indicadas na figura 13.6.

A energia armazenada num intervalo de tempo dt será dada por

$$dw(t) = [v_1(t)j_1(t) + v_2(t)j_2(t)]dt \qquad (13.23)$$

Substituindo as tensões por (13.5) obtemos sucessivamente, usando propriedades conhecidas das derivadas,

$$\frac{dw(t)}{dt} = \left(L_1 \frac{dj_1(t)}{dt} + M \frac{dj_2(t)}{dt}\right) \cdot j_1(t) + \left(M \frac{dj_1(t)}{dt} + L_2 \frac{dj_2(t)}{dt}\right) \cdot j_2(t)$$

$$\frac{dw(t)}{dt} = \frac{1}{2} L_1 \frac{dj_1^2(t)}{dt} + M \frac{d[j_1(t)j_2(t)]}{dt} + \frac{1}{2} L_2 \frac{dj_2^2(t)}{dt} \qquad (13.24)$$

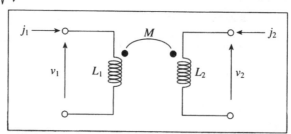

Figura 13.6 Energia armazenada em duas bobinas com mútua.

Integrando agora a (13.24), de $t = 0$ a $t = t$, com $j_1(0) = 0$ e $j_2(0) = 0$, obtemos

$$w(t) = \frac{1}{2}L_1 j_1^2(t) + \frac{1}{2}L_2 j_2^2(t) + M j_1(t) j_2(t) \tag{13.25}$$

Como o circuito é passivo, devemos ter sempre $w(t) \geq 0$.

A (13.25) pode ainda ser escrita como uma *forma quadrática*:

$$w(t) = \frac{1}{2}[j_1(t)\ j_2(t)] \cdot \begin{bmatrix} L_1 & M \\ M & L_2 \end{bmatrix} \cdot \begin{bmatrix} j_1(t) \\ j_2(t) \end{bmatrix} = \frac{1}{2}\mathbf{j}^T \cdot \mathbf{L} \cdot \mathbf{j} \tag{13.26}$$

Como $w(t)$ deve ser não-nulo para quaisquer valores não-nulos de j_1 e j_2, a matriz das indutâncias deve ser *definida positiva*, ou seja,

$$L_1 L_2 - M^2 > 0 \tag{13.27}$$

condição essa que já encontramos antes.

13.4 Generalização para m Bobinas Acopladas

Vamos agora generalizar as equações (13.2) e (13.3) para um sistema de $m > 2$ bobinas com acoplamento magnético entre todas elas.

Consideremos então m indutores com acoplamento magnético, com indutâncias próprias L_{jj} e indutâncias mútuas L_{ij} ($i \neq j$) entre as bobinas i e j, num meio magneticamente linear e com geometria fixa. O fluxo de indução magnética concatenado com cada bobina é a soma algébrica dos fluxos causados pela corrente na própria bobina e pelas correntes nas demais bobinas (figura 13.7, limitada a três bobinas).

Indicando por Ψ_i o fluxo de indução magnética concatenado com a i-ésima bobina, temos

$$\begin{cases} \Psi_1 = L_{11} j_1 + L_{12} j_2 + \ldots + L_{1m} j_m \\ \Psi_2 = L_{21} j_1 + L_{22} j_2 + \ldots + L_{2m} j_m \\ \vdots \qquad\qquad \vdots \\ \Psi_m = L_{m1} j_1 + L_{m2} j_2 + \ldots + L_{mm} j_m \end{cases} \tag{13.28}$$

A respeito desse sistema, convém observar que:

Generalização para m Bobinas Acopladas

- a matriz dos coeficientes L_{ij} é *simétrica*, pois $L_{ij} = L_{ji}$, como se demonstra em Eletromagnetismo;
- os elementos da diagonal principal são sempre positivos;
- os demais elementos podem ser positivos ou negativos.

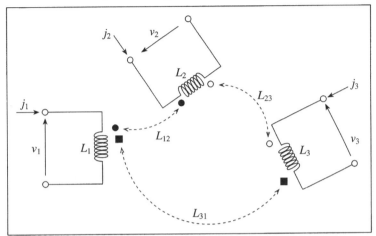

Figura 13.7 Sistema de bobinas com indutância mútua.

Os elementos fora da diagonal principal serão *positivos* quando os dois sentidos de referência das correntes nas respectivas bobinas estiverem na mesma relação com as marcas de polaridade (ambas entrando ou saindo pelo terminal marcado), e *negativos* em caso contrário; no primeiro caso, os fluxos são *aditivos*, ao passo que no segundo, são *subtrativos*.

Como exemplo, no circuito da figura 13.7 temos

$$L_{12} = L_{21} > 0; \quad L_{23} = L_{32} < 0; \quad L_{13} = L_{31} < 0$$

Definidos a *matriz das indutâncias* e o *vetor dos fluxos concatenados* respectivamente por

$$\mathbf{L} = \begin{bmatrix} L_{11} & L_{12} & \cdots & L_{1m} \\ L_{21} & L_{22} & \cdots & L_{2m} \\ \vdots & \vdots & \cdots & \vdots \\ L_{m1} & L_{m2} & \cdots & L_{mm} \end{bmatrix}, \quad \mathbf{\Psi} = \begin{bmatrix} \Psi_1 \\ \Psi_2 \\ \vdots \\ \Psi_m \end{bmatrix}$$

as equações (13.28) se escrevem na forma compacta

$$\mathbf{\Psi} = \mathbf{L} \cdot \mathbf{j} \qquad (13.29)$$

Derivando ambos os membros dessa equação, obtemos

$$\frac{d\mathbf{\Psi}(t)}{dt} = \mathbf{v}(t) = \mathbf{L} \frac{d\mathbf{j}(t)}{dt} \qquad (13.30)$$

Note-se que essa relação matricial tem a mesma forma que a relação constitutiva escalar, referente a uma só bobina.

418 — *Indutâncias Mútuas e Transformadores*

Admitindo que a matriz **L** é não-singular, a resolução de (13.29) em relação a **j** fornece

$$\mathbf{j}(t) = \mathbf{L}^{-1} \cdot \mathbf{\Psi}(t) = \mathbf{\Gamma} \cdot \mathbf{\Psi}(t) \tag{13.31}$$

onde $\mathbf{\Gamma} = \mathbf{L}^{-1}$ é a *matriz inversa das indutâncias*. Se essa matriz inversa existir, derivando e levando em conta a (13.30) obtemos

$$\frac{d\,\mathbf{j}\,(t)}{dt} = \mathbf{\Gamma}\mathbf{v}(t)$$

ou, integrando,

$$\mathbf{j}(t) = \mathbf{\Gamma} \cdot \int_{t_0}^{t} \mathbf{v}(\tau)d\tau + \mathbf{j}(t_0) \tag{13.32}$$

As equações (13.30) e (13.32) vão permitir, respectivamente, a introdução das mútuas na análise de malhas ou na análise nodal, como veremos. Na análise nodal modificada, como as correntes nos indutores são incógnitas, as mútuas se introduzem com as (13.30).

13.5 A Inclusão das Indutâncias Mútuas nos Métodos de Análise de Circuitos

Vejamos aqui como incluir as indutâncias mútuas nos métodos sistemáticos de análise de circuitos, isto é, nas análises de malhas, nodal e nodal modificada. Comecemos com a análise de malhas.

a) Análise de malhas

A análise de malhas baseia-se na aplicação da 2.ª lei de Kirchhoff às malhas de um circuito planar, ou seja, para cada malha aplicaremos

$$\sum_{i=1}^{n}[\pm v_i(t)] = 0$$

onde $v_i(t)$ é a tensão no i-ésimo ramo. Em seguida, essas tensões são eliminadas em termos das correntes de malhas, como já vimos. Para incluir as mútuas, basta então escrever as correntes de ramos em função das correntes de malhas na equação (13.30) e usar essas relações para eliminar as tensões nos ramos com mútuas.

Esse procedimento pode ser sistematizado com uma formulação matricial, com matrizes particionadas. Não vamos entrar nesse nível de detalhes; ficaremos somente com um exemplo do processo.

Consideremos então o circuito da figura 13.8, em que todos os ramos estão devidamente orientados. Suponhamos que sua matriz de indutâncias de ramos é

$$\mathbf{L} = \begin{bmatrix} L_{11} & L_{12} & L_{13} \\ L_{21} & L_{22} & L_{23} \\ L_{31} & L_{32} & L_{33} \end{bmatrix}$$

A Inclusão das Indutâncias Mútuas nos Métodos de Análise de Circuitos **419**

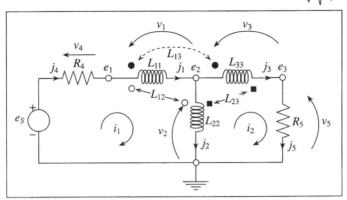

Figura 13.8 Exemplo de análise de malhas com mútuas.

Sabemos que os L_{ii} são positivos e, pelas marcas de polaridade indicadas na figura, resultam $L_{12} > 0$, $L_{13} > 0$ e $L_{23} < 0$.

A aplicação da 2.ª lei de Kirchhoff às duas malhas do circuito fornece

$$\begin{cases} v_4(t) + v_1(t) + v_2(t) = e_s(t) \\ -v_2(t) + v_3(t) + v_5(t) = 0 \end{cases}$$

As relações entre correntes de ramos e correntes de malha obtêm-se por simples inspeção:

$$\begin{cases} j_1(t) = j_4(t) = i_1(t) \\ j_2(t) = i_1(t) - i_2(t) \\ j_3(t) = j_5(t) = i_2(t) \end{cases}$$

Em conseqüência, as relações entre tensões de ramos e correntes de malhas são

$$\begin{cases} \begin{bmatrix} v_1(t) \\ v_2(t) \\ v_3(t) \end{bmatrix} = \begin{bmatrix} L_{11} & L_{12} & L_{13} \\ L_{21} & L_{22} & L_{23} \\ L_{31} & L_{32} & L_{33} \end{bmatrix} \cdot \frac{d}{dt} \begin{bmatrix} i_1(t) \\ i_1(t) - i_2(t) \\ i_2(t) \end{bmatrix} \\ v_4(t) = R_4 i_1(t) \\ v_5(t) = R_5 i_2(t) \end{cases}$$

Substituindo estes valores nas equações da 2.ª lei de Kirchhoff, usando o operador de derivação D e rearranjando, obtemos as equações de análise de malhas deste exemplo:

$$\begin{bmatrix} (L_{11} + 2L_{12} + L_{22}) \cdot D + R_4 & (-L_{12} - L_{22} + L_{13} + L_{23}) \cdot D \\ (-L_{12} - L_{22} + L_{13} + L_{23}) \cdot D & (L_{22} - 2L_{23} + L_{33}) \cdot D + R_5 \end{bmatrix} \cdot \begin{bmatrix} i_1(t) \\ i_2(t) \end{bmatrix} = \begin{bmatrix} e_s(t) \\ 0 \end{bmatrix}$$

Note-se que, com um pouco de experiência, essa equação pode ser escrita por inspeção.

Exemplo[2]:

Vamos determinar o fasor da tensão $\hat{V}_C$ no circuito da figura 13.9, em regime permanente senoidal, com as impedâncias (em ohms) e as tensões de geradores (em volts) indicadas na figura.

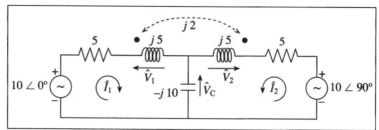

Figura 13.9 Exemplo de circuito com mútua, em regime permanente senoidal.

As relações na mútua, por (13.8), são

$$\begin{cases} \hat{V}_1 = j5\hat{I}_1 + j2\hat{I}_2 \\ \hat{V}_2 = j2\hat{I}_1 + j5\hat{I}_2 \end{cases}$$

Aplicando a 2.ª lei de Kirchhoff às malhas 1 e 2 temos, respectivamente,

$$\begin{cases} 5\hat{I}_1 + \hat{V}_1 + (-j10)(\hat{I}_1 + \hat{I}_2) = 10\angle 0° \\ 5\hat{I}_2 + \hat{V}_2 + (-j10)(\hat{I}_1 + \hat{I}_2) = 10\angle 90° \end{cases}$$

Substituindo as tensões $\hat{V}_1$ e $\hat{V}_2$ pelos valores obtidos das relações acima, rearranjando tudo e colocando o resultado sob forma matricial, obtemos

$$\begin{bmatrix} 5-j5 & -j8 \\ -j8 & 5-j5 \end{bmatrix} \cdot \begin{bmatrix} \hat{I}_1 \\ \hat{I}_2 \end{bmatrix} = \begin{bmatrix} 10 \\ j10 \end{bmatrix} \Rightarrow \begin{bmatrix} \hat{I}_1 \\ \hat{I}_2 \end{bmatrix} = \begin{bmatrix} 0,0879 - j0,71255 \\ -0,5003 + j1,64039 \end{bmatrix}$$

Portanto,

$$\hat{V}_C = -j10(\hat{I}_1 + \hat{I}_2) = 10,14 \angle 23,96°$$

b) Análise nodal

Como sempre, inicialmente escolhemos o nó de referência e adotamos as tensões nodais *e* como incógnitas. Se o grafo do circuito tiver partes separadas, somente com acoplamento magnético entre essas partes (como no exemplo da figura 13.10), escolhemos um nó de referência em cada parte separada e admitimos que esses nós estão interligados.

A análise partirá da aplicação da 1.ª lei de Kirchhoff aos nós não-de-referência. Em seguida, as correntes de ramos são eliminadas pelas relações de ramos, utilizando a (13.32) para os ramos que contêm mútuas. Nessas relações as tensões de ramos são eliminadas em termos das tensões nodais. Chegamos assim a um sistema de equações íntegro-diferenciais, tendo as tensões nodais como incógnitas.

---

[2]EDMINSTER, J. A., *Electric Circuits,* pág. 185: Schaum-McGraw, Nova York, 1965.

É claro que esse procedimento exige a existência da matriz inversa $\Gamma = \mathbf{L}^{-1}$. Se essa matriz não existir, podem ser usados alguns artifícios, como, por exemplo, uma ligeira modificação das mútuas para assegurar a existência da matriz inversa. Esse artifício é pouco elegante e pode levar a problemas numéricos.

Como no caso anterior, em vez de sistematizar o processo, vamos apenas fazer um exemplo.

Tomemos então o circuito da figura 13.10, com duas partes separadas, e vamos obter suas equações de análise nodal.

As equações da 1.ª lei de Kirchhoff aplicadas aos nós independentes fornecem:

$$\begin{cases} j_3(t) + j_1(t) = 0 \\ j_2(t) + j_4(t) = 0 \end{cases}$$

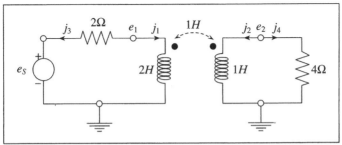

Figura 13.10 Exemplo de análise nodal com mútua.

As equações nodais nos nós 1 e 2 são, respectivamente,

$$\begin{cases} 0,5 e_1(t) + j_1(t) = 0,5 e_s(t) \\ j_2(t) + 0,25 e_s(t) = 0 \end{cases}$$

ou, usando notação matricial,

$$\begin{bmatrix} 0,5 & 0 \\ 0 & 0,25 \end{bmatrix} \cdot \begin{bmatrix} e_1(t) \\ e_2(t) \end{bmatrix} + \begin{bmatrix} j_1(t) \\ j_2(t) \end{bmatrix} = \begin{bmatrix} 0,5 e_s(t) \\ 0 \end{bmatrix} \qquad (I)$$

A matriz das indutâncias do circuito é

$$\mathbf{L} = \begin{bmatrix} 2 & 1 \\ 1 & 1 \end{bmatrix} \Rightarrow \mathbf{L}^{-1} = \begin{bmatrix} 1 & -1 \\ -1 & 2 \end{bmatrix}$$

As correntes $j_1(t)$ e $j_2(t)$ são agora eliminadas com o auxílio da relação (13.32). Para aliviar a notação, vamos usar o operador de integração, D^{-1}. Temos então

$$\begin{bmatrix} j_1(t) \\ j_2(t) \end{bmatrix} = \begin{bmatrix} 1 & -1 \\ -1 & 2 \end{bmatrix} \cdot D^{-1} \begin{bmatrix} e_1(t) \\ e_2(t) \end{bmatrix} + \begin{bmatrix} j_1(t_0) \\ j_2(t_0) \end{bmatrix} \qquad (II)$$

onde $j_1(t_0)$ e $j_2(t_0)$ são os valores iniciais das correntes nos indutores.

422 — *Indutâncias Mútuas e Transformadores*

Substituindo os valores de (II) em (I) e rearranjando o resultado, obtemos finalmente

$$\begin{bmatrix} 0,5 + D^{-1} & -D^{-1} \\ -D^{-1} & 0,25 + 2D^{-1} \end{bmatrix} \cdot \begin{bmatrix} e_1(t) \\ e_2(t) \end{bmatrix} = \begin{bmatrix} 0,5e_s - j_1(t_0) \\ -j_2(t_0) \end{bmatrix} \tag{III}$$

que é a desejada equação matricial de análise nodal do circuito.

c) Análise nodal modificada

Na *análise nodal modificada* as mútuas se introduzem de maneira muito simples, pois nesse tipo de análise as correntes nos indutores serão consideradas como variáveis incógnitas.

Como já vimos, para montar as equações de análise nodal modificada, adotamos como incógnitas:

a)   as tensões nodais, representadas no vetor **e**;

b)   as correntes em ramos com geradores ideais de tensão ou, eventualmente, em ramos resistivos, reunidas no vetor $\mathbf{i_R}$;

c)   as correntes nos ramos indutivos, reunidas no vetor $\mathbf{j_L}$.

Os ramos dos itens b) e c) constituem os *ramos tipo impedância.*

No caso de redes lineares sem mútuas, as equações de análise nodal modificada podem ser colocadas na forma

$$\left[\begin{array}{c|c} \mathbf{G_n} & \mathbf{B} \\ \hline \mathbf{F} & -\mathbf{R} \end{array}\right] \cdot \left[\begin{array}{c} \mathbf{e} \\ \hline \mathbf{i} \end{array}\right] + \left[\begin{array}{c|c} \mathbf{C_n} & \mathbf{0} \\ \hline \mathbf{0} & -\mathbf{L} \end{array}\right] \cdot \frac{d}{dt} \left[\begin{array}{c} \mathbf{e} \\ \hline \mathbf{i} \end{array}\right] = \left[\begin{array}{c} \mathbf{i_{Sn}} \\ \hline \mathbf{e_{Sn}} \end{array}\right] \tag{13.33}$$

As equações do bloco superior correspondem à aplicação da 1.ª lei de Kirchhoff aos nós não-de-referência; as equações do bloco inferior, com

$$\mathbf{i} = \left[\begin{array}{c} \mathbf{i_R} \\ \hline \mathbf{j_L} \end{array}\right] \tag{13.34}$$

correspondem à aplicação da 2.ª lei de Kirchhoff aos ramos com correntes incógnitas.

Se houver mútuas, as relações da 2.ª lei de Kirchhoff para os ramos indutivos serão do tipo

$$e_i - e_f - \left(L_{k1} \frac{dj_1}{dt} + \dots + L_{kk} \frac{dj_k}{dt} + \dots + L_{km} \frac{dj_m}{dt} \right) = 0 \tag{13.35}$$

onde, como de costume, e_i e e_f indicam os nós inicial e final do ramo considerado; L_{kk} é a sua indutância própria; os L_{ki}, $i \neq k$, são as indutâncias mútuas do ramo k para os demais $(m - 1)$ ramos indutivos da rede. Portanto, se a submatriz **L** de (13.33) corresponder à matriz das indutâncias próprias e mútuas da rede, todas as tensões nesses ramos estarão levadas em conta.

Em resumo, para incluir as mútuas na análise nodal modificada basta interpretar **L** de (13.33) como contendo a matriz das indutâncias próprias e mútuas da rede.

Como exemplo, vamos fazer a análise nodal modificada do circuito da figura 13.8. Para reduzir o número de incógnitas, vamos admitir que o gerador de tensão e_S, em série com a resistência R_4, é substituído pela associação equivalente de um gerador de corrente, com corrente interna $i_S = e_S / R_4$, em paralelo com a condutância $1/R_4$. Verifica-se imediatamente que as equações de análise nodal modificada do circuito são

$$\begin{bmatrix} 1/R_4 & 0 & 0 & 1 & 0 & 0 \\ 0 & 0 & 0 & -1 & 1 & 1 \\ 0 & 0 & 1/R_5 & 0 & 0 & -1 \\ 1 & -1 & 0 & -L_{11}D & -L_{12}D & -L_{13}D \\ 0 & 1 & 0 & -L_{12}D & -L_{22}D & -L_{23}D \\ 0 & 1 & -1 & -L_{13}D & -L_{23}D & -L_{33}D \end{bmatrix} \cdot \begin{bmatrix} e_1 \\ e_2 \\ e_3 \\ j_1 \\ j_2 \\ j_3 \end{bmatrix} = \begin{bmatrix} e_S / R_4 \\ 0 \\ 0 \\ 0 \\ 0 \\ 0 \end{bmatrix}$$

13.6 Coeficiente de Acoplamento, Transformador Perfeito e Transformador Ideal

A indutância mútua entre duas bobinas assume seu valor máximo quando todo o fluxo de indução magnética criado pela corrente numa delas atravessa totalmente a outra bobina. Para aproximar fisicamente essa condição, as duas bobinas são enroladas sobre um mesmo núcleo magnético de permeabilidade muito elevada, como indicado na figura 13.11.

Satisfeita a condição acima, diremos que há *acoplamento perfeito* entre as duas bobinas. Suponhamos que seja esse o caso das bobinas da figura 13.11. Admitimos ainda proporcionalidade entre correntes e fluxos, ou seja, *circuito magnético linear*. Note-se que essa hipótese só é válida, nos circuitos magnéticos reais, em condições muito especiais, que são examinadas nos cursos de Eletromagnetismo e Conversão Eletromecânica.

Vamos então distinguir dois casos: o *acoplamento perfeito* e o *acoplamento imperfeito*.

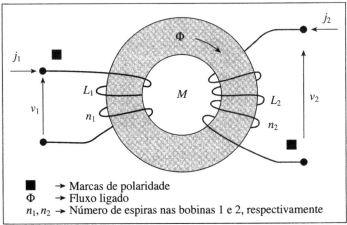

Figura 13.11 Acoplamento entre duas bobinas por circuito magnético comum a ambas.

a) Acoplamento perfeito

Todo o fluxo ligado à bobina 1 está também ligado à bobina 2. Os fluxos concatenados serão então

$$\begin{cases} \Psi_1 = L_1 j_1 + M j_2 = n_1 \Phi \\ \Psi_2 = M j_1 + L_2 j_2 = n_2 \Phi \end{cases} \qquad (13.36)$$

Segue-se então, pela lei de Faraday-Neumann,

$$\begin{cases} v_1 = n_1 \dfrac{d\Phi}{dt} \\ v_2 = n_2 \dfrac{d\Phi}{dt} \end{cases} \qquad (13.37)$$

Se as derivadas dessa expressão não forem identicamente nulas, podemos dividí-las membro a membro, obtendo a relação entre as duas tensões:

$$\frac{v_1}{v_2} = \frac{n_1}{n_2} \qquad (13.38)$$

Essa expressão mostra que a relação das tensões no primário e no secundário é igual à relação dos respectivos números de espiras, estritamente no caso do acoplamento perfeito. No entanto, constitui uma excelente aproximação para os transformadores reais com núcleo magnético.

A relação

$$r = \frac{n_1}{n_2} \qquad (13.39)$$

é chamada *relação de transformação* do transformador.

Como os L_i e M são fixados pela geometria do circuito, podem ser determinados por experiências diversas. Comecemos então considerando $j_2 = 0$ em (13.36). Resulta então

$$\begin{cases} L_1 = n_1 \Phi \,/\, j_1 \\ M = n_2 \Phi \,/\, j_1 \end{cases}$$

donde

$$\frac{L_1}{M} = \frac{n_1}{n_2} \qquad (13.40)$$

Analogamente, com $j_1 = 0$, temos

$$\begin{cases} L_2 = n_2 \Phi \,/\, j_2 \\ M = n_1 \Phi \,/\, j_2 \end{cases}$$

donde

$$\frac{L_2}{M} = \frac{n_2}{n_1} \tag{13.41}$$

De (13.40) e (13.41) seguem-se, então,

$$M^2 = L_1 L_2 \tag{13.42}$$

$$\frac{L_1}{L_2} = \frac{n_1^2}{n_2^2} \tag{13.43}$$

b) Acoplamento imperfeito

Nesse caso, nem todas as linhas de fluxo de indução magnética, criadas por uma das correntes, concatenam-se com a outra bobina, como sugerido pela figura 13.12, onde supusemos $j_2 = 0$.

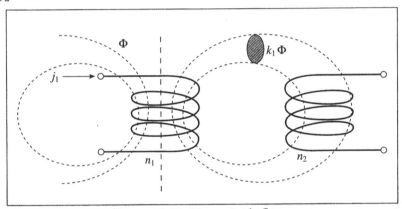

Figura 13.12 Dispersão de fluxo.

Nesse caso, só uma fração do fluxo ligado com a bobina 1 se concatena com a bobina 2. Dizemos então que há *dispersão de fluxo*.

Em conseqüência, para $j_2 = 0$, teremos os seguintes fluxos concatenados com as bobinas:

$$\begin{cases} \Psi_1 = L_1 j_1 = n_1 \Phi \\ \Psi_2 = M j_1 = n_2 k_1 \Phi, \quad 0 < k_1 < 1 \end{cases}$$

Dividindo membro a membro, segue-se

$$\frac{L_1}{M} = \frac{n_1}{k_1 n_2} \tag{13.44}$$

Analogamente, para $j_1 = 0$, os fluxos concatenados ficam

$$\begin{cases} \Psi_1 = M j_2 = n_1 k_2 \Phi, \quad 0 < k_2 < 1 \\ \Psi_2 = L_2 j_2 = n_2 \Phi \end{cases}$$

e, portanto,

$$\frac{L_2}{M} = \frac{n_2}{k_2 n_1}$$ (13.45)

De (13.44) e (13.45) obtemos então a relação entre a mútua e as indutâncias

$$M^2 = k_1 k_2 L_1 L_2 = k^2 L_1 L_2$$ (13.46)

O coeficiente k, que varia entre 0 e 1, é chamado *coeficiente de acoplamento* do transformador. No caso de acoplamento perfeito, $k = 1$; para bobinas sem mútua, $k = 0$.

Um transformador composto por dois indutores sem perdas e com coeficiente de acoplamento igual a 1 é chamado *transformador perfeito.*

Os *transformadores reais* são mais complicados: têm perdas nos condutores dos enrolamentos, designadas por *perdas no cobre*, e no material do núcleo, chamadas *perdas no ferro,* e o coeficiente de acoplamento é sempre menor que um. Além disso, podem também ser importantes as *capacitâncias parasitas,* entre os vários enrolamentos.

Tecnicamente, são comuns transformadores com coeficiente de acoplamento próximo de 1, tais como os transformadores com núcleo magnético fechado, em que podemos ter $k > 0,9$. Esse é o caso típico dos transformadores empregados nos sistemas de potência. Se o núcleo magnético tiver um *entreferro,* isto é, houver um segmento não magnético no núcleo, o coeficiente de acoplamento pode ser reduzido, caindo abaixo de 0,9.

No outro extremo, transformadores empregados em radiocomunicações, com os enrolamentos dispostos sobre bastões de ferrite, podem ter $k < 0,1$.

Para encerrar esta seção, mostremos que o *transformador ideal,* quadripolo definido no Capítulo 1, é o caso-limite de um transformador perfeito, cujas indutâncias próprias tendem a infinito.

De fato, já vimos, em (13.38) e referindo-nos à figura 13.11, que, para o caso de acoplamento perfeito, a relação entre as tensões no primário e no secundário é igual à relação dos respectivos números de espiras.

Por outro lado, no circuito magnético com relutância $\mathcal{R}$ (refira-se aqui ao curso de Eletromagnetismo), a força magnetomotriz será

$$f.m.m. = n_1 j_1 + n_2 j_2 = \mathcal{R}\,\Phi$$ (13.47)

Se a permeabilidade do material magnético tender a infinito, a relutância do circuito magnético tenderá a zero, de modo que, para um fluxo finito, a relação anterior nos fornece

$$\frac{j_1}{j_2} = -\frac{n_2}{n_1}$$ (13.48)

ou seja, a relação entre as correntes do primário e do secundário é igual ao negativo da relação entre os números de espiras do secundário e do primário. O sinal negativo provém dos sentidos de referência adotados para as correntes.

As relações (13.38) e (13.48) foram utilizadas para definir o *transformador ideal* no Capítulo 1, onde também foi introduzido o seu símbolo representativo. Vemos agora que esse transformador ideal corresponde a um transformador com acoplamento perfeito e um circuito magnético de relutância nula. Em conseqüência da relutância nula, as indutâncias próprias do primário e do secundário serão infinitas.

Coeficiente de Acoplamento, Transformador Perfeito e Transformador Ideal

Notemos ainda que as relações (13.38) e (13.48) podem ser empregadas, com precisão satisfatória, na maioria dos transformadores de potência com núcleo ferromagnético.

Vamos agora mostrar que um transformador ideal, terminado por uma certa impedância $Z_C(s)$ ou $Z_C(j\omega)$, *reflete*, no primário, essa mesma impedância, mas multiplicada pelo quadrado da relação de transformação do transformador.

Para verificar esse fato, notemos, primeiramente, que as relações (13.38) e (13.48) podem ser modificadas para o domínio transformado ou para o domínio de freqüências, tornando-se, respectivamente,

$$\begin{cases} \dfrac{V_1(s)}{V_2(s)} = \dfrac{n_1}{n_2} \\ \dfrac{J_1(s)}{J_2(s)} = -\dfrac{n_2}{n_1} \end{cases} \quad (13.49)$$

e

$$\begin{cases} \dfrac{\hat{V}_1}{\hat{V}_2} = \dfrac{n_1}{n_2} \\ \dfrac{\hat{J}_1}{\hat{J}_2} = -\dfrac{n_2}{n_1} \end{cases} \quad (13.50)$$

Consideremos agora o circuito com transformador ideal da figura 13.13, tendo como carga, no secundário, uma impedância $Z_C(s)$.

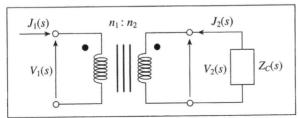

Figura 13.13 O transformador ideal como transformador de impedância.

No secundário temos que $J_2(s) = -V_2(s)/Z_C(s)$ e, portanto, aplicando as (13.49),

$$J_1(s) = \frac{n_2}{n_1} \cdot \frac{V_2(s)}{Z_C(s)} = \frac{n_2^2}{n_1^2} \frac{V_1(s)}{Z_C(s)}$$

donde sai o valor da impedância $Z_{eq}(s)$ vista pelo primário:

$$Z_{eq}(s) = \frac{V_1(s)}{J_1(s)} = \left(\frac{n_1}{n_2}\right)^2 \cdot Z_C(s) \quad (13.51)$$

como queríamos provar.

Essa propriedade pode simplificar o cálculo dos circuitos com transformador ideal, como mostraremos no exemplo seguinte.

Exemplo - Circuito com transformador ideal:

Suponhamos que, no circuito da figura 13.13, $v_1(t) = 220 \cos(400t)$, em volts e segundos, $n_1/n_2 = 22$, e que a impedância Z_C é constituída pela associação série de uma resistência de 200 ohms e uma indutância de 0,5 henrys. Vamos determinar a corrente $i_1(t)$ no primário.

Nessas condições, a impedância do secundário vale $Z_C = 200 + j\,200$. Portanto, a impedância refletida no primário será

$$Z_{eq} = (200 + j\,200) \cdot 22^2 = 96.800\,(1 + j1) = 136.895,9 \angle 45° \text{ (ohms)}$$

O fasor da corrente no primário será então dado por

$$\hat{I}_1 = \frac{\hat{V}_1}{Z_{eq}} = \frac{220}{136.895,9 \angle 45°} = 0,0016 \angle -45°$$

de modo que a corrente no primário resulta

$$i_1(t) = 0,0016 \cos(400t - 45°)\,(\text{A, s}).$$

13.7 Modelos Lineares de Transformadores com Núcleo não Magnético

Um transformador não é senão um dispositivo com duas ou mais bobinas acopladas magneticamente. Seu modelo básico será então constituído por duas ou mais bobinas com mútua. Na realidade, todo o transformador real tem perdas, que provêm do efeito Joule nos condutores e das várias perdas no material do núcleo.

No caso de um transformador com *núcleo não magnético*, em particular com núcleo de ar, as perdas no núcleo são desprezíveis, e as perdas nos enrolamentos, decorrentes das resistências dos fios, podem ser representadas por resistências em série com as bobinas.

Além dessas perdas, os transformadores reais apresentam *capacitâncias parasitas*, decorrentes dos acoplamentos capacitivos entre as massas metálicas dos vários enrolamentos e de eventuais blindagens ou planos de terra. Essas capacitâncias parasitas serão modeladas por capacitores. Para um transformador sem núcleo magnético e com dois enrolamentos, chegamos assim ao modelo da figura 13.14. Nessa figura mudamos o sentido de referência da corrente do secundário, para ficarmos de acordo com as convenções usuais no estudo dos transformadores.

As capacitâncias parasitas têm efeito importante sobretudo em freqüências próximas do extremo superior da faixa de freqüências de operação do transformador. Por isso, não vamos considerá-las neste primeiro estudo, de modo que as incluímos na figura 13.14 em traço interrompido.

Note-se que, em regime permanente senoidal, as resistências R_1 e R_2 podem depender da freqüência, por causa do efeito pelicular.

Modelos Lineares de Transformadores com Núcleo não Magnético **429**

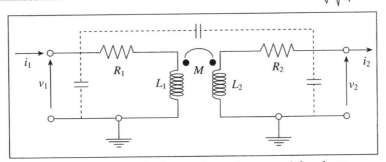

Figura 13.14 Modelo de transformador com núcleo de ar.

Com as referências positivas de correntes e tensões indicadas na figura, o nosso modelo será descrito pelas equações diferenciais

$$\begin{cases} (L_1 D + R_1) \, i_1(t) - |M| D i_2(t) = v_1(t) \\ -|M| D i_1(t) + (L_2 D + R_2) \, i_2(t) = -v_2(t) \end{cases} \quad (13.52)$$

Note-se que M é negativo, de acordo com as indicações da figura.

Se houver uma ligação entre os terminais inferiores do transformador como, por exemplo, a ligação de terra indicada na figura 13.14, pode-se construir o *modelo T-equivalente*, sem indutância mútua, indicado na figura 13.15. É fácil verificar que esse modelo obedece às mesmas equações (13.52). Conforme o caso, é possível que uma das indutâncias série desse modelo, isto é, $L_1 - |M|$ ou $L_2 - |M|$, se torne negativa.

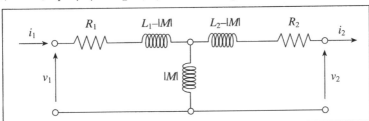

Figura 13.15 Modelo T-equivalente de transformador com núcleo de ar.

Os modelos das figuras 13.14 e 13.15 podem também ser utilizados por transformadores com núcleos magnéticos com baixas perdas, tais como os núcleos de ferrite. Assim, por exemplo, num transformador com núcleo em pote de ferrite, usado em Comunicações, temos os seguintes valores dos parâmetros da figura 13.14 (medidos a 1 kHz):

$$L_1 = 19{,}75; \, L_2 = 4{,}296; \, M = 9{,}0804 \text{ mH}$$
$$R_1 = 3{,}164; \, R_2 = 0{,}671 \text{ ohms}.$$

O coeficiente de acoplamento desse transformador será

$$k = \frac{M}{\sqrt{L_1 L_2}} = 0{,}986$$

Esse valor elevado do coeficiente de acoplamento ocorre porque o circuito magnético, constituído pelo pote de ferrite, praticamente não tem entreferro e apresenta muito pouco fluxo de dispersão.

Exemplo:

Ao primário do transformador com núcleo de ferrite acima citado foi aplicada uma tensão de $10 \angle 0°$ volts eficazes e freqüência angular de 10.000 rad/seg. Determinar a tensão $v_2(t)$ no secundário, sem carga.

Passando as equações (13.52) para o domínio de freqüência e com $i_2(t) = 0$, pois o secundário está aberto, obtemos:

$$\begin{cases} (j\omega L_1 + R_1)\hat{I}_1 = \hat{V}_1 \\ -j\omega M \hat{I}_1 = -\hat{V}_2 \end{cases}$$

donde chegamos à expressão do fasor da tensão no secundário:

$$\hat{V}_2 = \frac{j\omega M}{R_1 + j\omega L_1}\hat{V}_1 = \frac{j \cdot 10^4 \cdot 9{,}0804 \cdot 10^{-3}}{3{,}164 + j10^4 \cdot 0{,}01975} \cdot 10 = 4{,}5971 \angle 0{,}92°$$

Esse fasor está em volts eficazes. Portanto, no domínio do tempo teremos

$$v_2(t) = 6{,}501 \cos(10^4 t + 0{,}92°)$$

em volts e segundos.

*13.8 Modelos de Transformadores com Núcleo Ferromagnético

Modelos lineares de transformadores com núcleo magnético só devem ser empregados com cautela, pois as não linearidades introduzidas pelo núcleo podem ser muito fortes. Restringir-nos-emos ao caso em que a indução no núcleo magnético é baixa, isto é, o material está longe da saturação, e consideraremos modelos em regime permanente senoidal, utilizáveis numa só freqüência ou, eventualmente, numa faixa estreita de freqüências. Suporemos inicialmente que o transformador não tem perdas. O tratamento completo desses modelos cabe nos cursos de Conversão Eletromecânica[3]. Vamos discutir então o *modelo com transformador ideal* (T.I.), sem perdas, indicado na figura 13.16.

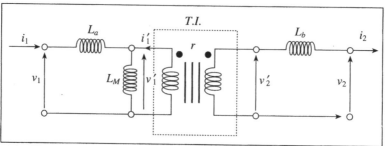

Figura 13.16 Modelo sem perdas, com transformador ideal.

---

[3]Para um tratamento detalhado de modelos de transformadores, ver *M.I.T., Magnetic Circuits and Transformers*, cap. XVIII, Nova York, McGraw-Hill, 1950.

Modelos de Transformadores com Núcleo Ferromagnético **431**

A indutância L_M é chamada _indutância de magnetização,_ pois por ela passa a corrente que magnetiza o núcleo magnético do transformador. As indutâncias L_a e L_b são, respectivamente, as _indutâncias de dispersão do primário_ e _do secundário._ Basicamente, essas indutâncias se referem às parcelas dos fluxos não concatenados, respectivamente nas bobinas primária e secundária.

Pelas relações (13.38) e (13.48) e com a nomenclatura indicada na figura 13.16, teremos

$$\frac{v_1'}{v_2'} = r, \quad \frac{i_1'}{i_2} = -\frac{1}{r} \tag{13.53}$$

onde r é a _relação de transformação_ do transformador ideal.

As equações da 2.ª lei de Kirchhoff do modelo da figura 13.16 são as seguintes:

- no primário:

$$L_a \frac{di_1}{dt} + L_M \frac{d}{dt}(i_1 + i_1') = v_1$$

- no secundário:

$$v_2' - L_b \frac{di_2}{dt} = v_2$$

Eliminando i_1' da equação do primário por meio da relação de correntes no transformador ideal, obtemos

$$(L_a + L_M)\frac{di_1}{dt} - \frac{L_M}{r}\frac{di_2}{dt} = v_1 \tag{13.54}$$

Por outro lado,

$$v_2' = \frac{1}{r}v_1' = \frac{1}{r}L_M\frac{d}{dt}(i_1 + i_1') = \frac{1}{r}L_M\frac{di_1}{dt} - \frac{1}{r^2}L_M\frac{di_2}{dt}$$

Substituindo esse valor na equação do secundário e rearranjando os seus termos, chegamos a

$$-\frac{1}{r}L_M\frac{di_1}{dt} + \left(L_b + \frac{1}{r^2}L_M\right)\frac{di_2}{dt} = -v_2 \tag{13.55}$$

As equações (13.54) e (13.55) descrevem o modelo da figura 13.16. Vamos agora relacionar os parâmetros L_a, L_b, L_M e r com as indutâncias próprias e mútuas do modelo da figura 13.14, com as resistências $R_1 = R_2 = 0$ e sem capacitâncias. Obtemos imediatamente

$$\begin{cases} \frac{1}{r}L_M = |M| \\ L_a + L_M = L_1 \\ L_b + \frac{1}{r^2}L_M = L_2 \end{cases}$$

donde

$$\begin{cases} L_M = r|M| \\ L_a = L_1 - L_M = L_1 - r|M| \\ L_b = L_2 - \dfrac{1}{r^2}L_M = L_2 - \dfrac{1}{r}|M| \end{cases} \tag{13.56}$$

Como temos apenas três relações para quatro parâmetros, podemos impor ainda alguma condição suplementar. Vamos então procurar um valor da relação de transformação r tal que as indutâncias de dispersão L_a e L_b resultem não negativas. Para isso devemos ter, a partir das (13.56),

$$L_1 - r|M| \ge 0 \rightarrow r \le \frac{L_1}{|M|}$$

$$L_2 - \frac{1}{r}|M| \ge 0 \rightarrow r \le \frac{|M|}{L_2}$$

Vamos adotar para r a média geométrica dos valores máximos acima obtidos, fazendo então

$$r = \sqrt{\frac{L_1}{L_2}} \tag{13.57}$$

A conveniência dessa escolha é óbvia: a relação de transformação seria igual à relação de espiras no primário e no secundário do transformador, se o acoplamento fosse perfeito.

Efetivamente, no nosso modelo o coeficiente de acoplamento é dado por

$$k = \frac{|M|}{\sqrt{L_1 L_2}} = \frac{L_M / r}{\sqrt{(L_a + L_M) \cdot (L_b + L_M / r^2)}} \tag{13.58}$$

Vamos agora calcular a relação de tensões no nosso modelo, com o secundário aberto. Fazendo então $i_2 = 0$ em (13.54) e (13.55), obtemos

$$\begin{cases} v_1 = (L_a + L_M) \cdot \dfrac{di_1}{dt} \\ v_2 = \dfrac{1}{r} L_M \cdot \dfrac{di_1}{dt} \end{cases}$$

Em conseqüência,

$$\frac{v_1}{v_2} = r \cdot \frac{L_a + L_M}{L_M} \tag{13.59}$$

Vemos aqui que a relação de tensões com o secundário em aberto será igual à relação de transformação, se a indutância de dispersão do primário for nula.

Modelos de Transformadores com Núcleo Ferromagnético **433**

Calculemos agora a relação das correntes no primário e no secundário, com o *secundário em curto-circuito*. Para isso, imporemos $v_2 = 0$ em (13.55), resultando

$$\left(L_b + \frac{1}{r^2} \cdot L_M\right) \cdot \frac{di_2}{dt} = \frac{1}{r} \cdot L_M \cdot \frac{di_1}{dt} \rightarrow \frac{di_1}{di_2} = \frac{rL_b + L_M/r}{L_M} \quad (13.60)$$

No caso de regime permanente senoidal, em que as correntes i_1 e i_2 não têm componentes constantes, da relação acima concluímos que

$$\frac{i_1}{i_2} = \frac{rL_b + L_M/r}{L_M} \quad (13.61)$$

No caso de L_b nulo, sem indutância de dispersão no secundário, a relação de correntes no primário e no secundário se torna igual ao inverso da relação de transformação.

Resta-nos agora completar o modelo, incluindo as perdas nos enrolamentos e no núcleo. As perdas nos enrolamentos, sendo devidas a efeito Joule, serão levadas em conta adicionando-se resistências efetivas R_a e R_b adequadas, em série, respectivamente, com o primário e o secundário. As perdas no núcleo serão levadas em conta pela adição ao modelo de uma resistência R_M, em paralelo com a indutância de magnetização, L_M. Um estudo mais detalhado desse modelo (a ser feito em Conversão Eletromecânica) mostra que assim se consegue representar adequadamente as perdas no núcleo, ao menos numa faixa limitada de freqüências e tensões. Chegamos assim, finalmente, ao modelo indicado na figura 13.17. Esse modelo está apresentado no domínio de freqüência, para dar ênfase à sua estrita validade em regime permanente senoidal.

Para ampliar a faixa de freqüências em que esse modelo é válido, propõem alguns autores considerar R_M como função de freqüência, tomando

$$R_M = \omega R'_M \quad (13.62)$$

onde R'_M é uma constante.

Estabelecido assim o modelo da figura 13.17, passemos a determinar as relações entre as variáveis externas, $\hat{V}_1, \hat{I}_1, \hat{V}_2$ e $\hat{I}_2$. Para isso, vamos admitir que o transformador alimenta uma carga de impedância Z_L, como indicado na figura, e vamos indicar por Z_M a associação paralela de R_M e L_M, isto é,

$$Z_M = \frac{j\omega R_M L_M}{R_M + j\omega L_M} \quad (13.63)$$

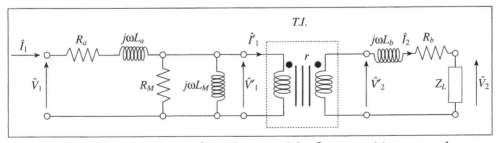

Figura 13.17 Modelo de transformador com núcleo ferromagnético com perdas, em regime permanente senoidal.

Aplicando a 2.ª lei de Kirchhoff (em forma fasorial) ao circuito do primário, temos

$$(R_a + j\omega L_a + Z_M)\hat{I}_1 - Z_M \hat{I'}_1 = \hat{V}_1$$

pois a corrente em Z_M é $\hat{I}_1 - \hat{I'}_1$.

Mas, pela relação no transformador ideal, $\hat{I'}_1 = \hat{I}_2/r$, de modo que a relação acima se transforma em

$$(R_a + j\omega L_a + Z_M)\cdot \hat{I}_1 - \frac{Z_M}{r}\cdot \hat{I}_2 = \hat{V}_1 \qquad (13.64)$$

Aplicando agora a 2.ª lei de Kirchhoff ao secundário, obtemos

$$(R_b + j\omega L_b + Z_L)\cdot \hat{I}_2 = \hat{V'}_2 = \hat{V'}_1/r$$

Mas

$$V'_1 = Z_M(\hat{I}_1 - \hat{I'}_1) = Z_M\left(\hat{I}_1 - \frac{\hat{I}_2}{r}\right)$$

de modo que a equação anterior se transforma em

$$-\frac{Z_M}{r}\hat{I}_1 + \left(R_b + j\omega L_b + \frac{Z_M}{r^2} + Z_L\right)\hat{I}_2 = 0 \qquad (13.65)$$

Reunindo (13.64) e (13.65) numa só equação matricial obtemos

$$\begin{bmatrix} R_a + j\omega L_a + Z_M & -Z_M/r \\ -Z_M/r & R_b + j\omega L_b + \dfrac{Z_M}{r^2} + Z_L \end{bmatrix}\cdot \begin{bmatrix}\hat{I}_1 \\ \hat{I}_2\end{bmatrix} = \begin{bmatrix}\hat{V}_1 \\ 0\end{bmatrix} \qquad (13.66)$$

Dessa equação podemos calcular as duas correntes no transformador, dada a tensão aplicada ao primário. A tensão no secundário calcula-se então por

$$\hat{V}_2 = Z_L \cdot \hat{I}_2 \qquad (13.67)$$

Ao modelo da figura 13.17 correspondem então as equações (13.66) e (13.67). Na utilização prática desse modelo costuma-se, muitas vezes, referir as impedâncias do secundário ao primário, eliminando assim o transformador ideal. Basta, para isso, lembrar que a impedância refletida no primário é igual à impedância do secundário, multiplicada pela relação de transformação ao quadrado, conforme indicado pela equação (13.51). Segue-se então o modelo da figura 13.18.

Esse modelo será útil no estudo dos transformadores de medidas, feito a seguir.

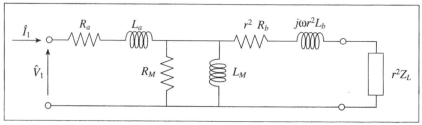

Figura 13.18 Modelo de transformador com núcleo ferromagnético, referido ao primário.

13.9 Os Transformadores de Medidas

Na realização de medidas em Sistemas de Potência, aparece freqüentemente a necessidade de medir tensões senoidais muito elevadas, ou correntes senoidais muito grandes. Nessas situações utilizam-se *transformadores de medidas*, que transformam a grandeza a medir em valores mais convenientes, ou menos perigosos. Assim, para a medida de tensões elevadas, usam-se os *transformadores de potencial*, que reduzem tensões altas a tensões da ordem de centena de volts. O primário desses transformadores, que fica ligado à alta-tensão, é cuidadosamente isolado do secundário, onde será ligado o instrumento de medida. Além do mais, o secundário é ligado em terra, para proteção do operador e do equipamento. O secundário do transformador de potencial é ligado a um voltímetro de alta impedância, de modo que praticamente o transformador opera com o secundário em aberto.

Nos *transformadores de corrente*, com o primário também cuidadosamente isolado do secundário, liga-se um amperímetro ao secundário. Como esse aparelho tem baixa impedância, praticamente os transformadores de corrente operam com o secundário em curto-circuito.

Vamos examinar as condições de operação desses dois aparelhos usando o modelo da figura 13.18.

a) Transformadores de potencial

Impondo o secundário em aberto nesse modelo, ou seja, fazendo $\hat{I}_2 = 0$, a equação (13.64) fornece

$$(R_a + j\omega L_a + Z_M) \cdot \hat{I}_1 = \hat{V}_1$$

Tomando agora a (13.65) e nela substituindo $Z_L \hat{I}_2 = \hat{V}_2$ e, em seguida, fazendo $\hat{I}_2 = 0$, resulta

$$\frac{Z_M}{r} \hat{I}_1 = \hat{V}_2$$

Dividindo membro a membro essas duas equações, obtemos a relação das tensões no secundário e no primário:

$$\frac{\hat{V}_2}{\hat{V}_1} = \frac{Z_M}{R_a + j\omega L_a + Z_M} \cdot \frac{1}{r} \tag{13.68}$$

Assim, se for $R_a + j\omega L_a + Z_M \cong Z_M$, segue-se

$$\frac{\hat{V}_2}{\hat{V}_1} \cong \frac{1}{r} = \frac{n_2}{n_1} \tag{13.69}$$

O transformador de potencial terá muitas espiras no primário e poucas espiras no secundário, de modo que $r \gg 1$. Em sua construção faz-se o possível para reduzirem-se as indutâncias de dispersão e as perdas, usando núcleo toroidal e material magnético de elevada permeabilidade e baixa perda.

Praticamente, a indutância de dispersão e a resistência do primário ocasionam um pequeno *erro de fase*, isto é, uma pequena defasagem entre as tensões no primário e no secundário. Esse erro deve ser corrigido em medidas de precisão.

b) Transformadores de corrente

Vamos agora considerar o modelo da figura 13.18, com o secundário em curto-circuito.

Fazendo então $\hat{V}_2 = Z_L \hat{I}_2 = 0$ em (13.65) e calculando a relação das correntes, resulta

$$\frac{\hat{I}_1}{\hat{I}_2} = \frac{R_b + j\omega L_b + Z_M/r^2}{Z_M/r} \tag{13.70}$$

Se for válida a aproximação

$$\left| R_b + j\omega L_b \right| << \frac{\left| Z_M \right|}{r^2} \tag{13.71}$$

então teremos

$$\frac{\hat{I}_1}{\hat{I}_2} \cong \frac{1}{r} = \frac{n_2}{n_1} \tag{13.72}$$

ou seja, a relação das correntes no primário e no secundário é aproximadamente igual ao inverso da relação de transformação.

O primário do transformador de corrente terá poucas espiras (muitas vezes uma só), e o secundário, ao contrário, terá muitas espiras, de modo que normalmente a relação de transformação r será muito menor do que 1.

Se a indutância de dispersão e a resistência do secundário forem suficientemente pequenas, os fasores $\hat{I}_1$ e $\hat{I}_2$ estarão em fase, e o módulo de $\hat{I}_2$ será igual ao módulo de $\hat{I}_1$ multiplicado por r.

Para reduzir a dispersão e as perdas, habitualmente os transformadores de corrente são construídos com núcleos toroidais, de material de elevada permeabilidade e baixas perdas.

Uma aplicação interessante dos transformadores magnéticos se encontra nos *amperímetros de alicate*. Esses aparelhos constam de um amperímetro de valor eficaz, ligado ao secundário de um transformador de corrente. O núcleo desse transformador é cortado, diametralmente, em duas metades, unidas por uma junta flexível, que são presas aos braços de uma espécie de alicate. Para fazer a medida da corrente num fio de um circuito, basta abrir o alicate, colocá-lo ao redor do fio, de modo que este passe por dentro do núcleo, fechar o alicate e fazer a leitura do aparelho, aplicando a devida relação de transformação. O circuito do fio corresponde ao primário do transformador de corrente que, portanto, tem uma só espira.

EXERCÍCIOS BÁSICOS DO CAPÍTULO 13

1   No circuito da figura E13.1, determine $v_2(t)$ para os $t > 0$, supondo:

    a)   condições iniciais nulas;

    b) $i(0_-) = 2$ A.

Exercícios Básicos do Capítulo 13

437

Figura E13.1

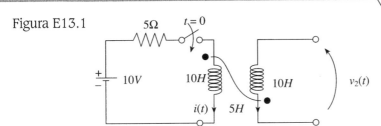

Resp.: a) $v_2(t) = -5e^{-0.5t} \cdot \mathbf{1}(t)$
b) $v_2(t) = 0$.

2 No circuito da figura E13.2:

a) escreva as equações de análise de malhas, transformadas segundo Laplace e com condições iniciais nulas;

b) supondo $e_S(t) = 10\cos(5t)$ V, determine a corrente $i_2(t)$ em regime permanente senoidal;

c) o circuito tem acoplamento perfeito?

Figura E13.2

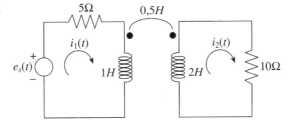

Resp.: a) $\begin{cases} (s+5)I_1(s) - 0,5sI_2(s) = E_s(s) \\ -0,5sI_1(s) + (2s+10)I_2(s) = 0 \end{cases}$

b) $i_2(t) = 0,25\cos(5t - 3,58°)$

c) Não, pois $M < \sqrt{2}$

3 No esquema da figura E13.3, em que duas bobinas estão enroladas sobre um mesmo núcleo ferromagnético, como indicado, em qual terminal da bobina 2 deve ser colocada a marca de polaridade correspondente àquela da bobina 1?

Figura E13.3

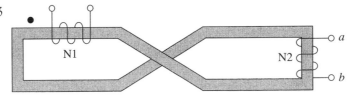

Resp.: A marca de polaridade deve ser colocada no terminal b.

4. Quando a chave da figura E13.4, há muito tempo na posição 1, passa bruscamente para a posição 2, o ponteiro do voltímetro CC move-se no sentido anti-horário da escala (leitura negativa). Indique onde devem ser colocadas as marcas de polaridade das bobinas. Calcule também a tensão $v_2(t)$, $t \geq 0$, considerando voltímetro ideal.

Figura E13.4

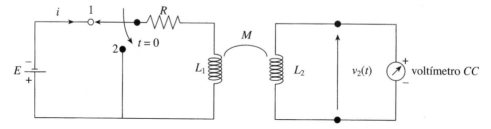

Resp.: As marcas de polaridade devem ser colocadas no terminal superior de L_1 e no terminal inferior de L_2. A tensão $v_2(t)$ será dada pela fórmula abaixo, com $M > 0$.

$$v_2(t) = -\frac{ME}{L_1} e^{-(R/L_1)t} \cdot \mathbf{1}(t)$$

5. a) Mostrar que os indutores da figura E13.5, acoplados magneticamente, são *equivalentes* a um único indutor, com indutância

$$L_{ab} = \frac{L_1 L_2 - M^2}{L_1 + L_2 - 2M}$$

b) Como se modifica o resultado acima se a polaridade de L_2 for invertida?

Figura E13.5

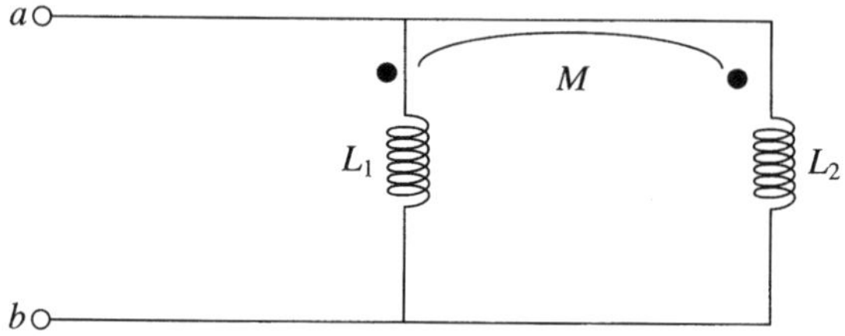

Resp.: a)

$$\begin{bmatrix} v \\ v \end{bmatrix} = \begin{bmatrix} L_1 & M \\ M & L_2 \end{bmatrix} D \begin{bmatrix} i_1 \\ i_2 \end{bmatrix} \rightarrow D \begin{bmatrix} i_1 \\ i_2 \end{bmatrix} = \frac{1}{L_1 L_2 - M^2} \begin{bmatrix} L_2 & -M \\ -M & L_1 \end{bmatrix} \cdot \begin{bmatrix} v \\ v \end{bmatrix} \rightarrow$$

$$\rightarrow D[i_1 + i_2] = \frac{L_1 + L_2 - 2M}{L_1 L_2 - M^2} \cdot v \rightarrow v = \frac{L_1 L_2 - M^2}{L_1 + L_2 - 2M} \frac{di}{dt} \rightarrow L_{ab} = \frac{L_1 L_2 - M^2}{L_1 + L_2 - 2M}$$

b) A mútua passa a ser negativa, de modo que

$$L_{ab} = \frac{L_1 L_2 - |M|^2}{L_1 + L_2 + 2|M|}$$

Exercícios Básicos do Capítulo 13

6. No circuito da figura E13.6, tem-se $i_s(t) = 10\cos t$ (A, s). Determine $v(t)$ (V, s), em RPS.

Figura E13.6

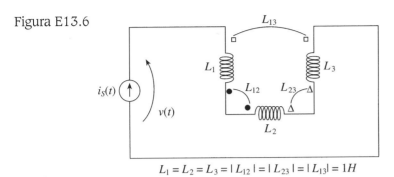

$L_1 = L_2 = L_3 = |L_{12}| = |L_{23}| = |L_{13}| = 1H$

Resp.: $v(t) = 30\cos(t - 90°)$, (V, s)

7. Para o circuito da figura E13.7, pede-se:

a) Escreva a equação matricial de análise de malhas, no domínio de Laplace, para condições iniciais nulas.

b) Supondo agora que **não** existe acoplamento magnético entre as duas bobinas, e, para $r = 2\Omega$, determine a resposta impulsiva $v_s(t)$.

c) Nas mesmas condições do item b), determine a resposta $v_s(t)$ em regime permanente senoidal, para $e_g(t) = 10\cos(2t + 30°)$ (V, s).

Figura E13.7

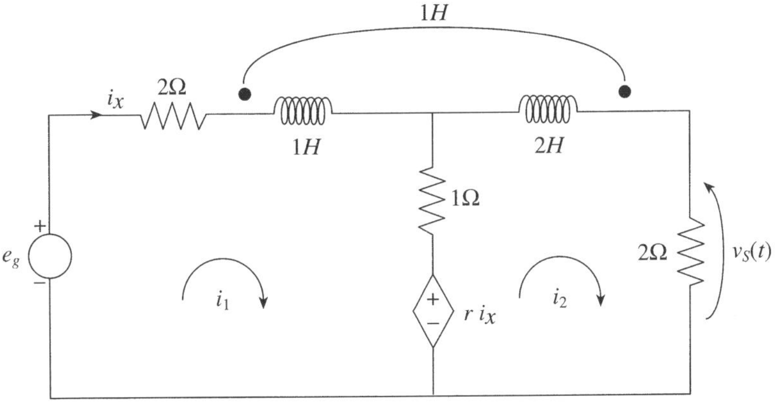

Resp.: a) $\begin{bmatrix} 3+r+s & -s-1 \\ -r-s-1 & 3+2s \end{bmatrix} \cdot \begin{bmatrix} I_1(s) \\ I_2(s) \end{bmatrix} = \begin{bmatrix} E_g(s) \\ 0 \end{bmatrix}$

b) $v_s(t) = 0{,}7(e^{-1{,}114t} - e^{-5{,}386t}) \cdot \mathbf{1}(t)$, (V, seg)

c) $v_s(t) = 2{,}281\cos(2t - 51{,}25°)$, (V, seg)

8. Para o circuito da figura E13.8, escreva a equação matricial de análise de malhas no domínio de Laplace, considerando $i_1(0_-) = 1A$, $i_2(0_-) = 0A$ e $v_c(0_-) = 3$ V.

Figura E13.8

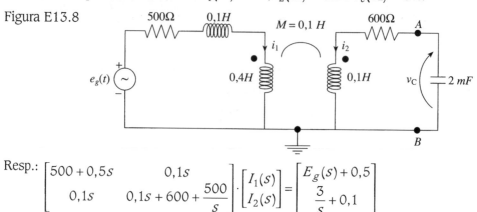

Resp.: $\begin{bmatrix} 500 + 0{,}5s & 0{,}1s \\ 0{,}1s & 0{,}1s + 600 + \dfrac{500}{s} \end{bmatrix} \cdot \begin{bmatrix} I_1(s) \\ I_2(s) \end{bmatrix} = \begin{bmatrix} E_g(s) + 0{,}5 \\ \dfrac{3}{s} + 0{,}1 \end{bmatrix}$

9. No circuito da figura E13.9 a tensão inicial no capacitor $v_c(0_-) = v_{c0}$, e a corrente inicial em todos os indutores é nula. Mostre que a equação para análise de malhas do circuito, transformada segundo Laplace, é:

$$\left[(1-\mu)s + \frac{5}{s} + R\right] I(s) = E_s(s) - \frac{v_{c0}}{s}$$

Figura E13.9

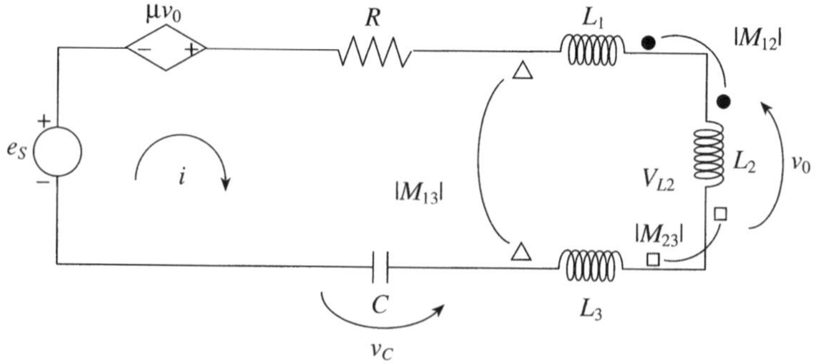

10. No circuito da figura E13.10, com transformador ideal, determine a capacitância equivalente C', vista entre os terminais A e B.

Figura E14.10

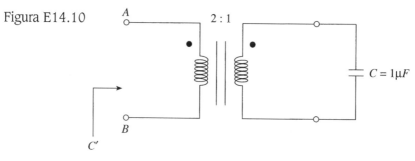

Resp.: $C' = 0{,}25$ μF.

Capítulo **14**

PROPRIEDADES GERAIS DAS REDES LINEARES

14.1 Freqüências Complexas Próprias das Redes Lineares e Fixas

Vamos agora utilizar as ferramentas de análise de redes para obter informações qualitativas sobre a dinâmica das redes lineares fixas, ou a parâmetros constantes. Essas informações muitas vezes são mais importantes do que o cálculo das respostas no domínio do tempo. Além do mais, o cálculo das respostas no domínio do tempo se faz mais eficientemente usando programas computacionais adequados.

Comecemos então examinando o *comportamento livre* das redes e precisando os conceitos de *freqüências complexas próprias, modos naturais* e de *estabilidade,* já introduzidos em casos particulares.

Consideremos então uma rede constituída de elementos lineares fixos: resistores, capacitores, indutores com ou sem mútua e geradores independentes ou controlados. Suponhamos ainda que a rede está *livre*, isto é, seus geradores independentes estão *inativados*. Relembremos aqui que geradores de tensão ou de corrente inativados correspondem, respectivamente, a curto-circuitos ou circuitos abertos.

Naturalmente, para que uma rede nessas condições exiba respostas não identicamente nulas, é necessário que haja condições iniciais não-nulas. A energia armazenada com essas condições iniciais será utilizada para excitar os transitórios — ou resposta livre — da rede.

Vamos agora fazer uma análise nodal modificada, transformada segundo Laplace, dessa rede. Colocando os termos decorrentes das condições iniciais no vetor do segundo membro, obtemos

$$(\mathbf{T_{nm}} + s\mathbf{H_{nm}}) \cdot \mathbf{X}(s) = \mathbf{C_i}(s) \tag{14.1}$$

onde $\mathbf{X}(s)$ e $\mathbf{C_i}(s)$ são, respectivamente, os vetores das transformadas das incógnitas e das condições iniciais, pois supusemos inativados os geradores independentes da rede.

442   *Propriedades Gerais das Redes Lineares*

Para maior facilidade, vamos definir a *matriz das imitâncias* da análise nodal modificada por

$$\mathbf{Y_{nm}}(s) = (\mathbf{T_{nm}} + s\mathbf{H_{nm}}) \tag{14.2}$$

O vetor das incógnitas se calcula então por

$$\mathbf{X}(s) = \frac{1}{\det \mathbf{Y_{nm}}(s)} \cdot \text{adj } \mathbf{Y_{nm}}(s) \cdot \mathbf{C_i}(s) \tag{14.3}$$

Como já vimos ao estudar a análise nodal modificada, o determinante de $\mathbf{Y_{nm}}(s)$ é um polinômio em s, com grau menor ou igual à ordem da matriz e com coeficientes reais.

Como a rede está livre, os elementos de $\mathbf{C_i}(s)$ reduzem-se a constantes, decorrentes das condições iniciais nos indutores e capacitores da rede. Para determinar as antitransformadas das incógnitas, devemos inicialmente calcular as raízes da *equação característica*

$$\det\mathbf{Y_{nm}}(s) = \alpha_0 s^n + \alpha_1 s^{n-1} + \ldots + \alpha_{n-1} s + \alpha_n = 0, \ \ \alpha_0 \neq 0 \tag{14.4}$$

Vamos agora definir o *polinômio característico* pelo polinômio mônico

$$D(s) = \frac{1}{\alpha_0} \cdot \det \mathbf{Y_{nm}}(s) = s^n + a_1 s^{n-1} + a_2 s^{n-2} + \ldots + a_{n-1} s + a_n \tag{14.5}$$

onde $a_i = \alpha_i / \alpha_0$.

Numa rede livre, os zeros do polinômio $D(s)$, ou as raízes de (14.4), determinam os denominadores da expansão em frações parciais da (14.3). Em conseqüência, esses zeros determinam a *forma* da resposta livre do circuito.

As raízes de (14.4), pólos da $\mathbf{X}(s)$, podem ser simples ou múltiplas. Como sabemos, a cada raiz simples corresponderá, na antitransformada $x(t)$, uma parcela do tipo $A_k e^{s_k t}$, onde A_k, resíduo da fração parcial correspondente a s_k, é uma constante, real ou complexa. Da mesma forma, se s_k for uma raiz múltipla, corresponder-lhe-ão, na resposta no domínio do tempo, parcelas do tipo $A_{kj} t^j e^{s_k t}$, onde A_{kj} é, novamente, uma constante e j é um inteiro menor que a multiplicidade da raiz. Cada uma das parcelas dos tipos acima é um *modo natural* do circuito, e os s_k são suas *freqüências complexas próprias*.

Portanto, as freqüências complexas próprias fornecem uma descrição do *comportamento livre ou natural* do circuito.

Eventualmente, alguns circuitos poderão apresentar um componente constante na sua reposta natural; esse componente constante corresponderá a um $s_k = 0$, ou freqüência complexa própria nula. Veremos logo mais como determinar a existência de componentes constantes da resposta livre, sem passar pela equação de análise.

Usando os tipos padrão de análise de redes, calculamos apenas tensões nodais, correntes de malhas ou correntes nos ramos tipo impedância. Mas para calcular qualquer outra resposta, seja ela tensão ou corrente, devemos, no máximo, integrar ou diferenciar e multiplicar por constantes as respostas obtidas da análise. Então, em qualquer resposta reaparecerão as mesmas exponenciais correspondentes aos modos naturais do circuito, de modo que podemos afirmar que qualquer resposta livre da rede conterá os mesmos modos naturais. É possível, no entanto, que nem todos os modos naturais apareçam em todas as respostas, como veremos em alguns dos exemplos.

Freqüências Complexas Próprias das Redes Lineares e Fixas

Sendo o comportamento livre do circuito uma característica que lhe é própria, é razoável esperar que qualquer método de análise leve às mesmas freqüências complexas próprias e, portanto, aos mesmos modos naturais. De fato, é possível demonstrar[1] que as *raízes não-nulas* das equações características de outros tipos de análise coincidem com as raízes de (14.4), obtidas pela análise nodal modificada. No caso das análises nodal ou de malhas, as freqüências complexas nulas devem ser determinadas à parte.

Formalmente, definiremos então as *freqüências complexas próprias* de uma rede como sendo as raízes da equação obtida igualando a zero o determinante da matriz da equação de análise nodal modificada, transformada segundo Laplace.

Para determinar as freqüências próprias *não-nulas* de uma rede linear devemos então:

a) escrever a matriz transformada segundo Laplace de qualquer tipo válido de análise (nodal, de malhas, nodal modificada, de laços, etc.);

b) igualar a zero o determinante dessa matriz e determinar as raízes não-nulas da equação assim obtida.

Antes de prosseguir com nossa discussão, apresentemos alguns exemplos.

Exemplo 1:

As equações de análise nodal modificada do circuito da figura 14.1 são:

$$\begin{bmatrix} G_1 + G_2 + sC_4 & -G_2 & 0 \\ -G_2 & G_2 & 1 \\ 0 & 1 & -sL_3 \end{bmatrix} \cdot \begin{bmatrix} E_1(s) \\ E_2(s) \\ I_3(s) \end{bmatrix} = \begin{bmatrix} I_s(s) + C_4 v_4(0_-) \\ 0 \\ -L_3 i_3(0_-) \end{bmatrix}$$

A equação característica será, portanto,

$$\det \mathbf{Y_{nm}}(s) = -G_2 L_3 C_4 s^2 - (G_1 G_2 L_3 + C_4)s - (G_1 + G_2) = 0$$

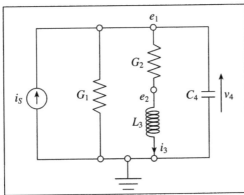

Figura 14.1 Exemplo para cálculo de equação característica.

Dessa equação obtemos as duas freqüências complexas próprias do circuito.

Esse exemplo mostra também que as condições iniciais se introduzem como cargas iniciais nos capacitores e fluxos concatenados iniciais nos indutores.

---

[1] Ver BALABANIAN, N., BICKART, T. A., *Electrical Network Theory*, págs. 200-394, Nova York, Wiley, 1969.

Exemplo 2:

Retomemos o circuito da figura 11.2, fazendo $i_S(t) = 0$ e considerando tensões iniciais v_{10} e v_{20} nos capacitores, pois só estamos interessados no comportamento livre. Sua equação de análise nodal é

$$\begin{bmatrix} s+1 & -s \\ -s & 3s+0,5 \end{bmatrix} \cdot \begin{bmatrix} E_1(s) \\ E_2(s) \end{bmatrix} = \begin{bmatrix} v_{10} \\ -v_{10} + 2v_{20} \end{bmatrix}$$

Portanto, as freqüências complexas próprias dessa rede se calculam resolvendo a equação

$$\det \mathbf{Y_n}(s) = 2s^2 + 3,5s + 0,5 = 0$$

Resultam então as duas freqüências complexas próprias

$$\begin{cases} s_1 = -0,157 & (\text{seg}^{-1}) \\ s_2 = -1,593 & (\text{seg}^{-1}) \end{cases}$$

Vamos ainda aproveitar esse exemplo para calcular a resposta $e_1(t)$ supondo, para maior facilidade, $v_{10} = 0$ e $v_{20} = 1$. Das equações de análise obtemos

$$E_1(s) = \frac{2s}{2s^2 + 3,5s + 0,5} = \frac{s}{(s+0,157)(s+1,593)}$$

Antitransformando essa expressão, obtemos

$$e_1(t) = -0,1093 e^{-0,157 t} + 1,1093 e^{-1,593 t}, \quad t \geq 0$$

Os dois modos naturais, correspondentes às duas freqüências complexas próprias do circuito, compareceram nesta resposta. Isso nem sempre acontece, como veremos nos exemplos seguintes.

Exemplo 3 — Circuito de impedância constante:

Tomemos o circuito da figura 14.2, a), e vamos determinar suas freqüências complexas próprias.

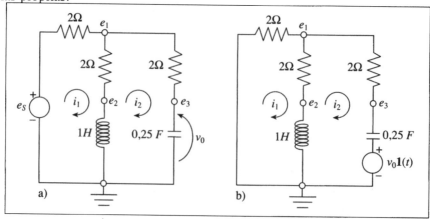

Figura 14.2 Circuito de impedância constante.

Freqüências Complexas Próprias das Redes Lineares e Fixas **445**

A matriz de impedâncias de malhas (transformada), com as correntes de malha indicadas na figura, é

$$\mathbf{Z_m}(s) = \begin{bmatrix} s + 4 & -(s + 2) \\ -(s + 2) & s + 4 + \dfrac{4}{s} \end{bmatrix}$$

Portanto a equação característica será

$$\det \mathbf{Z_m}(s) = (s + 4) \cdot \left(s + 4 + \frac{4}{s} \right) - (s + 2)^2 = 0$$

Daqui tiramos

$$(s + 2)^2 = 0$$

Portanto, só há uma freqüência complexa dupla, em $s_1 = -2$, a que correspondem os modos naturais $A_1 e^{-2t}$ e $A_2 t\, e^{-2t}$.

Vamos agora escrever a matriz de análise nodal do mesmo circuito, tomando as tensões nodais e_1, e_2 e e_3 como incógnitas. Obtemos facilmente

$$\mathbf{Y_n}(s) = \begin{bmatrix} 1,5 & -0,5 & -0,5 \\ -0,5 & 0,5 + \dfrac{1}{s} & 0 \\ -0,5 & 0 & \dfrac{s}{4} + 0,5 \end{bmatrix} \tag{I}$$

O determinante dessa matriz é

$$\det \mathbf{Y_n} = \frac{1}{8} \cdot \left(s + 4 + \frac{4}{s} \right) \tag{II}$$

ao passo que o determinante da matriz de análise de malhas é

$$\det \mathbf{Z_m} = 4 \cdot \left(s + 4 + \frac{4}{s} \right) \tag{III}$$

de modo que os dois determinantes diferem apenas por uma constante e, portanto, têm os mesmos zeros.

Vamos agora calcular as correntes i_1 e i_2, supondo o circuito livre, mas com uma tensão inicial v_0 no capacitor. Substituindo essa condição inicial por um gerador equivalente, obtemos o circuito indicado na figura 14.2, b), cujas equações de análise de malhas são

$$\begin{bmatrix} s + 4 & -(s + 2) \\ -(s + 2) & s + 4 + \dfrac{4}{s} \end{bmatrix} \cdot \begin{bmatrix} I_1(s) \\ I_2(s) \end{bmatrix} = \begin{bmatrix} 0 \\ -\dfrac{v_0}{s} \end{bmatrix}$$

Dessa equação obtemos

$$\begin{cases} I_1(s) = -\dfrac{v_0}{4(s+2)} \\[3mm] I_2(s) = \dfrac{v_0}{4} \cdot \left[\dfrac{1}{s+2} + \dfrac{2}{(s+2)^2} \right] \end{cases}$$

cujas antitransformadas são

$$\begin{cases} i_1(t) = -\dfrac{v_0}{4} \cdot e^{-2t} \cdot \mathbf{1}(t) \\[3mm] i_2(s) = -\dfrac{v_0}{4} \cdot (e^{-2t} + 2te^{-2t}) \cdot \mathbf{1}(t) \end{cases}$$

A corrente $i_2(t)$ exibe os dois modos naturais do circuito, ao passo que $i_1(t)$ só apresenta um dos modos naturais.

Finalmente, para completar esse exemplo, vamos calcular a transformada $I_1(s)$, mas agora com condições iniciais nulas.

A equação de análise de malhas será então

$$\begin{bmatrix} s+4 & -(s+2) \\[2mm] -(s+2) & s+4+\dfrac{4}{s} \end{bmatrix} \cdot \begin{bmatrix} I_1(s) \\[2mm] I_2(s) \end{bmatrix} = \begin{bmatrix} E_s(s) \\[2mm] 0 \end{bmatrix}$$

Pela regra de Cramer calculamos $I_1(s)$:

$$I_1(s) = \frac{\begin{bmatrix} E_s(s) & -(s+2) \\[2mm] 0 & s+4+\dfrac{4}{s} \end{bmatrix}}{4 \cdot \left(s+4+\dfrac{4}{s} \right)} = \frac{E_s(s)}{4}$$

Portanto o gerador "enxerga" uma resistência de 4 unidades. Como há uma resistência de duas unidades em série com o gerador, a impedância do circuito R, L, C paralelo é resistiva e igual a R, em qualquer freqüência. Por isso, esse circuito é chamado de *circuito de impedância constante.* Note-se que essa propriedade decorreu de termos imposto $L/R = RC$ nos dois ramos paralelos do circuito.

14.2 Componentes Constantes das Respostas Livres

As equações características das análises de malhas e nodal fornecem apenas as freqüências complexas próprias não-nulas do circuito.

Como saber então se as respostas livres de um circuito podem conter modos naturais constantes, efetivamente correspondentes a freqüências complexas nulas? A resposta a essa pergunta é simples para as redes R, L, C lineares, sem geradores controlados: as respostas livres dessas redes só poderão incluir componentes constantes se a rede livre (com os ge-

Componentes Constantes das Respostas Livres **447**

radores independentes inativados) contiver pelo menos um *corte constituído somente por capacitores* ou um *laço só de indutores*.

Para demonstrar a possibilidade de ter uma tensão constante nos capacitores da rede livre da figura 14.3, a), basta mostrar que uma solução, com $v_1 = v_2 = v_3 = A = constante$ e todas as demais variáveis nulas, é compatível com as leis de Kirchhoff e com as relações corrente—tensão nos ramos da rede. Note-se que o corte de capacitores efetivamente divide a rede em duas sub-redes, indicadas por N_1 e N_2 na figura.

Como v_1, v_2 e v_3 são constantes, as correntes i_1, i_2 e i_3 são nulas, e compatíveis com a relação $i = C\,dv/dt$ nos ramos capacitivos. Além do mais, em qualquer laço ou corte das sub-redes N_1 ou N_2, as leis de Kirchhoff estão automaticamente satisfeitas, pois todas as demais variáveis da rede são nulas. Por outro lado, qualquer laço que contenha ramos de N_1 e N_2 conterá, automaticamente, dois ramos do corte de capacitores, de modo que a aplicação da 2.ª lei de Kirchhoff a esses laços reduz-se a $A - A = 0$, ficando também satisfeita. A distribuição proposta satisfaz então todas as relações da rede e é, portanto, uma possível solução.

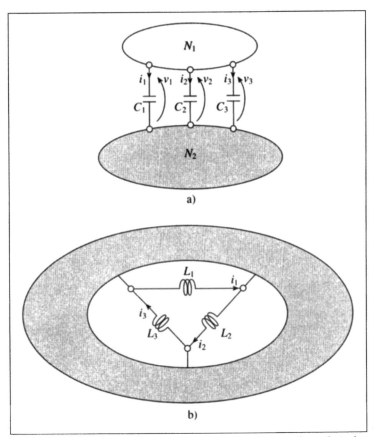

Figura 14.3 a) Rede com corte de capacitores; b) rede com laço de indutores.

Dualmente demonstraríamos a possibilidade da existência de uma componente constante de corrente no laço de indutores, indicado na figura 14.3, b), tomando

$$i_1 = i_2 = i_3 = I$$

onde I é uma constante arbitrária e as demais correntes e tensões são nulas.

Resumindo os resultados obtidos até aqui, podemos afirmar que:

a) as freqüências complexas próprias de uma rede permitem-nos determinar todos os possíveis modos naturais associados com a resposta em entrada zero dos circuitos;

b) componentes constantes nas respostas livres podem ocorrer se a rede tiver cortes de capacitores ou laços de indutores;

c) as freqüências complexas não-nulas de uma rede determinam-se pelas raízes não-nulas da equação

$$\det \mathbf{M}_a(s) = 0$$

onde $\mathbf{M}_a(s)$ representa uma matriz transformada de análise nodal ou de malhas da rede. Se for usada a análise nodal modificada podem-se obter também as freqüências complexas nulas. As freqüências complexas próprias podem ser simples ou múltiplas, de acordo com a multiplicidade das raízes.

Exemplo:

Consideremos o circuito livre da figura 14.4, com a tensão inicial

$$v(0_-) = v_0$$

num dos capacitores, como indicado na figura.

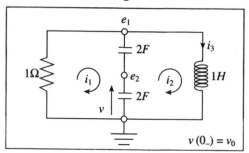

Figura 14.4 Exemplo de circuito com componente constante na resposta em entrada zero.

As matrizes de admitâncias nodais, de impedâncias de malhas e de imitâncias (esta última correspondendo à analise nodal modificada) são, respectivamente,

$$\begin{cases} \mathbf{Y}_n(s) = \begin{bmatrix} 2s + 1 + 1/s & -2s \\ -2s & 4s \end{bmatrix} \\ \mathbf{Z}_m(s) = \begin{bmatrix} 1 + 1/s & -1/s \\ -1/s & s + 1/s \end{bmatrix} \\ \mathbf{Y}_{nm}(s) = \begin{bmatrix} 2s + 1 & -2s & 1 \\ -2s & 4s & 0 \\ 1 & 0 & -s \end{bmatrix} \end{cases}$$

Estabilidade e Suas Definições

cujos determinantes são:

$$\begin{cases} \det \mathbf{Y_n}(s) = 4 \cdot (s^2 + s + 1) \\ \det \mathbf{Z_m}(s) = s + 1 + 1/s \\ \det \mathbf{Y_{nm}}(s) = -4s \cdot (s^2 + s + 1) \end{cases}$$

A determinação das freqüências complexas próprias se faz igualando a zero cada um desses determinantes e calculando as raízes das resultantes equações. As análises nodal e de malhas fornecerão assim as freqüências complexas próprias

$$s_{1,2} = -0,5 \pm j\,0,866.$$

A equação característica obtida com a análise nodal modificada fornece $s_3 = 0$, além das freqüências complexas próprias anteriores, indicando assim a presença de um modo natural constante no circuito. Como mostraremos a seguir, esse modo natural corresponde a uma *carga presa* nos capacitores. Para isso, vamos calcular a resposta livre $e_2(t)$, com a tensão inicial v_0 no capacitor inferior, partindo das equações nodais

$$\begin{bmatrix} 2s + 1 + 1/s & -2s \\ -2s & 4s \end{bmatrix} \cdot \begin{bmatrix} E_1(s) \\ E_2(s) \end{bmatrix} = \begin{bmatrix} 0 \\ 2v_0 \end{bmatrix} \Rightarrow E_2(s) = \frac{(2s^2 + s + 1)}{2s \cdot (s^2 + s + 1)} \cdot v_0$$

A componente constante de $e_2(t)$ pode ser determinada pelo teorema do valor final:

$$\lim_{t \to \infty} e_2(t) = \lim_{s \to 0} [sE_2(s)] = \frac{v_0}{2}$$

É fácil ver que o capacitor superior finalmente ficará carregado a uma tensão $-v_0/2$ (pois $\lim_{t \to \infty} e_1(t) = 0$). Teremos então uma *carga presa* igual a $Cv_0/2 = v_0$ em cada capacitor.

Conhecidas assim as freqüências complexas próprias, podemos afirmar que as respostas livres desse circuito serão do tipo

$$A_1 + A_2 e^{s_1 t} + A_3 e^{s_2 t}$$

14.3 Estabilidade e Suas Definições

A estabilidade é uma das propriedades qualitativas mais importantes de uma rede. Essencialmente, o estudo da estabilidade permite saber se as respostas da rede ficam limitadas no tempo, ou crescem sem limites.

O estudo completo da estabilidade, incluindo redes não-lineares, é bastante extenso e não cabe neste curso. Estudaremos aqui tão-somente a estabilidade das redes lineares e fixas, e a sua relação com as freqüências complexas próprias. Dois casos deverão ser distinguidos: a *estabilidade das redes livres* e a *estabilidade das redes com excitações limitadas*.

a) Estabilidade das redes livres

Em redes R, L, C livres e passivas, isto é, sem geradores independentes ou controlados, é de se esperar que os transitórios decaiam com o tempo, pois a energia inicialmente armazenada pelas condições iniciais do circuito vai sendo dissipada por efeito Joule nos resistores. Teoricamente, em redes passivas sem perdas (caso praticamente irrealizável) pode ocorrer que os transitórios mantenham indefinidamente suas amplitudes.

Nas redes livres, mas não passivas, isto é, sem geradores independentes mas com introdução de energia por geradores controlados, eventualmente os transitórios podem não decair e mesmo aumentar com o decorrer do tempo.

Assim sendo, em relação à estabilidade classificaremos as redes livres em duas classes:

1. *redes livres estáveis,* cujos modos naturais (e, portanto, os transitórios) permanecem limitados quando o tempo tende a infinito;

2. *redes livres instáveis,* que não são estáveis, ou seja, em que pelo menos um modo natural diverge (ou aumenta indefinidamente) quando o tempo tende a infinito.

As redes estáveis, por sua vez, subdividem-se em:

1.a) *assintoticamente estáveis,* quando todos os modos naturais tendem a zero quando o tempo vai para infinito;

1.b) *marginalmente estáveis,* ou *fracamente estáveis,* em que todas as respostas livres são *limitadas* quando o tempo tende a infinito. É claro que, nessas redes, alguns componentes da resposta, ou alguns modos naturais, podem tender a zero quando o tempo aumenta.

Essas possibilidades serão ilustradas pelos exemplos ao fim desta seção.

b) Estabilidade das redes com excitações

Uma rede será dita *estável em entrada—saída* ou *estável com excitação* se, e apenas se, a quaisquer excitações (ou entradas) limitadas, corresponderem apenas respostas (ou saídas) também limitadas.

As redes que não têm essa propriedade são designadas por *instáveis em entrada—saída.*

Na literatura norte-americana a estabilidade entrada—saída é designada por *estabilidade BIBO* (de *Bounded-Input, Bounded-Output*).

Exemplo — Rede potencialmente instável:

Consideremos o circuito com gerador controlado da figura 14.5.

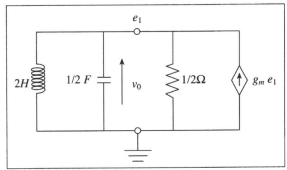

Figura 14.5 Exemplo de rede potencialmente instável.

A equação nodal transformada desse circuito será

$$\left[\frac{s}{2} + (2 - g_m) + \frac{1}{2s}\right] \cdot E_1(s) = I_0(s)$$

onde $I_0(s)$ contém eventuais condições iniciais não-nulas.

As freqüências complexas próprias desse circuito obtêm-se igualando a zero o coeficiente da tensão nodal na equação acima e resolvendo. Obtemos

$$s_{1,2} = -(2 - g_m) \pm j\sqrt{1 - (2 - g_m)^2}$$

Para $g_m = 2$ as freqüências complexas próprias reduzem-se aos imaginários puros $s_{1,2} = \pm j1$. A essas freqüências correspondem os modos naturais $A_1 e^{jt}$ e $A_2 e^{-jt}$, em que as constantes A_1 e A_2 dependem das condições iniciais. Como as respostas livres são reais, as constantes A_1 e A_2 devem ser complexos conjugados, de modo que a soma dos dois modos naturais complexos fornece um modo natural real, função senoidal do tempo, não amortecida, e o circuito fica marginalmente estável. De fato, vamos calcular $e_1(t)$ nesse caso, admitindo como condição inicial uma tensão v_0 no capacitor. Substituindo $g_m = 2$ e introduzindo a condição inicial, a equação de análise nodal transformada do circuito fica

$$\left(\frac{s}{2} + \frac{1}{2s}\right) \cdot E_1(s) = \frac{1}{2} v_0$$

donde

$$E_1(s) = \frac{s v_0}{s^2 + 1} \rightarrow e_1(t) = v_0 \cos t$$

o que corresponde bem a uma rede marginalmente estável.

Podemos verificar facilmente que essa rede será *assintoticamente estável* para os $0 < g_m < 2$ e será *instável* para os $g_m > 2$. Neste último caso, as freqüências complexas próprias terão parte real positiva, de modo que os correspondentes modos naturais serão exponencialmente crescentes.

14.4 Critérios de Estabilidade das Redes Lineares Fixas

a) Estabilidade das redes livres

Do exposto acima conclui-se que uma rede linear, a parâmetros constantes e livre, será:

I) *assintoticamente estável* se, e apenas se, todas as suas freqüências complexas próprias tiverem parte real negativa. A rede livre não poderá então conter laços de indutores ou cortes de capacitores;

II) *marginalmente estável*, se todas as freqüências complexas próprias tiverem parte real não positiva e, além disso, as freqüências complexas próprias sobre o eixo imaginário do plano complexo forem simples;

III) *instável,* se houver alguma freqüência própria com parte real positiva e/ou aparecerem freqüências complexas múltiplas sobre o eixo imaginário do plano complexo.

Naturalmente essas mesmas condições se aplicam aos pólos de quaisquer funções de rede do circuito, pois, como veremos, esses pólos são sempre freqüências complexas próprias, embora nem todas as freqüências complexas próprias apareçam necessariamente como pólos das funções de rede.

Com relação às freqüências complexas próprias sobre o eixo imaginário, convém lembrar que decorrem de fatores do tipo $(s - s_k)^m$, $s_k = \pm j\omega_k$ na equação característica. Esses fatores darão origem a modos naturais do tipo $A_{kn} t^{n-1}\cos(\omega_k t + \phi_k)$, $n = 1,2, ...m$, ocasionando a instabilidade do circuito.

A verificação da estabilidade dos circuitos é muito importante, pois assim se saberá se decaem os transitórios induzidos pela ligação do circuito, ou por mudanças em seu regime de funcionamento. Como exemplo dessa importância, basta lembrar que o regime permanente senoidal só se pode estabelecer numa rede assintoticamente estável.

Por outro lado, algumas vezes deseja-se projetar *osciladores*, isto é, circuitos que fornecem constantemente saídas não associadas a excitações. Nesse caso, precisaremos construir redes instáveis (ou, pelo menos, marginalmente estáveis). É claro que alguma não-linearidade deve ser introduzida nessas redes, para limitar a amplitude das oscilações.

Como exemplo de oscilador, veja o oscilador a ponte de Wien, descrito na seção 11.3, c).

b) Estabilidade das redes com excitação

A estabilidade entrada—saída é, efetivamente, uma característica de uma *resposta* da rede, ao contrário da estabilidade da rede livre, que é uma propriedade intrínseca da rede.

A estabilidade entrada—saída das redes lineares fixas é assegurada pelo seguinte teorema (condição suficiente): uma rede linear, fixa e assintoticamente estável, é estável em entrada—saída, qualquer que seja a saída escolhida.

Não faremos aqui uma demonstração formal desse resultado. Notemos apenas que a rede linear fixa e assintoticamente estável terá todas as suas freqüências complexas próprias com parte real negativa, de modo que todos os pólos de suas possíveis funções de rede terão também parte real negativa, assegurando que eventuais componentes transitórias das respostas tenderão a zero.

Note-se que a recíproca desse teorema não é verdadeira. De fato, podemos ter um circuito estável em entrada—saída, mas com freqüências complexas próprias com parte real positiva que não comparecem na função de rede por cancelamentos de pólos e zeros.

Para verificar a estabilidade entrada—saída de um circuito basta então examinar a função de rede correspondente à resposta desejada.

Exemplo — Circuito instável em entrada—saída:

Consideremos o circuito L, C da figura 14.6, com a excitação senoidal

$i_s(t) = \text{sen}(\omega t)$

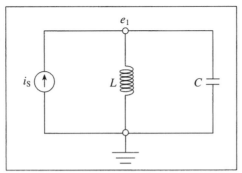

Figura 14.6 Exemplo de circuito instável em entrada—saída.

A equação de análise nodal dessa rede, supondo condições iniciais nulas, é

$$\left(\frac{1}{sL} + sC\right) \cdot E_1(S) = I_s(S)$$

Sua equação característica reduz-se, portanto, a

$$s^2 + \frac{1}{LC} = 0$$

a que correspondem as freqüências complexas próprias

$$s_{1,2} = \pm j \frac{1}{\sqrt{LC}}$$

Como essas freqüências estão sobre o eixo imaginário do plano complexo e são simples, a rede livre é marginalmente estável, de modo que a condição de suficiência do teorema da estabilidade entrada—saída não está satisfeita. Mostremos que essa rede é, de fato, instável em entrada—saída.

Suponhamos agora que a freqüência da excitação é $\omega_0 = 1/\sqrt{LC}$, de tal modo que $i_s(t) = \text{sen}(\omega_0 t)$. A transformada da resposta fica então

$$E_1(S) = \frac{sL}{s^2 LC + 1} \cdot I_s(S) = \frac{\omega_0}{C} \cdot \frac{s}{(s^2 + \omega_0^2)^2}$$

A antitransformada dessa expressão é

$$e_1(t) = \frac{1}{2C} \cdot t \operatorname{sen}(\omega_0 t), \quad t \geq 0$$

Como vemos, uma entrada limitada entre −1 e +1 fornece à saída uma senóide cuja amplitude aumenta indefinidamente, caracterizando a *instabilidade entrada—saída* desse circuito.

14.5 Tipos de Funções de Rede e Suas Propriedades

Nas seções anteriores examinamos algumas características das possíveis respostas das redes lineares, fixas e livres, isto é, sem excitação, introduzindo os conceitos de freqüências complexas e modos naturais. Essencialmente, tratamos então de propriedades da *respostas em entrada zero* das redes.

Já vimos também, no Capítulo 8 (*Curso de Circuitos Elétricos*, Vol. 1), que as respostas completas de uma rede linear são dadas pela soma da *resposta em entrada zero* com a *resposta em estado zero* (ou *com condições iniciais nulas*). Este último componente, para as redes lineares e fixas, pode ser calculado por meio das *funções de rede*. As antitransformadas das funções de rede são as correspondentes *respostas impulsivas*.

Vários tipos de funções de rede são empregados em teoria de circuitos, pois, em primeiro lugar, resposta e excitação podem ser tensões ou correntes e, em segundo lugar, as variáveis podem ser consideradas num mesmo bipolo ou em bipolos diferentes, como indicado na figura 14.7. No primeiro caso temos *funções de entrada*, ou *imitâncias de entrada*, ao passo que no segundo caso temos *funções de transferência*. Em ambos os casos as excitações podem ser tensões ou correntes. Lembremos ainda que as funções de rede relacionam sempre transformadas ou fasores dos efeitos (ou respostas) com as transformadas ou fasores das causas (ou excitações). Note-se também que na figura não estão indicados os tipos de geradores; eles poderão ser de tensão ou de corrente, conforme necessário.

Os tipos mais comuns de funções de rede são os seguintes (sempre com referência à figura 14.7):

- *impedância de entrada*:

$$Z_i(s) = V_1(s)/I_1(s), \quad I_1(s) = \text{excitação}; \tag{14.6}$$

- *admitância de entrada*:

$$Y_i(s) = I_1(s)/V_1(s), \quad V_1(s) = \text{excitação}; \tag{14.7}$$

- *impedância de transferência* (ou *transimpedância*):

$$Z_{21}(s) = V_2(s)/I_1(s), \quad I_1(s) = \text{excitação}; \tag{14.8}$$

- *admitância de transferência* (ou *transadmitância*):

$$Y_{21}(s) = I_2(s)/V_1(s), \quad V_1(s) = \text{excitação}; \tag{14.9}$$

- *ganho de tensão*:

$$G_V(s) = V_2(s)/V_1(s), \quad V_1(s) = \text{excitação}; \tag{14.10}$$

- *ganho de corrente*:
$$G_i(s) = I_2(s)/I_1(s), \quad I_1(s) = \text{excitação}. \tag{14.11}$$

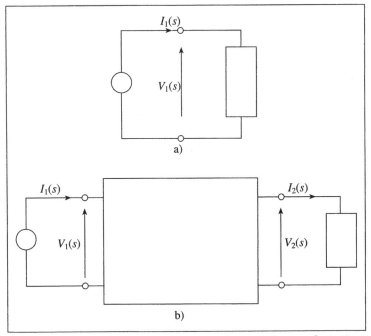

Figura 14.7 a) Funções de entrada; b) funções de transferência.

Exemplo:

Vamos calcular as impedâncias de entrada, $E_1(s)/I_S(s)$, e de transferência, $E_2(s)/I_S(s)$, do circuito da figura 14.8, usando análise nodal. As equações transformadas, com condições iniciais nulas, são:

$$\begin{bmatrix} 2s + 1 + 2/s & -2/s \\ -2/s & s + 2 + 5/s \end{bmatrix} \cdot \begin{bmatrix} E_1(s) \\ E_2(s) \end{bmatrix} = \begin{bmatrix} I_s(s) \\ 0 \end{bmatrix}$$

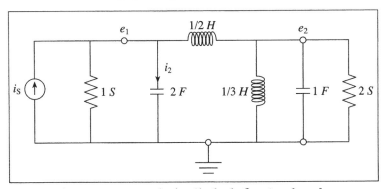

Figura 14.8 Exemplo de cálculo de funções de rede.

Resolvendo em relação a $E_1(s)$ e $E_2(s)$, arranjando os resultados na forma de relação de polinômios e dividindo ambos os membros por $I_s(s)$ obtemos, respectivamente, as impedâncias de entrada e de transferência:

$$\frac{E_1(s)}{I_s(s)} = \frac{1}{2} \cdot \frac{s^3 + 2s^2 + 5s}{s^4 + 2{,}5s^3 + 7s^2 + 4{,}5s + 3}$$

$$\frac{E_2(s)}{I_s(s)} = \frac{s}{s^4 + 2{,}5s^3 + 7s^2 + 4{,}5s + 3}$$

Essas duas funções de rede são funções racionais e estritamente próprias.

Vamos calcular também a função ganho de corrente $I_2(s)/I_s(s)$. Considerando que

$$I_2(s) = 2sE_1(s)$$

obtemos, usando resultado anterior,

$$\frac{I_2(s)}{I_s(s)} = \frac{s^4 + 2s^3 + 5s^2}{s^4 + 2{,}5s^3 + 7s^2 + 4{,}5s + 3}$$

Essa função de transferência continua racional, mas não é estritamente própria.

Como já vimos no Capítulo 8 (Vol. 1), e este exemplo comprovou, todas as funções de rede de redes lineares fixas são funções racionais da variável complexa s, podendo ser escritas na forma de relação de dois polinômios:

$$F(s) = \frac{\beta_0 s^m + \beta_1 s^{m-1} + \ldots + \beta_{m-1} s + \beta_m}{\alpha_0 s^n + \alpha_1 s^{n-1} + \ldots + \alpha_{n-1} s + \alpha_n}$$

Convém tornar os dois polinômios mônicos. Para isso, vamos colocar β_0/α_0 em evidência. Indicando $\beta_i/\beta_0 = b_i$ e $\alpha_i/\alpha_0 = a_i$, a expressão anterior fica na forma

$$F(s) = \frac{\beta_0}{\alpha_0} \cdot \frac{s^m + b_1 s^{m-1} + \ldots + b_{m-1} s + b_m}{s^n + a_1 s^{n-1} + \ldots + a_{n-1} s + a_n} \tag{14.12}$$

Fazendo agora $\beta_0/\alpha_0 = K$ e fatorando os polinômios do numerador e do denominador chegamos a

$$F(s) = K \cdot \frac{(s - z_1)^{m_1} \cdot (s - z_2)^{m_2} \ldots (s - z_g)^{m_g}}{(s - p_1)^{n_1} \cdot (s - p_2)^{n_2} \ldots (s - p_k)^{n_k}} \tag{14.13}$$

onde: $K = fator\ de\ escala$ da função de rede;
$p_1, p_2, \ldots p_k = pólos\ distintos$ da função de rede;
$n_1, n_2, \ldots n_k = multiplicidades$ dos pólos;
$z_1, z_2, \ldots z_g = zeros\ distintos$ da função de rede;
$m_1, m_2, \ldots m_g = multiplicidades$ dos zeros.

Uma função de rede fica então completamente determinada se conhecermos seu fator de escala, seus pólos e zeros e as respectivas multiplicidades. Como já vimos, essa informação pode ser dada sob forma gráfica, por um *diagrama de pólos e zeros* no plano complexo.

A título de exemplo, na figura 14.9 representamos o diagrama de pólos e zeros da função de rede

$$F(s) = 10 \cdot \frac{s^2 + 3s}{s^4 + 6s^3 + 14s^2 + 14s + 5}$$

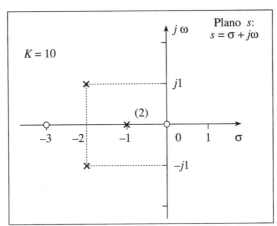

Figura 14.9 Diagrama de pólos e zeros da função $F(s)$.

O fator de escala dessa função é $K = 10$, seus zeros ocorrem em 0 e –3, ao passo que os pólos estão em –1 (duplo) e $-2 \pm j1$. Na figura, os pólos estão indicados por "×" e os zeros por "○", com as multiplicidades marcadas ao lado, entre parênteses, quando maiores que 1.

Notemos que, em muitos casos, não será necessário proceder a uma análise do circuito para calcular suas funções de rede. Esse cálculo pode também ser feito a partir das impedâncias ou das admitâncias dos elementos que constituem a rede, associando-as com as regras já vistas para resistências ou condutâncias e usando as técnicas de simplificação examinadas no Capítulo 4 (Vol. 1).

14.6 Propriedades das Funções de Rede e Relações com as Freqüências Complexas Próprias

As funções de rede têm, entre outras, as seguintes propriedades:

a) s real $\to F(s)$ real;

b) se $s_k = \sigma_k + j\omega_k$ for pólo ou zero de $F(s)$, então

$$s_k^* = \sigma_k - j\omega_k \text{ também será pólo ou zero de } F(s);$$

c) se for s^* = complexo conjugado de s, então

$$F(s^*) = F^*(s) \to |F(s)|^2 = F(s) \cdot F(s^*) \qquad (14.14)$$

As propriedades a) e b) são conseqüências imediatas de $F(s)$ ser uma relação de polinômios com coeficientes reais.

458 Propriedades Gerais das Redes Lineares

A propriedade c) se demonstra facilmente, tendo em vista a b) e o fato que conjugados de somas ou produtos de complexos são iguais, respectivamente, às somas ou aos produtos dos complexos conjugados.

Se, além das propriedades a), b) e c) acima, ainda for satisfeita a condição

$$\Re[F(s)] \geq 0 \quad \text{para} \quad \Re(s) \geq 0 \tag{14.15}$$

então a $F(s)$ é dita *função positiva real*, e demonstra-se que pode ser *realizada* (ou *sintetizada*) como impedância ou admitância de entrada de uma rede linear fixa. Esse resultado é fundamental no estudo de *síntese de redes*, mas sua demonstração não cabe neste curso.

Para completar essa breve discussão das funções de rede, reexaminemos a relação entre os pólos de uma função de rede e as suas freqüências complexas próprias.

Na sua introdução, na seção 14.1, essas freqüências complexas próprias foram associadas a uma rede *livre*, isto é, sem geradores independentes. Suponhamos agora que se deseja *excitar* essa rede, introduzindo alguns geradores independentes, mas sem modificar suas freqüências complexas próprias, ou seja, mantendo os modos naturais da rede. Para introduzir geradores satisfazendo a essas condições, temos duas possibilidades:

a)   colocar *geradores de tensão em série* com ramos da rede;

b)   colocar *geradores de corrente em paralelo* com ramos da rede, ou seja, em paralelo com alguns de seus ramos.

É claro que, em ambos os casos, ao inativarmos os geradores obtemos as redes livres iniciais. As entradas dos tipos a) e b) são indicadas, respectivamente, por *entrada por alicate* (pois será necessário cortar algum fio) e *entrada por ferro de soldar* (pois será necessário soldar o gerador a dois nós).

Estabelecidas essas entradas, as funções de rede podem ser calculadas a partir de algum tipo de análise. Nesse cálculo, o determinante da matriz de análise transformada $\mathbf{M_a}(s)$ aparece em denominador. Ora, para qualquer tipo de análise, as freqüências complexas próprias não-nulas são, justamente, as raízes não-nulas da equação det $\mathbf{M_a}(s) = 0$. Essas raízes vão aparecer então como pólos das funções de rede, a não ser na eventualidade de haver algum cancelamento de pólo com zero. Segue-se que os pólos não-nulos das funções de rede são sempre freqüências complexas próprias da mesma rede, se as excitações forem introduzidas de acordo com as regras acima citadas.

A recíproca dessa propriedade nem sempre é verdadeira, pois algum eventual cancelamento de pólo com zero pode fazer com que alguma freqüência complexa própria não compareça como pólo da função de rede. No Exemplo 3 da seção 14.1 já ilustramos essa possibilidade, no cálculo da corrente fornecida pelo gerador: a função de rede $I_1(s)/E_S(s)$, igual a 1/4, não tem nenhum pólo, de modo que as freqüências próprias do circuito não comparecem como pólos dessa função de rede.

Resumindo, os pólos não-nulos de uma função de rede são sempre freqüências complexas próprias da rede, mas nem sempre todas as freqüências complexas próprias de uma rede comparecem como pólos de uma dada função de rede, pois, como já vimos, nas funções de rede poderá haver cancelamento de pólo com zero, como no Exemplo 3 da seção 14.1.

Lembremos também que os pólos de uma resposta (transformada) incluem, além dos pólos da função de rede, eventuais pólos da transformada da excitação.

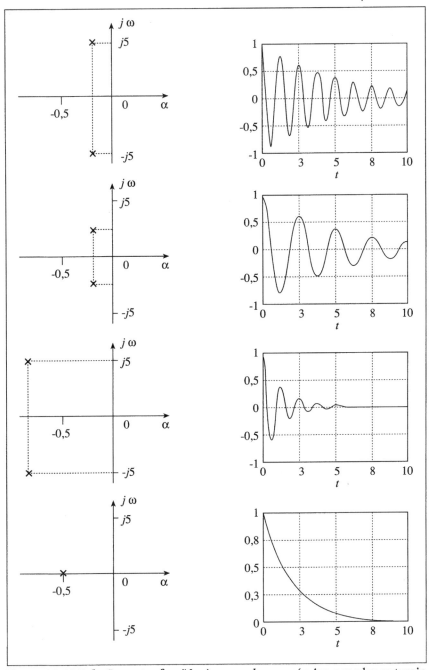

Figura 14.10 Relações entre freqüências complexas próprias e modos naturais.

Completando a discussão sobre freqüências complexas próprias, vamos explicitar sua relação com os modos naturais do circuito:

1. As freqüências complexas próprias podem ser reais ou complexas; se forem complexas, aparecem em pares conjugados.

2. Nas redes assintoticamente estáveis, a parte real das freqüências complexas próprias é sempre negativa.

3. As freqüências complexas próprias reais correspondem a modos naturais exponenciais, decrescentes nas redes assintoticamente estáveis.

4. Um par conjugado de freqüências complexas próprias com parte real negativa cria um modo natural oscilatório e exponencialmente amortecido; a parte real α da freqüência complexa própria fornece o fator de amortecimento do modo natural, ao passo que sua parte imaginária fornece a freqüência angular da oscilação.

Essas relações estão ilustradas na figura 14.10: nas linhas sucessivas, de cima para baixo, indicamos os modos naturais correspondentes (a menos de um fator constante) às freqüências complexas próprias $-0,2 \pm j5$; $-0,2 \pm j2,5$; $-0,8 \pm j5$; $-0,5$.

14.7 Teorema da Substituição

Consideremos um bipolo (ou rede de dois terminais) N, contendo elementos quaisquer, inclusive fontes independentes ou controladas. A esse bipolo será ligado um segundo bipolo N_1, como indicado na figura 14.11, a). Admitiremos ainda que não haja acoplamento magnético, ou por fontes controladas, entre os dois bipolos N e N_1.

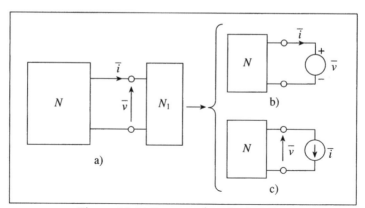

Figura 14.11 Teorema da substituição.

Suponhamos que a rede composta por N e N_1 admita uma solução única para todas as suas tensões e correntes. Sejam, em particular, $\bar{v}(t)$ e $\bar{i}(t)$ a tensão e a corrente nos terminais de N.

O *teorema da substituição* afirma que se substituirmos a sub-rede N_1 por um gerador ideal de tensão, com tensão $\bar{v}(.)$, como indicado na figura 14.11, b), ou por um gerador ideal de corrente, com corrente $\bar{i}(.)$, como indicado na figura 14.11, c), então uma solução para a rede original será também uma solução para a rede modificada. Em particular, se a rede modificada tiver solução única, esta será também a solução para a rede original.

A demonstração deste teorema[2], que não será feita aqui, baseia-se no fato de que as tensões nas redes a), b) e c) da figura certamente satisfazem as duas leis de Kirchhoff e

---

[2] Para uma demonstração, ver CHUA, L. O., DESOER, C. A. e KUH, E. S., *Linear and Nonlinear Circuits*, McGraw-Hill, Nova York, 1987, págs. 486 e segs.

as relações tensão—corrente nos ramos da rede. Se a rede N for linear e fixa, também as condições iniciais serão satisfeitas nos três casos.

Uma dificuldade aparece se a rede composta não admitir solução única. Nesse caso, precisamos verificar se as redes modificadas admitem, ou não, solução única. Se a admitirem, essa será também a solução original da rede N; em caso contrário, nada poderemos afirmar. O exemplo seguinte ilustra essa afirmação.

Exemplo:

Consideremos o circuito constituído por um diodo túnel, um resistor e uma pilha, como indicado na figura 14.12, a). Suponhamos que R e E são tais que o circuito admite três soluções, indicadas pelos pontos 1, 2 e 3 na figura 14.12, b).

Consideremos ainda que o circuito está operando no ponto 3 da característica, isto é, $v = V_3$, $i = I_3$.

Na figura 14.12, c), decompusemos o circuito em duas sub-redes, para aplicar o teorema da substituição. Na rede indicada em d) temos uma solução única, correspondendo a $v = V_3$, $i = I_3$. Essa é a solução da rede original. Com a substituição por gerador de corrente, indicada em e), há três soluções, das quais só uma corresponde à solução da rede inicial.

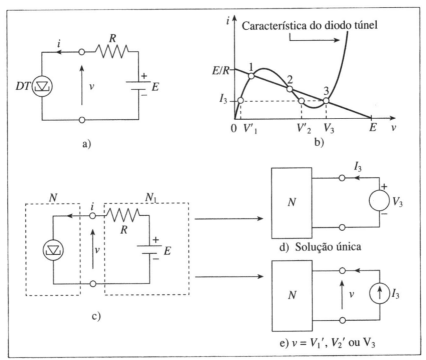

Figura 14.12 Circuito com diodo túnel e teorema da substituição.

*14.8 Teorema de Tellegen

Esse teorema é bastante geral e se aplica tanto a redes lineares quanto a não-lineares. Para enunciá-lo, consideremos uma rede N qualquer, com r ramos e $n_t = n + 1$ nós. Indicando por $v_k(.)$ e $j_k(.)$, $k = 1, 2, \ldots r$, as tensões e as correntes nos ramos da rede, medidas com a convenção do receptor, vale

$$\sum_{k=1}^{r} v_k(.) \cdot j_k(.) = 0 \tag{14.16}$$

Introduzindo os vetores

$$\mathbf{v} = [v_1 v_2 \ldots v_r]^T$$

e

$$\mathbf{j} = [j_1 j_2 \ldots j_r]^T$$

a expressão (14.16) pode ser escrita na forma

$$\mathbf{v}^T \cdot \mathbf{j} = \mathbf{j}^T \cdot \mathbf{v} = 0 \tag{14.17}$$

onde o expoente T indica transposição do vetor.

Consideremos agora uma rede $\hat{N}$, com o mesmo grafo da rede N, mas eventualmente com elementos distintos nos ramos correspondentes. Indicando por $\hat{v}_k(.)$ e $\hat{j}_k(.)$, $k = 1,2,\ldots r$, as tensões e correntes nos ramos de $\hat{N}$, sempre com a convenção do receptor, o teorema afirma que valem também as relações

$$\sum_{k=1}^{r} \hat{v}_k(.) \cdot j_k(.) = 0 \quad e \quad \sum_{k=1}^{r} v_k(.) \cdot \hat{j}_k(.) = 0 \tag{14.18}$$

ou, introduzindo os vetores de tensão e de corrente,

$$\hat{\mathbf{v}}^T \cdot \mathbf{j} = \hat{\mathbf{j}}^T \cdot \mathbf{v} = 0 \tag{14.19}$$

Para demonstrar a (14.17), podemos, por exemplo, partir da conhecida relação entre tensões nodais e tensões de ramos

$$\mathbf{A}^T \cdot \mathbf{e} = \mathbf{v}$$

onde $\mathbf{A}^T$ indica a transposta da matriz de incidência nós—ramos (reduzida) e $\mathbf{e}$ é o vetor das tensões nodais. Substituindo na (14.17), resulta

$$\mathbf{v}^T \cdot \mathbf{j} = (\mathbf{A}^T \mathbf{e})^T \cdot \mathbf{j} = \mathbf{e}^T \cdot \mathbf{A} \cdot \mathbf{j} = 0$$

pois, pela 1ª lei de Kirchhoff, $\mathbf{A} \cdot \mathbf{j} = \mathbf{0}$, demonstrando assim a primeira parte da relação (14.17).

Tomando a transposta de $\mathbf{v}^T \cdot \mathbf{j} = 0$ (note-se que aqui temos um zero escalar!) obtemos

$$\mathbf{j}^T \cdot \mathbf{v} = 0$$

completando assim a demonstração da primeira parte do teorema.

Teorema da Superposição **463**

Note-se que o somatório (14.16) corresponde à *potência instantânea recebida* por todos os ramos da rede. Afirmar que esse somatório é nulo corresponde, então, a verificar o princípio da conservação da energia para o caso particular dos circuitos elétricos.

A demonstração da segunda parte do teorema, isto é, das (14.19), se faz de maneira análoga, lembrando apenas que nas redes N e $\hat{N}$ temos $\mathbf{A} = \hat{\mathbf{A}}$, pois as duas redes têm os mesmos grafos, por hipótese. Esta demonstração fica como exercício.

Algumas aplicações do teorema de Tellegen serão vistas mais tarde, tais como a demonstração da conservação das potências reativas.

14.9 Teorema da Superposição

Esse teorema, ao contrário dos anteriores, só será aplicável a redes lineares, fixas ou não, e pode ser enunciado da seguinte maneira:

Seja N uma rede linear, constituída exclusivamente por fontes independentes (excitações) e elementos lineares (resistores, indutores com ou sem mútua, capacitores e geradores controlados), talvez não fixos. Qualquer resposta em estado zero (ou a partir de condições iniciais nulas) dessa rede, devida a todas as excitações agindo ao mesmo tempo, pode ser calculada pela soma das respostas em estado zero devidas à ação, em separado, de cada uma das fontes independentes.

Observamos que o cálculo da resposta devida a uma só das fontes independentes deve ser feito com as demais fontes *inativadas*, isto é, com os geradores de tensão e de corrente substituídos, respectivamente, por curto-circuitos ou circuitos abertos.

O princípio da superposição resulta diretamente da linearidade das equações diferenciais que descrevem os circuitos lineares. A linearidade das equações diferenciais, por sua vez, decorre diretamente da linearidade das leis de Kirchhoff e das relações constitutivas nos ramos. Tratando-se pois de um resultado matemático já conhecido, não vamos fazer aqui sua demonstração direta. Faremos apenas algumas observações sobre sua aplicação e apresentaremos vários exemplos.

As observações são as seguintes:

a) Os ramos da rede devem ser *lineares*, mas podem ser *não fixos,* ou *a parâmetros variáveis*. Assim, por exemplo, se algum resistor, indutor ou capacitor for variável com o tempo, a superposição poderá ser aplicada.

b) No caso de redes *lineares fixas*, ou *a parâmetros constantes*, já vimos ser possível substituir condições iniciais não-nulas por oportunos geradores equivalentes. Isso mostra que é possível fazer também uma *superposição de condições iniciais*.

c) A decomposição *ponto quiescente* (ou *ponto de operação*) mais *sinal incremental*, muito usada em Eletrônica, é uma aplicação peculiar da superposição, associada a uma *linearização* do circuito.

d) Esse princípio permite o uso da análise de Fourier no estudo das redes lineares.

e) É importante notar que, embora correntes e tensões se superponham, as *potências* não se superpõem, pois relações de potência são não-lineares em termos das tensões ou das correntes.

Passemos a apresentar alguns exemplos de superposição.

Exemplo 1 — Superposição com condições iniciais:

Consideremos o circuito da figura 14.13, a, onde a chave S é fechada em $t = 0$, estando o capacitor com uma tensão inicial v_0. Vamos calcular a corrente $i_C(t)$, através do capacitor, para os $t \geq 0$.

Como o circuito é linear e fixo, podemos substituir a tensão inicial por um gerador, como indicado na figura 14.13, d). A corrente i_C será então a soma de três parcelas

$$i_C = i_{C1} + i_{C2} + i_{C3}$$

devidas, respectivamente, à ação dos geradores E_1, E_2 e à condição inicial $v_0 \cdot \mathbf{1}(t)$. As três parcelas calculam-se facilmente a partir das figuras 14.13, b), c), e d.):

$$i_{C1}(t) = \frac{E_1}{R_1} e^{-\frac{t}{RC}}, \quad t \geq 0, \quad \text{com} \quad R = \frac{R_1 R_2}{R_1 + R_2}$$

$$i_{C2}(t) = \frac{E_2}{R_2} e^{-\frac{t}{RC}}, \quad t \geq 0$$

$$i_{C3}(t) = -\frac{v_0}{R} e^{-\frac{t}{RC}}, \quad t \geq 0$$

Portanto, por superposição, a corrente $i_C(t)$ será

$$i_C(t) = \left(\frac{E_1}{R_1} + \frac{E_2}{R_2} - \frac{v_0}{R} \right) \cdot e^{-\frac{t}{RC}}, \quad t \geq 0$$

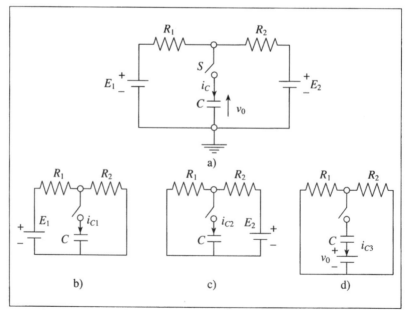

Figura 14.13 Aplicação da superposição com condições iniciais.

Teorema da Superposição **465**

O teorema da superposição é especialmente útil para cálculos de regime permanente senoidal em redes lineares. Dois casos devem ser considerados:

1. *Todas as excitações têm exatamente a mesma freqüência (fontes de mesma freqüência e sincronizadas)*

   Nesse caso todas as respostas parciais em regime permanente senoidal têm a mesma freqüência, e os correspondentes fasores podem ser somados. Como as leis de Kirchhoff são válidas em termos de fasores, a demonstração do teorema da superposição pode ser transposta para o domínio de freqüência, e o fasor de qualquer resposta pode ser determinado como a soma dos fasores das respostas devidas a cada uma das fontes, agindo isoladamente e com as demais fontes inativadas e, finalmente, passando o resultado para o domínio do tempo. Em resumo, podemos fazer a *superposição no domínio da freqüência.*

2. *As excitações têm freqüências distintas*

   Nesse caso podemos calcular as *respostas parciais* no domínio de freqüência, utilizando os fasores correspondentes. No entanto, como esses fasores terão freqüências diferentes, será preciso passar ao domínio do tempo e, então, fazer a superposição. Em suma, deveremos fazer a *superposição no domínio do tempo.*

   Os exemplos seguintes ilustram esses dois casos.

Exemplo 2 — Superposição no domínio da freqüência:

Dado o circuito da figura 14.14, a), calcular a tensão $e_1(t)$ em regime permanente senoidal, sabendo que $e_s(t) = 20 \cos(5t)$, $i_s(t) = 5 \cos(5t + 45°)$.

Todos os dados numéricos do problema estão no sistema A. F.

Como os dois geradores têm a mesma freqüência, podemos fazer a superposição no domínio da freqüência. Para isso, calculamos as impedâncias dos elementos do circuito e determinamos os fasores das excitações. Os resultados numéricos estão indicados na figura 14.14, b).

Consideraremos o fasor $\hat{E}_1 = \hat{E}'_1 + E''_1$, em que as duas parcelas do segundo membro são calculadas inativando-se, sucessivamente, a fonte de tensão e a fonte de corrente. Temos imediatamente, por combinação de impedâncias

$$\hat{E}'_1 = \frac{10(10 - j10)}{20 - j10} 5\angle45° = 31{,}623\angle26{,}565°$$

$$\hat{E}''_1 = \frac{10}{20 - j10} 20 = 8{,}944\angle26{,}565°$$

Portanto o fasor da tensão e_1 será, por superposição no domínio de freqüência,

$$\hat{E}_1 = \hat{E}'_1 + \hat{E}''_1 = 40{,}567\angle26{,}565°$$

de modo que

$$e_1(t) = 40{,}567 \cos(5t + 26{,}565°)$$

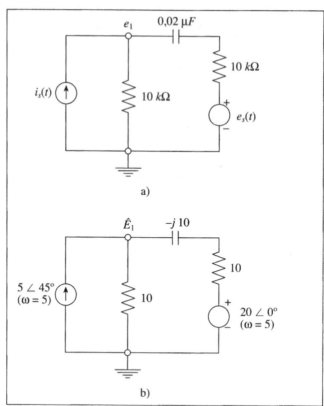

Figura 14.14 Exemplo de superposição no domínio de freqüência.

Exemplo 3 — Superposição no domínio do tempo:

Consideremos o circuito da figura 14.15, a), excitado por dois geradores senoidais, com as freqüências angulares respectivamente de 2 e 6 unidades (todas as unidades do exemplo estão dadas num sistema consistente).

Na figura a) os parâmetros indicados são resistências, indutâncias e capacitâncias, sempre num sistema consistente. Vamos determinar a tensão $e_1(t)$, em regime permanente senoidal.

Para fazer a superposição, consideraremos os circuitos da mesma figura, b) e c), agora no domínio de freqüência. Na figura b) inativamos o gerador de corrente, ao passo que na figura c) foi inativado o gerador de tensão. Os valores numéricos dos parâmetros dos ramos passivos, indicados nessas figuras, correspondem às admitâncias dos ramos, nas correspondentes freqüências. Junto aos geradores ativados estão indicados os correspondentes fasores da tensão ou da corrente.

Fazendo a análise nodal dos circuitos das duas figuras, obtemos, sucessivamente:

a) Circuito da figura 14.15, b), com $\omega = 2$:

$$\begin{bmatrix} 1,1 + j0,75 & -j1 \\ -j1 & 0,1 + j0,5 \end{bmatrix} \cdot \begin{bmatrix} \hat{E}'_1 \\ \hat{E}'_2 \end{bmatrix} = \begin{bmatrix} 10 \\ 0 \end{bmatrix}$$

Resolvendo em relação a $\hat{E}'_1$ e já passando ao domínio do tempo, vem

$$\hat{E}'_1 = 5,285 \angle 38,31° \rightarrow e'_1(t) = 5,285 \cdot \cos(2t + 38,31°)$$

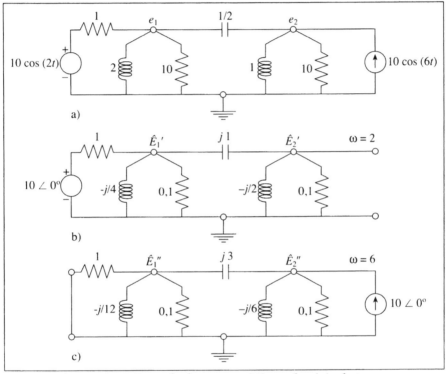

Figura 14.15 Exemplo de superposição no domínio do tempo.

b) Circuito da figura 14.15, c), com $\omega = 6$:

$$\begin{bmatrix} 1,1 + j2,917 & -j3 \\ -j3 & 0,1 + j2,833 \end{bmatrix} \cdot \begin{bmatrix} \hat{E}''_1 \\ \hat{E}''_2 \end{bmatrix} = \begin{bmatrix} 0 \\ 10 \end{bmatrix}$$

Desta última equação, tiramos

$$\hat{E}''_1 = 8,545 \angle 13,94° \rightarrow e''_1(t) = 8,545 \cdot \cos(6t + 13,94°)$$

Superpondo, no domínio do tempo, as duas soluções parciais obtemos, finalmente,

$$e_1(t) = e'_1(t) + e''_1(t) = 5,285 \cos(2t + 38,31°) + 8,545 \cos(6t + 13,94°)$$

14.10 Teoremas de Thévenin e Norton

Os teoremas de Thévenin e de Norton permitem substituir uma rede linear por uma associação de uma rede passiva, em série com um gerador ideal de tensão (Thévenin), ou em paralelo com um gerador ideal de corrente (Norton). Ambos os teoremas são duais, de modo que serão estudados ao mesmo tempo.

Esses teoremas referem-se a uma rede linear N que alimenta outra rede N' arbitrária (linear ou não), através de dois terminais, como indicado na figura 14.16. A rede N', entendida como *carga* da rede N, só se acopla à rede N através dos dois terminais indicados.

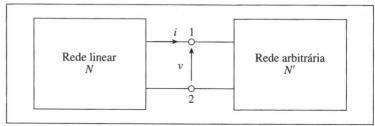

Figura 14.16 Configuração de circuito para a aplicação dos teoremas de Thévenin e Norton.

O teorema de Thévenin se enuncia da seguinte maneira:

Seja uma rede linear N com dois terminais, composta por elementos lineares R, L (com eventuais mútuas entre indutores internos à rede), C, geradores controlados por tensões ou correntes internas a N e fontes independentes de tensão ou de corrente. Indiquemos por $e_0(t)$ a tensão (finita) entre os terminais 1, 2 da rede N *em circuito aberto* (isto é, sem a carga) e por N_0 a rede que se obtém de N inativando todos os seus geradores independentes e impondo condições iniciais nulas. Nessas condições, a tensão $v(.)$ e a corrente $i(.)$ fornecidas pela rede N a uma carga arbitrária podem ser calculadas substituindo essa rede pela *associação série da rede N_0 com um gerador ideal de tensão, com tensão $e_0(.)$*. Essa associação série é designada por *gerador de Thévenin equivalente à rede N* (figura 14.17).

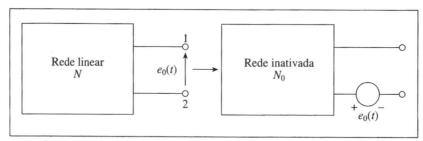

Figura 14.17 Gerador de Thévenin equivalente a uma rede linear.

Para demonstrar o teorema, consideremos a rede N alimentando N', como indicado na figura 14.16. Pelo teorema da substituição, a rede N' pode ser substituída por um gerador de corrente i, como indicado na figura 14.18, a), sem modificar correntes e tensões em N. Aplicando a esta nova rede o teorema da superposição, a tensão v pode ser escrita como a soma

$$v(t) = e_0(t) + e_1(t) \qquad (14.20)$$

onde $e_0(t)$ é a parcela devida aos geradores independentes de N e $e_1(t)$ resulta da ação do gerador de corrente [figura 4.18, b) e c)].

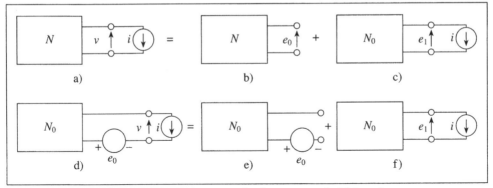

Figura 14.18 Demonstração do teorema de Thévenin.

Consideremos agora a configuração indicada na figura 14.18, d). Aplicando novamente o teorema da superposição, temos

$$e_2(t) = e_0(t) + e_1(t) = v(t)$$

à vista de (14.20), como indicado na figura 14.18, d), e), f).

Como a corrente $i(t)$ é arbitrária, pois a rede N' é qualquer, a associação série de $e_0(t)$ e N_0 é equivalente à rede N, para fins de determinação da tensão $v(.)$ e da corrente $i(.)$.

> Se a rede N, além de linear for também fixa, ou invariante no tempo, convém relembrar que condições iniciais não-nulas podem ser substituídas por geradores equivalentes. Assim, essas condições podem ser incluídas no gerador de Thévenin equivalente.

Passemos agora ao *teorema de Norton*.

Seja, novamente, uma rede linear N, com dois terminais e a mesma constituição do teorema anterior. Indiquemos agora por $i_0(t)$ a corrente que se obteria colocando em *curto-circuito* os terminais 1, 2 da rede. Essa corrente será designada por *corrente de curto-circuito* da rede N. Seja ainda N_0 a rede N inativada, como no teorema anterior. Nessas condições, a tensão $v(.)$ e a corrente $i(.)$, fornecidas pela rede N a uma carga arbitrária, podem ser calculadas substituindo a rede N pela *associação paralela da rede N_0 com um gerador ideal de corrente*, com corrente interna $i_0(t)$. Essa associação paralela é designada por *gerador de Norton equivalente à rede N* (figura 14.19).

A demonstração do teorema de Norton é a dual da demonstração do teorema de Thévenin e, por isso, será omitida aqui.

Os teoremas de Thévenin e Norton são muito úteis no estudo de Circuitos Elétricos. A propósito de sua aplicação a *redes lineares e fixas*, cabem as seguintes observações:

a) Se a rede N_0 contiver apenas elementos de um só tipo, poderá ser reduzida a um só elemento equivalente. Em particular, se N_0 contiver apenas resistores lineares fixos,

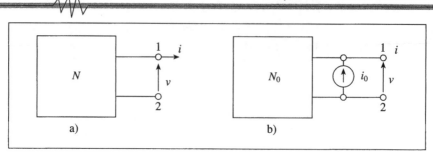

Figura 14.19 a) Rede linear b) gerador de Norton equivalente.

será redutível a uma só resistência, designada por *resistência interna do gerador equivalente*. Nas transformações de fontes estudadas no Capítulo 4 (Vol. 1) apresentamos vários exemplos de determinação de resistências (ou condutâncias) internas.

b) Se N_0 contiver elementos constantes, mas de vários tipos, podemos passar às transformadas (com condições iniciais nulas) ou ao domínio de freqüência e combinar esses elementos numa só *impedância* (ou *admitância*) *interna* do gerador equivalente. Os geradores de Thévenin e Norton podem então ser representados pelos circuitos da figura 14.20.

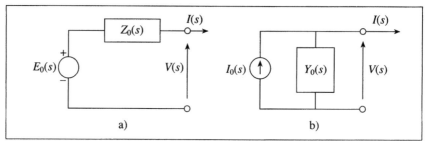

Figura 14.20 a) Circuitos do gerador de Thévenin b) gerador de Norton.

No caso de regime permanente senoidal, as transformadas das tensões e correntes nesses circuitos devem ser substituídas por fasores, e a impedância e admitância internas devem ser substituídas pelas correspondentes grandezas em regime permanente senoidal, isto é, por $Z_0(j\omega)$ e $Y_0(j\omega)$.

c) Evidentemente é possível construir os geradores de Thévenin e Norton equivalentes a uma mesma rede. Como ambos contêm a mesma rede N_0, as transformadas da tensão em aberto $E_0(s)$ e da corrente de curto-circuito $I_0(s)$ estão relacionadas por

$$\frac{E_0(s)}{I_0(s)} = Z_0(s) = \frac{1}{Y_0(s)} \tag{14.21}$$

onde $Z_0(s)$ e $Y_0(s)$ são, respectivamente, a impedância e a admitância internas da rede N_0.

A relação (14.21) mostra que a determinação do gerador equivalente a uma rede dada pode ser feita calculando duas quaisquer das três grandezas $E_0(s)$, $I_0(s)$ e $Z_0(s)$. Praticamente, devem-se escolher as duas mais facilmente calculáveis.

Teoremas de Thévenin e Norton

d) No caso do regime permanente senoidal, a (14.21) deve ser substituída por

$$\frac{\hat{E}_0(j\omega)}{\hat{I}_0(j\omega)} = Z_0(j\omega) = \frac{1}{Y_0(j\omega)} \quad (14.22)$$

e) Quando se sabe *a priori* que a impedância interna de uma rede linear com dois terminais é puramente resistiva, o correspondente gerador de Thévenin pode ser obtido da seguinte maneira:
   1. com um voltímetro mede-se a tensão em aberto E_0 entre os terminais da rede;
   2. liga-se, entre esses terminais, uma resistência variável e ajusta-se seu valor para que a tensão nos terminais passe a $E_0/2$. O valor ajustado da resistência é então igual à resistência interna R_0 do gerador de Thévenin.

> Antes de fazer a experiência acima, certifique-se de que a rede pode suportar uma carga igual a R_0!

Passemos agora a examinar alguns exemplos de determinação de geradores equivalentes.

Exemplo 1:

Vamos determinar os geradores de Thévenin e Norton equivalentes ao circuito em ponte da figura 14.21, a), quando visto pelos terminais 1-2.

Inativando o gerador de tensão, isto é, substituindo-o por um curto-circuito, obtemos imediatamente a resistência interna do gerador:

$$R_0 = R_1 // R_2 + R_3 // R_4 = \frac{R_1 R_2}{R_1 + R_2} + \frac{R_3 R_4}{R_3 + R_4}$$

A tensão em aberto do gerador equivalente é

$$E_0 = \frac{E}{R_1 + R_2} \cdot R_2 - \frac{E}{R_3 + R_4} \cdot R_4 = \frac{R_2 R_3 - R_1 R_4}{(R_1 + R_2) \cdot (R_3 + R_4)} \cdot E$$

A corrente de curto-circuito pode ser determinada de duas maneiras. Mais diretamente,

$$I_0 = \frac{E_0}{R_0} = \frac{R_2 R_3 - R_1 R_4}{R_1 R_2 (R_3 + R_4) + R_3 R_4 (R_1 + R_2)} \cdot E$$

Por um caminho mais longo, poderíamos colocar em curto-circuito os terminais 1 e 2 da rede da figura 14.21, a), e determinar a corrente I_0 no curto por um processo de análise qualquer. Esse caminho fica por conta do estudante interessado.

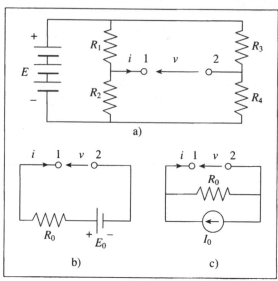

Figura 14.21 Geradores de Thévenin (b) e Norton (c) equivalentes a uma rede em ponte (a).

Exemplo 2:

Vamos determinar os geradores de Thévenin e Norton equivalentes ao circuito da figura 14.22, a), no domínio transformado e supondo que o capacitor tem uma tensão inicial v_0.

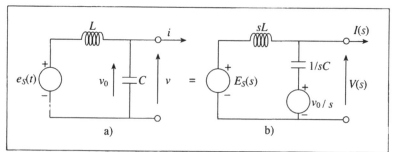

Figura 14.22 a) Circuito com condição inicial; b) circuito transformado.

Como o circuito é linear e fixo, podemos substituir a condição inicial por um gerador equivalente, com uma tensão em degrau, como indicado na figura 14.22, b). Na mesma figura já indicamos as impedâncias transformadas dos elementos do circuito.

Do circuito da figura 14.22, b), obtemos facilmente:

a) impedância interna:

$$Z_0(s) = \frac{sL \cdot 1/(sC)}{sL + 1/(sC)} = \frac{1}{C} \cdot \frac{s}{s^2 + 1/(LC)}$$

b) tensão em aberto:

$$E_0(s) = \frac{E_2(s) - v_0/s}{sL + 1/(sC)} \cdot \frac{1}{sC} + \frac{v_0}{s} = \frac{1}{LC} \cdot \frac{E_s(s) + LCv_0 s}{s^2 + 1/(LC)}$$

c) corrente de curto-circuito:

$$I_0(s) = \frac{E_s(s)}{sL} + Cv_0 = \frac{E_s(s) + LCv_0 s}{sL}$$

Verifica-se facilmente que $Z_0(s) = E_s/I_0(s)$, como esperado.

Exemplo 3:

Os geradores de Thévenin e Norton são muitas vezes convenientes para o estudo de modificação de alguma característica da rede, causada pela variação de um de seus elementos. Como exemplo, consideremos o filtro passa-baixas da figura 14.23, a), com uma *resistência de carga* (ou *de terminação*) R_L, e vamos determinar o efeito dessa resistência de carga na função ganho $\hat{E}_2/\hat{E}_S$, em regime permanente senoidal. Façamos inicialmente $R_S = R_L = 1\Omega$, o que corresponde às condições normais de operação desse filtro.

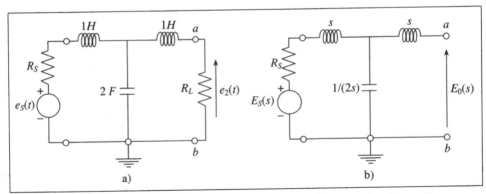

Figura 14.23 Exemplo de filtro passa-baixas: a) filtro terminado por R_L; b) filtro sem carga, no domínio transformado.

O cálculo começa pela determinação do gerador de Thévenin equivalente ao circuito à esquerda dos pontos *a-b* da figura 14.23, a). Embora o problema se refira ao regime senoidal, vamos primeiro fazer os cálculos com as transformadas e, depois, substituir os s por $j\omega$ e as transformadas por fasores. Em geral esse caminho é mais simples e menos sujeito a erros.

Impedância interna e tensão em aberto se calculam facilmente a partir do circuito da figura 14.23, b).

$$\begin{cases} Z_0(s) = s + \dfrac{(s+1)/(2s)}{s+1+1/(2s)} = \dfrac{2s^3 + 2s^2 + 2s + 1}{2s^2 + 2s + 1} \\ E_0(s) = \dfrac{E_s(s)}{s+1+1/(2s)} \cdot \dfrac{1}{2s} = \dfrac{E_s(s)}{2s^2 + 2s + 1} \end{cases} \quad \text{(I)}$$

A transformada da tensão de saída, $E_2(s)$, sempre supondo $R_L = 1$, será dada por

$$E_2(s) = \dfrac{E_0(s)}{Z_0(s)+1} \cdot 1 = \dfrac{E_0(s)}{Z_0(s)+1} \quad \text{(II)}$$

Substituindo os valores de $E_0(s)$ e $Z_0(s)$ acima calculados e simplificando, obtemos

$$E_2(s) = \dfrac{1}{2} \cdot \dfrac{1}{s^3 + 2s^2 + 2s + 1} \cdot E_s(s) \quad \text{(III)}$$

Passando agora ao regime permanente senoidal, a função ganho desejada será

$$G_V(j\omega) = \dfrac{\hat{E}_2}{\hat{E}_s} = \dfrac{1}{2} \cdot \dfrac{1}{-j\omega^3 - 2\omega^2 + j2\omega + 1} \quad \text{(IV)}$$

As curvas de módulo e fase dessa função estão indicadas na figura 14.24. Por aí vemos que esse circuito é um *filtro passa-baixas*, com freqüência de corte $\omega_c = 1$. De fato, esse é o circuito de um *filtro de Butterworth passa-baixas de terceira ordem normalizado*. Veremos mais tarde como fazer uma *desnormalização*, para utilizar esse circuito com outras freqüências de corte e outras resistências de ataque e de terminação.

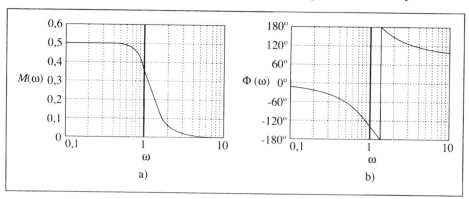

Figura 14.24 Resposta em freqüência do filtro de Butterworth:
a) módulo; b) defasagem.

Note-se que o módulo do ganho cai a $1/\sqrt{2}$ do seu valor máximo na freqüência de corte $\omega_c = 1$.

Vejamos agora o que acontece se modificarmos a resistência de carga R_L, indicada na figura 14.23, a). Substituindo o circuito à esquerda dos terminais a-b pelo gerador de Thévenin, a tensão de saída transformada será dada por

$$E_2(s) = \frac{E_0(s)}{Z_0(s) + R_L} \cdot R_L \qquad (V)$$

Substituindo $E_0(s)$ e $Z_0(s)$ pelas expressões (I), obtemos, após alguns cálculos algébricos,

$$E_2(s) = \frac{R_L E_s(s)}{2s^3 + 2(R_L + 1)s^2 + 2(R_L + 1)s + (R_L + 1)} \qquad (VI)$$

No caso do regime permanente senoidal, faremos, em (VI), as substituições de s por $j\omega$ e das transformadas por fasores. Podemos assim calcular o ganho do circuito em qualquer freqüência desejada, e para qualquer valor de R_L. É claro que nessa etapa é conveniente usar um programa computacional adequado.

EXERCÍCIOS BÁSICOS DO CAPÍTULO 14

1 Dado o circuito da figura E14.1, pede-se:
   a) determine suas freqüências complexas próprias não-nulas;
   b) verifique se o circuito admite alguma freqüência própria nula;
   c) discuta sua estabilidade;
   d) determine sua admitância de entrada $Y(s) = I(s)/E_g(s)$.

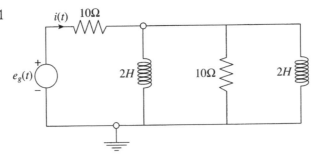

Figura E14.1

Resp.: a) $s_1 = -5$;
b) sim, pois tem um laço de indutâncias;
c) é marginalmente estável, por causa da freqüência própria nula;
d) $Y(s) = 0{,}05 \dfrac{s + 10}{s + 5}$

2. A resposta em estado zero de um circuito linear invariante no tempo a uma excitação por um degrau unitário de corrente é a tensão $v(t) = (2 - 2e^{-t}) \cdot \mathbf{1}(t)$ (V, seg)[3].

   a) Determine a transimpedância do circuito.

   b) Qual será sua resposta, em condições iniciais nulas, à corrente da figura E14.2?

Figura E14.2

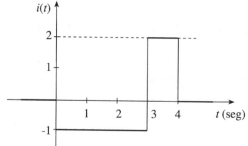

Resp.: a) $Z(s) = \dfrac{2}{s+1}$

b) $v(t) = -2[1 - e^{-t}] \cdot \mathbf{1}(t) + 6[1 - e^{-(t-3)}] \cdot \mathbf{1}(t-3) - 4[1 - e^{-(t-4)}] \cdot \mathbf{1}(t-4)$ (V,seg)

3. No circuito da figura E14.3 determine:

   a) as funções de rede e $V(s)/E(s)$ e $V(s)/I_s(s)$;

   b) determine a resposta impulsiva desse circuito ao gerador de tensão;

   c) supondo $e_S(t) = 9\cos(10t)$ e $i_S(t) = 2\cos(10t - \pi/3)$, em unidades SI, calcule a tensão $v(t)$, em regime permanente senoidal, usando superposição.

Figura E14.3

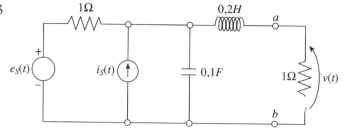

Resp.: a) $\left.\dfrac{V(s)}{I_s(s)}\right|_{E_s(s)=0} = \left.\dfrac{V(s)}{E_s(s)}\right|_{I_s(s)=0} = \dfrac{50}{s^2 + 15s + 100}$

b) $h(t) = \dfrac{20}{\sqrt{7}} \cdot \exp(-7,5t) \cdot \mathrm{sen}(2,5\sqrt{7}\,t)$, (V, seg)

c) $v(t) = 3{,}383\cos(10t - 99{,}83°)$, (V, seg)

---

[3] Apud CHUA, L. O., DESOER, C. A. e KUH, E. S., *Linear and Nonlinear Circuits*, McGraw-Hill, Nova York, pág. 503.

Exercícios Básicos do Capítulo 14 **477**

4   Ainda na figura E14.3, determine os geradores equivalentes de Thévenin e Norton, transformados segundo Laplace, para o circuito à esquerda dos terminais a-b.

Resp.: Tensão em aberto: $E_0 = \dfrac{10}{s+10}[E_s(s) + I_s(s)]$,

impedância interna: $Z_0(s) = 0{,}2s + \dfrac{10}{s+10}$

corrente de curto-circuito: $I_0(s) = \dfrac{50[E_s(s) + I_s(s)]}{s^2 + 10s + 50}$

5   Para o circuito da figura E14.4, operando em regime permanente senoidal e na freqüência $\omega = 10^5$ rad/seg, determine a impedância vista pelo gerador independente.

Figura E14.4

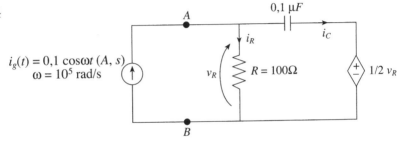

Resp.: $Z_{in} = 80 - j40\,(\Omega)$

Capítulo 15

REGIME PERMANENTE SENOIDAL E RESPOSTA EM FREQÜÊNCIA

15.1 Introdução

O estudo de redes elétricas em regime permanente senoidal (RPS) tem especial importância em Engenharia Elétrica pelos seguintes fatos principais:

a) a maior parte dos sistemas de geração, transmissão e distribuição de energia elétrica opera em regime senoidal, pelo menos de maneira aproximada;

b) como se sabe, a análise de Fourier permite decompor um sinal qualquer numa soma (finita ou infinita) de componentes senoidais. Conhecido então o comportamento de uma rede em regime senoidal, pode-se examinar o que sucede com os sinais de forma arbitrária que nela se propagam. Essa é, muitas vezes, a técnica adotada no estudo dos sistemas de comunicação.

Nos capítulos anteriores já foram expostos os métodos básicos para a análise de redes lineares fixas, ou invariantes no tempo, em regime permanente senoidal, com ênfase no método dos fasores. Foram também examinadas as relações entre esse método e o método da transformação de Laplace. Em particular, foi mostrado que uma função de rede em regime senoidal obtém-se da correspondente função de rede transformada fazendo $s = j\omega$, ou seja, tomando a função de rede sobre o eixo imaginário do plano complexo. Veremos aqui como obter essas funções de maneira mais simples, pelo *método das impedâncias* (ou *admitâncias*, usando dualidade).

Essas ferramentas já disponíveis serão agora aplicadas ao estudo detalhado das redes em regime senoidal. Além disso, exporemos uma técnica gráfica específica para o estudo de redes simples, o método dos *diagramas fasoriais* (ou *diagramas de fasores*). Estudaremos também a aplicação dos *diagramas de Bode* ao estudo da resposta em freqüência das redes.

Antes de entrarmos propriamente no estudo do regime permanente senoidal, convém relembrar que esse regime só pode se estabelecer em redes *assintoticamente estáveis*. De fato, só nesse caso os transitórios excitados por qualquer mudança de regime da rede decairão com o tempo, permitindo assim, depois de algum tempo, o estabelecimento do regime permanente senoidal.

15.2 Determinação das Funções de Rede pelo Método das Impedâncias

Já vimos, em capítulos anteriores, como determinar as funções de rede a partir dos métodos gerais de análise. No caso de circuitos simples, tais métodos podem ser pouco eficientes. Além disso, por sua generalidade, esses métodos gerais não contribuem para construir uma intuição da operação de circuitos particulares, mas de uso freqüente nas aplicações. Nesses casos, poderá ser mais útil — e mais simples — recorrer ao *método das impedâncias*. Esse método se baseia nos seguintes fatos:

1.º As transformadas de Laplace ou os fasores das correntes e tensões num circuito satisfazem formalmente às duas leis de Kirchhoff, isto é, para transformadas valem

$$\begin{cases} \sum_{k} [\pm I_k(s)] = 0, & \text{num nó} \\ \sum_{j} [\pm V_j(s)] = 0, & \text{num laço} \end{cases} \tag{15.1}$$

ou, para fasores,

$$\begin{cases} \sum_{k} (\pm \hat{I}_k) = 0, & \text{num nó} \\ \sum_{j} (\pm \hat{V}_j) = 0, & \text{num laço} \end{cases} \tag{15.2}$$

2.º As relações entre transformadas de Laplace (com condições iniciais nulas) ou entre fasores de corrente e de tensão nos elementos R, L e C são do tipo da lei de Ohm, ou seja,

- para transformadas:

$$V_k(s) = Z_k(s) \cdot I_k(s) \tag{15.3}$$

- para fasores:

$$\hat{V}_k = Z_k(j\omega) \cdot \hat{I}_k \tag{15.4}$$

Mas as relações de (15.1) a (15.4) têm exatamente a mesma *forma* que as relações das duas leis de Kirchhoff e da lei de Ohm para o caso resistivo, já estudado no início deste curso. Essas leis foram usadas, no Capítulo 4, para estabelecer as técnicas de simplificação das redes resistivas.

Enquanto as relações básicas do Capítulo 4 se referiam ao corpo dos reais, as de (15.1) a (15.4), embora tendo a mesma forma, se referem ao corpo dos complexos. Dada, porém, a semelhança entre a álgebra dos reais e a álgebra dos complexos, todas as deduções feitas no Capítulo 4, válidas para redes resistivas e correntes e tensões reais, podem ser aplicadas em geral, desde que tensões e correntes reais sejam substituídas por suas transformadas ou por seus fasores, e resistências sejam substituídas por impedâncias (ou condutâncias por admitâncias).

Assim sendo, as regras de associação de elementos em série ou em paralelo, de divisão de corrente ou de tensão, de transformações ou deslocamento de fontes, transformação estrela—polígono e a proporcionalidade excitação—resposta podem ser utilizadas para o cálculo de funções de rede, quer transformadas, quer em regime permanente senoidal.

A proporcionalidade excitação—resposta merece um comentário suplementar. De fato, a relação $\hat{R} = F(j\omega) \cdot \hat{E}$, onde F é a função de rede e $\hat{R}$ e $\hat{E}$ são, respectivamente, os fasores da resposta e da excitação, mostra a proporcionalidade entre os respectivos módulos, em cada freqüência. Mas verifica-se também que uma mudança no ângulo do fasor da excitação implica a mesma mudança do ângulo do fasor da resposta; fica, porém, invariante a diferença entre os ângulos dos dois fasores. Daí decorre a possibilidade de fixar arbitrariamente o ângulo do fasor da excitação, ou a defasagem da correspondente senóide. Na prática, sempre que possível, fixa-se em zero o ângulo do fasor da excitação.

Antes de examinar alguns exemplos do método das impedâncias, convém ressaltar que eles servem apenas para o cálculo da resposta com condições iniciais nulas, via transformação de Laplace, ou para regime senoidal, via fasores.

É claro que, por dualidade, as admitâncias também podem ser empregadas.

Exemplo 1:

Vamos determinar a corrente $i_2(t)$, em regime permanente senoidal, no circuito da figura 15.1, a), excitado por uma tensão senoidal, na freqüência de 100 rad/s, usando técnicas de simplificação de redes.

Como a excitação é senoidal, podemos usar fasores. Note-se, porém, que pode ser mais simples fazer o grosso da álgebra usando as transformadas e passar para os fasores apenas no estágio final do cálculo. Assim, na figura 15.1, b), representamos o circuito transformado, ao passo que na figura 15.1, c), desenhamos o circuito com a indicação das impedâncias na freqüência da excitação.

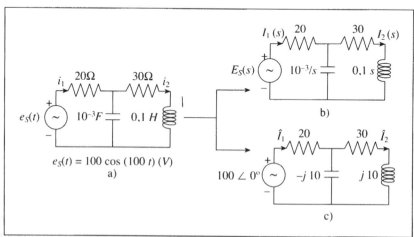

Figura 15.1 Exemplo de associação série paralela e divisão de corrente.

Referindo-nos à figura 15.1, b), a impedância transformada vista pelo gerador pode ser calculada como associação série paralela de impedâncias. Pelas regras de associação resulta então

Determinação das Funções de Rede pelo Método das Impedâncias
481

$$Z(s) = 20 + \frac{(0,1s + 30) \cdot 1.000 / s}{1.000 / s + (0,1s + 30)} = 20 + \frac{100s + 3 \cdot 10^4}{0,1s^2 + 30s + 1.000} \quad \text{(ohms)}$$

Na freqüência de 100 rad/s

$$Z(j100) = 20 + \frac{3 \cdot 10^4 + j10^4}{j3 \cdot 10^3} = 23,3 - j10 = 25,36\angle - 23,23°$$

Portanto,

$$\hat{I}_1 = \frac{\hat{E}_s}{Z(j100)} = \frac{\hat{E}_s}{25,36\angle - 23,23°} = \hat{E}_s \cdot 0,0394\angle 23,23° \quad \text{(A)}$$

Para obter o fasor $\hat{I}_2$ basta recorrermos à regra de divisão de corrente. Com referência à figura 15.1, c), e usando o resultado anterior, obtemos imediatamente

$$\hat{I}_2 = \frac{-j10}{-j10 + 30 + j10} \cdot \hat{I}_1 = \hat{E}_s \cdot 0,0131\angle - 66,7°$$

Segue-se que a função de transferência $F(j\omega) = \hat{I}_2/\hat{E}_s$ vale, em 100 rad/s,

$$F(j100) = 0,0131\angle - 66,77°$$

Portanto, $\hat{I}_2 = 1,31 \angle - 66,77°$ e, no domínio do tempo,

$$i_2(t) = 1,31 \cdot \cos(100t - 66,7°) \quad \text{(A, s)}$$

Exemplo 2:

Vamos refazer o exemplo anterior, mas agora usando transformações de fontes. Para isso, partimos do circuito da figura 15.1, b), e efetuamos, inicialmente, a transformação do gerador de tensão em série com a resistência de 20 ohms num gerador de Norton equivalente, como indicado na figura 15.2, a). Em seguida, a parte da rede dessa figura que alimenta a associação série de 30 ohms e 0,1 henry foi substituída pelo correspondente gerador de Thévenin, levando ao resultado indicado na figura 15.2, b), em que a tensão do gerador de Thévenin equivalente vale $[Z_1(s)/20] \cdot E_s(s)$, onde

$$Z_1(s) = \frac{20 \cdot 1.000 / s}{20 + 1.000 / s} = \frac{20 \cdot 10^3}{20s + 10^3}$$

Feitas as transformações indicadas em b), obtemos imediatamente

$$I_2(s) = \frac{Z_1(s) / 20}{Z_1(s) + 30 + 0,1s} \cdot E_s(s) = 10^3 \cdot \frac{1}{2s^2 + 700s + 5 \cdot 10^4} \cdot E_s(s)$$

Passando agora ao regime senoidal, com $\omega = 100$ rad/s e $\hat{E}_s = 100 \angle 0°$, obtemos

$$\hat{I}_2 = \frac{10^5}{(5 - 2) \cdot 10^4 + j \cdot 7 \cdot 10^4} = 1,31\angle - 66,77° \quad \text{(A)}$$

levando assim ao mesmo resultado já obtido no exemplo anterior.

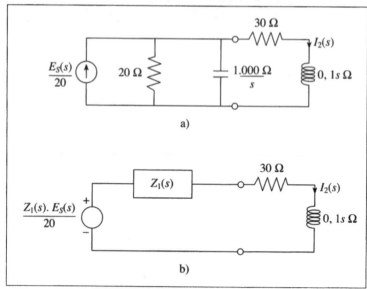

Figura 15.2 Exemplo de aplicação de transformações de fontes.

15.3 Diagramas de Fasores

Uma técnica muito utilizada para obter soluções de circuitos lineares fixos, em regime permanente senoidal, emprega os *diagramas de fasores*. Trata-se de um método que é o correspondente gráfico do cálculo de complexos. Os diagramas de fasores, quando aplicados a circuitos simples, permitem muitas vezes a visualização clara de alguns fenômenos específicos, tais como as ressonâncias.

Os diagramas de fasores se baseiam na representação gráfica de números complexos por segmentos orientados num plano. Assim, um fasor do tipo

$$\hat{I} = |\hat{I}|e^{j\phi} = |\hat{I}|\cos\phi + j|\hat{I}|\sen\phi \qquad (15.5)$$

será representado no plano complexo por um segmento orientado, partindo da origem, com comprimento igual ao módulo do fasor (numa escala prefixada) e fazendo um ângulo ϕ com o eixo horizontal. As projeções desse segmento sobre os eixos horizontal e vertical fornecem, respectivamente, as partes real e imaginária do fasor, como mostrado na figura 15.3, a).

Suponhamos agora que o complexo $\hat{I}$ é multiplicado pela exponencial complexa $e^{j\omega t}$. O segmento representativo do produto tem módulo constante, mas seu ângulo aumenta linearmente com o tempo; o segmento representativo passa a girar no plano complexo com velocidade angular ω, no sentido anti-horário, como indicado na figura 15.3, b).

Essa representação gráfica de $\hat{I}e^{j\omega t}$ é chamada *vetor girante*. Verifica-se imediatamente que a projeção horizontal desse vetor, dada por

Diagramas de Fasores

$$\overline{OA} = \Re e(\hat{I}e^{j\omega t}) = |\hat{I}|\cos(\omega t + \phi) \tag{15.6}$$

não é senão o *valor instantâneo* da grandeza senoidal representada pelo fasor. De um modo geral, não usaremos vetores girantes neste curso.

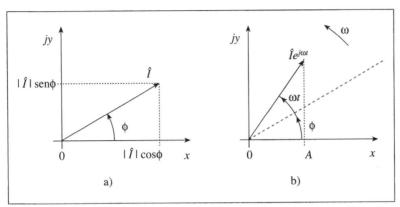

Figura 15.3 a) Representação de um fasor por um segmento orientado; b) representação do vetor girante.

Se os fasores representativos de outras grandezas senoidais, de mesma freqüência, forem representados no mesmo plano complexo, os ângulos entre os segmentos orientados corresponderão às defasagens entre as grandezas representadas. Aplicando agora o operador $e^{j\omega t}$ a todos esses fasores, isto é, transformando-os em vetores girantes, todos os segmentos giram com a mesma velocidade angular ω, mantendo inalteradas suas defasagens relativas.

Diagramas desse último tipo, chamados *diagramas de vetores girantes*, são algumas vezes empregados para ilustrar relações entre grandezas senoidais de freqüências diversas, mediante o artifício de aplicar operadores $e^{j\omega_i t}$, onde os ω_i representam as freqüências das grandezas correspondentes aos vários fasores. Diagramas desse tipo podem ser usados, por exemplo, para o estudo dos *circuitos de modulação*, em que interagem as senóides *moduladoras* e *moduladas*, de freqüências muito diferentes. Esse estudo não será feito aqui.

Voltando aos diagramas de fasores, notemos que é sempre possível fixar arbitrariamente o ângulo de um dos fasores. Isso corresponde apenas a adotar uma origem de tempo conveniente para a determinação dos valores instantâneos das grandezas alternativas.

Para que os diagramas de fasores possam ser utilizados no cáculo de circuitos em regime permanente senoidal, as operações gráficas realizadas com os segmentos representativos devem corresponder às operações realizadas com os fasores, no campo complexo. Isso se obtém com as seguintes regras:

a) *adição e subtração de fasores:* correspondem à adição e à subtração de vetores no plano;

b) *multiplicação por constante real:* multiplica-se o comprimento do segmento representativo pela constante, mantendo o seu ângulo, se a constante for positiva; se a constante for negativa, além dessa multiplicação, inverte-se o ângulo, isto é, soma-se ou subtrai-se π (ou 180°) ao ângulo do fasor;

c) *multiplicação do fasor por* $j = \sqrt{-1}$: mantém-se constante o comprimento do segmento representativo e aumenta-se seu ângulo de $\pi/2$ (ou 90°). Note-se que $j = e^{j\pi/2}$.

Com as regras acima podemos construir os diagramas de fasores que relacionam tensões e correntes nos elementos básicos dos circuitos, isto é, nos resistores, indutores e capacitores lineares. Os resultados obtidos estão indicados na figura 15.4.

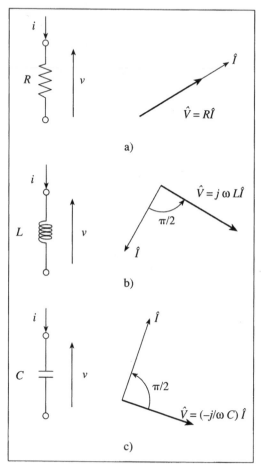

Figura 15.4 Diagramas de fasores para os bipolos básicos.

Para construir esses diagramas precisamos, evidentemente, escolher duas escalas correspondentes, respectivamente, às tensões e às correntes.

Em vista dos diagramas da figura 15.4, b) e c), costuma-se dizer que nos indutores a corrente está *atrasada* de 90° em relação à tensão, ao passo que nos capacitores ela está *adiantada* de 90°.

15.4 Exemplos de Diagramas de Fasores

Vamos mostrar agora como usar os diagramas básicos da figura 15.4 para construir os diagramas fasoriais de alguns circuito simples, mostrando como esses gráficos podem evidenciar relações interessantes. Cumpre notar que a importância prática dos diagramas de fasores reduziu-se bastante com o aumento de facilidades computacionais.

a) Diagrama fasorial de circuito ressonante

Tomemos o circuito ressonante paralelo, excitado por gerador de corrente, mostrado na figura 15.5, a).

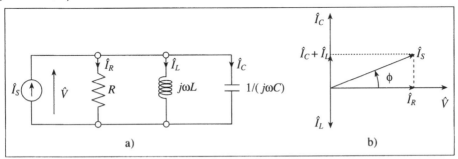

Figura 15.5 Diagrama fasorial do circuito ressonante.

O primeiro passo para construir o diagrama fasorial é escolher um fasor de referência. Normalmente toma-se como referência o fasor da variável (tensão ou corrente) comum a mais elementos. Em nosso exemplo tomaremos como referência o fasor $\hat{V}$ da tensão no circuito, atribuindo-lhe fase zero, como indicado no diagrama da figura 15.5, b). Naturalmente, devemos escolher escalas adequadas para os fasores de tensão e de corrente.

A construção do diagrama prossegue construindo os fasores $\hat{I}_L$, $\hat{I}_R$ e $\hat{I}_C$, de acordo com as regras ilustradas na figura 15.4. Somando agora esses três fasores, obtemos $\hat{I}_S$, fasor da corrente do gerador.

O diagrama de fasores da figura 15.5, b), ilustra muito claramente as defasagens entre as várias correntes e tensões, e permite evidenciar, por exemplo, o fenômeno da *ressonância*. De fato, supondo fixos os parâmetros R, L e C, mas variável a freqüência ω, a ressonância será obtida quando for $\phi = 0$. O exame do diagrama da figura 15.5, b), mostra que essa condição ocorre numa freqüência ω_0, em que

$$\hat{I}_C + \hat{I}_L = 0 \rightarrow j\omega_0 C \hat{V} - (j/(\omega_0 L))\hat{V} = 0$$

do que se segue a relação já conhecida

$$\omega_0 = \frac{1}{\sqrt{LC}} \quad (15.7)$$

Verificamos também que, na ressonância, a correntes no indutor e no capacitor devem ser iguais em módulo e opostas em fase, e a corrente no resistor fica igual à corrente da fonte.

b) Medida de impedância pelo método dos três voltímetros

Para medir uma impedância $Z_x(j\omega)$ pelo método dos três voltímetros, vamos associá-la em série a uma impedância conhecida $Z_1(j\omega)$ e alimentar o circuito série, assim constituído, com um gerador de tensão senoidal, na freqüência ω, como indicado na figura 15.6, a).

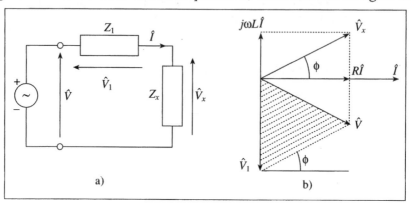

Figura 15.6 a) Circuito para medida de impedância pelo método dos três voltímetros; b) diagrama fasorial do circuito.

Para fazer o diagrama fasorial desse circuito, suponhamos que a impedância conhecida é puramente capacitiva, isto é, $Z_1 = -j/(\omega C)$, e que a impedância desconhecida representa um reator com perdas, isto é, $Z_x = R + j\omega L = |Z_x| \angle \phi$. O fasor da corrente no circuito será usado como referência. O fasor da tensão no capacitor estará 90° atrasado e o fasor da tensão na impedância desconhecida estará adiantado de um ângulo ϕ, ambos em relação à corrente. Aplicando a 2.ª lei de Kirchhoff ao circuito, temos que

$$-\hat{V} + \hat{V}_1 + \hat{V}_x = 0 \tag{15.8}$$

de modo que esses três fasores formam um triângulo, hachurado na figura 15.6, b). Sejam, respectivamente, V_{ef}, V_{1ef} e V_{xef} os valores eficazes dessas três tensões, medidos por voltímetros CA. O módulo da impedância desconhecida calcula-se facilmente a partir desses três valores. De fato, o fasor da corrente no circuito será dado por

$$\hat{I} = \frac{\hat{V}_1}{Z_1} = \frac{\hat{V}_x}{Z_x} \rightarrow Z_x = Z_1 \cdot \frac{\hat{V}_x}{\hat{V}_1} \tag{15.9}$$

Tomando os módulos e notando que a relação de módulos dos fasores de tensão é igual à relação dos correspondentes valores eficazes, resulta o valor do módulo da impedância incógnita:

$$|Z_x| = |Z_1| \cdot \frac{V_{xef}}{V_{1ef}} \tag{15.10}$$

Para determinar o ângulo da impedância incógnita, devemos recorrer ao diagrama fasorial da figura 15.6, b). Pela equação (15.8) verificamos que os fasores das três tensões constituem um triângulo, indicado em hachurado na figura. Ora, esse triângulo pode ser construído graficamente, pois seus três lados têm comprimentos proporcionais às três leituras dos voltímetros. O ângulo ϕ da impedância desconhecida pode então ser medido com um transferidor.

Exemplo — Aplicação ao ensaio de um reator:

Vamos aplicar o método acima para determinar a impedância de um reator para lâmpada fluorescente de 20 W, 110 V, 60 Hz.

Para isso, usamos o circuito da figura 15.6, a). Para realizar a impedância conhecida, utilizamos um capacitor de 11,64 μF e alimentamos o circuito a 60 Hz, aplicando uma tensão tal que a corrente no reator seja aproximadamente igual àquela que ocorre em sua operação normal. Medindo as três tensões, obtivemos as seguintes tensões eficazes:

$V_{ef} = 20,7$ V

$V_{1ef} = 23,0$ V

$V_{xef} = 30,4$ V

Portanto, pela (15.10) obtemos

$$|Z_x| = \frac{1}{120 \cdot \pi \cdot 10^{-6} \cdot 11,64} \cdot \frac{30,4}{23} = 301,2 \ \Omega$$

Para determinar o ângulo da impedância, vamos construir o triângulo dos três fasores das tensões, como indicado na figura 15.7, usando seus valores eficazes como módulos.

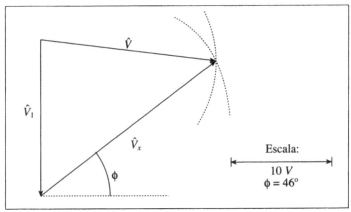

Figura 15.7 Solução gráfica do triângulo das tensões.

Da figura resulta que o ângulo da impedância incógnita é $\phi \cong 46°$.
Portanto,

$$\begin{cases} R = |Z_x|\cos\phi = 301,2 \ \cos 46° = 209 \ \Omega \\ \omega L = |Z_x|\text{sen}\phi = 301,2 \ \text{sen} 46° = 216,7 \ \Omega \\ L = \frac{216,7}{120\pi} = 0,575 \ \text{H} \end{cases}$$

Convém notar que, devido às não-linearidades do reator, esse modelo só pode ser empregado na freqüência de 60 Hz e com uma tensão aplicada ao reator da ordem de 30 V.

c) Circuito defasador

Examinemos agora o *circuito defasador*, indicado na figura 15.8, a), alimentado por uma tensão senoidal $v_1(t)$, com freqüência ω. Vamos mostrar que a defasagem da tensão de saída $v_2(t)$, em relação a $v_1(t)$, varia de 0° a –180°, quando R_2 vai de zero a infinito, embora o valor eficaz da tensão de saída permaneça sempre igual à metade do valor eficaz da tensão de entrada.

Para fazer essa demonstração, vamos construir o diagrama fasorial do circuito, representado na figura 15.8, b), adotando como referência o fasor $\hat{V}_1$. Notemos em seguida que $\hat{V}_1 = \hat{V}_R + \hat{V}_C$ e que o fasor $\hat{V}_C$ está sempre atrasado 90° em relação a $\hat{V}_R$, pois

$$\hat{V}_R = R\hat{I}_R \quad \text{e} \quad \hat{V}_C = -j\hat{I}_R/(\omega C)$$

Assim, o lugar geométrico do ponto de encontro desses dois fasores é a semicircunferência de raio $|\hat{V}_1|/2$, indicada na figura 15.8, b).

Considerando agora que a tensão de saída é

$$\hat{V}_2 = \hat{V}_C - \hat{V}_1/2$$

podemos completar a construção do diagrama de fasores. Verifica-se imediatamente que o módulo de $\hat{V}_2$ é igual a $|\hat{V}_1/2|$ e sua defasagem α em relação a $\hat{V}_1$ varia de 0 a $-\pi$, quando R_2 vai de 0 a ∞.

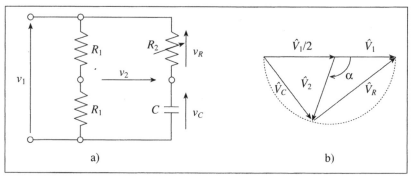

Figura 15.8 Circuito defasador (a) e seu diagrama fasorial (b).

Esses exemplos ilustram o interesse de fazer uma representação geométrica de alguns problemas de circuitos, por meio dos diagramas de fasores. Veremos mais tarde, ao estudar circuitos polifásicos, que essa representação é sobretudo interessante quando o circuito apresenta alguma simetria.

15.5 Funções de Rede e Resposta em Freqüência

Como já vimos, dada uma função de rede transformada, podemos passar ao regime permanente senoidal simplesmente fazendo $s = j\omega$, ou seja, passando da função $F(s)$ à função $F(j\omega)$ e considerando fasores da excitação e da resposta, em vez das respectivas transformadas. A função $F(j\omega)$ assume valores complexos, tendo, portanto, um módulo e um argumento (ou fase). Fazendo então

$$M(\omega) = |F(j\omega)|, \qquad \Phi(\omega) = \arg F(j\omega) \qquad (15.11)$$

Funções de rede e Resposta em Freqüência **489**

podemos escrever

$$F(j\omega) = M(\omega) \cdot e^{j\Phi(\omega)}$$ (15.12)

Como a função de rede em regime senoidal é $F(j\omega) = \hat{R}(j\omega)/\hat{E}$, ou seja, é igual à relação entre os fasores da reposta e da excitação, segue-se que resulta $F(j\omega) = \hat{R}(j\omega)$, se tomarmos $\hat{E} = 1 \angle 0°$. Portanto, a função de rede em regime senoidal é igual ao fasor da resposta, $\hat{R}(j\omega)$, se a excitação tiver amplitude unitária e fase nula.

A função $F(j\omega)$ pode ser dada, em função da freqüência, por duas curvas: a curva de $M(\omega)$, habitualmente designada por _curva de resposta em freqüência_, e a curva de $\Phi(\omega)$, chamada _curva de defasagem_. Essas duas curvas são muitas vezes obtidas experimentalmente, mediante o ensaio do circuito em regime permanente senoidal, como será visto em laboratório.

Programas de computação, tais como as variantes do SPICE, podem fornecer essas curvas para os vários circuitos eletrônicos, após uma adequada linearização do circuito. Esses programas exigem valores numéricos dos componentes. Há, também, _programas simbólicos_ para o cálculo de funções de rede, que não exigem valores numéricos dos componentes.

Como já vimos, na análise de Fourier comparecem também freqüências negativas, de modo que convém conhecer o andamento das curvas de resposta e a defasagem para as freqüências negativas. Esse problema é facilmente solúvel a partir das simetrias das curvas de resposta e de defasagem.

De fato, como já vimos no Capítulo 14, as funções rede gozam da propriedade $F(s^*) = F^*(s)$, onde o asterisco representa o complexo conjugado. Se fizermos $s = j\omega$ resulta então $F(-j\omega) = F^*(j\omega)$. Separando módulo e fase em ambos os membros dessa equação, segue-se

$$\begin{cases} M(-\omega) = M(\omega) \\ \Phi(-\omega) = -\Phi(\omega) \end{cases}$$ (15.13)

Portanto, a curva do módulo da função de rede, ou curva da resposta em freqüência, tem simetria especular em relação ao eixo vertical do plano complexo, ao passo que a curva de defasagem exibe anti-simetria em relação ao mesmo eixo. Por essas razões, os gráficos das curvas de resposta e defasagem são apresentados apenas para as freqüências não negativas.

Para facilitar a intuição do papel dos pólos e dos zeros das funções de rede, convém recorrer à _representação tridimensional_ das funções de rede $F(s)$. Para obter essa representação, vamos admitir que se dispõe horizontalmente o plano complexo, ou _plano s_.

Dada então uma função de rede $F(s)$, para cada valor de s podemos calcular o módulo da função e dispor verticalmente, sobre o correspondente ponto s do plano complexo, um segmento de comprimento proporcional ao módulo da função, numa escala prefixada. Repetindo esse procedimento para todos os pontos do plano s, numa região que inclua largamente todos os pólos e os zeros da função, os extremos superiores dos segmentos verticais compõem uma superfície com relevo movimentado. Em particular, sobre os pólos a superfície vai a uma altura infinita, ao passo que sobre os zeros sua altura é nula. Na figura 15.9 representamos parte dessa superfície, por meio de suas curvas de nível, ou de igual módulo, para uma função de rede com dois pólos complexos, com parte real negativa, e um zero na origem.

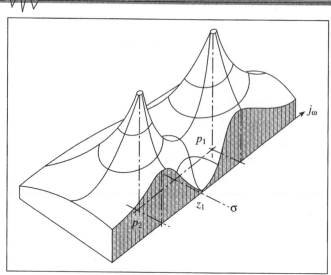

Figura 15.9 Representação tridimensional de uma função de rede.

Usando a teoria das funções de variáveis complexas, pode-se demonstrar que as curvas ortogonais às curvas de nível correspondem às curvas de igual argumento. As duas famílias de curvas estão representadas na figura 15.9.

Finalmente, notemos que a interseção dessa superfície de módulos com um plano vertical, passando pelo eixo imaginário do plano complexo, fornece a curva de $M(\omega)$, correspondente à resposta em freqüência da função de rede. Esse corte está hachurado na figura 15.9.

Pode-se verificar facilmente, por exemplo, que, aproximando os pólos da função do eixo imaginário, a curva de resposta em freqüência fica mais aguda. Intuições desse tipo serão úteis no estudo de vários circuitos.

15.6 Resposta em Freqüência e Banda Passante

Vamos agora examinar em detalhe a resposta em freqüência e as bandas passantes de alguns circuitos básicos, caracterizando assim o seu comportamento como *filtros*.

a) Circuitos ressonantes

Comecemos estudando a resposta em freqüência do circuito ressonante paralelo da figura 15.10, a). Usando a dualidade, todos os resultados aqui obtidos poderão ser transpostos para os circuitos ressonantes série.

O circuito ressonante paralelo é muito usado em Comunicações. Todo rádio-receptor ou televisor tem um ou mais circuitos ressonantes paralelos.

Como função de rede desse circuito, vamos considerar a impedância vista pelo gerador no circuito R, L, C paralelo da figura 15.10, a):

$$Z(s) = \frac{V(s)}{I_s(s)} = \frac{1}{sC + 1/R + 1/(sL)}$$

ou, rearranjando,

$$Z(s) = \frac{1}{C} \cdot \frac{s}{s^2 + \frac{1}{RC}s + \frac{1}{LC}} \quad (15.14)$$

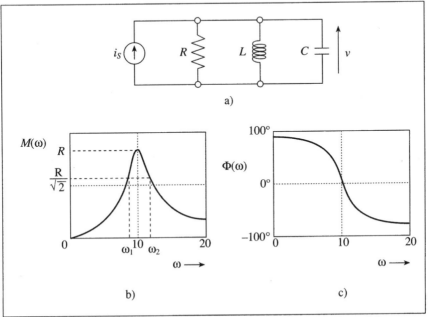

Figura 15.10 Resposta em freqüência do circuito R, L, C paralelo.

Introduzindo a *freqüência própria não amortecida* ω_0 e o *fator de amortecimento* α por

$$\omega_0 = \frac{1}{\sqrt{LC}}, \quad \alpha = \frac{G}{2C} = \frac{1}{2RC} \quad (15.15)$$

como fizemos no estudo dos transitórios, a impedância fica

$$Z(s) = \frac{1}{C} \cdot \frac{s}{s^2 + 2\alpha s + \omega_0^2} \quad (15.16)$$

ou, passando ao regime senoidal,

$$Z(j\omega) = \frac{1}{C} \cdot \frac{j\omega}{(\omega_0^2 - \omega^2) + j2\alpha\omega} \quad (15.17)$$

Separando módulo e fase, obtemos

$$\begin{cases} M(\omega) = \dfrac{1}{C} \cdot \dfrac{\omega}{\sqrt{(\omega_0^2 - \omega^2)^2 + 4\alpha^2\omega^2}} \\ \Phi(\omega) = \dfrac{\pi}{2} - \operatorname{arctg} \dfrac{2\alpha\omega}{\omega_0^2 - \omega^2} \end{cases} \quad (15.18)$$

Essas curvas estão representadas nas figuras 15.10, b) e c), em função da freqüência, adotando-se os seguintes valores dos parâmetros: $C = 1$, $\alpha = 1,5$ e $\omega_0 = 10$. Resultam então $R = 0,333$ e $L = 0,01$ (verifique!). Todos os valores numéricos estão num sistema de unidades consistentes.

Note-se que o valor máximo M_{max} da função M obtém-se para $\omega = \omega_0$, e vale

$$M_{max} = \frac{1}{2\alpha C} = R \qquad (15.19)$$

A (15.16) pode também ser fatorada, explicitando seus pólos, zeros e fator de escala. Obtemos

$$Z(s) = \frac{1}{C} \cdot \frac{s - z_1}{(s - p_1)(s - p_2)} \qquad (15.20)$$

sendo $z_1 = 0$ e $p_{1,2} = -\alpha \pm j\omega_d$, onde $\omega_d = \sqrt{\omega_0^2 - \alpha^2}$, se o circuito for oscilatório.

No caso de regime senoidal, e sobretudo na técnica de Comunicações, convém introduzir um outro parâmetro, o *índice de mérito* Q_0 do circuito ressonante, na freqüência de ressonância, definido por

$$Q_0 = \omega_0 R C = \frac{R}{\omega_0 L} = \frac{\omega_0}{2\alpha} = R\sqrt{C/L} \qquad (15.21)$$

Usando esse novo parâmetro, é fácil verificar que a impedância do circuito, em regime senoidal, pode ser posta na forma

$$Z(j\omega) = R \cdot \frac{1}{1 + jQ_0 \cdot \left(\dfrac{\omega}{\omega_0} - \dfrac{\omega_0}{\omega}\right)} \qquad (15.22)$$

resultando, para módulo e fase,

$$\begin{cases} M(\omega) = R \cdot \dfrac{1}{\sqrt{1 + Q_0^2 \cdot \left(\dfrac{\omega}{\omega_0} - \dfrac{\omega_0}{\omega}\right)^2}} \\[4ex] \Phi(\omega) = -\text{arctg}\left[Q_0 \cdot \left(\dfrac{\omega}{\omega_0} - \dfrac{\omega_0}{\omega}\right)\right] \end{cases} \qquad (15.23)$$

Vamos agora definir a *banda passante* do circuito (rad/s, ou seu múltiplo ou submúltiplo, de acordo com o sistema de unidades empregado), como a faixa de freqüências angulares em que o módulo da impedância é maior ou igual a seu máximo dividido pela raiz de 2, ou seja, é maior ou igual a $R/\sqrt{2}$. As freqüências ω_1 e ω_2 que delimitam essa faixa, chamadas respectivamente de *freqüências de corte inferior* e corte *superior,* estão indicadas na figura 15.10, b). Veremos depois que a potência dissipada nessa banda é sempre não menor que a metade da potência máxima, na freqüência ω_0.

Nas duas freqüências extremas da banda passante devemos ter

$$\left|Z(j\overline{\omega})\right|^2 = M(\overline{\omega})^2 = R^2 / 2 \qquad (15.24)$$

Tendo em vista a primeira das equações (15.23), segue-se que as freqüências $\bar{\omega}$ devem satisfazer a equação

$$\left(\frac{\bar{\omega}}{\omega_0} - \frac{\omega_0}{\bar{\omega}}\right)^2 = \frac{1}{Q_0^2}$$

Resolvendo essa equação em relação a $\bar{\omega}$ e considerando só as raízes positivas, obtemos as freqüências de corte:

$$\omega_{1,2} = \omega_0 \cdot \left(\sqrt{1 + \frac{1}{4Q_0^2}} \pm \frac{1}{2Q_0}\right) \quad (15.25)$$

Decorre então a banda passante

$$B = \omega_2 - \omega_1 = \frac{\omega_0}{Q_0} = 2\alpha = \frac{1}{RC} \quad (15.26)$$

Note-se que o circuito fica com amortecimento crítico para $Q_0 = 1/2$, ou $\omega_0 = \alpha$. Para $Q_0 < 1/2$ o circuito será superamortecido.

Portanto, a banda passante é proporcional ao amortecimento, ou ao inverso do índice de mérito do circuito. Na figura 15.11 apresentamos curvas de $M(\omega)/R$, parametrizadas em Q_0. Quanto mais alto o índice de mérito, mais estreita será a banda passante.

Só tratamos aqui dos circuitos ressonantes paralelos. As propriedades dos circuitos ressonantes série, que também são bastante usados, obtêm-se por dualidade. Assim, por exemplo, a impedância de um R, L, C série é mínima e igual a R, na freqüência de ressonância. O índice de mérito desse circuito será dado por

$$Q_0 = \frac{\omega_0 L}{R} \quad (15.27)$$

dualmente a (15.21).

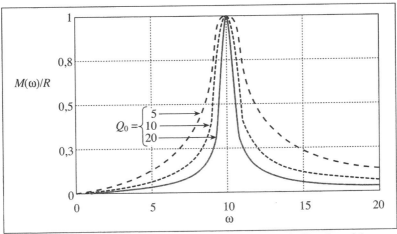

Figura 15.11 Variação da banda passante com o índice de mérito.

b) Filtro ativo passa-banda, ou ressoador ativo

Vamos mostrar que o circuito com amplificador operacional ideal da figura 15.12 é um *filtro passa-banda* e seu ganho de tensão $E_4(s)/E_s(s)$ é do mesmo tipo da função impedância do circuito ressonante paralelo.

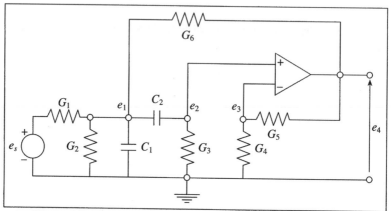

Figura 15.12 Ressoador com amplificador operacional ideal.

Note-se que na figura representamos as *condutâncias* dos resistores.

Para demonstrar que o circuito é realmente um filtro passa-banda, vamos escrever as equações de análise nodal para os nós 1, 2 e 3 do circuito:

$$\begin{cases} \text{Nó 1:} & [G_1 + G_2 + G_6 + s(C_1 + C_2)]E_1(s) - sC_2 E_2(s) - G_6 E_4(s) = G_1 E_s(s) \\ \text{Nó 2:} & -sC_2 E_1(s) + (G_3 + sC_2)E_2(s) = 0 \\ \text{Nó 3:} & (G_4 + G_5)E_3(s) - G_5 E_4(s) = 0 \end{cases}$$

Finalmente, o amplificador operacional ideal impõe $E_3(s) = E_2(s)$, o que nos permite eliminar $E_3(s)$ das relações acima. Apresentando o resultado dessa eliminação, já sob forma matricial, obtemos

$$\begin{bmatrix} G_1 + G_2 + G_6 + s(C_1 + C_2) & -sC_2 & -G_6 \\ -sC_2 & G_3 + sC_2 & 0 \\ 0 & G_4 + G_5 & -G_5 \end{bmatrix} \cdot \begin{bmatrix} E_1(s) \\ E_2(s) \\ E_4(s) \end{bmatrix} = \begin{bmatrix} G_1 E_s(s) \\ 0 \\ 0 \end{bmatrix}$$

A partir dessa equação, utilizando a regra de Cramer, podemos verificar que o ganho de tensão do circuito é da forma

$$\frac{E_4(s)}{E_s(s)} = K \cdot \frac{s}{s^2 + 2\alpha s + \omega_0^2}$$

com

$$\begin{cases} \omega_0^2 = (G_1 + G_2 + G_6) \cdot G_3 / (C_1 C_2) \\ 2\alpha = \dfrac{C_2[G_5(G_1 + G_2 + G_3) - G_6 G_4] + C_1 G_3 G_5}{C_1 C_2 G_5} \\ K = \dfrac{G_1 \cdot (G_4 + G_5)}{C_1 G_5} \end{cases}$$

Resposta em Freqüência e Banda Passante

Portanto, o ganho de tensão desse circuito tem a mesma forma da impedância do circuito ressonante paralelo, com a importante diferença que o coeficiente 2α poderá ser negativo, conforme os valores dos resistores. Nesse caso, o circuito será instável, e não servirá como filtro.

Supondo assegurada a estabilidade, isto é, $\alpha > 0$, segue-se que a freqüência de ressonância do filtro será dada por ω_0. Nessa freqüência, o módulo do ganho de tensão será máximo, e poderá ser maior que 1.

O índice de mérito desse circuito é, como no circuito ressonante,

$$Q_0 = \frac{\omega_0}{2\alpha}$$

e sua banda passante, em freqüência angular, resulta

$$B = \frac{\omega_0}{Q_0}$$

Na figura 15.13 apresentamos as curvas de resposta e defasagem da função ganho desse circuito, calculadas com os seguintes valores dos parâmetros:

$R_1 = 1/G_1 = 386$ $R_2 = 1/G_2 = 14,7$ $R_3 = 1/G_3 = 14,1$

$R_4 = 1/G_4 = 1$ $R_5 = 1/G_5 = 2,86$ $R_6 = 1/G_6 = 14,1$

$C_1 = 0,1$ $C_2 = 0,1$

Resultam os seguintes valores dos parâmetros do ganho:

$\omega_0 = 1,00$; $Q_0 = 10,4$; $K = 0,1$; $B = 0,096$; $\alpha = 0,048$.

Naturalmente, esses valores podem referir-se a qualquer sistema consistente de unidades. Assim, por exemplo, tomando os resistores em quiloohms e os capacitores em microfarads, a freqüência angular resulta em krads/s.

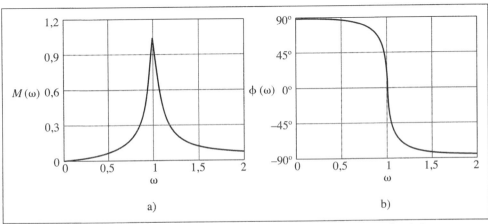

Figura 15.13 Ganho do ressoador ativo: a) resposta em freqüência; b) defasagem.

*15.7 Transformador Ressonante; Acoplamento Crítico

Vamos agora examinar um *transformador ressonante*, constituído por dois circuitos ressonantes R, L, C paralelos, acoplados magneticamente (figura 15.14). Tais circuitos são extensamente usados nos radiorreceptores ou nos televisores. Por uma questão de simplicidade, suporemos os dois circuitos ressonantes iguais.

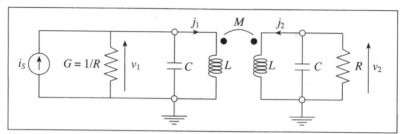

Figura 15.14 Exemplo de transformador ressonante.

Nesse caso, introduzindo o coeficiente de acoplamento k, a matriz de indutâncias fica

$$\mathbf{L} = \begin{bmatrix} L & M \\ M & L \end{bmatrix} = \begin{bmatrix} L & kL \\ kL & L \end{bmatrix} \tag{15.28}$$

com $M > 0$ e $0 < k < 1$.

As equações de análise nodal modificada correspondentes a esse circuito, transformadas segundo Laplace e com condições iniciais nulas, serão

$$\begin{bmatrix} G+sC & 0 & 1 & 0 \\ 0 & G+sC & 0 & 1 \\ 1 & 0 & -sL & -skL \\ 0 & 1 & -skL & -sL \end{bmatrix} \cdot \begin{bmatrix} V_1(s) \\ V_2(s) \\ J_1(s) \\ J_2(s) \end{bmatrix} = \begin{bmatrix} I_s(s) \\ 0 \\ 0 \\ 0 \end{bmatrix} \tag{15.29}$$

Vamos indicar por $\mathbf{Y}_{nm}(s)$ a matriz desse sistema. Para determinar as freqüências complexas próprias do circuito, devemos calcular o seu determinante e igualá-lo a zero. Ordenando convenientemente os termos, podemos então escrever a equação característica na forma fatorada

$$\det \mathbf{Y}_{nm}(s) = [CL(1-k)s^2 + GL(1-k)s + 1] \cdot [CL(1+k)s^2 + GL(1+k)s + 1] = 0 \tag{15.30}$$

Como essa equação é do quarto grau, o circuito tem quatro freqüências complexas próprias, a saber

$$\begin{cases} s_{1,2} = -\dfrac{G}{2C} \pm j\sqrt{\dfrac{1}{CL(1+k)} - \dfrac{G^2}{4C^2}} \\[2mm] s_{3,4} = -\dfrac{G}{2C} \pm j\sqrt{\dfrac{1}{CL(1-k)} - \dfrac{G^2}{4C^2}} \end{cases} \tag{15.31}$$

Vamos agora introduzir a notação

$$\begin{cases} \alpha = \dfrac{G}{2C} \\ \omega_{01}^2 = \dfrac{1}{CL(1+k)}; \quad \omega_{02}^2 = \dfrac{1}{CL(1-k)} \end{cases} \quad (15.32)$$

em óbvia correspondência com o caso do circuito ressonante simples.

As freqüências próprias complexas escrevem-se, então, de maneira simplificada,

$$\begin{cases} s_{1,2} = -\alpha \pm j\sqrt{\omega_{01}^2 - \alpha^2} = -\alpha \pm j\omega_{d1} \\ s_{3,4} = -\alpha \pm j\sqrt{\omega_{02}^2 - \alpha^2} = -\alpha \pm j\omega_{d2} \end{cases} \quad (15.33)$$

Se for $k = 0$, isto é, se o acoplamento for suprimido, as quatro freqüências próprias reduzem-se a apenas duas, pois fica $\omega_{01} = \omega_{02}$. Esse resultado pode ser interpretado considerando-se que o acoplamento *desdobrou* as freqüências complexas próprias dos circuito ressonantes, como indicado na figura 15.15. Esse *desdobramento das freqüências próprias*, em conseqüência do acoplamento, é um efeito que ocorre em todos os sistemas oscilatórios, quer sejam eles elétricos, mecânicos, acústicos, atômicos, etc.

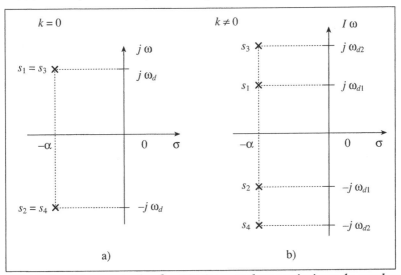

Figura 15.15 Desdobramento das freqüências complexas próprias pelo acoplamento.

Passemos agora ao cálculo da *impedância de transferência* $V_2(s)/I_s(s)$ do transformador ressonante. Essa função pode ser calculada a partir do sistema (15.29), usando, por exemplo, a regra de Cramer. Ordenando convenientemente o resultado, obtemos

$$\frac{V_2(s)}{I_s(s)} = \frac{skL}{[sL(1+k)(G+sC)+1] \cdot [sL(1-k)(G+sC)+1]} = \\ = \frac{skL}{C^2L^2(1-k^2) \cdot \left[s^2 + \dfrac{G}{C}s + \dfrac{1}{CL(1-k)}\right] \cdot \left[s^2 + \dfrac{G}{C}s + \dfrac{1}{CL(1+k)}\right]} \quad (15.34)$$

498   *Regime Permanente Senoidal e Resposta em Freqüência*

Fazendo $s = j\omega$ nessa expressão e substituindo as transformadas por fasores, obtemos a *resposta em freqüência do transformador ressonante*.

Fazendo isso na segunda expressão de (15.34), dividindo em cima e embaixo por ω e introduzindo as definições (15.32), após algum desenvolvimento de cálculo chegamos à seguinte expressão da impedância de transferência:

$$\frac{\hat{V}_2(j\omega)}{\hat{I}_s} = \frac{k}{C^2(1-k^2)} \cdot \frac{1}{j\omega L} \cdot \frac{j\omega}{(\omega_{01}^2 - \omega^2 + j2\alpha\omega)} \cdot \frac{j\omega}{(\omega_{02}^2 - \omega^2 + j2\alpha\omega)} \tag{15.35}$$

Com essa expressão já podemos prever o andamento da curva de resposta em freqüência desse circuito. De fato, é só observar que a (15.35) é o produto de quatro fatores: o primeiro independe da freqüência e só influencia a curva de resposta por um fator de escala; o módulo do segundo fator cai inversamente com a freqüência, o que conduz a um comportamento hiperbólico. Finalmente, os dois últimos fatores são do mesmo tipo da impedância de um circuito ressonante [ver (15.18)]. Portanto, ambos dão curvas de módulo com picos acentuados nas freqüências ω_{01} e ω_{02}. Multiplicando todos esses fatores, vemos que podemos ter curvas de resposta do transformador ressonante com um só pico ou com dois picos distintos. Esses resultados podem ser quantificados sem muita dificuldade quando o coeficiente de acoplamento e as bandas passantes forem suficientemente pequenos. Para isso, vamos começar introduzindo os índices de mérito

$$\begin{cases} Q_{01} = \omega_{01}C / G = 1 / [LG\omega_{01}(1+k)] \\ Q_{02} = \omega_{02}C / G = 1 / [LG\omega_{02}(1-k)] \end{cases} \tag{15.36}$$

Para k suficientemente pequeno, podemos fazer

$$Q_{01} \cong Q_{02} \cong \omega_0 C / G \cong R / (\omega_0 L) \tag{15.37}$$

com $\omega_0 = 1/\sqrt{LC}$.

Vamos agora relacionar o *desvio de freqüência* v com a freqüência ω por

$$\omega = \omega_0(1+v), \quad -1 \le v \le 1 \tag{15.38}$$

Das expressões (15.32) obtemos

$$\omega_{01} = \omega_0 / \sqrt{1+k}, \quad \omega_{02} = \omega_0 / \sqrt{1-k} \tag{15.39}$$

Usando as aproximações (15.37), pode-se mostrar[1] que a impedância de transferência pode ser expressa em função do desvio de freqüência por

$$\frac{\hat{V}_2(jv)}{\hat{I}_s} = \frac{-jkQ_0 R}{1 - Q_0^2(4v^2 - k^2) + j4Q_0 v} \tag{15.40}$$

---

[1]Ver o estudo de Q. R. TWISS, em *Vacuum Tube Amplifiers*, editado por G. Valley e H. Walmann, McGraw-Hill, Nova York, 1948.

Transformador Ressonante; Acoplamento Crítico **499**

Tomando o módulo desta função e pesquisando seus máximos em relação a v, conclui-se que há dois máximos se for $k > 1/Q_0$ e que os desvios de freqüência correspondentes a esses máximos são dados por

$$v_{1,2} = \pm\frac{1}{2}\sqrt{k^2 - \frac{1}{Q_0^2}} \tag{15.41}$$

Para que esses valores sejam reais, ou seja, para que haja dois máximos distintos, devemos ter

$$k > k_c, \quad k_c = 1/Q_0 \tag{15.42}$$

onde k_c é o *acoplamento crítico*.

Em conclusão, desse longo estudo decorrem os seguintes resultados, simples mas importantes:

a) se o acoplamento for menor que o crítico, isto é, $k < k_c$, a curva de resposta tem um só máximo em $v = 0$, ou $\omega = \omega_0$;

b) para acoplamento igual ao crítico, isto é, $k = k_c$, continua a haver um só pico, mas a tangente no pico à curva de resposta é horizontal, e a transimpedância atinge um valor máximo igual a $R/\sqrt{2}$;

c) ainda no caso do acoplamento crítico, a banda passante de meia potência é dada por $B = \sqrt{2} \cdot \omega_0/Q_0$;

d) para acoplamento maior que o crítico, temos um mínimo em $v = 0$ (ou $\omega = \omega_0$) e dois máximos simétricos, com os desvios dados por (15.41).

Na figura 15.16 apresentamos as curvas de resposta em freqüência de um transformador ressonante, nos três casos acima. Essas curvas foram calculadas para $L = 0,01$, $C = 0,01$ e $Q_0 = 10$, de modo que resultam $R = 10$ e $\omega_0 = 100$, com todos os valores num sistema consistente de unidades. Foram considerados os seguintes valores do coeficiente de acoplamento: 0,1 (crítico), 0,15 e 0,05. Para o acoplamento superior ao crítico, as freqüências em que ocorrem os máximos, calculadas por (15.39), são $\omega_{01} = 93,25$ e $\omega_{02} = 108,5$, em boa concordância com as indicações do gráfico b) da figura 15.16.

Para concluir este estudo dos transformadores ressonantes, vamos mostrar como exibir os seus *modos naturais*. Como esse circuito tem quatro freqüências complexas próprias, dadas por (15.33) e conjugadas duas a duas, devem aparecer dois modos naturais reais, das formas $A_1 e^{-\alpha t}\cos(\omega_{d1}t + \phi_1)$ e $A_2 e^{-\alpha t}\cos(\omega_{d2}t + \phi_2)$.

Como as duas freqüências ω_{d1} e ω_{d2} serão muito próximas, se os dois modos naturais forem excitados, deverá haver um *batimento* entre eles. Para ilustrar esse efeito, vamos simular no PSPICE a resposta do transformador ressonante da figura 15.17, a). De fato, esse circuito é um modelo aproximado de um estágio de amplificação de freqüência intermediária (FI) de um receptor de freqüência modulada (FM), com coeficiente de acoplamento aumentado para um valor maior que o crítico.

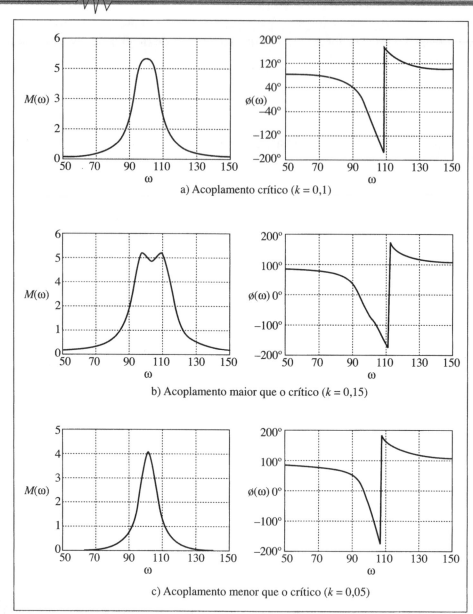

Figura 15.16 Curvas de resposta em freqüência e defasagem de um transformador ressonante.

Transformador Ressonante; Acoplamento Crítico

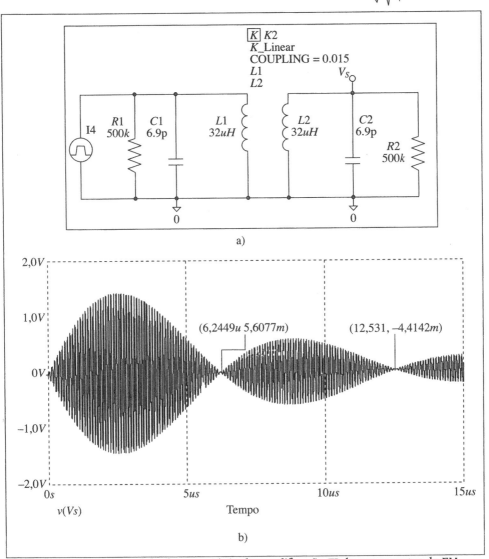

Figura 15.17 a) Modelo de um estágio de amplificação FI de um receptor de FM; b) resposta do circuito a um pulso estreito de corrente.

Façamos com que o gerador de corrente *I*4 forneça apenas um pulso muito estreito de corrente e efetuemos a análise transitória do circuito. Resulta então a tensão de saída V_S, representada na figura 15.17, b). Vamos agora interpretar esse resultado.

Usando unidades do sistema UHF, temos a freqüência central

$$\omega_0 = \frac{1}{\sqrt{LC}} = \frac{1}{\sqrt{32 \cdot 6,9}} = 0,0673 \quad \text{(Grad / s)}$$

correspondente a f_0 = 10,7 MHz. As freqüências angulares desviadas serão, por (15.32) e em Mrad/s,

$$\omega_{01} = \frac{\omega_0}{\sqrt{1+k}} = \frac{67,3}{\sqrt{1,015}} = 66,8, \quad \omega_{02} = \frac{\omega_0}{\sqrt{1-k}} = \frac{67,3}{\sqrt{0,985}} = 67,8$$

Como se sabe de Física, a freqüência angular dos batimentos é dada pela diferença entre as freqüências angulares que interagem, isto é,

$$\omega_B = \omega_{d2} - \omega_{d1} \approx \omega_{02} - \omega_{01} = 1,0$$

O *período dos batimentos* será então

$$T_B = \frac{2\pi}{\omega_B} = 6,28 \quad (\mu s)$$

Esse resultado pode ser comprovado, com precisão satisfatória, no gráfico da simulação da tensão de saída do circuito, apresentado na figura 15.17, b).

EXERCÍCIOS BÁSICOS DO CAPÍTULO 15

1   No circuito da figura E15.1, calcule a impedância vista pelo gerador, usando o método das impedâncias e sabendo que $i_S(t)=10\cos 100t$, (A, seg).

Figura E15.1

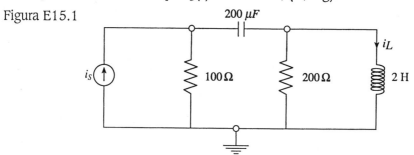

Resp.: $Z_{in} = 52,94 + j\,11,76\,\Omega$

2   No circuito da figura E15.2, operando em regime permanente senoidal, os amperímetros de ferro móvel A_1 e A_2 indicam, respectivamente, 2 e 5 A eficazes. Adotando o fasor $\hat{V}$ como referência de fase (isto é, ângulo nulo),

     a)   esboce o diagrama de fasores do circuito, representando claramente os fasores indicados na figura;

     b)   determine o fasor $\hat{E}_S$.

Figura E15.2

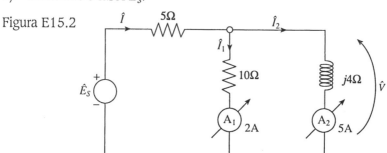

Resp.: a) Ver figura E15.3. Note-se que foram usadas escalas diferentes para correntes e tensões.

Figura E15.3

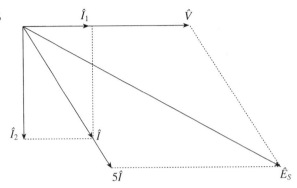

b) $\hat{E}_s = 55,23 \angle -39,81°$

3 Uma instalação residencial alimentada por uma linha 110/220 V (2 fios a e b de *linha*, um fio *neutro n*) pode ser modelada pelo circuito da figura E15.4, para efeito de cálculo das correntes de linha.

a) Sabendo que $Z_1 = (4 + j3)\Omega$, $Z_2 = (4 - j3)\Omega$, construa o diagrama fasorial das tensões e correntes no circuito, com as orientações indicadas. Determine o fasor $\hat{I}_n$ graficamente e verifique seu resultado analiticamente.

b) Usando o diagrama de fasores, determine a condição em Z_1 e Z_2 para que $\hat{I}_n = 0$.

Dados: $\begin{cases} \hat{V}_1 = 110\angle 0° \ V_{ef} \\ \hat{V}_2 = 110\angle 180° \ V_{ef} \end{cases}$

Figura E15.4

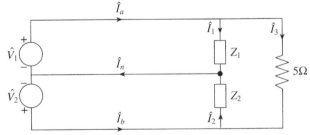

Resp.: a) $\hat{I}_n = 26,64 \angle -90° \ (A_{ef})$

b) $Z_1 = Z_2$

4 Dado o circuito da figura E15.5, com os parâmetros indicados em unidades A. F.,
a) determine sua impedância de entrada, transformada segundo Laplace e em função de g_m;
b) discuta a estabilidade do circuito em função de g_m;
c) suponha $g_m = 5/3$ e calcule a resposta em freqüência do circuito.

Figura E15.5

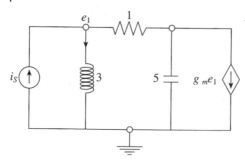

Resp.: a) $Z_{in}(s) = \dfrac{E_1(s)}{I_s(s)} = \dfrac{s^2 + 0,2s}{s^2 + \left(\dfrac{1}{3} + 0,2g_m\right)s + \dfrac{1}{15}}$

b) O circuito será assintoticamente estável se for $g_m > -5/3$.

c) $Z_{in}(j\omega) = \dfrac{-\omega^2 + j0,2\omega}{-\omega^2 + j\dfrac{2}{3}\omega + 1/15}$

5 Dado o circuito da figura E15.6, operando em regime permanente senoidal,
   a) calcule a resposta em freqüência $G(j\omega) = \hat{V}_0(j\omega)/\hat{E}_S(j\omega)$;
   b) o gerador é ajustado de modo que $v_0(t) = 141,2 \cos(0,8t)$, em unidades A. F.. Determine o fasor de $e_S(t)$, em volts eficazes.

Dados: $R_1 = 1k\Omega$, $R_2 = 0,1k\Omega$, $C = 1\mu F$, $L = 0,8$ H.

Figura E15.6

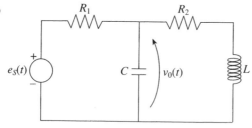

Resp.: a) $G(j\omega) = \dfrac{0,1 + j0,8\omega}{-0,8\omega^2 + j0,9\omega + 1,1}$

b) $\hat{E}_s = 69,57 \angle 30,36°$ (V_{ef})

6 Um certo circuito R, L, C série tem freqüência de ressonância $\omega_r = 10$ krad/seg e banda passante $B = 0,1$ krad/seg. Sabe-se ainda que $C = 0,1$ μF. Determine os valores de R e L.

Resp.: $R = 0,01$ kΩ, $L = 0,1$ H.

7 As curvas de módulo e fase da impedância de um certo circuito RLC paralelo estão indicadas na figura E15.7, em unidades A.F. e com a fase em graus. Aplica-se ao circuito uma corrente

$i_s(t) = 10\,[\cos(90t + 30°) + \cos(100t) + \cos(105t + 45°)]$,

também em unidades A.F. Determine a tensão no circuito, em regime permanente senoidal.

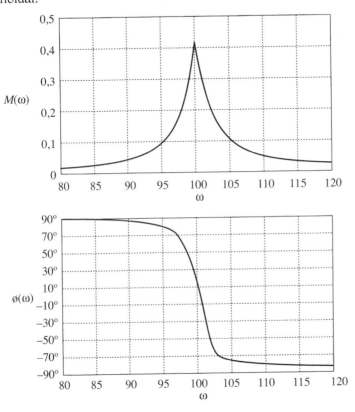

Figura E15.7 Módulo e fase da impedância de um circuito ressonante paralelo.

Resp.: $v(t) = 0{,}4\cos(90t + 115°) + 4{,}1\cos(100t) + \cos(105t - 30°)$ (V, mseg).

Capítulo 16

NORMALIZAÇÃO, DECIBÉIS E DIAGRAMAS DE BODE

16.1 Normalização de Freqüência e Impedância

As ordens de grandeza dos elementos R, L, C nos circuitos usados na prática podem variar numa faixa que cobre muitas décadas. Assim, os capacitores podem variar de milhares de microfarads a alguns picofarads, os resistores vão de fração de ohm a muitos megohms, os indutores podem ficar numa faixa de fração de microhenry a muitos henrys.

Por outro lado, no caso de regime senoidal, as faixas de freqüência poderão estender-se por muitas décadas. Por exemplo, num amplificador de vídeo, usado em televisão, devemos considerar freqüências que variam de poucos hertz a muitos megahertz.

A presença dessas amplas faixas de variação faz com que ocorram incômodas potências de dez nos cálculos de circuitos. Já vimos, aliás, como minorar esses inconvenientes usando um sistema de unidades adequado ao circuito em estudo.

Essas considerações nos conduzem a procurar escalas adequadas de freqüência e de impedância que facilitem a solução de problemas reais.

Além disso, em problemas de síntese ou de projeto de circuitos, convém estabelecer resultados e procedimentos em termos de *circuitos normalizados*, que, mediante uma *desnormalização* adequada, podem ser adaptados a casos específicos. Assim, por exemplo, o projeto de um filtro pode ser feito recorrendo a tabelas em que os *níveis de impedância* estão normalizados para, por exemplo, 1Ω ou 50Ω, e em que freqüências de interesse estão normalizadas para 1 rad/s ou 1 Hz. Mediante um processo de desnormalização, os parâmetros do circuito serão adaptados para as freqüências e os níveis de impedância desejados pelo projetista.

Normalização de Freqüência e Impedância **507**

A possibilidade de fazer _normalizações_ ou _desnormalizações_ é garantida pelo seguinte teorema:

Dado um circuito A, com resistências R_{Am}, indutâncias L_{An} e capacitâncias C_{Ap}, um novo circuito B, obtido do primeiro por modificação das resistências, indutâncias e capacitâncias de acordo com a regra

$$\begin{cases} R_{Bm} = k_i R_{Am} \\ L_{Bn} = k_i k_f L_{An} \\ C_{Bp} = \dfrac{k_f}{k_i} C_{Ap}, \quad (k_i, k_f \text{ constantes} > 0) \end{cases} \tag{16.1}$$

tem as seguintes propriedades:

a) Todas as funções impedância do circuito B são iguais às impedâncias do circuito A, _multiplicadas por_ k_i.

b) Todas as freqüências características de B (freqüências complexas próprias, pólos e zeros, freqüências de corte, etc.) são iguais às correspondentes freqüências de A, _divididas por_ k_f.

Os coeficientes k_i e k_f são designados, respectivamente, por _fator de escala de impedância_ e _fator de escala de freqüência_.

O teorema se justifica notando, em primeiro lugar, que todas as impedâncias são obtidas a partir de parcelas do tipo R, sL ou $1/(sC)$. Ao fazer a normalização, todas essas parcelas são multiplicadas pela mesma constante k_i, de modo que qualquer impedância fica também multiplicada pela constante k_i.

O coeficiente k_f, aplicado só às indutâncias e capacitâncias, faz com que um valor sL ou $1/(sC)$, que ocorria na freqüência s, passe a ocorrer na freqüência $\bar{s}$, em que

$$k_f L_{An} \bar{s} = L_{An} s \rightarrow \bar{s} = s / k_f$$

ou

$$\frac{1}{\bar{s} k_f C_{Ap}} = \frac{1}{s C_{Ap}} \rightarrow \bar{s} = s / k_f$$

isto é, as freqüências do novo circuito ficaram divididas por k_f. Em conseqüência, se for $k_f < 1$, o circuito fica mais "rápido". Se, ao contrário, for $k_f > 1$, o circuito fica mais "lento".

Para ilustrar o interesse da normalização, consideremos um circuito ressonante série. Como já sabemos, sua impedância em regime senoidal será dada por

$$Z(j\omega) = R + j[\omega L - 1 / (\omega C)] \tag{16.2}$$

Multiplicando ambos os membros pelo fator de escala de impedâncias k_i, e multiplicando e dividindo por k_f, fator de escala de freqüências, respectivamente, os termos com reatâncias indutivas ou capacitivas, a equação anterior fornece

$$k_i Z(j\omega) = k_i R + j\left(\frac{\omega}{k_f} k_i k_f L - \frac{k_f}{\omega} \frac{k_i}{k_f C}\right)$$

Fazendo agora $k_i = 1/R$, para normalizar a impedância em 1 ohm, e $k_f = \omega_0 = 1/\sqrt{LC}$, para normalizar a freqüência angular em 1 rad/s, da equação anterior, resulta

$$\frac{Z(j\omega)}{R} = 1 + j\left(\frac{\omega}{\omega_0} \cdot \frac{\omega_0 L}{R} - \frac{\omega_0}{\omega} \frac{1}{\omega_0 CR}\right)$$

Vamos definir agora a *impedância* e a *freqüência normalizadas* por

$$Z_n(j\omega) = Z(j\omega)/R, \quad \omega_n = \omega/\omega_0 \qquad (16.3)$$

Substituindo esses valores na equação anterior e lembrando ainda que

$$\omega_0 L / R = 1/(\omega_0 CR) = Q_0$$

a equação anterior se transforma em

$$Z_n(j\omega_n) = 1 + jQ_0(\omega_n - 1/\omega_n) \qquad (16.4)$$

Essa equação corresponde à impedância de um circuito ressonante série, em que $R = 1$, $L = Q_0$ e $C = 1/Q_0$. Sua ressonância ocorre na freqüência $\omega_n = 1$, em que sua impedância fica resistiva e igual a 1. Chegamos assim ao *circuito normalizado*, indicado na figura 16.1, a). Em b) da mesma figura indicamos a correspondente curva de resposta em freqüência, para $Q_0 = 10$ e 20.

Para aplicar os resultados indicados nessa figura a qualquer outro circuito ressonante série, com o mesmo índice de mérito, mas ressoando numa outra freqüência e com outra impedância na ressonância, bastará efetuar uma *desnormalização*, ou seja, as operações inversas das realizadas acima. Por isso, a curva da figura 16.1, b) é chamada *curva universal*.

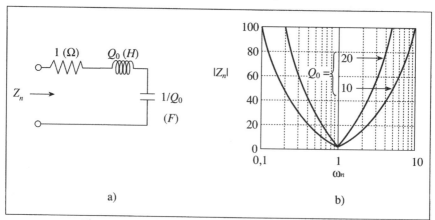

Figura 16.1 Circuito ressonante série normalizado.

Com as atuais facilidades computacionais as curvas universais perderam muito do seu interesse. Mas o processo de normalização e desnormalização continua importante, sobretudo em projetos de filtros, em que os circuitos normalizados têm seus componentes tabelados. O exemplo seguinte ilustra esse fato.

Normalização de Freqüência e Impedância

Exemplo — Projeto de filtro:

Suponhamos que se deseja projetar um filtro de Butterworth passa-baixas, de 3.ª ordem, para operar com uma impedância de terminação igual a 50 ohms, com freqüência de corte superior de 4 kHz.

Na figura 16.2, a), apresentamos o circuito desse filtro, extraído de tabelas e normalizado para nível de impedância de 1 ohm e freqüência de corte superior de 1 rad/s.

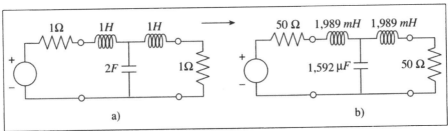

Figura 16.2 a) Filtro de Butterworth normalizado; b) filtro desnormalizado para resistência de 50 ohms e freqüência de corte de 4 kHz.

Para multiplicar o nível de impedâncias por 50, tomaremos $k_i = 50$.

Como a freqüência de corte do circuito normalizado é igual a 1 rad/s, e desejamos passá-la para $2 \cdot \pi \cdot 4 \cdot 10^3 = 8 \cdot \pi \cdot 10^3$ rad/s, o fator de escala de freqüência será $k_f = 1/(8 \cdot \pi \cdot 10^3) = 3{,}98 \cdot 10^{-5}$.

Os parâmetros desnormalizados serão então:

$$\begin{cases} R = k_i R_n = 50\,\Omega \\ L = k_i k_f L_n = 50/(8\pi \cdot 10^3) = 1{,}989 \cdot 10^{-3}\,\text{H} \\ C = (k_f/k_i) \cdot C_n = 2/(50 \cdot 8\pi \cdot 10^3) = 1{,}592 \cdot 10^{-6}\,\text{F} \end{cases}$$

Obtemos assim o circuito indicado na figura 16.2, b), que corresponde às especificações desejadas.

16.2 Decibéis e Nepers

Consideremos um quadripolo, operando em regime permanente senoidal, ao qual se fornece uma potência média P_1. Suponhamos ainda que o quadripolo fornece uma potência média P_2 à sua *resistência de terminação* (ou *resistência de carga*) R (figura 16.3). Naturalmente, se o quadripolo for passivo, será sempre $P_2 \leq P_1$, valendo a igualdade apenas para o caso em que o quadripolo não tenha perdas, isto é, não contenha resistores. Se o quadripolo for *ativo*, eventualmente poderemos ter $P_2 > P_1$.

Como já sabemos, várias funções de rede podem ser definidas para esse quadripolo como, por exemplo, o *ganho de tensão*

$$G_v(j\omega) = \frac{\hat{V}_2(j\omega)}{\hat{V}_1(j\omega)} \qquad (16.5)$$

ou o *ganho de corrente*

$$G_i(j\omega) = \frac{\hat{I}_2(j\omega)}{\hat{I}_1(j\omega)} \qquad (16.6)$$

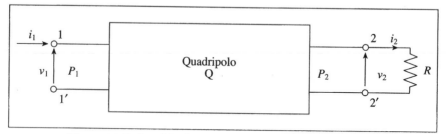

Figura 16.3 Quadripolo terminado por uma resistência R.

Em geral, esses dois ganhos são funções de valor complexo da freqüência, isto é, têm módulo e argumento (ou defasagem).

Vamos agora introduzir uma nova função da freqüência, o *ganho de potência*, definido por

$$G_p(\omega) = \frac{P_2(\omega)}{P_1(\omega)} \qquad (16.7)$$

O ganho de potência será sempre uma função de valor real, pois é uma relação entre grandezas reais.

Nos circuitos práticos, os módulos das duas primeiras funções e os valores da terceira podem variar por várias ordens de grandeza, de modo que muitas vezes é conveniente trabalhar com seus logaritmos. Mais duas razões sugerem ainda o uso dos logaritmos:

a) o fato de os logaritmos dos ganhos de uma associação em cascata de quadripolos se adicionarem. De fato, como indicado na figura 16.4,

$$G_3(j\omega) = \frac{\hat{V}_3(j\omega)}{\hat{V}_1(j\omega)} = \frac{\hat{V}_3(j\omega)}{\hat{V}_2(j\omega)} \cdot \frac{\hat{V}_2(j\omega)}{\hat{V}_1(j\omega)} = G_2(j\omega) \cdot G_1(j\omega) \qquad (16.8)$$

ou, tomando os logaritmos dos módulos,

$$\log|G_3(j\omega)| = \log|G_2(j\omega)| + \log|G_1(j\omega)| \qquad (16.9)$$

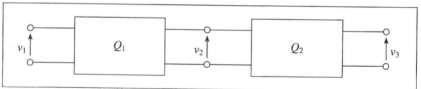

Figura 16.4 Associação em cascata de quadripolos.

Decibéis e Nepers

b) muitas vezes os sinais transmitidos pelo circuito se originam de sinais acústicos que, após transmissão e processamento sob forma de sinais elétricos, são novamente convertidos para sinais acústicos. Como se sabe, as sensações sonoras são aproximadamente proporcionais aos logaritmos das correspondentes intensidades sonoras, de modo que uma medida logarítmica corresponde melhor a uma sensação sonora do que uma medida linear.

Assim, em Acústica, os *níveis sonoros* são medidos em *decibéis* (*dB*), definidos por

$$N_S(dB) = 10\log(I_2 / I_R) \qquad (16.10)$$

onde log indica logaritmo decimal, I_2 é a intensidade do som considerado e $I_R = 10^{-16}$ watts/cm^2 é a *intensidade sonora de referência*. Essa intensidade corresponde ao *limiar de audibilidade na freqüência de* 1 *kHz*.

Analogamente, definiremos o *ganho de potência em decibéis* por

$$G_p(dB) = 10\log(P_2 / P_1) \qquad (16.11)$$

Mais genericamente, difundiu-se em Acústica e Telecomunicações a prática de trabalhar com *níveis de potência em decibéis*. Assim, o nível de potência em decibéis, correspondente a uma potência P_2 e medido em relação a uma potência de referência P_1, é definido por

$$N(dB) = 10\log(P_2 / P_1) \qquad (16.12)$$

Em Telecomunicações muitas vezes utiliza-se 1 mW como potência de referência, indicando-se então os níveis de potência por *dBm*.

Vamos agora voltar ao quadripolo da figura 16.3 para a definir a medida, em decibéis, dos ganhos de tensão e de corrente.

Suponhamos que nosso quadripolo é tal que sua impedância de entrada, quando terminado pela resistência R, é também resistiva e igual a R. Já vimos que tais quadripolos existem, ao menos para redes resistivas.

Nessas condições, o ganho de potência do quadripolo é igual ao quadrado do módulo de seu ganho de tensão,

$$G_p(\omega) = \left|\hat{V}_2\right|^2 / \left|\hat{V}_1\right|^2 = \left|G_v(j\omega)\right|^2$$

pois as resistências R se cancelaram.

Passando aos decibéis,

$$G_p(dB) = 10\log\left|G_v(j\omega)\right|^2 = 20\log\left(\left|\hat{V}_2\right| / \left|\hat{V}_1\right|\right) \qquad (16.13)$$

O ganho de tensão do quadripolo, em decibéis, será dado, então, por vinte vezes o logaritmo decimal da relação dos módulos das tensões de saída e de entrada.

Analogamente, para o caso das correntes, teremos

$$G_p(dB) = 10\log\left|G_i(j\omega)\right|^2 = 20\log\left(\left|\hat{I}_2\right| / \left|\hat{I}_1\right|\right) \qquad (16.14)$$

512   *Normalização, Decibéis e Diagramas de Bode*

Evidentemente, os vários ganhos em decibéis só satisfarão as relações (16.13) e (16.14) se a impedância de entrada for igual à resistência de terminação. Dada, no entanto, a utilidade das medidas em decibéis, costumam-se também medir ganhos de tensão ou de corrente em decibéis de acordo com as definições

$$G_v(dB) = 20\log|G_v(j\omega)| = 20\log|\hat{V}_2 / \hat{V}_1| \qquad (16.15)$$

e

$$G_i(dB) = 20\log|G_i(j\omega)| = 20\log|\hat{I}_2 / \hat{I}_1| \qquad (16.16)$$

mesmo que não haja combinação ou adaptação de impedâncias.

Assim, se afirmarmos que um certo quadripolo tem um ganho de tensão de 60 dB, quando terminado por uma certa impedância e numa certa freqüência, ficamos sabendo que o valor máximo (ou o valor eficaz) da tensão de saída é mil vezes maior que o da tensão de entrada. Se, além disso, as impedâncias de entrada e de terminação forem resistivas e iguais, teremos também um ganho de potência de 60 dB, isto é, a potência de saída será igual a um milhão de vezes a potência de entrada.

Uma segunda unidade logarítmica, usada sobretudo no estudo das linhas de transmissão, é o *neper*. Um ganho medido em nepers define-se por

$$\alpha(\text{nepers}) = \ln|G| \qquad (16.17)$$

onde ln indica o logaritmo neperiano (base e).

É fácil verificar que, para ganhos de tensão ou de corrente, vale

$$\alpha(\text{nepers}) = 0,1151\,G(dB) \qquad (16.18)$$

Não usaremos essa unidade neste curso.

16.3 Diagramas de Bode

Os *diagramas de Bode* fornecem um método simples e eficiente para construir gráficos das curvas de resposta das funções de rede, evidenciando a contribuição de cada pólo ou zero para a resposta global. Nesse sentido, os diagramas de Bode, além de seu interesse nos problemas de análise de circuitos, constituem ainda uma importante ferramenta de síntese ou de projeto.

A idéia básica dos diagramas de Bode é muito simples: consiste em compor as curvas de resposta em freqüência e de defasagem das funções de rede em regime senoidal a partir das contribuições individuais de cada pólo e de cada zero da função.

De fato, uma função de rede em regime senoidal, fatorada em seus pólos e zeros, pode ser expressa por

$$G(j\omega) = K \cdot \frac{(j\omega - z_1)(j\omega - z_2)...(j\omega - z_m)}{(j\omega - p_1)(j\omega - p_2)...(j\omega - p_n)} = M(\omega) \cdot e^{j\Phi(\omega)} \qquad (16.19)$$

Diagramas de Bode **513**

com módulo

$$M(\omega) = |K| \cdot \frac{|j\omega - z_1| \cdot |j\omega - z_2| \ldots |j\omega - z_m|}{|j\omega - p_1| \cdot |j\omega - p_2| \ldots |j\omega - p_n|} \qquad (16.20)$$

e defasagem

$$\Phi(\omega) = \arg K + \sum_{i=1}^{m} \arg(j\omega - z_i) - \sum_{k=1}^{m} \arg(j\omega - p_k) \qquad (16.21)$$

com

$$\arg K = \begin{cases} 0, & K \geq 0 \\ \pm\pi, & K < 0 \end{cases} \qquad (16.22)$$

A curva de defasagens (16.21) já está decomposta em uma soma de parcelas. Para também decompor a curva de módulos (16.20) em parcelas, vamos medir essa equação em decibéis, isto é, vamos tomar seu logaritmo e multiplicar por vinte. Resulta então

$$M(\omega)\,(dB) = 20\log|K| + \sum_{i=1}^{m} 20\log|j\omega - z_i| + \sum_{k=1}^{n} 20\log|j\omega - p_k| \qquad (16.23)$$

Obviamente as contribuições dos pólos e dos zeros agora são aditivas. Veremos logo mais que convirá agrupar as contribuições de pares de pólos complexos conjugados numa só parcela, levando a um termo quadrático.

Antes de prosseguir, vejamos um exemplo dessa decomposição.

Exemplo:

Seja a função de rede

$$F(s) = \frac{s^2 + 3s + 2}{s^3 + 2{,}5s^2 + 6s + 2{,}5}$$

com pólos em $-0{,}5$ e $-1 \pm j2$ e zeros em -1 e -2, e fator de escala igual a 1. Sua fatoração, já combinando os termos correspondentes aos pares de pólos complexos, será

$$F(s) = \frac{(s+1) \cdot (s+2)}{(s+0{,}5) \cdot (s^2 + 2s + 5)}$$

Passando à resposta em freqüência, isto é, fazendo $s = j\omega$ e tirando o módulo da função, obtemos

$$M(\omega) = \frac{\sqrt{1+\omega^2} \cdot \sqrt{4+\omega^2}}{\sqrt{0{,}25+\omega^2} \cdot \sqrt{(5-\omega^2)^2 + 4\omega^2}}$$

Medindo agora o módulo em decibéis, chegamos à desejada separação em parcelas:

$$M(dB) = 10\log(1+\omega^2) + 10\log(4+\omega^2) - 10\log(0,25+\omega^2) - \\ -10\log[(5-\omega^2)^2 + 4\omega^2]$$

A defasagem, ou argumento da função, fica

$$\Phi(\omega) = \text{arctg}\frac{\omega}{1} + \text{arctg}\frac{\omega}{2} - \text{arctg}\frac{\omega}{0,5} - \text{arctg}\frac{2\omega}{5-\omega^2}$$

também separada em parcelas.

Nossa exposição dará ênfase às funções de ganho de tensão ou de corrente, por serem os diagramas de Bode mais comuns. Mas o nosso tratamento deixará claro que os diagramas de Bode servem para quaisquer funções de redes, desde que a função seja racional.

Passaremos em seguida a examinar, em detalhe, as contribuições individuais dos pólos e dos zeros para os diagramas de Bode. Veremos que a consideração do *comportamento assintótico* dessas contribuições facilitará muito a construção dos diagramas. Para prosseguir com este estudo, vamos distinguir dois casos: a) a contribuição dos pólos e dos zeros reais; b) a contribuição dos pares de pólos ou zeros complexos conjugados.

16.4 Diagramas de Bode: Pólos e Zeros Reais

Vamos distinguir dois casos: a) pólos e zeros na origem, isto é, iguais a zero; b) pólos e zeros reais e negativos.

a) Contribuições de pólos e zeros na origem

Os pólos e os zeros *simples* na origem, isto é, com $z_i = 0$ ou $p_k = 0$, contribuem para a (16.23) com parcelas do tipo

$$M_0(\omega) = \pm 20\log|j\omega| = \pm 20\log\omega \quad (\omega > 0) \tag{16.24}$$

onde o sinal "+" corresponde aos zeros e o sinal "–" corresponde aos pólos. No gráfico de $M(\omega)$ *versus* $\log\omega$ essas parcelas correspondem a retas com inclinação de ± 20 *dB*/década (ou ± 6 *dB*/oitava), cruzando o eixo das freqüências em $\omega = 1$. As inclinações positiva e negativa correspondem, respectivamente, aos zeros e aos pólos.

Como o argumento dos pólos e dos zeros na origem é igual a ± π/2, com sinal positivo para os zeros e negativo para os pólos, esta será sua contribuição para a curva de defasagem (16.21).

Finalmente, se esses pólos ou zeros na origem forem *múltiplos*, basta repetir essas considerações tantas vezes quantas forem as respectivas multiplicidades.

b) Contribuições dos pólos e dos zeros reais e negativos

Vamos agora considerar as contribuições de pólos e zeros reais e negativos para os diagramas de Bode das funções de rede. Só consideraremos pólos reais negativos, porque

Diagramas de Bode: Pólos e Zeros Reais **515**

estes correspondem a funções de rede _estáveis_; os zeros negativos correspondem a funções ditas _de mínima fase._

Sejam então p_i ou $z_i < 0$ um desses pólos ou zeros, vamos fazer

$$-p_i = \omega_i \quad \text{ou} \quad -z_i = \omega_i, \quad \text{com} \quad \omega_i > 0$$

Os ω_i, ou os $f_i = \omega_i/(2\pi)$, são chamados _freqüências características_ ou _freqüências de quebra_ (_break frequencies_), correspondentes aos pólos e zeros. Sua contribuição para a (16.23) será então

$$M_r(dB) = \pm 20 \log\left| j\omega + \omega_i \right| = \pm 20 \log \sqrt{\omega^2 + \omega_i^2}$$

ou, pondo ω_i em evidência,

$$M_r(dB) = \pm 20 \log \omega_i \pm 10 \log(1 + \omega^2 / \omega_i^2) \tag{16.25}$$

Nessa expressão o sinal positivo corresponde a um zero, e o sinal negativo a um pólo da função.

A primeira parcela de (16.25) é uma constante, que deve ser adicionada à constante de (16.23). A segunda parcela

$$M_i(dB) = \pm 10 \log(1 + \omega^2/\omega_i^2) \tag{16.26}$$

admite duas _assíntotas_ no plano $(M_i, \log \omega)$:

* em freqüências baixas, isto é, $\omega \ll \omega_i$,

$$M_i(\omega \ll \omega_i) \cong 10 \ \log 1 = 0\text{dB}$$

* em freqüências altas, isto é, $\omega \gg \omega_i$,

$$M_i(\omega \gg \omega_i) \cong \pm 10 \ \log(\omega^2 / \omega_i^2) = \pm 20 \ \log(\omega / \omega_i)$$

A assíntota de freqüências baixas é, pois, o próprio eixo horizontal do plano $(M_i, \log\omega)$. A assíntota de freqüências altas é uma reta que corta o eixo horizontal em $\omega = \omega_i$ e que sobe ou desce (conforme se trate de zero ou de pólo), à taxa de _6 dB por oitava,_ ou 20 _dB por década_ de freqüência. Na figura 16.5 indicamos as curvas de $M_i(\omega)$ em função de $\log(\omega/\omega_i)$, tanto para os zeros como para os pólos (traço cheio), bem como as correspondentes assíntotas de freqüência alta e de freqüência baixa (traço interrompido).

Verifica-se facilmente que há um erro de ± 3 _dB_ entre a curva de M_i e suas assíntotas, na freqüência característica ω_i. Para $\omega = 2\omega_i$ ou $\omega = \omega_i/2$, esse erro reduz-se a 1 _dB_. Construídas assim as assíntotas, as curvas de resposta podem ser esboçadas manualmente com boa precisão.

Passemos a ver a contribuição desses pólos e zeros para a curva de defasagem. Por (16.21), cada um dos pólos e dos zeros reais e negativos contribui com um ângulo

$$\Phi_i = \pm \arg(j\omega + \omega_i) = \pm \text{arctg}(\omega / \omega_i) \tag{16.27}$$

sempre com o sinal positivo referido aos zeros e o negativo referido aos pólos. Para freqüências muito menores que ω_i esse ângulo tende a zero, ao passo que tende a $\pm \pi/2$ para freqüências muito maiores que ω_i. Na figura 16.6 estão representadas as curvas de defasagem para pólos e zeros, com as indicações para sua construção a partir das aproximantes, representadas por traços interrompidos. Nos pontos de quebra o erro entre a aproximante e a curva de defasagem é de 11°.

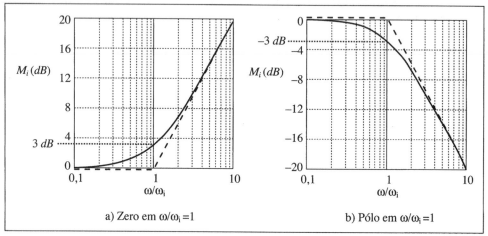

Figura 16.5 Diagramas de Bode correspondentes a um zero (a) ou a um pólo (b), reais e negativos.

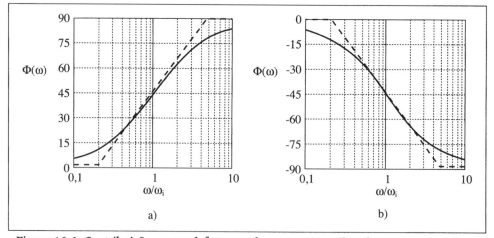

Figura 16.6 Contribuição para a defasagem de zeros (a) e pólos (b), reais e negativos.

Conhecidas essas propriedades das parcelas do ganho logarítmico, as curvas de módulo e defasagem de uma função de rede, com pólos e zeros reais e não positivos, podem ser esboçadas rapidamente: determinam-se primeiramente as freqüências características, que

Diagramas de Bode: Pólos e Zeros Reais **517**

são marcadas sobre uma escala logarítmica de freqüência. Desenham-se, em seguida, as assíntotas correspondentes a cada freqüência e faz-se sua composição. A partir dessa "assíntota composta" e conhecendo-se o erro nas freqüências características, a curva de resposta pode ser esboçada. Esse processo será ilustrado nos exemplos seguintes. Notemos ainda que a construção dos diagramas de Bode fica facilitada se as freqüências características forem bem espaçadas. É preciso cuidar também de não esquecer de adicionar às curvas os termos constantes do tipo $\pm 20 \log\omega_i$.

Exemplo 1:

Como primeiro exemplo, vamos construir o diagrama de Bode para o filtro R, C passa-altas, indicado na figura 16.7. O ganho de tensão desse circuito é

$$G_V(s) = \frac{V_2(s)}{V_1(s)} = \frac{s}{s + 1/(RC)}$$

Temos um zero na origem e um pólo em $-\omega_1 = -1/(RC)$. Passando para o regime senoidal e normalizando as freqüências em ω_1, temos

$$G_V(j\omega) = \frac{j\omega/\omega_1}{1 + j\omega/\omega_1}$$

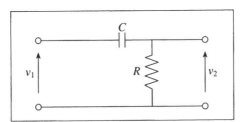

Figura 16.7 Circuito R, C passa-altas.

Na figura 16.8 indicamos as várias etapas da construção do diagrama de Bode desse circuito. Em primeiro lugar, traça-se o eixo horizontal, graduado em $\log(\omega/\omega_1)$, abrangendo pelo menos duas décadas, e o eixo vertical, graduado em decibéis. A freqüência característica corresponde pois ao ponto 1 do eixo horizontal, como indicado na figura. Depois traçam-se a paralela ao eixo horizontal, correspondente ao zero na origem, e as assíntotas do pólo (indicadas em traço interrompido na figura 16.8, a). Em seguida, as assíntotas são somadas algebricamente, chegando-se à curva indicada por traço e dois pontos na figura 16.8, a). A partir dessa assíntota composta e considerando o erro de -3 *dB* na freqüência característica, podemos esboçar uma aproximação razoável da curva de resposta, como indicado em traço cheio na mesma figura. Essa curva mostra claramente que o circuito funciona como filtro passa-altas.

Na figura 16.8, b), compusemos a curva de defasagens, a partir das indicações da figura 16.6.

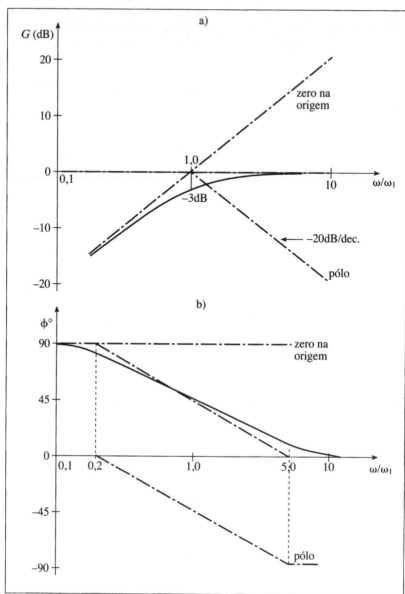

Figura 16.8 Construção dos diagramas de Bode do circuito R, C passa-altas:
a) módulo; b) defasagem.

Exemplo 2:

Como segundo exemplo, vamos construir o diagrama de Bode do circuito de controle de agudos, representado na figura 16.9, a). Veremos que esse diagrama ilustra, de modo muito claro, a operação do controle de agudos.

Diagramas de Bode: Pólos e Zeros Reais

O controle de agudos é efetuado deslocando-se o cursor do potenciômetro R. Na figura 16.9, b), indicamos esse cursor numa posição intermediária, definida pela constante α, que pode variar entre 0 e 1.

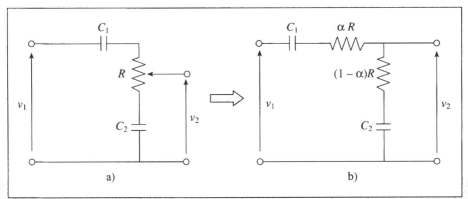

Figura 16.9 Circuito simples de controle de agudos.

Com relação a essa figura, verifica-se que o ganho de tensão do circuito é dado por

$$G_V(s) = \frac{V_2(s)}{V_1(s)} = \frac{C_1}{C_1 + C_2} \cdot \frac{(1-\alpha)\,C_2 R s + 1}{\dfrac{R C_1 C_2}{C_1 + C_2} s + 1} \tag{16.28}$$

Vamos agora introduzir os parâmetros

$$\omega_a = 1/(RC_1), \quad \omega_b = 1/(RC_2) \tag{16.29}$$

de modo que vale

$$\omega_a + \omega_b = \frac{C_1 + C_2}{R C_1 C_2}$$

Admitiremos ainda que $C_1 \ll C_2$, de modo que $\omega_a \gg \omega_b$.

Passando ao regime senoidal e rearranjando a expressão do ganho, com as novas constantes acima definidas, chegamos a

$$G_V(j\omega) = \frac{j\omega(1-\alpha)/\omega_b + 1}{j\omega/(\omega_a + \omega_b) + 1} \tag{16.30}$$

As freqüências características da função ganho são, pois,

$$\omega_1 = \omega_a + \omega_b, \quad \omega_2 = \omega_b/(1-\alpha)$$

para $\alpha \neq 1$. Se for $\alpha = 1$, a função ganho passa a ter só a freqüência crítica ω_1.

Os dois valores extremos da função ganho são

- para $\alpha = 0$: $\quad G_V(j\omega) = \dfrac{C_1}{C_1 + C_2} \cdot \dfrac{j\omega / \omega_b + 1}{j\omega / (\omega_a + \omega_b) + 1}$

- para $\alpha = 1$: $\quad G_V(j\omega) = \dfrac{C_1}{C_1 + C_2} \cdot \dfrac{1}{j\omega / (\omega_a + \omega_b) + 1}$

Essas duas funções já estão na forma adequada para fazer os diagramas de Bode. Na figura 16.10, a), apresentamos os diagramas do módulo (em dB) das duas funções, bem como as assíntotas, indicadas em traço interrompido. Nesse diagrama já adicionamos às assíntotas a constante

$$20 \log \frac{C_1}{C_1 + C_2}$$

que corresponde a cerca de -20 dB, com os valores numéricos das capacitâncias abaixo indicados. Note-se que essa figura foi feita com freqüências cíclicas, em vez das angulares.

Na mesma figura, b), estão indicadas as correspondentes curvas de defasagem, também com os segmentos aproximantes em traço interrompido.

Um exame dos gráficos, indica que, para $\alpha = 1$, os agudos são atenuados de -3 dB na freqüência $\omega_a + \omega_b$ e, daí em diante, a atenuação aumenta, tendendo à taxa de -20 dB por década. Para $\alpha = 0$, ao contrário, há um reforço de agudos, correspondente a $+ 3$ dB na freqüência ω_b, e tendendo a 20 dB por década até a freqüência $\omega_a + \omega_b$, a partir da qual o módulo do ganho tende a zero dB para freqüências mais altas.

O projeto desse circuito se faz da seguinte forma:

a) escolhe-se um valor conveniente de R (10 kohms, no nosso caso);

b) fixam-se as freqüências

$f_b = \omega_b / (2\pi)$ e $f_a + f_b = (\omega_a + \omega_b) / (2\pi)$

tomadas iguais, respectivamente, a 100 Hz e 1 kHz no nosso exemplo;

c) calculam-se as capacitâncias a partir das (16.29), resultando, no nosso exemplo, $C_1 = 0,0177$ μF e $C_2 = 0,159$ μF.

As curvas de módulo e defasagem da figura 16.10 foram traçadas com o PSPICE, usando os valores numéricos acima. Sobre essas curvas foram superpostas, em traço interrompido, as assíntotas da curva de módulo e as aproximantes das curvas de defasagem.

Esse exemplo evidencia claramente a contribuição dos diagramas de Bode para a compreensão do funcionamento desse circuito.

Diagramas de Bode: Pólos e Zeros Reais

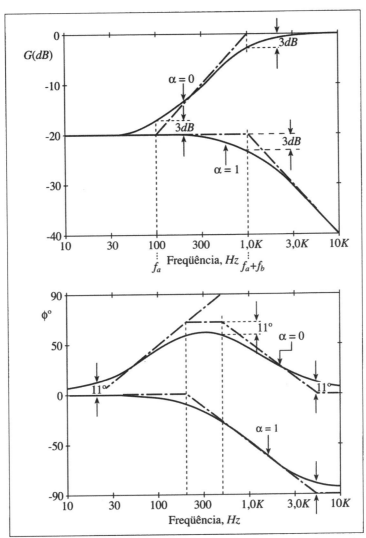

Figura 16.10 Diagramas de Bode do circuito de controle de agudos.

16.5 Diagramas de Bode: Pares Conjugados de Pólos e Zeros Complexos

Consideremos agora a contribuição de pares de pólos ou zeros complexos conjugados para o diagrama de Bode de uma função de rede.

Sejam $s_1 = -\alpha + j\omega_d$ e $s_1^* = -\alpha - j\omega_d$ os pólos ou os zeros de um par conjugado. Sua contribuição para a função de rede será um termo quadrático

$$(s - s_1) \cdot (s - s_1^*) = s^2 + 2\alpha s + \alpha^2 + \omega_d^2$$

Introduzindo agora os parâmetros

$$\begin{cases} \omega_n^2 = \alpha^2 + \omega_d^2, & \omega_n = \text{freqüência característica do par;} \\ \zeta = \alpha / \omega_n, & \zeta = \text{amortecimento normalizado.} \end{cases} \quad (16.31)$$

o par acima pode ser escrito na forma-padrão

$$(s - s_1) \cdot (s - s_1^*) = s^2 + 2\zeta \omega_n s + \omega_n^2 \quad (16.32)$$

Em Telecomunicações costuma-se substituir o amortecimento normalizado, preferido no estudo de Sistemas de Controles, pelo *índice de mérito* ou Q do pólo ou do zero:

$$Q_n = \omega_n / (2\alpha) = 1 / (2\zeta) \quad (16.33)$$

A (16.32) fica então na forma

$$(s - s_1) \cdot (s - s_1^*) = s^2 + (\omega_n / Q_n)s + \omega_n^2 \quad (16.34)$$

Vamos usar aqui apenas a forma (16.32); a introdução do índice de mérito nas demais fórmulas poderá ser feita facilmente pelo estudante.

Convém normalizar a contribuição do par conjugado em relação à freqüência característica. Para isso, basta colocar a freqüência característica ao quadrado em (16.32) ou (16.34). Obtemos assim

$$(s - s_1) \cdot (s - s_1^*) = \omega_n^2 \cdot \left(\frac{s^2}{\omega_n^2} + 2\zeta \frac{s}{\omega_n} + 1 \right) = \omega_n^2 \cdot \left(\frac{s^2}{\omega_n^2} + \frac{1}{Q_n} \cdot \frac{s}{\omega_n} + 1 \right) \quad (16.35)$$

Em regime senoidal fazemos $s = j\omega$, e as fórmulas acima se transformam em

$$(j\omega - s_1) \cdot (j\omega - s_1^*) = \omega_n^2 \cdot \left(1 - \frac{\omega^2}{\omega_n^2} + j \cdot 2\zeta \frac{\omega}{\omega_n} \right) = \omega_n^2 \cdot \left(1 - \frac{\omega^2}{\omega_n^2} + j \cdot \frac{1}{Q_n} \cdot \frac{\omega}{\omega_n} \right) \quad (16.36)$$

A contribuição do par conjugado para a curva de resposta em freqüência se determina tomando o módulo, em decibéis, de (16.36). Depois de algum rearranjo, chegamos a

$$M_c(dB) = \pm 40 \log \omega_n \pm 10 \log \left[\left(1 - \frac{\omega^2}{\omega_n^2} \right)^2 + 4\zeta^2 \cdot \frac{\omega^2}{\omega_n^2} \right] \quad (16.37)$$

onde o sinal positivo corresponde aos zeros e o negativo aos pólos.

A primeira parcela de (16.37) representa uma contribuição constante, que deve ser somada algebricamente à contribuição do fator de escala, sempre com o sinal positivo correspondendo aos zeros e o sinal negativo correspondendo aos pólos. A segunda parcela,

$$M_{c2}(dB) = \pm 10 \log \left[\left(1 - \frac{\omega^2}{\omega_n^2} \right)^2 + 4\zeta^2 \cdot \frac{\omega^2}{\omega_n^2} \right] \quad (16.38)$$

fornece a contribuição variável com a freqüência, sempre com sinal positivo para os zeros e negativo para os pólos. Como fizemos para o caso de pólos e zeros reais, vamos aproximá-la por suas *assíntotas de freqüências baixas e de freqüências altas*:

$$\begin{cases} M_{c2}(\omega \ll \omega_n) \cong \pm 10 \log 1 = 0 \quad (dB) \\ M_{c2}(\omega \gg \omega_n) \cong \pm 40 \log(\omega / \omega_n) \quad (dB) \end{cases} \quad (16.39)$$

Diagramas de Bode: Pares Conjugados de Pólos e Zeros Complexos

Portanto, a assíntota de freqüências baixas se reduz a 0 dB; a de freqüências altas corta o eixo horizontal do diagrama de Bode em $\omega = \omega_n$, ou seja, na freqüência característica, e sobe (para os zeros) ou desce (para os pólos), a uma taxa de 12 *dB por oitava* ou 40 *dB por década*.

Na figura 16.11 estão traçadas as assíntotas acima referidas, bem como as curvas de M_{c2} [dadas por (16.38)], para um par de pólos complexos, parametrizadas no amortecimento normalizado. A diferença marcante em relação ao caso dos pólos reais é justamente que o erro entre a curva de M_{c2} e suas assíntotas depende do valor do amortecimento normalizado. Em particular, é fácil verificar que, na freqüência característica, esse erro vale

$$\varepsilon = M_{c2}(\omega_n) = \pm 10\log\left(\frac{1}{4\zeta^2}\right) = \mp 20\log(2\zeta) \tag{16.40}$$

sendo agora o sinal positivo para os pólos e o negativo para os zeros.

Convém observar que:

a) a curva correspondente a $\zeta = 0,5$ passa pelo "ponto de quebra" $(\omega_n, 0)$;

b) para $\zeta = 1$ temos o *amortecimento crítico*, caso em que os pólos complexos degeneram num pólo real duplo;

c) para $\zeta > 1$ os pólos são *superamortecidos*, e passam de complexos a reais e distintos.

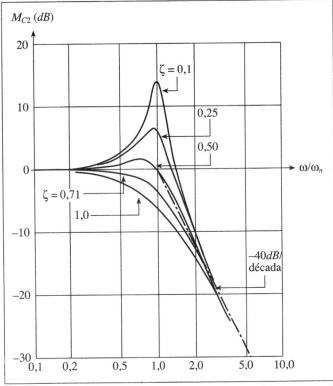

Figura 16.11 Parcela variável do módulo M_{c2} da função de rede, correspondente a um par de pólos complexos conjugados.

Passemos agora a examinar a contribuição dos pólos e dos zeros complexos para a defasagem da função de rede.

De (16.36) verificamos que essa contribuição é dada por

$$\Phi_c(\omega) = \pm\text{arctg}\frac{2\zeta\omega_n \cdot \omega}{\omega_n^2 - \omega^2} \tag{16.41}$$

onde, novamente, o sinal "+" corresponde aos zeros e o sinal "−" aos pólos.

A curva de defasagem correspondente a pólos complexos conjugados, também parametrizada no amortecimento normalizado, está representada na figura 16.12. As assíntotas dessas curvas são as retas horizontais no topo e na base da figura. Em traço interrompido está indicada uma reta que serve de guia para o desenho da parte central das curvas.

As defasagens correspondentes a um par de zeros complexos conjugados obtêm-se das curvas anteriores simplesmente trocando o sinal das ordenadas da figura 16.12.

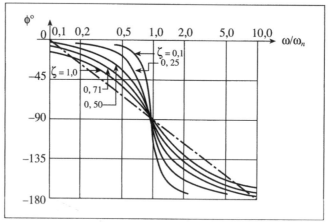

Figura 16.12 Contribuição de um par de pólos complexos conjugados para a defasagem da função de rede.

Completa-se assim nossa exposição dos diagramas de Bode. Note-se que consideramos apenas pólos e zeros no semiplano esquerdo do plano complexo; quanto aos pólos, isso corresponde a considerar apenas funções de rede assintoticamente estáveis, que é o caso praticamente mais importante. Quando houver zeros no semiplano direito, a função será dita *de fase não mínima*, e as técnicas aqui indicadas exigirão pequenas modificações, que ficam por conta do estudante interessado.

Em conclusão, convém resumir as regras para o traçado dos diagramas de Bode:

a) determinam-se os pólos, os zeros e o fator de escala da função de rede;

b) as correspondentes freqüências características são marcadas no eixo das freqüências, em escala logarítmica, e para os gráficos de módulo e defasagem.

Os passos seguintes referem-se aos gráficos de módulos:

c) as constantes multiplicativas, decorrentes do fator de escala e da colocação em evidên-

Diagramas de Bode: Pares Conjugados de Pólos e Zeros Complexos

cia das freqüências características, são medidas em *dB*, somadas algebricamente, e o resultado é marcado no gráfico, como uma reta horizontal;

d) traçam-se, em seguida, as assíntotas correspondentes aos pólos e aos zeros, não esquecendo a contribuição de pólos ou zeros na origem;

e) somam-se as assíntotas com o componente constante do item (c), para obter a *assíntota composta*;

f) a partir da assíntota composta e dos erros entre esta e a curva real, nas freqüências características, determinam-se alguns pontos da curva final. Essa curva final é agora desenhada a partir desses pontos e usando a assíntota composta.

Note-se que a assíntota composta pode ser atravessada pela curva final.

Para obter as curvas de defasagem, devemos ainda:

g) usando uma escala vertical em ângulos (graus ou radianos), construir as aproximações por segmentos das curvas de defasagem devidas às várias freqüências características, usando a informação das figuras 16.6 e 16.12. Não esquecer as parcelas constantes correspondentes aos pólos e aos zeros na origem (± m · 90°, onde m é a multiplicidade do pólo ou do zero);

h) somar as aproximações por segmentos, ordenada por ordenada, para obter uma aproximação da desejada defasagem da função de rede. Muitas vezes essa aproximação será suficiente;

i) se for preciso uma melhor aproximação, somar as ordenadas das curvas de defasagem correspondentes a cada pólo e cada zero, analogamente ao que foi feito para as curvas de módulo, completando assim o processo.

Cumpre notar aqui que os diagramas de Bode podem ser feitos, com grande facilidade, por meio de programas computacionais adequados, entre os quais avulta o MATLAB[1].

Nessa exposição dos diagramas de Bode demos ênfase ao seu uso como instrumento de análise, pois consideramos conhecida a função de rede. Já nesse estudo verificamos que estes diagramas podem dar uma boa orientação para o projeto de certas redes. Cumpre notar, porém, que o método dos diagramas de Bode traz uma contribuição importante para o problema da *síntese de redes*. De fato, muitas vezes deseja-se sintetizar uma rede que tenha uma resposta em freqüência dada. Aproximando essa curva por assíntotas horizontais ou com inclinações de ± 6, 12, etc. *dB* por oitava, podemos obter os pólos, os zeros e o fator de escala da função de rede desejada e, portanto, obter sua expressão analítica. Contribuem, assim, os diagramas de Bode para resolver o *problema da aproximação*, isto é, obter a expressão de uma função de rede a partir da prescrição de uma resposta em freqüência.

Passemos a examinar alguns exemplos de diagramas de Bode.

---

[1] Para mais informações sobre o MATLAB, visite o *site* www.mathworks.com

Exemplo 1:

Vamos retomar aqui o circuito separador de freqüências para alto-falantes, já introduzido no Capítulo 12, Seção 3, para examinar sua resposta em freqüência pelos diagramas de Bode. Vamos porém considerar o circuito normalizado para freqüência de corte de 1 rad/s e resistência de carga igual a 1 ohm (figura 16.13).

Comecemos com o circuito de graves, ou passa-baixas. Verifica-se facilmente que seu ganho de tensão (transformado) é

$$G_2(s) = \frac{V_2(s)}{V_1(s)} = \frac{1}{s^2 + \sqrt{2}s + 1}$$

ou, no domínio de freqüência,

$$G_2(j\omega) = \frac{1}{(1-\omega^2) + j\sqrt{2}\omega}$$

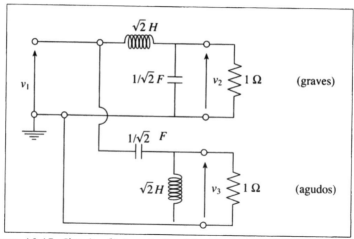

Figura 16.13 Circuito divisor de freqüências de 2.ª ordem, normalizado.

Temos apenas um par de pólos complexos. Comparando com (16.36), verificamos que

$$\begin{cases} \text{freqüência característica:} & \omega_n = 1; \\ \text{amortecimento normalizado:} & \zeta = 1/(2\sqrt{2}). \end{cases}$$

Com esses elementos já podemos construir os diagramas de módulo e de defasagem, como indicados na figura 16.14. A assíntota de freqüência alta do diagrama de módulo cai 40 *dB* por década, ou 12 *dB* por oitava, como indicado na figura 16.14, a). Para desenhar a curva de módulos, lembramos que, por (16.40), o erro na freqüência característica normalizada $\omega_n = 1$ será

$$\varepsilon = 20\log(2\zeta) = -20\log\sqrt{2} \cong -3dB$$

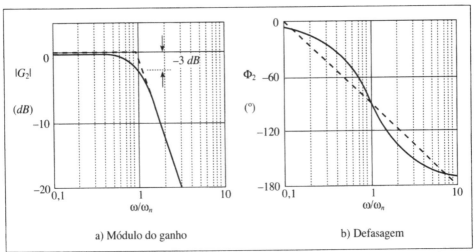

Figura 16.14 Resposta em freqüência do canal de graves do circuito separador.

Tendo esse ponto e as duas assíntotas, a curva pode ser traçada com boa aproximação, como indicado na figura 16.14, a).

Para traçar a curva de defasagem, basta considerar as indicações da figura 16.12. O resultado está indicado na figura 16.14, b). Note-se que temos uma defasagem de −90° na freqüência de quebra.

Passemos agora ao circuito de agudos, ou passa-altas. A correspondente função ganho também se obtém com facilidade. Considerando já o domínio de freqüências, verificamos que

$$G_3(j\omega) = \frac{\hat{V}_3(j\omega)}{\hat{V}_1(j\omega)} = \frac{(j\omega)^2}{(1-\omega^2) + j\sqrt{2}\omega}$$

Temos o mesmo par de pólos complexos do circuito anterior e, portanto,

$$\omega_n = 1, \quad \zeta = 1/(2\sqrt{2})$$

Além desses pólos, a G_3 tem ainda um zero duplo na origem, a que corresponde um ganho de 20 logω^2 = 40 logω, ou seja, uma reta com inclinação de + 12 dB/oitava (ou + 40 dB/década) e passando pelo ponto (1,0). Somando essa reta às assíntotas da figura 16.14, a), obtemos as assíntotas de G_3, como indicado na figura 16.15, a). Conhecidas essas assíntotas, a construção da curva prossegue sem dificuldades.

Para obter a curva de defasagem, basta somar os 180° do zero duplo na origem às correspondentes curvas da figura 16.14, b). Obtém-se o resultado indicado na figura 16.15, b).

Como no caso anterior, continuamos com uma queda de 3 dB na mesma freqüência característica, mas a defasagem nessa freqüência agora é de + 90°.

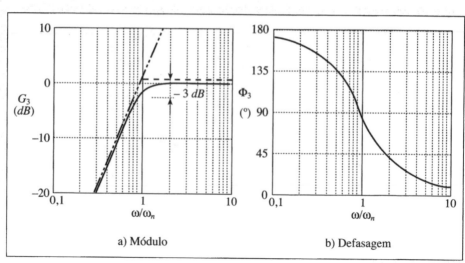

Figura 16.15 Resposta em freqüência e defasagem do canal de agudos do circuito separador.

Para completar o exemplo, vamos *desnormalizar* o circuito, de modo que a freqüência característica, correspondente à freqüência de corte do filtro, passe a

$f_n = 4.000$ Hz, $\rightarrow$ $\omega_n = 2\pi \cdot 4.000 = 25.133$ rad / s

e a resistência de carga passe a 8 ohms. Os fatores de desnormalização serão, portanto, $k_i = 8$, $k_f = 1/25.133$.

Resultam então, para os dois canais,

$$L = k_i k_f L_n = 8\sqrt{2} / 25.133 = 0,45 \quad (\text{mH})$$

$$C = \frac{k_f}{k_i} C_n = 1 / \left(8 \cdot 25.133\sqrt{2}\right) = 3,517 \quad (\mu\text{F})$$

Exemplo 2:

Note-se que o circuito do exemplo anterior tem o inconveniente de causar uma defasagem de 180° entre os dois canais, em todas as freqüências, o que pode levar a uma redução da potência sonora fornecidas pelos alto-falantes. Para reduzir esse inconveniente, um dos alto-falantes deve ter sua ligação invertida.

Outra solução para a divisão de freqüências, proposta por G. Stolfi[2], é fazer a separação entre graves e agudos antes da amplificação de potência, por meio de filtros ativos. Esses filtros, em sua forma normalizada, estão representados na figura 16.16, a) e b).

---

[2]STOLFI, G., *Comunicação Pessoal*, EPUSP, São Paulo, 1979.

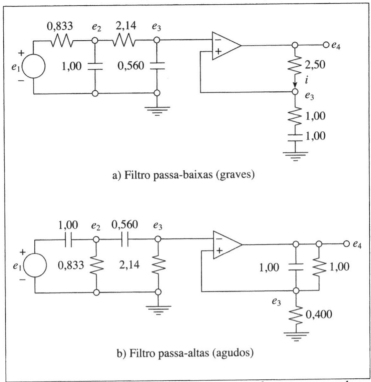

Figura 16.16 Filtros ativos para a separação de graves e agudos.

O cálculo das respectivas funções de transferência é simples, supondo amplificadores operacionais ideais. Assim, para o filtro passa-baixas [figura 16.16, a)] obtemos

$$G_{Vb}(s) = \frac{E_4(s)}{E_1(s)} = 3,5 \cdot \frac{(s + 1/3,5)}{(s + 1) \cdot (s^2 + 2,5s + 1)}$$

ao passo que para o filtro passa-altas [figura 16.16, b)] resulta

$$G_{Va}(s) = \frac{E_4(s)}{E_1(s)} = \frac{s^2 \cdot (s + 3,5)}{(s + 1) \cdot (s^2 + 2,5s + 1)}$$

Note-se que a soma das duas funções dá ganho um, de modo que a soma dos sinais dos dois alto-falantes reproduz o sinal original.

Ambas as funções têm um pólo real em $s = -1$ e dois pólos complexos conjugados, com $\omega_n = 1$ e $\zeta = 2,5/2 = 1,25$: o filtro passa-baixas tem ainda um zero em $1/3,5 = -0,29$ ao passo que o passa-altas, além de um zero em $-3,5$, tem outro zero duplo na origem. Com esses elementos os diagramas de Bode podem ser construídos. Mais rápido, no entanto, é construí-los com um programa computacional adequado. A título de ilustração, na figura 16.17 reproduzimos os comandos para obter os diagramas de Bode com o MATLAB[3], e na figura 16.18 reproduzimos os correspondentes diagramas de Bode desses dois circuitos.

---

[3]Para informações sobre o MATLAB, visite o *site* da Math Works: www.mathworks.com

```
» 
» sys1 = tf([3.5 1],[1 3.5 3.5 1])

        Transfer function:
              3.5 s + 1
        ---------------------------------
        s^3 + 3.5 s^2 + 3.5 s+1

» sys2 = tf([1 3.5 0 0], [1 3.5 3.5 1])

        Transfer function:
           s^3 + 3.5 s^2
        ---------------------------------
        s^3 + 3.5 s^2 + 3.5 s+1

» bode   (sys1, 'k-.', sys2, 'k-')
» 
```

Figura 16.17 Comandos do MATLAB para obtenção dos diagramas de Bode do circuito divisor de freqüências ativo.

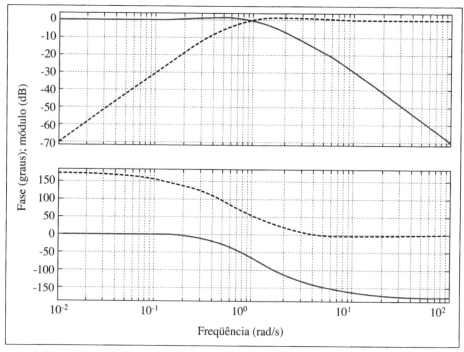

Figura 16.18 Diagramas de Bode do circuito divisor de freqüências ativo. (———— passa-baixas; ············ passa-altas).

Note-se que nesse circuito a defasagem entre os dois filtros também é de 180° para todas as freqüências. Portanto, a ligação de um dos alto-falantes deverá ser invertida, a fim de evitar a redução da potência acústica por interferência destrutiva.

EXERCÍCIOS BÁSICOS DO CAPÍTULO 16

1. A partir do circuito normalizado da figura 16.1, determine os valores de R, L e C de um circuito série, com $Q_0 = 20$, freqüência de ressonância 100 krad/seg e impedância na ressonância igual a 1 kΩ. forneça os resultados em unidades A.F.

    Resp.: $R = 1$ kΩ, $L = 0,2$ H, $C = 0,0005$ μF.

2. Na figura E16.1 representa-se o esquema de um filtro de rejeição normalizado, que deverá ser empregado numa linha telefônica, com impedância de 600 ohms para reduzir a interferência de 60 Hz. Determine o circuito desnormalizado, de modo que a freqüência de rejeição seja igual a 60 Hz, o índice de mérito seja igual a 20 e que o nível de impedância passe a 600 ohms.

    Figura E16.1
    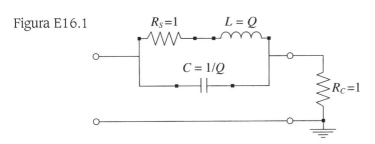

    Resp.: $R_S = R_C = 600$ ohms, $L = 31,83$ H, $C = 0,221$ μF.

3. Sabe-se que o valor eficaz da tensão de saída de um quadripolo está 15 dB abaixo da tensão eficaz de entrada do mesmo quadripolo. Se a tensão eficaz de entrada for igual a 10 V, qual será o valor eficaz da tensão de saída do quadripolo?

    Resp.: $V_S = 1,778$ volts eficazes.

4. Dois amplificadores, ligados em cascata, têm, respectivamente, ganhos de tensão de 15 e 25 dB. Aplicando-se uma tensão eficaz de 2 mV à entrada do primeiro amplificador, qual será a tensão eficaz na saída do segundo?

    Resp.: Tensão eficaz de saída = 0,2 V.

5. As curvas de resposta em freqüência (módulo em dB e fase em graus) do ganho de um quadripolo estão indicadas na figura E16.2. Usando as técnicas de diagramas de Bode, determine a expressão da resposta em freqüência do quadripolo.

Figura E16.2

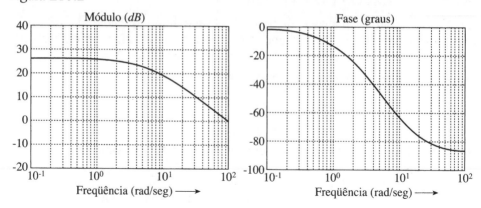

Resp.: $G(j\omega) = 100 / (j\omega + 5)$

6   Ao amplificador do exercício anterior aplica-se uma tensão

$v_i(t) = 0,1 \cos(2t) + 0,2 \cos(30t + 30°)$, (V, seg)

Determine a tensão de saída $v_0(t)$, em regime permanente senoidal, usando as curvas de resposta da figura E16.2. Verifique seu resultado analiticamente, usando a função da resposta em freqüência, determinada no exercício anterior.

Resp.: $v_0(t) = 1,86 \cos(2t - 21,8°) + 0,66 \cos(30t - 50,5°)$.

Capítulo 17

NOÇÕES SOBRE FILTROS PASSIVOS

17.1 Introdução; Resposta em Freqüência

Os filtros elétricos são quadripolos que modificam, de forma especificada, o espectro de freqüências dos sinais que os atravessam. Genericamente, os filtros elétricos classificam-se em *filtros digitais* e *filtros analógicos*. Nos filtros digitais, os sinais são amostrados, ao passo que nos filtros analógicos os sinais são de tempo contínuo. Só trataremos aqui dos filtros analógicos, que, por sua vez, se dividem em *filtros passivos* e *filtros ativos*. Os filtros passivos são quadripolos constituídos exclusivamente por resistores, capacitores e indutores, com ou sem indutância mútua. Nos filtros ativos, além desses elementos, encontramos ainda elementos de circuito ativos, tais como transistores e amplificadores operacionais. Só trataremos, neste capítulo, de *filtros analógicos passivos*.

As principais especificações da resposta em freqüência dos filtros serão relativas ao módulo do *ganho de tensão* $G_v(\omega) = \hat{V}_2/\hat{V}_1$ do quadripolo (ou, ao seu inverso, à *atenuação*), em faixas especificadas de freqüência.

Consideremos então o módulo do ganho de tensão do quadripolo da figura 17.1, a).

A resposta em freqüência dos filtros é escolhida para aproximar alguma especificação de projeto. O *filtro ideal*, com banda passante retangular, como indicado em pontilhado na figura 17.1, seria interessante, pois deixa passar sem modificação as freqüências das *bandas passantes*, suprimindo completamente as freqüências indesejadas. Infelizmente, demonstra-se que o filtro ideal é irrealizável fisicamente, pois corresponderia a um sistema não causal. O que se pode fazer, então, é aproximar o filtro ideal por alguma função racional em s, realizável por circuitos R, L, C.

Além dos filtros indicados na figura 17.1, usam-se ainda os filtros *passa-tudo*, destinados essencialmente a modificar as defasagens entre entrada e saída.

As faixas de freqüência em que o ganho do filtro é elevado são chamadas *faixas de passagem*; aquelas em que o ganho é baixo são as *faixas bloqueadas*. As freqüências que delimitam as faixas de passagem são as *freqüências de corte*.

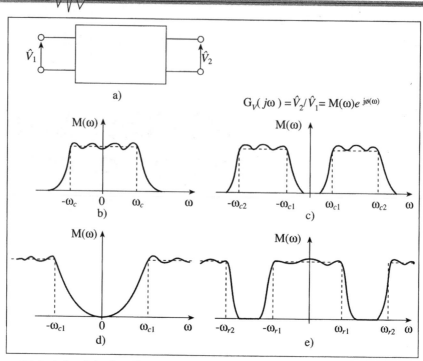

Figura 17.1 a) Quadripolo e função ganho; b) filtro passa-baixas; c) filtro passa-faixa; d) filtro passa-altas; e) filtro de rejeição (rejeita-faixa).

No projeto de filtros costuma-se usar a *atenuação*, em decibéis, correspondendo ao negativo do módulo da função ganho, também em *dB*. De fato, se o módulo do ganho for

$$M(dB) = 20\log\left|\hat{V}_2 / \hat{V}_1\right| \qquad (17.1)$$

a *atenuação* será

$$A(dB) = 20\log\left|\hat{V}_1 / \hat{V}_2\right| = -M(dB) \qquad (17.2)$$

A resposta na banda passante dos filtros (ou faixa de passagem) nem sempre é monotônica, podendo exibir ondulações (*ripple*), como indicado pelo traço cheio nos gráficos da figura 17.1

Praticamente, no projeto de um filtro, no mínimo devem ser especificadas:

- as freqüências de corte;
- a ondulação na faixa de passagem;
- a atenuação mínima nas faixas bloqueadas.

Relembremos que só trataremos aqui dos filtros analógicos passivos, isto é, compostos só com elementos R, L, C, ou M.

17.2 Ganho, Atenuação e Perda de Inserção de um Filtro

Nos projetos de filtros passivos pode ser conveniente substituir os ganhos (ou atenuações) pela *perda de inserção*. Essencialmente essa função mede o efeito da inserção do filtro entre um gerador com impedância interna resistiva e uma carga também resistiva.

Para definir a perda de inserção, consideremos inicialmente um gerador senoidal, com tensão $\hat{E}_s$ e resistência interna R_1, alimentando uma carga resistiva R_2 (figura 17.2). Consideraremos aqui os fasores representando as amplitudes dos sinais senoidais e não seus valores eficazes.

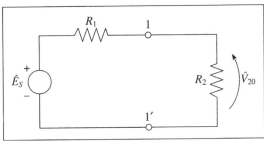

Figura 17.2

A potência recebida por R_2, na figura 17.2, é

$$P_{20} = \frac{|\hat{V}_{20}|^2}{2R_2} = \frac{R_2|\hat{E}_s|^2}{2(R_1 + R_2)^2} \tag{17.3}$$

Inserindo um quadripolo, como indicado na figura 17.3, a nova potência recebida por R_2 será:

$$P_2 = \frac{|\hat{V}_2|^2}{2R_2} \tag{17.4}$$

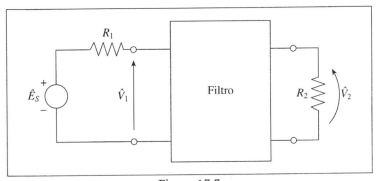

Figura 17.3

A *perda de inserção,* em *dB,* será definida por

$$A_S(dB) = 10 \log \frac{P_{20}}{P_2} \qquad (17.5)$$

Como

$$\frac{P_{20}}{P_2} = \frac{\left|\hat{E}_S\right|^2}{\left|\hat{V}_2\right|^2} \cdot \frac{R_2^2}{(R_1 + R_2)^2}$$

segue-se que

$$A_S(dB) = 10 \log \left[\frac{\left|\hat{E}_S\right|^2}{\left|\hat{V}_2\right|^2} \cdot \frac{R_2^2}{(R_1 + R_2)^2} \right] \qquad (17.6)$$

ou

$$A_S(dB) = 20 \log \frac{\left|\hat{E}_s\right|}{\left|\hat{V}_2\right|} + 20 \log \frac{R_2}{R_1 + R_2} \qquad (17.7)$$

Definindo a *atenuação da fonte para a carga* do filtro por

$$A_{fc}(dB) = 20 \log \left|\hat{E}_s / \hat{V}_2\right| \qquad (17.8)$$

e o *ganho em dB,* também da fonte para a carga, por

$$M_{fc}(dB) = 20 \log \left|\hat{V}_2 / \hat{E}_s\right| \qquad (17.9)$$

a *perda de inserção* pode ser então expressa como:

$$A_S(dB) = A_{fc}(dB) + 20 \log \frac{R_2}{R_1 + R_2} \qquad (17.10)$$

No caso de resistências de fonte e de terminação iguais (isto é, $R_1 = R_2$):

$$A_S(dB) = A_{fc}(dB) - 6(dB) \qquad (17.11)$$

A síntese de filtros entre duas resistências foi desenvolvida por Darlington e é conhecida como *síntese de Darlington* (ver F.F. Kuo, *Network Analysis and Synthesis,* 2.ª ed., Wiley, 1966, na seção 14.5). Neste capítulo apresentaremos tabelas que permitem realizar essa síntese.

17.3 O Projeto de Filtros Passivos

O projeto de filtros passivos é feito em duas etapas: primeiro projeta-se um *filtro passa-baixas normalizado.* Depois, por meio de adequadas *transformações de frequência* e *desnormalização,* esse filtro é transposto para o tipo (passa-altas, passa-faixa ou rejeita-faixa) e a freqüência de operação desejados, tudo numa única operação.

O Projeto de Filtros Passivos

Em conseqüência, vamos começar examinando alguns tipos de filtros _passa-baixas_. Depois veremos como fazer as transformações de freqüência para obter os demais tipos de filtros.

De acordo com a função ganho podemos ter:

- filtros _só com pólos_, em que o numerador da função de transferência reduz-se a uma constante;

- filtros com _zeros de transmissão_, em que o numerador é também um polinômio em _s_.

Aqui estudaremos apenas os filtros passa-baixas, só com pólos. Esses filtros têm ganhos do tipo

$$G_V(s) = \frac{K_0}{D(s)} \qquad (17.12)$$

onde $D(s)$ é um polinômio em s e K_0 é uma constante. Essa função não tem nenhum zero finito, caracterizando assim um filtro que só tem pólos (_all-pole filter_).

Nos tipos mais fundamentais desses filtros, a resposta em freqüência é da forma

$$M(\omega) = |G_V(j\omega)| = \frac{K_0}{\sqrt{1 + f(\omega^2)}} \qquad (17.13)$$

onde as funções $f(.)$ serão tais que a $M(\omega)$ aproxima (em algum sentido) uma banda passante retangular. Apresentaremos aqui apenas as duas aproximações mais básicas: a de _Butterworth_ e a de _Chebyshev_.

a) Filtro de Butterworth de ordem n

A curva do módulo da resposta em freqüência é dada por

$$M(\omega) = \frac{K_0}{\sqrt{1 + \omega^{2n}}} \qquad (17.14)$$

onde $n = 0, 1, 2, \ldots$ é a _ordem do filtro_.

Essa curva de resposta corresponde a uma função ganho

$$G(s) = \frac{K_0}{D_B(s)} \qquad (17.15)$$

onde $D_B(s) = s^n + a_1 s^{n-1} + \ldots + a_n$ é um _polinômio de Butterworth_, cujos zeros se obtêm de

$$\begin{cases} s_k = e^{J[(2k+n-1)/2n]}, & k = 1, 2, \ldots 2n \\ \Re e(s_k) < 0 \end{cases} \qquad (17.16)$$

Esses zeros, pólos do filtro, estão localizados sobre uma semicircunferência de raio unitário, com centro na origem do plano complexo e localizada no semiplano esquerdo. O espaçamento angular entre os pólos é de π/n, como ilustrado na figura 17.4, para $n = 3$ e $n = 4$.

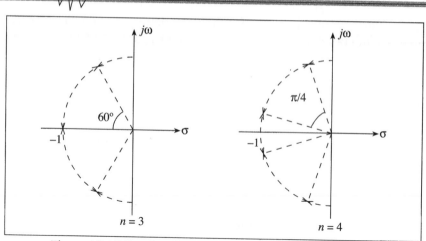

Figura 17.4 Pólos dos filtros de Butterworth de ordens 3 e 4.

Vejamos agora como utilizar tabelas para o projeto desses filtros, considerados como quadripolos terminados nos dois lados por resistores de R = 1 ohm [figura 17.5, a)], e freqüência de corte normalizada em $\omega_C = 1$ rad/s.

Os quadripolos poderão ser realizados por uma das duas estruturas indicadas nas figuras 17.5, b) e c). Na Tabela I estão indicados os valores desses elementos, normalizados para $\omega_C = 1$, até a 5.ª ordem.

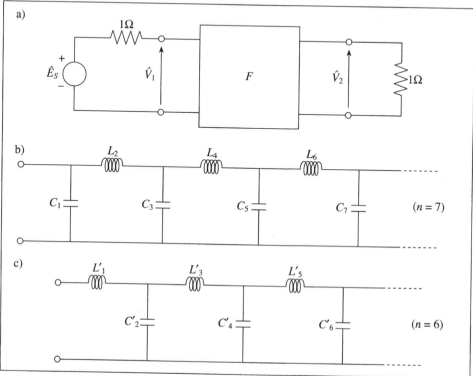

Figura 17.5 Realização de filtros de Butterworth.

O Projeto de Filtros Passivos

TABELA I — ELEMENTOS DO FILTRO DE BUTTERWORTH

Ordem n	C_1, L'_1	L_2, C'_2	C_3, L'_3	L_4, C'_4	C_5, L'_5
1	2,0000				
2	1,4142	1,4142			
3	1,0000	2,0000	1,0000		
4	0,7654	1,8478	1,8478	0,7654	
5	0,6180	1,6180	2,0000	1,6180	0,6180

Tabelas mais completas podem ser encontradas em G. Thomas e J. W. La Patra, *Introduction to Circuit Synthesis and Design*, MacGraw-Hill – Kogakusha, 1977, Cap.12.

A frequência de corte de –3 *dB* ocorre em $\omega_c = 1$.

O filtro de Butterworth é *monotônico*, isto é, sua curva de resposta é sempre decrescente, e o patamar é de planura máxima (*maximal flatness*), pois as $2n - 1$ primeiras derivadas da curva de resposta são nulas na origem. Para freqüências muito acima da freqüência de corte, a curva de resposta cai $20n$ *dB* por década.

Na figura 17.6, a) e b), apresentamos, respectivamente, um exemplo de filtro de Butterworth de 5.ª ordem e sua curva de resposta.

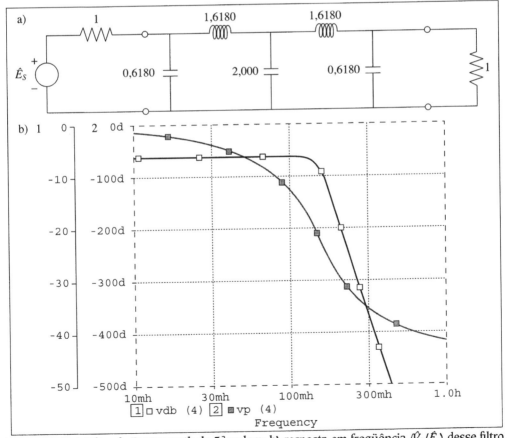

Figura 17.6 a) Filtro de Butterworth de 5.ª ordem; b) resposta em freqüência ($\hat{V}_2/\hat{E}_s$) desse filtro.

b) Filtro de Chebyshev de ordem n

A curva de resposta desses filtros é do tipo

$$M(\omega) = \frac{K_0}{\sqrt{1 + \varepsilon\, C_n^2(\omega)}} \qquad (17.17)$$

onde ε é um fator que determina a ondulação da resposta na banda passante e C_n é um *polinômio de Chebyshev*, dado por

$$C_n(\omega) = \begin{cases} \cos(n \cdot \arccos \omega), & |\omega| \leq 1 \\ \cos(n \cdot \text{arccosh}\, \omega), & |\omega| > 1 \end{cases} \qquad (17.18)$$

Desenvolvendo esses polinômios, até a 5.ª ordem, obtemos sucessivamente

$$\begin{cases} C_0(\omega) = 1 \\ C_1(\omega) = \omega \\ C_2(\omega) = 2\omega^2 - 1 \\ C_3(\omega) = 4\omega^3 - 3\omega \\ C_4(\omega) = 8\omega^4 - 8\omega^2 + 1 \\ C_5(\omega) = 16\omega^5 - 20\omega^3 + 5\omega \end{cases} \qquad (17.19)$$

Na banda passante, isto é, para $|\omega| \leq 1$, os polinômios de Chebyshev oscilam entre -1 e $+1$. Portanto, nessa faixa $M(dB)$ oscila entre $20 \log K_0$ e $20\log(K_0/\sqrt{1+\varepsilon}\,)$. A ondulação (*ripple*) na banda passante define-se por

$$\alpha_p(dB) = 10 \log(1 + \varepsilon) \qquad (17.20)$$

Na figura 17.7 representamos $M(\omega)$ para um filtro de 5.ª ordem, com $K_0 = 1$.

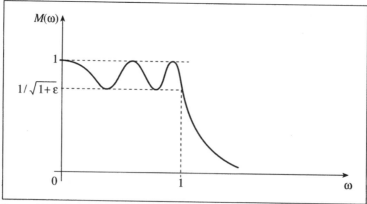

Figura 17.7 Curva de resposta de um filtro de Chebyshev de 5.ª ordem.

Demonstra-se que os pólos do filtro de Chebyshev situam-se sobre uma semi-elipse no semiplano s esquerdo, como ilustrado na figura 17.8, para n = 5.

O Projeto de Filtros Passivos

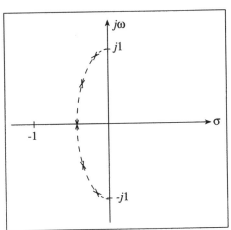

Figura 17.8 Pólos do filtro de Chebyshev de 5.ª ordem.
(Os valores desses pólos estão tabelados na literatura.)

O filtro de Chebyshev tem a maior *taxa de corte* dentre os filtros só com pólos, com a mesma oscilação, isto é, a derivada de $M(\omega)$ na freqüência de corte ($\omega_c = 1$) é máxima. Note-se que a freqüência de corte nesse filtro é definida por uma queda de α_p decibéis em relação ao máximo ganho, *em vez do ponto de –3 dB*.

Para a realização dos filtros de Chebyshev podem ser usadas as mesmas estruturas indicadas na figura 17.5. Os valores dos elementos, apresentados na Tabela II, dependem agora da taxa de ondulação α_p. Só foram apresentados dados para os filtros de ordem ímpar, em que é possível ter resistências iguais nas duas terminações.

Na figura 17.9 apresentamos um exemplo de filtro de Chebyshev de 5.ª ordem, com sua curva de resposta. Na figura 17.10 a região da banda passante foi ampliada, mostrando a ondulação característica do filtro.

TABELA II – ELEMENTOS DO FILTRO DE CHEBYSHEV

1. Ondulação $\alpha_p = 0{,}5$ *dB*

Ordem n	C_1, L'_1	L_2, C'_2	C_3, L'_3	L_4, C'_4	C_5, L'_5
1	0,6986				
3	1,5963	1,0967	1,5963		
5	1,7058	1,2296	2,5408	1,2296	1,7058

2. Ondulação $\alpha_p = 1$ *dB*

1	1,0177				
3	2,0236	0,9941	2,0236		
5	2,1349	1,0911	3,0009	1,0911	2,1349

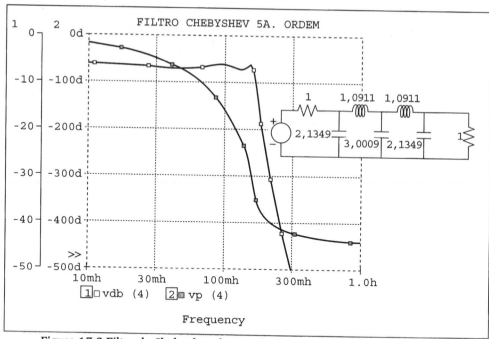

Figura 17.9 Filtro de Chebyshev de 5.ª ordem e sua curva de resposta $(\hat{V}_2/\hat{E}_s)$.

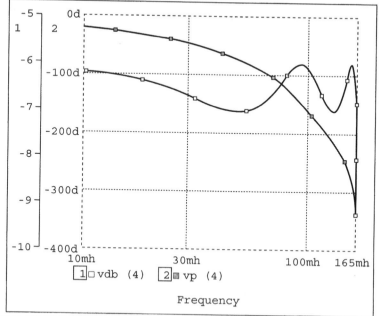

Figura 17.10 Resposta do filtro de Chebyshev na faixa de passagem $(\hat{V}_2/\hat{E}_s)$.

17.4 Etapas de Projeto de Filtros Passivos

Mostramos aqui como determinar os elementos dos filtros passa-baixas normalizados, dos tipos Butterworth ou Chebyshev, dada a ordem do filtro. O filtro assim obtido será designado por *protótipo*. Na próxima seção veremos como passar do protótipo passa-baixas e normalizado a um filtro real, por meio de uma transformação de freqüência e desnormalização.

Embora esse método nos permita projetar alguns filtros úteis de maneira simples, nem sempre é suficiente para resolver os problemas de Engenharia. De fato, de um modo mais geral, os filtros são especificados não só pelo seu desempenho nas faixas de passagem como, ainda, pelas características nas faixas de rejeição (ou de bloqueio).

Uma especificação mais completa da curva de resposta de um filtro está indicada na figura 17.11. Essa especificação envolve:

- perda de inserção máxima ($A_{s\,máx}$), em *dB*, na faixa de passagem;
- ondulação (*ripple*) na faixa de passagem;
- perda de inserção mínima ($A_{s\,mín}$), em *dB*, nas faixas de bloqueio;
- as freqüências que delimitam as faixas de passagem e de bloqueio, indicadas na figura 17.11.

Para fazer um projeto atendendo a todas essas prescrições é necessário recorrer à literatura especializada (por exemplo, A. I. Zverev, *Handbook of Filter Synthesis*, Wiley, 1967) ou usar um programa computacional adequado.

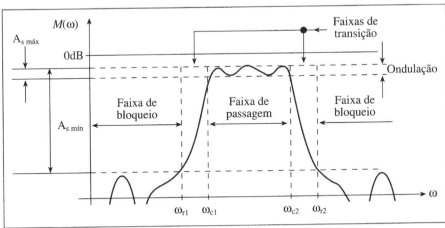

Figura 17.11 Especificação da curva de resposta de um filtro.

Outras considerações podem ainda ser importantes no projeto:

- sensibilidade aos elementos;
- facilidade de ajustes (sintonia do filtro);
- custo dos componentes;
- etc.

17.5 Transformações de Freqüência e Desnormalização

Na seção anterior vimos como projetar *protótipos* de filtros passa-baixas normalizados. Vejamos agora como é possível passar desses protótipos a filtros passa-baixas, passa-altas, passa-faixas ou de rejeição de faixas, com freqüências características e níveis de impedância arbitrários.

A mudança de passa-baixas para o tipo de resposta se faz por uma *transformação de freqüência* adequada; a modificação de freqüências características e de nível de impedância se faz pela *desnormalização*, já vista no Capítulo 16. De fato, as duas operações podem ser feitas ao mesmo tempo, como mostraremos a seguir.

Relembremos que a desnormalização se faz por meio do fator de escala de impedâncias, k_i, e pelo fator de escalas de freqüências, k_f, ambos adimensionais. Na literatura de filtros usam-se as notações:

$$\begin{cases} R_0 = k_i \\ \omega_0 = 1 / k_f \end{cases} \tag{17.21}$$

Assim, para desnormalizar um protótipo passa-baixas, o intuito de operar entre duas resistências de R_b ohms e com frequência de corte $\omega_c \neq 1$, devemos substituir resistores R_n, indutores L_n e capacitores C_n do protótipo por

$$\begin{cases} R_b = k_i R_n \\ L_b = k_i L_n / \omega_0 \\ C_b = C_n / (k_i \omega_0) \end{cases} \tag{17.22}$$

A freqüência de corte superior do novo filtro será

$$\omega_c = 1 \cdot \omega_0 = \omega_0 \tag{17.23}$$

Para os demais tipos de faixas devemos considerar, além da desnormalização, três tipos de transformação de freqüências:

- transformação de passa-baixas em passa-altas;
- transformação de passa-baixas em passa-faixa;
- transformação de passa-baixas em rejeita-faixa;

Vejamos essas transformações.

a) Transformação de passa-baixas em passa-altas

Indicando por s_n a freqüência normalizada, a transformação de passa-baixas para passa-altas é

$$s_n = \omega_0 / s \tag{17.24}$$

onde ω_0 é igual à freqüência de corte inferior do filtro passa-altas.

A freqüência complexa $s = \sigma + j\omega$ transforma-se em

$$\sigma + j\omega = \frac{\omega_0}{\sigma_n + j\omega_n} = \frac{\omega_0 \sigma_n - j\omega_n \omega_0}{\sigma_n^2 + \omega_n^2} \qquad (17.25)$$

Sobre o eixo imaginário, $\sigma_n = 0$, de modo que resulta a transformação

$$\omega = -\frac{\omega_0}{\omega_n} \qquad (17.26)$$

Essa transformação mapeia o segmento $|\omega| < 1$ do eixo imaginário nos segmentos definidos por $\omega_0 \leq |\omega| < \infty$, como indicado na figura 17.12.

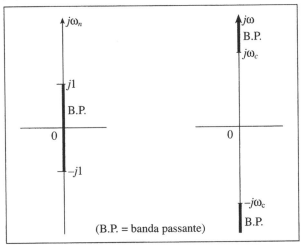

Figura 17.12 Transformação de passa-baixas para passa altas.

Em conseqüência dessa transformação uma impedância capacitiva se transforma numa impedância indutiva:

$$\frac{1}{C_n s_n} = \frac{s}{C_n \omega_0} = L'_a s$$

onde L'_a indica o indutor correspondente a C_n do protótipo passa-baixas.

Analogamente, uma impedância indutiva se transforma numa capacitiva, por

$$L_n s_n = L_n \frac{\omega_0}{s} = \frac{1}{C'_a s}$$

Introduzindo o fator de escala de impedância k_i, teremos finalmente as transformações

$$\begin{cases} L_a = k_i L'_a = \dfrac{k_i}{\omega_0 C_n} \\ C_a = \dfrac{C'_a}{k_i} = \dfrac{1}{k_i \omega_0 L_n} \end{cases} \qquad (17.27)$$

Na figura 17.13 indicamos o resultado dessas transformações sobre o protótipo passa-baixas de 3.ª ordem.

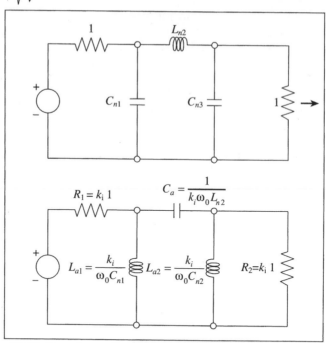

Figura 17.13 Transformação do protótipo passa-baixas em passa-altas.

b) Transformação de passa-baixas em passa-faixa

Suponhamos que se deseja agora transformar um protótipo passa-baixas em um filtro passa-faixa, com freqüências de corte inferior ω_{c1} e de corte superior ω_{c2}, portanto com banda passante

$$B = \omega_{c2} - \omega_{c1} \qquad (17.28)$$

Vamos definir a freqüência central ω_0 pela média geométrica

$$\omega_0 = \sqrt{\omega_{c1}\,\omega_{c2}} \qquad (17.29)$$

A transformação de freqüência a ser empregada será agora

$$s_n = \frac{\omega_0}{B}\left(\frac{s}{\omega_0} + \frac{\omega_0}{s}\right) = \frac{s}{B} + \frac{\omega_0^2}{sB} \qquad (17.30)$$

Essa transformação mapeia o segmento $|\omega_n| < 1$ do eixo de freqüências nos segmentos $|\omega_{c2}| > |\omega| > |\omega_{c1}|$, como indicado na figura 17.14.

As impedâncias indutivas se transformam por

$$s_n L_n = \frac{L_n}{B} s + \frac{\omega_0^2 L_n}{Bs}$$

ou, introduzindo o fator de nível de impedância,

$$s_n k_i L_n = \frac{k_i L_n}{B} s + \frac{\omega_0^2 k_i L_n}{Bs} = L_{f1} s + \frac{1}{C_{f1} s}$$

correspondente, pois, a um L, C série, com

$$\begin{cases} L_{f1} = \dfrac{k_i}{B} L_n \\ C_{f1} = \dfrac{B}{\omega_0^2 k_i L_n} \end{cases} \quad (17.31)$$

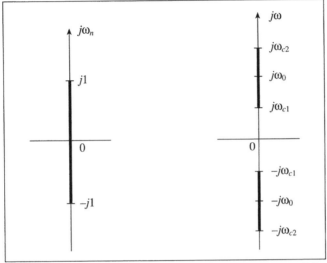

Figura 17.14 Transformação de passa-baixas em passa-faixa.

Analogamente, a transformação da admitância capacitiva resultará em:

$$\dfrac{s_n C_n}{k_i} = \dfrac{sC_n}{Bk_i} + \dfrac{\omega_0^2 C_n}{sBk_i}$$

Portanto, a transformação muda os C_n num circuito ressonante paralelo com

$$\begin{cases} C_{f2} = \dfrac{C_n}{Bk_i} \\ L_{f2} = \dfrac{Bk_i}{\omega_0^2 C_n} \end{cases} \quad (17.32)$$

Note-se que esses dois circuitos ressonantes ressoam em ω_0.

c) **Transformação de passa-baixas em rejeita-faixa**

A transformação de freqüência a ser empregada agora é

$$s_n = \dfrac{B}{\omega_0 \left(\dfrac{s}{\omega_0} + \dfrac{\omega_0}{s} \right)} \quad (17.33)$$

onde agora

$$\omega_0 = \sqrt{\omega_{c1}\omega_{c2}} \qquad (17.34)$$

e ω_{c1} e ω_{c2} são as freqüências de corte da banda de rejeição. Essa transformação faz o mapeamento de intervalos indicado na figura 17.15.

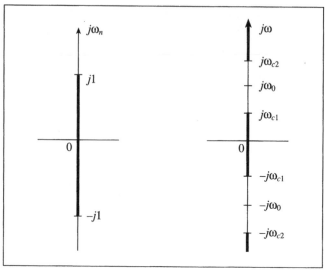

Figura 17.15 Transformação de passa-baixas em rejeita-faixa.

Como nos casos anteriores, verifica-se que os indutores L_n do protótipo se transformam em circuitos ressonantes paralelos, com

$$\begin{cases} L_{r1} = \dfrac{k_i L_n B}{\omega_0^2} \\ C_{r1} = \dfrac{1}{k_i L_n B} \end{cases} \qquad (17.35)$$

ao passo que os capacitores se transformam em circuitos ressonantes série com

$$\begin{cases} L_{r2} = \dfrac{k_i}{C_n B} \\ C_{r2} = \dfrac{C_n B}{k_i \omega_0^2} \end{cases} \qquad (17.36)$$

As transformações de freqüência e desnormalizações aqui estudadas estão indicadas na Tabela III.

Tendo um protótipo e essa tabela podemos determinar o filtro desejado.

Transformações de Freqüência e Desnormalização

TABELA III — MODIFICAÇÃO DE ELEMENTOS POR TRANSFORMAÇÃO E DESNORMALIZAÇÃO

Elementos	Passa-baixas	Passa-altas	Passa-faixa	Rejeita-faixa
R_n	$R_b = k_i R_n$	$R_a = k_i R_n$	$R_f = k_i R_n$	$R_r = k_i R_n$
L_n	$L_b = k_i L_n / \omega_0$	$C_a = 1/(\omega_0 k_i L_n)$	$L_{f1} = k_i L_n / B$; $C_{f1} = B/(\omega_0^2 k_i L_n)$	$L_{r1} = k_i L_n B/\omega_0^2$; $C_{r1} = 1/(k_i L_n B)$
C_n	$C_b = C_n / (k_i \omega_0)$	$L_a = k_i / (\omega_0 C_n)$	$L_{f2} = k_i B/(\omega_0^2 C_n)$; $C_{f2} = C_n / (B \cdot k_i)$	$L_{r2} = k_i / (C_n B)$; $C_{r2} = C_n B/(k_i \omega_0^2)$

Exemplo:

Dado o protótipo de Butterworth de 3.ª ordem da figura 17.16, determinar os seguintes filtros, para operarem entre resistências de 50 ohms:

a) filtro passa-baixas, com freqüência de corte superior igual a 10 krad/s;

b) filtro passa-altas, com freqüência de corte inferior igual a 1 krad/s;

c) filtro passa-faixa, com freqüências de corte de 1 e 20 krad/s;

d) filtro rejeita-faixa, com freqüências de corte iguais a 1 e 20 krad/s.

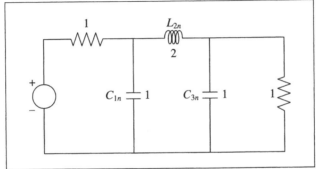

Figura 17.16 – Protótipo Butterworth de 3.ª ordem, passa-baixas.

Soluções:

a) Para passar ao filtro passa-baixas basta desnormalizar o protótipo, com $k_i = 50$, $\omega_0 = 10^4$.

Obtemos:

$$\begin{cases} C_{b1} = \dfrac{C_{1n}}{k_i\omega_0} = \dfrac{1}{50 \cdot 10^4} = 2 \cdot 10^{-6}\,F = 2\mu F \\ L_{b2} = \dfrac{k_i L_n}{\omega_0} = \dfrac{50 \cdot 2}{10^4} = 0{,}01\,H \\ C_{b3} = \dfrac{C_{3n}}{k_i\omega_0} = \dfrac{1}{50 \cdot 10^4} = 2\mu F \end{cases}$$

O filtro final está indicado na figura 17.17.

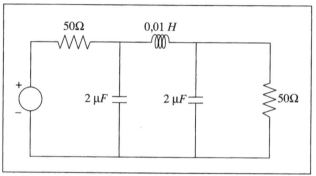

Figura 17.17 Filtro passa-baixas desnormalizado.

b) Para passar ao filtro passa-altas, usamos a transformação de freqüências e desnormalização, com $k_i = 50$ e $\omega_0 = 10^3$. Resultam

$$\begin{cases} L_{a1} = \dfrac{k_i}{\omega_0 C_{1n}} = \dfrac{50}{10^3 \cdot 1} = 0{,}05\,H \\ C_{a2} = \dfrac{1}{\omega_0 L_{1n} k_i} = \dfrac{1}{10^3 \cdot 2 \cdot 50} = 10^{-5}\,F = 10\,\mu F \\ L_{a3} = \dfrac{k_i}{\omega_0 C_{3n}} = \dfrac{50}{10^3} = 0{,}05\,H \end{cases}$$

O filtro final está indicado na figura 17.18.

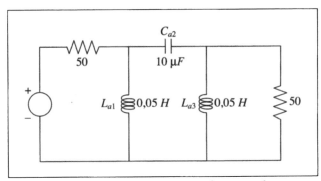

Figura 17.18 Filtro Butterworth passa-altas.

c) Para passar ao passa-faixa, aplicamos a correspondente transformação ao protótipo. Os resultados são:

$B = \omega_{c2} - \omega_{c1} = 20.000 - 1.000 = 19 \cdot 10^3$

$\omega_0 = \sqrt{\omega_{c1} \cdot \omega_{c2}} = \sqrt{2 \cdot 10^7} = 4.472,14$

$\begin{cases} L_{1f} = \dfrac{k_i B}{\omega_0^2 C_{1n}} = \dfrac{50 \cdot 19.000}{2 \cdot 10^7} = 0,0475 \text{ H} \\ C_{1f} = \dfrac{C_{1n}}{Bk_i} = \dfrac{1}{19.000 \cdot 50} = 1,0526 \cdot 10^{-6} \text{ F} = 1,0526 \text{ }\mu F \end{cases}$

$\begin{cases} L_{2f} = \dfrac{k_i L_{2n}}{B} = \dfrac{50 \cdot 2}{19.000} = 5,263 \cdot 10^{-3} \text{ H} \\ C_{2f} = \dfrac{B}{k_i \omega_0^2 L_n} = \dfrac{19.000}{50 \cdot 2 \cdot 10^7 \cdot 2} = 9,5 \cdot 10^{-6} \text{ F} = 9,5 \text{ }\mu F \end{cases}$

O filtro final está representado na figura 17.19.

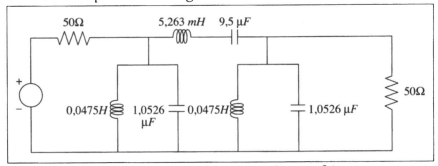

Figura 17.19 Filtro de Butterworth passa-faixa.

d) Finalmente, para o filtro rejeita-faixa faremos transformações de freqüência e desnormalização, com $k_i = 50$, $B = 19.000$ e $\omega_0 = 4.472,14$. Os resultados são, (figura 17.20):

$$\begin{cases} L_{r1} = \dfrac{k_i}{C_{n1} \cdot B} = \dfrac{50}{1 \cdot 19.000} = 2{,}632 \cdot 10^{-3} \text{ H} \\ C_{r1} = \dfrac{C_n B}{k_i \omega_0^2} = \dfrac{1 \cdot 19.000}{50 \cdot 2 \cdot 10^7} = 1{,}9 \cdot 10^{-5} = 19 \mu F \end{cases}$$

$$\begin{cases} L_{r2} = \dfrac{k_i L_{n2} B}{\omega_0^2} = \dfrac{50 \cdot 2 \cdot 19.000}{2 \cdot 10^7} = 0{,}095 \text{ H} \\ C_{r2} = \dfrac{1}{k_i L_n B} = \dfrac{1}{50 \cdot 2 \cdot 19.000} = 0{,}526 \cdot 10^{-6} = 0{,}5263 \; \mu F \end{cases}$$

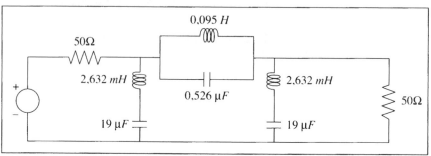

Figura 17.20 Filtro de Butterworth rejeita-faixa.

Como verificação, na figura 17.21, a seguir, estão representadas as curvas de resposta em freqüência desses quatro filtros, simulados com o programa PSPICE.

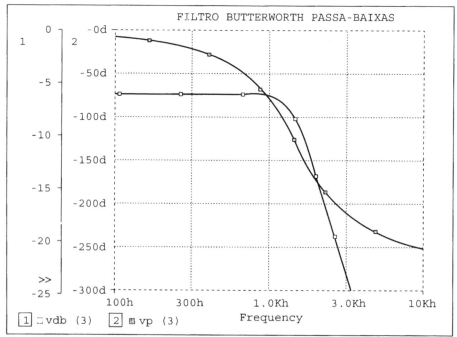

Figura 17.21, a) Curvas de respostas de filtro Butterworth de 3.ª ordem, passa-baixas.

Transformações de Freqüência e Desnormalização

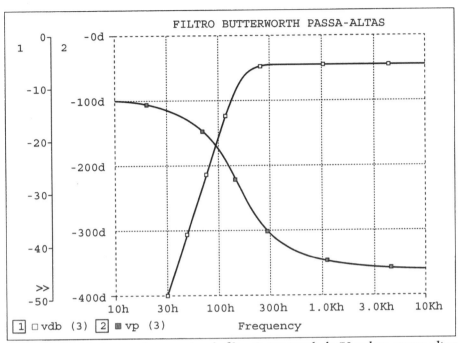

Figura 17.21, b) Curvas de respostas de filtro Butterworth de 3.ª ordem, passa-altas.

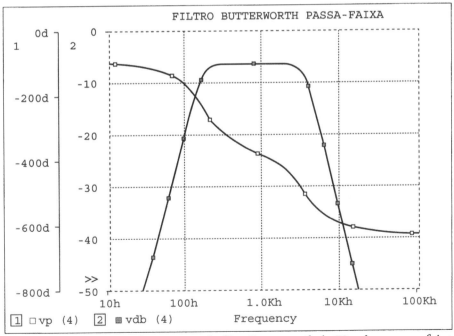

Figura 17.21, c) Curvas de respostas de filtro Butterworth de 3.ª ordem, passa-faixa.

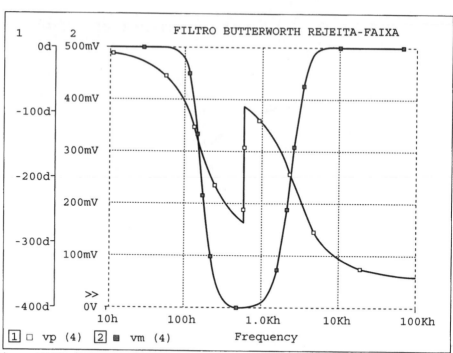

Figura 17.21, d) Curvas de respostas de filtros Butterworth de 3.ª ordem, rejeita faixa.

Bibliografia do Capítulo 17

1) TEMES, G. C. e LAPATRA, J. W., *Introduction to Circuit Synthesis and Design*, McGraw-Hill, Kogakusha, 1977.
2) KUO, F. F., *Network Analysis and Synthesis*, 2.ª ed., Wiley, 1966.
3) WEINBERG L., *Network Analysis and Synthesis*, McGraw-Hill, Kogakusha, 1962. (Contém tabelas para projeto.)
4) ZVEREV, A. I., *Handbook of Filter Synthesis*, Wiley, 1967 (Manual para projetos).
5) WILLIAMS, A. B., *Electronic Filter Design Handbook*, McGraw-Hill, 1981 (Com extensas tabelas para projetos).
6) DARYANANI, G., *Principles of Active Networks Synthesis and Design*, Wiley, 1976.
7) SEDRA, A. S. e BRACKETT, P. O., *Filter Theory and Design: Active and Passive*, Matrix Publishers, 1978.
8) HESLER, M. e NEIRINK, J., *Electric Filters*, Artech House, Dedham, MA, 1986.
9) SU, K. L., *Analog Filters*, Chapman & Hall, 1996.
10) LAM, W. I. F., *Analog and Digital Filters – Design and Realization*, Prentice-Hall, 1979.

EXERCÍCIOS BÁSICOS DO CAPÍTULO 17

1. O quadripolo da figura E17.1 é inserido entre uma fonte de tensão, com resistência interna de 50 ohms e uma resistência de carga, também de 50 ohms. Determine:

   a) a atenuação da fonte para a carga;

   b) a perda de inserção do quadripolo.

   Figura E17.1
   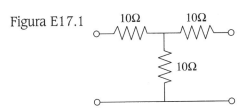

   Resp.: a) $A_{fc} = -19,65$ dB;

   b) $A_s = -13,62$ dB.

2. Um certo filtro normalizado, operando entre resistências de 1 ohm, tem a estrutura indicada na figura E17.2.

   Figura E17.2
   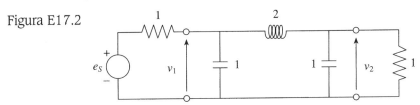

   a) Desnormalize o filtro, passando o nível de impedância para 50 ohms e para freqüência de corte superior igual a 10 krad/seg;

   b) determine a função ganho

   $G(s) = V_2(s) / V_1(s)$

   do filtro normalizado;

   c) faça um gráfico da curva de $M(\omega) = |G(j\omega)|$ do circuito desnormalizado. (Use um microcomputador!)

   Resp.: a) As resistências mudam para 50Ω, a indutância passa a 0,01 H e os capacitores passam a 2 μF cada.

   b) $G(s) = \dfrac{1}{2} \cdot \dfrac{1}{s^3 + 2s^2 + 2s + 1}$

   c) Ver gráfico da figura E17.3.

Figura E17.3

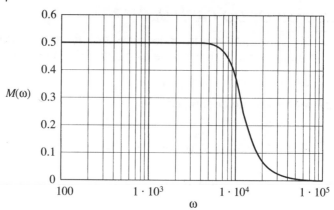

3   No circuito da figura E17.4, determine os valores de L e C para realizar um filtro de Chebyshev passa-baixas, com ondulação de 1 *dB* e freqüência de corte superior igual a 1 krad/seg.

Figura E17.4

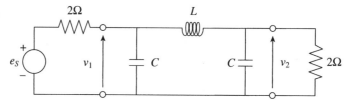

Resp.: C = 1,01 mF; L = 2 mH.

4   Considere a característica passa-baixas de Chebyshev, para $n = 6$ e ondulação igual a 0,5 *dB*. Calcule a atenuação em *dB* do filtro, com relação a $\omega = 0$ rad/seg, nas freqüências $\omega = 1$; $\omega = 1,1$; $\omega = 1,25$ e $\omega = 2$ rad/seg.

Resp.: 0,5 *dB*; 8,64 *dB*; 21 *dB* e 53,48 *dB*.

5   O filtro passa-baixas da figura E17.5 apresenta uma função de transferência $E_2(s)/E_S(s)$ cuja freqüência de corte superior é de 1 rad/seg (para atenuação de 3 *dB*). Transforme o circuito para que se converta em um filtro passa-altas, com freqüência de corte inferior igual a 10 krad/seg, e tal que os valores dos capacitores sejam de 1 μF e 3 μF.

Figura E17.5

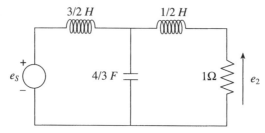

Resp.: Ver figura E17.6.

Figura E17.6

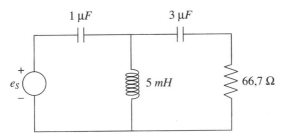

6   Um filtro passa-faixa foi obtido a partir de um protótipo normalizado para passa-baixas, utilizando-se a transformação

$$s_n = \frac{s^2 + 100^2}{5s}$$

Determine a banda passante, a freqüência central do filtro passa-faixa, e suas freqüências de corte inferior e superior.

Resp.: $B = 5$ rad/seg; $\omega_0 = 100$ rad/seg; $\omega_{c1} = 97,53$ rad/seg; $\omega_{c2} = 102,53$ rad/seg.

Capítulo 18

*QUADRIPOLOS

18.1 Introdução

Como já foi visto, um *quadripolo* é uma rede elétrica com quatro terminais acessíveis, associados em dois pares: um par de terminais (1,1'), ligado à *fonte*, ou à *excitação*, corresponde à *entrada* do quadripolo, ao passo que o segundo par de terminais (2,2'), ligado à *carga*, constitui a *saída* do quadripolo. Cada par de terminais constitui assim um *acesso* ao quadripolo, fato pelo qual ele é também designado por *rede de dois acessos* (*two-port network*).

O quadripolo representa-se pelo esquema da figura 18.1; da imposição de que os terminais de entrada e de saída constituam bipolos resulta que as correntes nos terminais, com os sentidos de referência indicados na figura, devem satisfazer a

$$\begin{cases} i_1(t) = i_1'(t) \\ i_2(t) = i_2'(t) \end{cases} \quad (18.1)$$

para qualquer t.

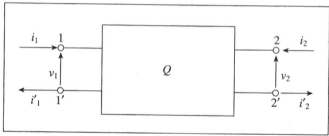

Figura 18.1 Esquema de um quadripolo.

Assim sendo, o quadripolo fica caracterizado externamente pelas quatro variáveis v_1, v_2, i_1 e i_2. Com as convenções de sinais indicadas na figura 18.1, a potência instantânea *fornecida* ao quadripolo será

$$p(t) = v_1(t) \cdot i_1(t) + v_2(t) \cdot i_2(t) \qquad (18.2)$$

No estudo dos quadripolos procuraremos obter relações entre tensões e correntes em seus acessos, sem especificar sua estrutura interna. Veremos que esse conhecimento pode ser substituído pela especificação de certos *parâmetros do quadripolo*. Esses parâmetros podem, em muitos casos, ser obtidos por meio de medidas executadas num quadripolo físico.

O interesse desse método de ataque é óbvio: a descrição detalhada de uma estrutura complicada poderá ser substituída por um pequeno número de parâmetros adequados, ao menos para efeito de cálculo de circuitos em que o quadripolo esteja incluído. Assim, um dispositivo físico, tal como um transistor, ou mesmo um circuito integrado, operando como quadripolo, poderá ser caracterizado por um certo número de parâmetros. Um outro problema, que não cabe discutir neste curso, é o relacionamento desses parâmetros à física do dispositivo.

Alguns filtros e muitos transistores são, efetivamente, dispositivos com três terminais distintos; isso não impede que tais dispositivos possam ser descritos como quadripolos, mediante oportuna definição dos acessos. Assim, na figura 18.2 mostramos como associar quadripolos a um transistor, e nas três diferentes conexões: emissor comum, base comum e coletor comum. A cada tipo de conexão corresponderão diferentes *famílias de parâmetros* dos transistores.

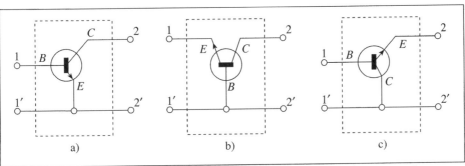

Figura 18.2 Quadripolos correspondentes às várias ligações de um transistor.

18.2 Os Parâmetros dos Quadripolos; Matriz de Impedâncias e Matriz de Admitâncias

Consideraremos, no que se segue, apenas *quadripolos lineares e invariantes no tempo*, isto é, constituídos por associações de elementos lineares e invariantes no tempo, e não contendo geradores independentes. Admitiremos ainda que não há energia inicialmente armazenada nesses elementos (condições iniciais nulas, ou estado zero).

Sejam ainda $V_1(s)$, $V_2(s)$, $I_1(s)$ e $I_2(s)$ as transformadas de Laplace das variáveis do quadripolo.

Os quadripolos desse tipo podem ser descritos por várias *matrizes de parâmetros*. Notemos, desde já, que nem todos os quadripolos lineares e invariantes no tempo podem ser descritos por todas as matrizes que apresentaremos. As eventuais restrições ficarão claras no prosseguimento do nosso estudo.

Iniciaremos com os *parâmetros de impedância em circuito aberto*, que compõem a matriz de impedâncias.

a) Matriz de impedâncias em circuito aberto

Suponhamos que duas fontes de corrente são ligadas aos dois acessos de um quadripolo linear e fixo (ou invariante no tempo), e sejam $I_1(s)$ e $I_2(s)$ as correntes (transformadas) por elas fornecidas (figura 18.3).

Note-se que na figura estão indicadas transformadas das tensões e das correntes. Por uma questão de simplicidade, omitimos o argumento (s) das transformadas. Muitas vezes faremos essa simplificação de notação no decorrer deste capítulo, quando não houver perigo de confusão.

Figura 18.3 Quadripolo com fontes de correntes nos dois acessos.

Supondo linearidade do quadripolo, por superposição podemos escrever que as tensões nos terminais são dadas por combinações lineares das correntes das fontes:

$$\begin{cases} V_1(s) = z_{11}(s) \cdot I_1(s) + z_{12}(s) \cdot I_2(s) \\ V_2(s) = z_{21}(s) \cdot I_1(s) + z_{22}(s) \cdot I_2(s) \end{cases} \quad (18.3)$$

onde os parâmetros z_{ij} são, em geral, funções da variável complexa s.

Matricialmente, essa equação pode ser posta na forma

$$\begin{bmatrix} V_1(s) \\ V_2(s) \end{bmatrix} = \mathbf{Z}(s) \cdot \begin{bmatrix} I_1(s) \\ I_2(s) \end{bmatrix} \quad (18.4)$$

onde

$$\mathbf{Z}(s) = \begin{bmatrix} z_{11}(s) & z_{12}(s) \\ z_{21}(s) & z_{22}(s) \end{bmatrix} \quad (18.5)$$

é a *matriz das impedâncias em circuito aberto*. Os parâmetros z_{ij}, em geral funções de s, independem dos valores das correntes aplicadas, mas dependem da estrutura do quadripolo. Esses parâmetros podem ser determinados medindo (ou calculando) as tensões, com a imposição de nulidade de uma das correntes, ou seja, deixando um par de terminais em circuito aberto. Assim, de (18.3), obtemos:

$$z_{11} = \left.\frac{V_1}{I_1}\right|_{I_2=0} \tag{18.6, a}$$

$$z_{21} = \left.\frac{V_2}{I_1}\right|_{I_2=0} \tag{18.6, b}$$

$$z_{12} = \left.\frac{V_1}{I_2}\right|_{I_1=0} \tag{18.6, c}$$

$$z_{22} = \left.\frac{V_2}{I_2}\right|_{I_1=0} \tag{18.6, d}$$

Portanto, z_{11} e z_{22} são *impedâncias de entrada em circuito aberto,* ao passo que z_{12} e z_{21} são *impedâncias de transferência em circuito aberto.*

As relações (18.3) e (18.4) sugerem a possibilidade de substituir o quadripolo, dado por sua matriz de impedâncias em circuito aberto, por um dos *circuitos equivalentes* indicados na figura 18.4. O circuito equivalente da figura 18.4, a) é mais geral. De fato, o circuito b) só pode ser utilizado quando os dois terminais inferiores do quadripolo forem equipotenciais.

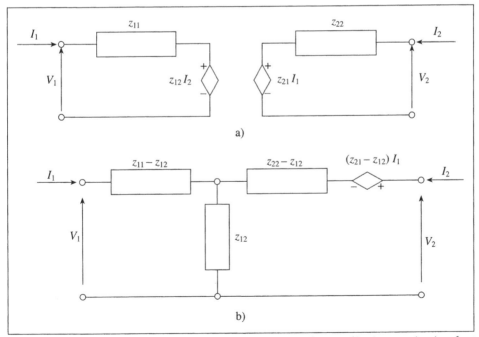

Figura 18.4 Circuitos equivalentes correspondentes à matriz de impedâncias em circuito aberto.

b) Matriz de admitâncias em curto-circuito

Consideremos agora um quadripolo linear e invariante no tempo, sem fontes independentes, com geradores de tensão ligados aos dois pares de terminais (figura 18.5) e com condições iniciais nulas.

Aplicando o princípio de superposição, temos, para quaisquer $V_1(s)$ e $V_2(s)$,

$$\begin{cases} I_1(s) = y_{11}(s) \cdot V_1(s) + y_{12}(s) \cdot V_2(s) \\ I_2(s) = y_{21}(s) \cdot V_1(s) + y_{22}(s) \cdot V_2(s) \end{cases} \quad (18.7)$$

ou, matricialmente e omitindo os argumentos das funções de s,

$$\begin{bmatrix} I_1 \\ I_2 \end{bmatrix} = \begin{bmatrix} y_{11} & y_{12} \\ y_{21} & y_{22} \end{bmatrix} \cdot \begin{bmatrix} V_1 \\ V_2 \end{bmatrix} \quad (18.8)$$

onde a *matriz das admitâncias em curto-circuito*

$$\mathbf{Y} = \begin{bmatrix} y_{12} & y_{21} \\ y_{21} & y_{22} \end{bmatrix} \quad (18.9)$$

independe de V_1 e V_2, mas depende da estrutura do quadripolo, e seus *parâmetros de admitância em curto-circuito* y_{ij} são em geral funções de s.

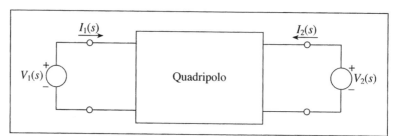

Figura 18.5 Quadripolo com fontes de tensão nos acessos.

Dualmente ao caso anterior, esses parâmetros podem ser determinados pelas relações

$$y_{11} = \left. \frac{I_1}{V_1} \right|_{V_2 = 0} \quad (18.10, a)$$

$$y_{21} = \left. \frac{I_2}{V_1} \right|_{V_2 = 0} \quad (18.10, b)$$

$$y_{12} = \left. \frac{I_1}{V_2} \right|_{V_1 = 0} \quad (18.10, c)$$

$$y_{22} = \left. \frac{I_2}{V_2} \right|_{V_1 = 0} \quad (18.10, d)$$

Os Parâmetros dos Quadripolos; Matriz de Impedâncias e Matriz de Admitâncias 563

A interpretação dessas relações e sua aplicação à determinação dos parâmetros são óbvias.

As relações (18.7) ou (18.8) sugerem os *circuitos equivalentes* indicados na figura 18.6. O circuito a) é geral; o circuito b) só se aplica ao caso em que os terminais inferiores são equipotenciais.

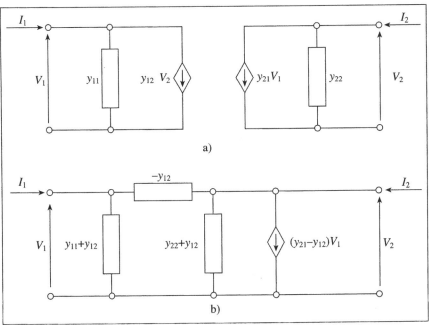

Figura 18.6 Circuitos equivalentes correspondentes à matriz de admitâncias em curto-circuito.

Passemos agora a alguns exemplos de cálculo de parâmetros de quadripolos.

Exemplo 1:

Consideremos o quadripolo resistivo em **T** da figura 18.7.

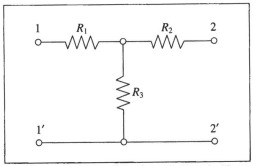

Figura 18.7 Quadripolo resistivo em T.

Aplicando as fórmulas (18.6) obtemos facilmente

$$\begin{cases} z_{11} = R_1 + R_3 \\ z_{21} = R_3 \\ z_{12} = R_3 \\ z_{22} = R_2 + R_3 \end{cases}$$

de modo que a matriz de impedâncias em circuito aberto fica

$$\mathbf{Z} = \begin{bmatrix} R_1 + R_3 & R_3 \\ R_3 & R_2 + R_3 \end{bmatrix}$$

Aplicando ao mesmo circuito as fórmulas (18.10), calculamos os parâmetros y:

$$\begin{cases} y_{11} = (R_2 + R_3) / (R_1 R_2 + R_2 R_3 + R_1 R_3) \\ y_{21} = -R_3 / (R_1 R_2 + R_2 R_3 + R_1 R_3) \\ y_{12} = -R_3 / (R_1 R_2 + R_2 R_3 + R_1 R_3) \\ y_{22} = (R_1 + R_3) / (R_1 R_2 + R_2 R_3 + R_1 R_3) \end{cases}$$

A matriz das admitâncias em curto-circuito é pois

$$\mathbf{Y} = \frac{1}{R_1 R_2 + R_2 R_3 + R_1 R_3} \cdot \begin{bmatrix} R_2 + R_3 & -R_3 \\ -R_3 & R_1 + R_3 \end{bmatrix}$$

Note-se que é $\mathbf{Y} = \mathbf{Z}^{-1}$, como seria de esperar resolvendo (18.4) em relação às correntes e comparando com (18.8).

Nesse exemplo as duas matrizes $\mathbf{Y}$ e $\mathbf{Z}$ são *simétricas*. Os quadripolos em que isso ocorre são chamados *quadripolos recíprocos*.

Exemplo 2:

Vamos agora calcular os parâmetros de admitância em curto-circuito do quadripolo da figura 18.8, a), que contém um gerador vinculado.

Curto-circuitando os terminais de saída, obtemos

$$y_{11} = \left. \frac{I_1}{V_1} \right|_{V_2 = 0} = \frac{1}{R_1} + sC_1$$

$$y_{21} = \left. \frac{I_2}{V_1} \right|_{V_2 = 0} = g_m - sC_1$$

Curto-circuitando agora os terminais de entrada, com o que fica inativado o gerador vinculado, como indicado na figura 18.8, c), vem

$$y_{22} = \left.\frac{I_2}{V_2}\right|_{V_1=0} = \frac{1}{R_2} + sC_1$$

$$y_{12} = \left.\frac{I_1}{V_2}\right|_{V_1=0} = -sC_1$$

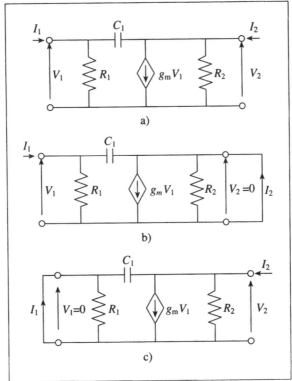

Figura 18.8 Exemplo de quadripolo com gerador vinculado.

A matriz **Y** não é simétrica, de modo que esse quadripolo não é recíproco.

Exemplo 3:

Consideremos agora os três quadripolos simples da figura 18.9.

Para o circuito a), que consiste de uma simples resistência em derivação (*shunt*), a matriz das impedâncias em circuito aberto é

$$\mathbf{Z} = \begin{bmatrix} R & R \\ R & R \end{bmatrix}$$

Essa matriz é singular, de modo que não podemos invertê-la. Em conseqüência, esse quadripolo não admite matriz **Y**.

No quadripolo da figura 18.9, b), ao contrário, a matriz **Z** não existe e a matriz **Y** é singular:

$$\mathbf{Y} = \begin{bmatrix} G & -G \\ -G & G \end{bmatrix}$$

Finalmente, o quadripolo da figura 18.9, c) não pode ser descrito por nenhuma das duas matrizes já examinadas. Isso não quer dizer que é impossível descrevê-lo por uma matriz de parâmetros. De fato, verifica-se facilmente que vale a relação

$$\begin{bmatrix} V_1 \\ I_1 \end{bmatrix} = \begin{bmatrix} 1 & 0 \\ 0 & -1 \end{bmatrix} \cdot \begin{bmatrix} V_2 \\ I_2 \end{bmatrix}$$

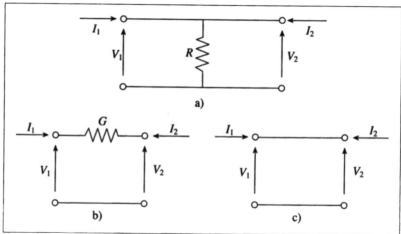

Figura 18.9 Exemplos de quadripolos simples.

Esse último exemplo ilustra uma das razões que nos levam a introduzir outras matrizes de parâmetros de quadripolos; outras razões serão vistas mais tarde. Passemos então a examinar essas outras descrições matriciais de quadripolos.

18.3 Outras Matrizes de Parâmetros de Quadripolos

a) Matrizes híbridas

Na descrição dos quadripolos lineares e invariantes no tempo pelas matrizes híbridas adotam-se como variáveis independentes a tensão num dos acessos e a corrente no outro acesso. Há, então, duas possibilidades, que levam às matrizes **H** e **G**.

Assim, tomando $V_2(s)$ e $I_1(s)$ como variáveis independentes, temos (omitindo os argumentos das funções, em benefício da simplicidade de notação)

Outras Matrizes de Parâmetros de Quadripolos

$$\begin{cases} V_1 = h_{11}I_1 + h_{12}V_2 \\ I_2 = h_{21}I_1 + h_{22}V_2 \end{cases} \quad (18.11)$$

ou

$$\begin{bmatrix} V_1 \\ I_2 \end{bmatrix} = \begin{bmatrix} h_{11} & h_{12} \\ h_{21} & h_{22} \end{bmatrix} \cdot \begin{bmatrix} I_1 \\ V_2 \end{bmatrix} \quad (18.12)$$

e a *matriz híbrida* define-se por

$$\mathbf{H} = \begin{bmatrix} h_{11} & h_{12} \\ h_{21} & h_{22} \end{bmatrix} \quad (18.13)$$

Os parâmetros h_{ij} obtêm-se pelas seguintes relações:

$$h_{11} = \left.\frac{V_1}{I_1}\right|_{V_2=0} \quad (18.14, a)$$

$$h_{21} = \left.\frac{I_2}{I_1}\right|_{V_2=0} \quad (18.14, b)$$

$$h_{12} = \left.\frac{V_1}{V_2}\right|_{I_1=0} \quad (18.14, c)$$

$$h_{22} = \left.\frac{I_2}{V_2}\right|_{I_1=0} \quad (18.14, d)$$

O parâmetro h_{11} tem as dimensões de impedância, ao passo que h_{22} é uma admitância e h_{12} e h_{21} são ganhos, como se verifica das equações de definição.

Verifica-se facilmente que subsistem as seguintes relações entre os parâmetros h, z e y:

$$\begin{cases} h_{11} = 1/y_{11}; & h_{12} = z_{12}/z_{22} \\ h_{21} = y_{21}/y_{11}; & h_{22} = 1/z_{22} \end{cases} \quad (18.15)$$

Os parâmetros h são bastante usados para caracterizar os transistores.

A representação pela matriz híbrida **H** sugere o circuito equivalente indicado na figura 18.10.

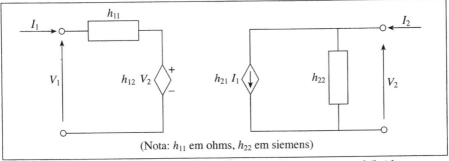

(Nota: h_{11} em ohms, h_{22} em siemens)

Figura 18.10 Circuito equivalente correspondente à matriz híbrida.

Considerando agora V_1 e I_2 como variáveis independentes, obtemos a matriz dos parâmetros g_{ij} (não confundir com condutâncias!):

$$\begin{cases} I_1 = g_{11}V_1 + g_{12}I_2 \\ V_2 = g_{21}V_1 + g_{22}I_2 \end{cases} \tag{18.16}$$

ou

$$\begin{bmatrix} I_1 \\ V_2 \end{bmatrix} = \mathbf{G} \cdot \begin{bmatrix} V_1 \\ I_2 \end{bmatrix} \tag{18.17}$$

onde

$$\mathbf{G} = \begin{bmatrix} g_{11} & g_{12} \\ g_{21} & g_{22} \end{bmatrix} \tag{18.18}$$

é a *matriz dos parâmetros g_{ij}*.

Evidentemente,

$$\mathbf{G} = \mathbf{H}^{-1} \tag{18.19}$$

Sendo esses parâmetros menos usados que os anteriores, não nos deteremos sobre eles.

b) Matrizes de transmissão

Finalmente, examinemos a *matriz de transmissão*, muito usada em Telefonia ou, genericamente, em sistemas de transmissão de sinais.

Para definir essa matriz, usaremos como variáveis independentes a tensão de saída V_2 e o *negativo* da corrente de saída, I_2. Portanto,

$$\begin{bmatrix} V_1 \\ I_1 \end{bmatrix} = \mathbf{T} \cdot \begin{bmatrix} V_2 \\ -I_2 \end{bmatrix} \tag{18.20}$$

onde $\mathbf{T}$ é a *matriz de transmissão*, dada por

$$\mathbf{T} = \begin{bmatrix} A & B \\ C & D \end{bmatrix} \tag{18.21}$$

Para ilustrar desde já o interesse dessa matriz, consideremos um quadripolo terminado por uma impedância Z_L (figura 18.11).

Temos, portanto,

$$V_2 = -Z_L I_2$$

Substituindo esse valor na equação (18.20), com a matriz $\mathbf{T}$ substituída por (18.21), vem

$$\begin{cases} V_1 = (AZ_L + B) \cdot (-I_2) \\ I_1 = (CZ_L + D) \cdot (-I_2) \end{cases}$$

Outras Matrizes de Parâmetros de Quadripolos

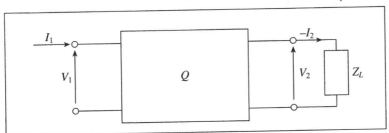

Figura 18.11 Quadripolo terminado por impedância de carga Z_L.

Dividindo membro a membro essas duas equações, obtemos a *impedância de entrada* do quadripolo, terminado pela impedância de carga Z_L:

$$Z_{in} = \frac{V_1}{I_1} = \frac{AZ_L + B}{CZ_L + D} \tag{18.22}$$

Finalmente, invertendo o sistema (18.20), obtemos as variáveis de saída em função das variáveis de entrada:

$$\begin{bmatrix} V_2 \\ -I_2 \end{bmatrix} = \mathbf{T}^{-1} \cdot \begin{bmatrix} V_1 \\ I_1 \end{bmatrix} \tag{18.23}$$

onde $\mathbf{T}^{-1}$ é a inversa da matriz de transmissão $\mathbf{T}$.

Concluímos assim o exame das seis possíveis matrizes de quadripolos: **Z**, **Y**, **H**, **G**, **T** e $\mathbf{T}^{-1}$. Veremos depois que cada uma dessas matrizes pode ser mais conveniente para o estudo de um determinado problema. Normalmente, também a medida ou o cálculo de alguns parâmetros pode ser mais conveniente que a de outros. É o que faremos após o exame de mais dois exemplos.

Exemplo 1:

Os parâmetros h para o circuito da figura 18.8, a) são:

$$h_{11} = \left.\frac{V_1}{I_1}\right|_{V_2=0} = \frac{R}{sC_1R_1 + 1}$$

$$h_{21} = \left.\frac{I_2}{I_1}\right|_{V_2=0} = \frac{R_1(g_m - sC_1)}{sC_1R_1 + 1}$$

$$h_{12} = \left.\frac{V_1}{V_2}\right|_{I_1=0} = \frac{sC_1R_1}{sC_1R_1 + 1}$$

$$h_{22} = \left.\frac{I_2}{V_2}\right|_{I_1=0} = \frac{(g_mR_1 + 1)sC_1}{sC_1R_1 + 1} + \frac{1}{R_2}$$

Exemplo 2:

Os três quadripolos da figura 18.9 podem ser descritos por matrizes de transmissão. Obtemos facilmente os seguintes resultados:

- quadripolo da figura 18.9, a):
  $A = 1$, $B = 0$, $C = 1/R$, $D = 1$;
- quadripolo da figura 18.9, b):
  $A = 1$, $B = 1/G$, $C = 0$, $D = 1$;
- quadripolo da figura 18.9, c):
  $A = 1$, $B = 0$, $C = 0$, $D = 1$.

18.4 Relações entre as Várias Matrizes dos Quadripolos

A obtenção das relações entre os parâmetros das várias matrizes dos quadripolos é um simples problema de álgebra. Na tabela seguinte estão indicadas as fórmulas de conversão. Nessa tabela, cada linha corresponde a uma mesma matriz, com seus elementos expressos em termos dos parâmetros da matriz indicada no topo da respectiva coluna.

TABELA DE CONVERSÃO DE PARÂMETROS

	Z	Y	H	T
Z	$\begin{bmatrix} z_{11} & z_{12} \\ z_{21} & z_{22} \end{bmatrix}$	$\begin{bmatrix} \dfrac{y_{22}}{\lvert\mathbf{Y}\rvert} & \dfrac{-y_{12}}{\lvert\mathbf{Y}\rvert} \\ \dfrac{-y_{21}}{\lvert\mathbf{Y}\rvert} & \dfrac{y_{11}}{\lvert\mathbf{Y}\rvert} \end{bmatrix}$	$\begin{bmatrix} \dfrac{\lvert\mathbf{H}\rvert}{h_{22}} & \dfrac{h_{12}}{h_{22}} \\ \dfrac{-h_{21}}{h_{22}} & \dfrac{1}{h_{22}} \end{bmatrix}$	$\begin{bmatrix} \dfrac{A}{C} & \dfrac{\lvert\mathbf{T}\rvert}{C} \\ \dfrac{1}{C} & \dfrac{D}{C} \end{bmatrix}$
Y	$\begin{bmatrix} \dfrac{z_{22}}{\lvert\mathbf{Z}\rvert} & \dfrac{-z_{12}}{\lvert\mathbf{Z}\rvert} \\ \dfrac{-z_{21}}{\lvert\mathbf{Z}\rvert} & \dfrac{z_{11}}{\lvert\mathbf{Z}\rvert} \end{bmatrix}$	$\begin{bmatrix} y_{11} & y_{12} \\ y_{21} & y_{22} \end{bmatrix}$	$\begin{bmatrix} \dfrac{1}{h_{11}} & \dfrac{-h_{12}}{h_{11}} \\ \dfrac{h_{21}}{h_{11}} & \dfrac{\lvert\mathbf{H}\rvert}{h_{11}} \end{bmatrix}$	$\begin{bmatrix} \dfrac{D}{B} & \dfrac{-\lvert\mathbf{T}\rvert}{B} \\ \dfrac{-1}{B} & \dfrac{A}{B} \end{bmatrix}$
H	$\begin{bmatrix} \dfrac{\lvert\mathbf{Z}\rvert}{z_{22}} & \dfrac{z_{12}}{z_{22}} \\ \dfrac{-z_{21}}{z_{22}} & \dfrac{1}{z_{22}} \end{bmatrix}$	$\begin{bmatrix} \dfrac{1}{y_{11}} & \dfrac{-y_{12}}{y_{11}} \\ \dfrac{y_{21}}{y_{11}} & \dfrac{\lvert\mathbf{Y}\rvert}{y_{11}} \end{bmatrix}$	$\begin{bmatrix} h_{11} & h_{12} \\ h_{21} & h_{22} \end{bmatrix}$	$\begin{bmatrix} \dfrac{B}{D} & \dfrac{\lvert\mathbf{T}\rvert}{D} \\ \dfrac{-1}{D} & \dfrac{C}{D} \end{bmatrix}$
T	$\begin{bmatrix} \dfrac{z_{11}}{z_{21}} & \dfrac{\lvert\mathbf{Z}\rvert}{z_{21}} \\ \dfrac{1}{z_{21}} & \dfrac{z_{22}}{z_{21}} \end{bmatrix}$	$\begin{bmatrix} \dfrac{-y_{22}}{y_{21}} & \dfrac{-1}{y_{21}} \\ \dfrac{-\lvert\mathbf{Y}\rvert}{y_{21}} & \dfrac{-y_{11}}{y_{21}} \end{bmatrix}$	$\begin{bmatrix} \dfrac{-\lvert\mathbf{H}\rvert}{h_{21}} & \dfrac{-h_{11}}{h_{21}} \\ \dfrac{-h_{22}}{h_{21}} & \dfrac{-1}{h_{21}} \end{bmatrix}$	$\begin{bmatrix} A & B \\ C & D \end{bmatrix}$

O símbolo |**M**| indica o determinante da matriz **M**.

18.5 Quadripolos Recíprocos e Quadripolos Simétricos

Uma rede qualquer é dita *recíproca* se a relação entre a excitação e a resposta (transformadas) permanecer a mesma quando se intercambiam os pontos de excitação e de medida da resposta, sem modificar a estrutura topológica da rede.

No caso de quadripolos, intercambiaremos então os acessos de entrada e de saída, como esquematizado na figura 18.12. O quadripolo será *recíproco* se valer

$$I_2 / E_S = I'_1 / E_S$$

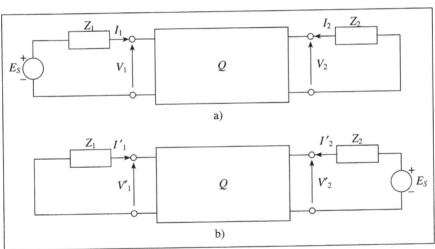

Figura 18.12 Reciprocidade nos quadripolos.

Vamos agora mostrar que os quadripolos constituídos por elementos fixos, lineares e passivos (R, C, L, M) são recíprocos.

De fato, nesse caso podemos aplicar aos circuitos da figura 18.12 o teorema de Tellegen. Considerando as convenções de sinais indicadas na figura, temos

$$\begin{cases} V_1 I'_1 + V_2 I'_2 = \sum_k V_k I'_k \\ V'_1 I_1 + V'_2 I_2 = \sum_k V'_k I_k \end{cases} \quad (18.24)$$

sendo o somatório estendido a todos os ramos internos e notando que a transposição do gerador não modifica a estrutura do circuito. Indicando por Z_k as impedâncias dos ramos internos ao quadripolo,

$$V_k = Z_k I_k \quad \text{e} \quad V'_k = Z_k I'_k$$

Substituindo esses valores nos somatórios de (18.24), vem:

$$\begin{cases} \sum_k V_k I'_k = \sum_k Z_k I_k I'_k \\ \sum_k V'_k I_k = \sum_k Z_k I'_k I_k \end{cases}$$

Portanto, os dois somatórios são iguais, de modo que de (18.24) obtém-se

$$V_1 I'_1 + V_2 I'_2 = V'_1 I_1 + V'_2 I_2 \tag{18.25}$$

Mas, como

$$\begin{cases} V_1 = E_S - Z_1 I_1 \\ V'_2 = E_S - Z_2 I'_2 \end{cases}$$

a equação (18.25) fica

$$E_S I'_1 - Z_1 I_1 I'_1 + V_2 I'_2 = V'_1 I_1 + E_S I_2 - Z_2 I'_2 I_2$$

Considerando agora que

$$V'_1 = -Z_1 \cdot I'_1 \quad e \quad V_2 = -Z_2 \cdot I_2$$

resulta

$$E_S I'_1 - Z_1 I_1 I'_1 - Z_2 I_2 I'_2 = -Z_1 I_1 I'_1 + E_S I_2 - Z_2 I'_2 I_2$$

Finalmente, dessa expressão vem

$$I_2 / E_S = I'_1 / E_S$$

e o circuito é recíproco, quaisquer que sejam Z_1 e Z_2.

Vejamos agora como se exprime a condição de reciprocidade em termos dos parâmetros dos quadripolos. Para isso tomemos, por exemplo, a matriz de admitâncias de curto-circuito do quadripolo Q e suponhamos (na figura 18.12) Z_1 e Z_2 nulas. Resultam então

$$\begin{cases} I_1 = y_{11} E_S \\ I_2 = y_{21} E_S \end{cases} \tag{18.26}$$

para o caso da figura 12.18, a), pois $V_2 = 0$. Da mesma forma, para a situação da figura 12.18, b), sempre com as impedâncias externas nulas,

$$\begin{cases} I'_1 = y_{12} E_S \\ I'_2 = y_{22} E_S \end{cases} \tag{18.27}$$

pois $V'_1 = 0$.

Se o quadripolo for recíproco, é $I_2 = I'_1$, de modo que a comparação das equações (18.26) e (18.27) fornece

$$y_{12} = y_{21} \quad \text{(na matriz de admitâncias)} \tag{18.28, a}$$

que é a condição de reciprocidade procurada.

Quadripolos Recíprocos e Quadripolos Simétricos

Usando agora as relações de conversão de parâmetros, indicadas na Tabela de Conversão de Parâmetros, pág. 570, vemos que a condição de reciprocidade pode ainda se exprimir por

$$z_{12} = z_{21} \quad \text{(na matriz de impedâncias)} \tag{18.28, b}$$

$$h_{12} = -h_{21} \quad \text{(na matriz híbrida)} \tag{18.28, c}$$

$$AD - BC = 1 \quad \text{(na matriz de transmissão)} \tag{18.28, d}$$

Essas condições são sempre verificadas nos quadripolos lineares e invariantes no tempo, ainda que alguns deles não possam ser descritos por todas as matrizes.

Exemplo:

O *transformador ideal,* introduzido no Capítulo 1 do Volume 1, pode ser definido, em termos da matriz de transmissão pela relação

$$\begin{bmatrix} V_1 \\ I_1 \end{bmatrix} = \begin{bmatrix} r & 0 \\ 0 & \dfrac{1}{r} \end{bmatrix} \cdot \begin{bmatrix} V_2 \\ I_2 \end{bmatrix} \tag{18.29}$$

Esse transformador é também um quadripolo recíproco, pois

$$AD - BC = r \cdot \frac{1}{r} = 1$$

Finalmente, há quadripolos recíprocos cujos terminais de entrada e de saída são intercambiáveis. Tais quadripolos são chamados *simétricos*. Evidentemente, os quadripolos simétricos, além da condição de reciprocidade, devem satisfazer ainda à *condição de simetria*, expressa numa das seguintes formas:

$$y_{11} = y_{22} \quad \text{(na matriz de admitâncias)} \tag{18.30, a}$$

$$z_{11} = z_{22} \quad \text{(na matriz de impedâncias)} \tag{18.30, b}$$

$$h_{11}h_{22} - h_{12}h_{21} = 1 \quad \text{(na matriz híbrida)} \tag{18.30, c}$$

$$A = D \quad \text{(na matriz de transmissão)} \tag{18.30, d}$$

Vemos, portanto, que um quadripolo arbitrário fica determinado por quatro parâmetros distintos. Se o quadripolo for recíproco, bastam três parâmetros, ao passo que um quadripolo simétrico caracteriza-se por apenas dois parâmetros distintos.

18.6 Quadripolos não Recíprocos; Giradores e Conversores de Impedância Negativa

Em geral os quadripolos que contêm geradores vinculados são *não recíprocos*. Veja, como exemplo, o quadripolo da figura 18.8, a).

Vários quadripolos não recíprocos são bastante importantes em Teoria de Circuitos. Vamos discutir apenas dois dos mais úteis, os *giradores* e os *conversores de impedância negativa*.

O *girador ideal*, representado pelo símbolo da figura 18.13, define-se pelas seguintes relações

$$\begin{cases} v_1(t) = K \cdot i_2(t) \\ i_1(t) = -\dfrac{1}{K} \cdot v_2(t) \end{cases} \tag{18.31}$$

onde a constante real K é o *raio de giro* do girador.

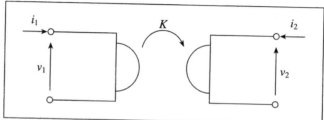

Figura 18.13 O girador ideal.

A matriz de transmissão do girador ideal é, pois,

$$\mathbf{T} = \begin{bmatrix} 0 & -K \\ -\dfrac{1}{K} & 0 \end{bmatrix} \tag{18.32}$$

e o dispositivo é *não recíproco*, pois

$$AD - BC = -1 \quad (\neq 1)$$

O girador também é um *inversor de impedâncias*. De fato, passando as (18.31) para o domínio de freqüências e dividindo membro a membro,

$$\frac{V_1}{I_1} = K^2 \cdot \frac{(-I_2)}{V_2}$$

Mas V_1/I_1 é a impedância de entrada Z_{in} do quadripolo, ao passo que $V_2/(-I_2)$ é igual à impedância de terminação Z_L. Portanto,

$$Z_{in} = K^2 \cdot \frac{1}{Z_L} \tag{18.33}$$

ou seja, terminando o girador pela impedância Z_L aparece na sua entrada uma impedância proporcional a $1/Z_L$. Essa propriedade é usada, por exemplo, para sintetizar indutores a partir de capacitores.

Quadripolos Equivalentes

O girador é um *dispositivo passivo*. De fato, multiplicando membro a membro as duas relações (18.31), obtém-se

$$v_1 i_1 = -v_2 i_2$$

ou

$$v_1 i_1 + v_2 i_2 = 0 \tag{18.34}$$

Essa relação mostra que a potência instantânea fornecida pelo meio externo ao girador é sempre nula, o que o caracteriza como elemento passivo. Apesar disso, não é possível construir um girador usando apenas elementos R, L, C; além desses elementos, a construção de um girador exigirá transistores ou circuitos integrados. Consultar a respeito os livros de Mitra[1] ou de Horowitz e Hill[2].

Outro quadripolo ideal, que também pode ser realizado com transistores ou circuitos integrados, é o *conversor de impedância negativa (negative impedance converter, NIC)*. Esse dispositivo é definido pela matriz híbrida

$$\mathbf{H} = \begin{bmatrix} 0 & k \\ \dfrac{1}{k} & 0 \end{bmatrix} \tag{18.35}$$

onde k é uma constante. Nos terminais de um conversor de impedância negativa valem então as relações

$$\begin{cases} V_1 = k V_2 \\ I_2 = \dfrac{1}{k} I_1 \end{cases} \tag{18.36}$$

Terminando um *NIC* pela impedância $Z_L = V_2/(-I_2)$, a impedância de entrada fica

$$Z_{in} = -Z_L \tag{18.37}$$

Portanto, o conversor de impedância negativa muda o sinal da impedância que o termina.

Tanto os conversores de impedância negativa quanto os giradores são extensamente empregados na *Síntese de Redes Ativas*, permitindo sintetizar funções não realizáveis somente com resistores, indutores (eventualmente com mútuas) e capacitores.

18.7 Quadripolos Equivalentes

Dois quadripolos Q_1 e Q_2 são ditos *equivalentes nos dois acessos* se a substituição de Q_1 por Q_2 não modifica as tensões e correntes nos acessos, qualquer que seja a rede externa aos quadripolos.

Já indicamos, nas figuras 18.4 e 18.6, quadripolos equivalentes a quadripolos definidos, respectivamente, pelas matrizes de impedâncias ou pelas matrizes de admitâncias.

---

[1] MITRA, S. K., *Analysis and Synthesis of Linear Active Networks*, Wiley, Nova York, 1969.
[2] HOROWITZ, P. e HILL, W., *The Art of Electronics*, 2.ª edição, Cambridge Press, 1989.

No caso de quadripolos recíprocos, os circuitos equivalentes como indicado nas figuras 18.4, b) e 18.6, b) tornam-se particularmente simples. De fato, como $z_{12} = z_{21}$ e $y_{12} = y_{21}$, os geradores equivalentes se anulam. Obtemos assim o *circuito equivalente em* **T** [figura 18.14, a)] e o *circuito equivalente em* π [figura 18.14, b)], onde

$$Z_a = z_{11} - z_{12}; \quad Z_b = z_{22} - z_{12}; \quad Z_c = z_{12} \qquad (18.38)$$

e

$$Y_a = y_{11} + y_{12}; \quad Y_b = y_{22} + y_{12}; \quad Y_c = -y_{12} \qquad (18.39)$$

É claro que essas equivalências se referem apenas aos casos em que os dois terminais inferiores do quadripolo podem ser considerados sempre ao mesmo potencial (*terminal comum*).

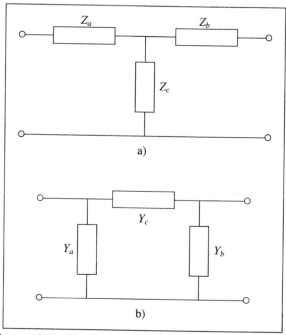

Figura 18.14 Circuitos equivalentes: a) em T e b) em π.

18.8 Associações de Quadripolos

Os quadripolos são muitas vezes associados, para formar um quadripolo mais complexo. A descrição matricial apresenta, nesses casos, uma grande vantagem, pois os parâmetros do quadripolo complexo calculam-se sem dificuldade, manipulando matrizes convenientes dos quadripolos simples que constituem a associação.

Em outros casos o procedimento inverso pode ser vantajoso: um quadripolo complicado é decomposto em uma associação de quadripolos mais simples, cujos parâmetros são facilmente calculáveis.

Associações de Quadripolos

Examinemos então as associações básicas dos quadripolos.

a) **Associação série**

Dois quadripolos dizem-se *associados em série* quando se somam as tensões nos terminais e se impõem as mesmas correntes nos acessos homônimos (figura 18.15).

Na associação série devemos ter, portanto,

$$\begin{cases} V_1 = V_{1a} + V_{1b} \\ V_2 = V_{2a} + V_{2b} \end{cases} \quad (18.40, a)$$

$$\begin{cases} I_1 = I_{1a} = I_{1b} \\ I_2 = I_{2a} = I_{2b} \end{cases} \quad (18.40, b)$$

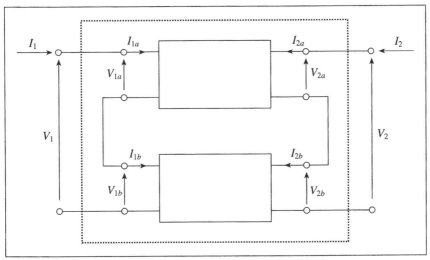

Figura 18.15 Associação série de quadripolos.

Suponhamos agora que os quadripolos Q_a e Q_b são descritos por suas matrizes de impedâncias, isto é,

$$\begin{bmatrix} V_{1a} \\ V_{2a} \end{bmatrix} = \begin{bmatrix} z_{11a} & z_{12a} \\ z_{21a} & z_{22a} \end{bmatrix} \cdot \begin{bmatrix} I_{1a} \\ I_{2a} \end{bmatrix} \quad (18.41)$$

$$\begin{bmatrix} V_{1b} \\ V_{2b} \end{bmatrix} = \begin{bmatrix} z_{11b} & z_{12b} \\ z_{21b} & z_{22b} \end{bmatrix} \cdot \begin{bmatrix} I_{1b} \\ I_{2b} \end{bmatrix} \quad (18.42)$$

Escrevendo as relações (18.40, a) sob forma matricial, substituindo (18.41) e (18.42) e levando em conta (18.40, b), resulta

$$\begin{bmatrix} V_1 \\ V_2 \end{bmatrix} = \begin{bmatrix} z_{11a} + z_{11b} & z_{12a} + z_{12b} \\ z_{21a} + z_{21b} & z_{22a} + z_{22b} \end{bmatrix} \cdot \begin{bmatrix} I_1 \\ I_2 \end{bmatrix} \quad (18.43)$$

Conclui-se, portanto, que a *matriz de impedâncias do quadripolo resultante da associação série de dois quadripolos é dada pela soma das matrizes de impedâncias dos quadripolos originais*.

Evidentemente esse resultado se generaliza sem dificuldade para a associação série de um número qualquer de quadripolos.

Infelizmente nem todos os quadripolos podem ser associados em série, sem infringir as condições (18.40). Um exemplo simples dessa situação vem indicado na figura 18.16. Nesse caso podemos ver, obviamente, que $I_{1a} \neq I_{1b}$. A matriz de impedâncias da associação não é a soma das matrizes correspondentes dos dois quadripolos.

Para verificar a possibilidade de aplicar a regra da soma das matrizes de impedância a uma associação série de quadripolos usa-se o chamado *teste de Brune*: estabelece-se a conexão série num dos lados dos quadripolos e deixam-se abertos os terminais do outro lado, como indicado na figura 18.17. Se as duas tensões V' e V'' forem nulas para qualquer V, a regra da soma de matrizes de impedâncias pode ser aplicada à associação série.

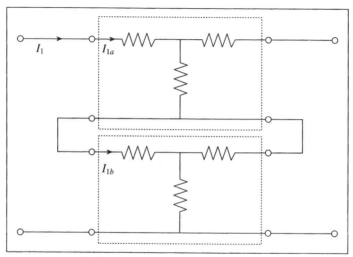

Figura 18.16 Exemplo de associação série de quadripolos em que as matrizes de impedâncias não podem ser somadas.

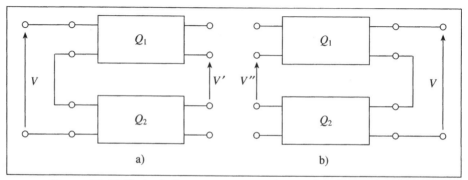

Figura 18.17 Teste de Brune para a associação série de quadripolos.

Como exemplo, consideremos os dois quadripolos resistivos da figura 18.18, a) e b). A conexão série, como indicado na figura 18.16, não satisfaz o critério de Brune. No entanto,

Associações de Quadripolos

se invertermos o quadripolo b), a conexão série, como indicado na figura 18.18, c), satisfaz a condição de Brune. A matriz de impedâncias da associação é a soma das matrizes de impedâncias de cada quadripolo:

$$Z = \begin{bmatrix} 6 & 4 \\ 4 & 6 \end{bmatrix} + \begin{bmatrix} 9 & 3 \\ 3 & 9 \end{bmatrix} = \begin{bmatrix} 15 & 7 \\ 7 & 15 \end{bmatrix}$$

Esse resultado pode ser verificado diretamente.

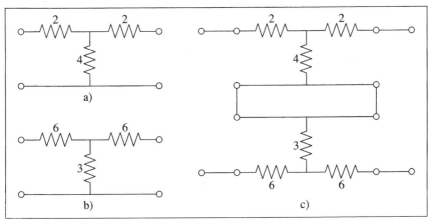

Figura 18.18 Associação que satisfaz o teste de Brune.

b) Associação paralela

Na associação paralela de dois quadripolos, os acessos homônimos são interligados, de modo que as tensões em cada acesso são as mesmas e as correntes se somam (figura 18.19). As seguintes condições devem ser verificadas:

$$\begin{cases} V_1 = V_{1a} = V_{1b} \\ V_2 = V_{2a} = V_{2b} \end{cases} \quad (18.44, a)$$

$$\begin{cases} I_1 = I_{1a} + I_{1b} \\ I_2 = I_{2a} + I_{2b} \end{cases} \quad (18.44, b)$$

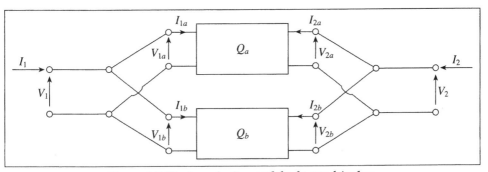

Figura 18.19 Associação paralela de quadripolos.

Se os quadripolos Q_a e Q_b forem caracterizados pelas suas matrizes de admitâncias

$$\begin{bmatrix} I_{1a} \\ I_{2a} \end{bmatrix} = \begin{bmatrix} y_{11a} & y_{12a} \\ y_{21a} & y_{22a} \end{bmatrix} \cdot \begin{bmatrix} V_{1a} \\ V_{2a} \end{bmatrix} \qquad (18.45)$$

$$\begin{bmatrix} I_{1b} \\ I_{2b} \end{bmatrix} = \begin{bmatrix} y_{11b} & y_{12b} \\ y_{21b} & y_{22b} \end{bmatrix} \cdot \begin{bmatrix} V_{1b} \\ V_{2b} \end{bmatrix} \qquad (18.46)$$

a combinação dessas relações com (18.44) mostra que vale, para a associação paralela,

$$\begin{bmatrix} I_1 \\ I_2 \end{bmatrix} = \begin{bmatrix} y_{11a} + y_{11b} & y_{12a} + y_{12b} \\ y_{21a} + y_{21b} & y_{22a} + y_{22b} \end{bmatrix} \cdot \begin{bmatrix} V_1 \\ V_2 \end{bmatrix} \qquad (18.47)$$

Portanto, *a matriz de admitâncias do quadripolo resultante da associação paralela de dois quadripolos é igual à soma das matrizes de admitâncias dos quadripolos originais.*

Como exemplo de associação paralela, consideremos a *rede em treliça* (ou *em ponte*) da figura 18.20, a). Essa rede pode ser considerada como uma associação paralela dos quadripolos simples indicados na figura 18.20, b).

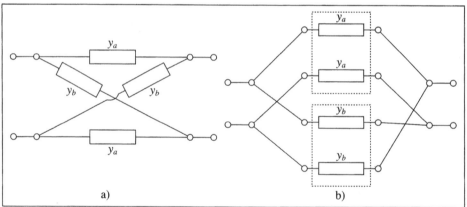

Figura 18.20 Representação da rede em treliça por uma associação paralela de quadripolos.

A matriz de admitâncias da treliça resulta então

$$\mathbf{Y} = \begin{bmatrix} \dfrac{y_a}{2} & \dfrac{-y_a}{2} \\ \dfrac{-y_a}{2} & \dfrac{y_a}{2} \end{bmatrix} + \begin{bmatrix} \dfrac{y_b}{2} & \dfrac{y_b}{2} \\ \dfrac{y_b}{2} & \dfrac{y_b}{2} \end{bmatrix} = \begin{bmatrix} \dfrac{y_a + y_b}{2} & \dfrac{y_b - y_a}{2} \\ \dfrac{y_b - y_a}{2} & \dfrac{y_a + y_b}{2} \end{bmatrix} \qquad (18.48)$$

A aplicabilidade da regra da associação paralela pode também ser verificada por um *teste de Brune*: os quadripolos sendo ligados em paralelo por um dos lados e com seus terminais individualmente curto-circuitados do outro, como indicado na figura 18.21, as tensões V' e V'' devem ser nulas para quaisquer V.

Associações de Quadripolos   **581**

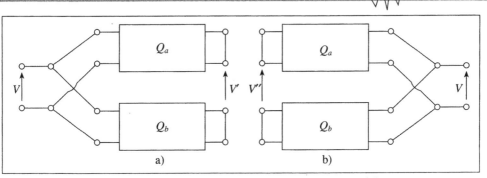

Figura 18.21 Teste de Brune para associação paralela.

Finalmente, é possível ainda associar um par de acessos em série e o outro par em paralelo, ou vice-versa. Temos assim as associações *série—paralela* e *paralela—série*. Nesses casos, é fácil verificar que as matrizes **H** e **G** das duas associações são dadas, respectivamente, pela soma das correspondentes matrizes dos quadripolos originais.

c) Associação em cascata

Na *associação em cascata* os terminais de saída de um quadripolo são ligados aos terminais de entrada do quadripolo seguinte, como indicado na figura 18.22. Valem então:

$$\begin{cases} V_{2a} = V_{1b} \\ I_{2a} = -I_{1b} \end{cases} \qquad (18.49)$$

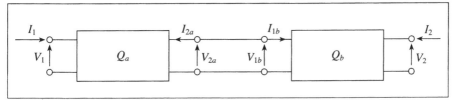

Figura 18.22 Associação em cascata.

Sejam

$$\mathbf{T_a} = \begin{bmatrix} A_a & B_a \\ C_a & D_a \end{bmatrix} \quad e \quad \mathbf{T_b} = \begin{bmatrix} A_b & B_b \\ C_b & D_b \end{bmatrix}$$

as matrizes de transmissão dos dois quadripolos. Com a notação da figura 18.22 temos, então,

$$\begin{bmatrix} V_1 \\ I_1 \end{bmatrix} = \begin{bmatrix} A_a & B_a \\ C_a & D_a \end{bmatrix} \cdot \begin{bmatrix} V_{2a} \\ -I_{2a} \end{bmatrix} \qquad (18.50)$$

e

$$\begin{bmatrix} V_{1b} \\ I_{1b} \end{bmatrix} = \begin{bmatrix} A_b & B_b \\ C_b & D_b \end{bmatrix} \cdot \begin{bmatrix} V_2 \\ -I_2 \end{bmatrix} \qquad (18.51)$$

Substituindo as (18.49) em (18.50) e levando em conta a (18.51), resulta

$$\begin{bmatrix} V_1 \\ I_1 \end{bmatrix} = \begin{bmatrix} A_a & B_a \\ C_a & D_a \end{bmatrix} \cdot \begin{bmatrix} A_b & B_b \\ C_b & D_b \end{bmatrix} \cdot \begin{bmatrix} V_2 \\ -I_2 \end{bmatrix} \qquad (18.52)$$

Essa expressão mostra que *a matriz de transmissão do quadripolo resultante da associação série de uma associação em cascata de dois quadripolos é dada pelo produto matricial das respectivas matrizes de transmissão dos quadripolos individuais, na ordem de conexão.*

Como exemplo de aplicação, vamos determinar a matriz de transmissão do quadripolo da figura 18.23, a), considerando como uma associação em cascata dos quadripolos indicados na mesma figura, b).

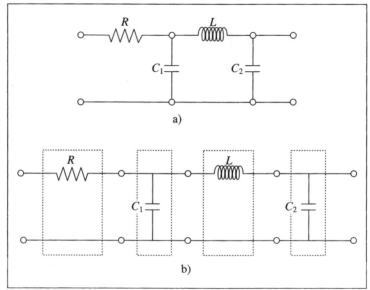

Figura 18.23 Exemplo de cálculo de matriz de transmissão.

Para simplificar os cálculos, consideremos ainda os resultados indicados na figura 18.24 e apliquemos a regra da associação em cascata.

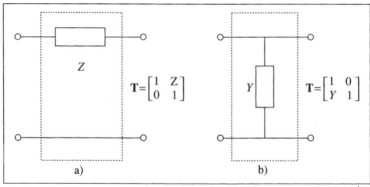

Figura 18.24 Matrizes de transmissão: a) da impedância série e b) da admitância *shunt*.

Em conseqüência, a matriz desejada é dada pelo produto matricial

$$\mathbf{T} = \begin{bmatrix} 1 & R \\ 0 & 1 \end{bmatrix} \cdot \begin{bmatrix} 1 & 0 \\ sC_1 & 1 \end{bmatrix} \cdot \begin{bmatrix} 1 & sL \\ 0 & 1 \end{bmatrix} \cdot \begin{bmatrix} 1 & 0 \\ sC_2 & 1 \end{bmatrix} =$$

$$= \begin{bmatrix} sC_1 R + (sC_1 R + 1)sL + RsC_2 & (sC_1 R + 1)sL + R \\ sC_1 + (s^2 C_1 L + 1)sC_2 & s^2 C_1 L + 1 \end{bmatrix}$$

O cálculo direto dos parâmetros *ABCD* do quadripolo composto é bem mais trabalhoso do que o processo acima indicado.

Como exemplo de aplicação, vamos agora calcular a matriz de transmissão do quadripolo ativo da figura 18.25, que corresponde a um modelo incremental de um transistor, para freqüências baixas.

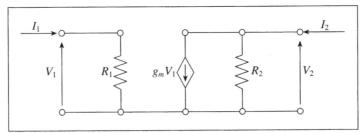

Figura 18.25 Modelo incremental de transistor para baixas freqüências.

Nesse caso, é mais simples calcular primeiro a matriz híbrida e depois recorrer às fórmulas de conversão de parâmetros. De fato, aplicando as definições dos parâmetros híbridos, obtém-se imediatamente

$$\mathbf{H} = \begin{bmatrix} R_1 & 0 \\ g_m R_1 & \dfrac{1}{R_2} \end{bmatrix}$$

Mas

$$\mathbf{T} = \begin{bmatrix} -\dfrac{|\mathbf{H}|}{h_{21}} & -\dfrac{h_{11}}{h_{21}} \\ -\dfrac{h_{22}}{h_{21}} & -\dfrac{1}{h_{21}} \end{bmatrix} = \begin{bmatrix} -\dfrac{1}{g_m R_2} & -\dfrac{1}{g_m} \\ -\dfrac{1}{g_m R_1 R_2} & -\dfrac{1}{g_m R_1} \end{bmatrix}$$

Note-se que a matriz inversa $\mathbf{T}^{-1}$ não existe, pois $\mathbf{T}$ é singular.

Em conclusão, observemos que a aplicação mais importante da teoria dos quadripolos é na *síntese de redes ativas e passivas*, assunto que será examinado em outros cursos. Parte do interesse dessa aplicação resulta das facilidades de análise de redes que examinamos aqui, mas, certamente, tem mais importância o estudo de associações de quadripolos submetidas a regras bem determinadas.

584
Quadripolos

Bibliografia do Capítulo 18

1) GUILLEMIN, E. A., *Communication Networks,* vol.II, 1935, Wiley, Nova York.

2) FRIEDLAND, B., WING, O. e ASH, R., *Principles of Linear Networks,* 1961, McGraw-Hill, Nova York.

3) HUELSMAN, L. P., *Circuits, Matrices and Linear Vector Spaces,* 1963, McGraw-Hill, Nova York.

4) DESOER, C. A. e KUH, E. S., *Basic Circuit Theory,* 1969, Wiley, Nova York (Existe tradução em português.).

5) BALABANIAN, N. e BICKART, T. A., *Electrical Networks Theory,* 1969, Wiley, Nova York.

6) HUELSMAN, L. P., *Basic Circuit Theory,* 2.ª edição, 1984, Prentice-Hall, Englewood Cliffs.

EXERCÍCIOS BÁSICOS DO CAPÍTULO 18

1 Determine as matrizes **Z** e **Y** do quadripolo em **T** da figura 18.7, supondo que $R_1 = 6$, $R_2 = 3$, $R_3 = 12$.

Resp.: $\mathbf{Z} = \begin{bmatrix} 18 & 12 \\ 12 & 15 \end{bmatrix}$ $\mathbf{Y} = \dfrac{1}{42}\begin{bmatrix} 5 & -4 \\ -4 & 6 \end{bmatrix}$

2 Verifique se o quadripolo do exercício anterior é simétrico e recíproco.

Resp.: Não é simétrico, pois $z_{11} \neq z_{22}$. É recíproco, pois $z_{12} = z_{21}$.

3 Mostre que a impedância de entrada de um quadripolo, dado pela matriz **Z** e terminado por uma impedância de carga Z_L, é

$$\mathbf{Z_{in}} = \frac{V_1}{I_1} = z_{11} - \frac{z_{12} \cdot z_{21}}{z_{22} + Z_L}$$

4 Suponha que o quadripolo do exercício 1 é terminado por uma resistência $R_L = 9$. Determine sua impedância de entrada:

a) usando a fórmula do exercício anterior;

b) diretamente, usando as técnicas de simplificação de redes.

Resp.: $Z_{in} = 12$.

Exercícios Básico do Capítulo 18

5 a) Determine a matriz de impedâncias **Z** do circuito da figura E18.1;
   b) suponha que $Z_L = 1/(sC)$ e determine a impedância de entrada do quadripolo.

Figura E18.1
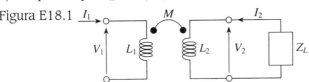

Resp.: a) $\mathbf{Z} = \begin{bmatrix} sL_1 & sM \\ sM & sL_2 \end{bmatrix}$

b) $Z_{in}(s) = sL_1 - \dfrac{s^2 M^2}{sL_2 + 1/(sC)} = \dfrac{s^3 C(L_1 L_2 - M^2) + sL_1}{s^2 C L_2 + 1}$

6 Determine os parâmetros híbridos (matriz **H**) e os parâmetros de transmissão (matriz **T**) do quadripolo do exercício anterior.

Resp.: $\mathbf{H} = \begin{bmatrix} s\left(L_1 - \dfrac{M^2}{L_2}\right) & \dfrac{M}{L_2} \\ -\dfrac{M}{L_2} & \dfrac{1}{sL_2} \end{bmatrix}$ $\mathbf{T} = \begin{bmatrix} \dfrac{L_1}{M} & s\left(\dfrac{L_1 L_2}{M} - M\right) \\ \dfrac{1}{sM} & \dfrac{L_2}{M} \end{bmatrix}$

7 Desenhe um circuito equivalente a um quadripolo cuja matriz de impedâncias é

$\mathbf{Z} = \begin{bmatrix} 6 - j2 & 4 - j6 \\ 4 - j6 & 7 + j2 \end{bmatrix}$

Resp.: Ver figura E18.2.

Figura E18.2
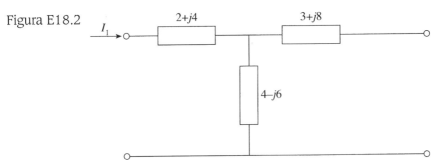

8 a) Mostre que a impedância de entrada de um quadripolo, definido pela matriz de transmissão **T** e terminado pela impedância Z_L, é dada por

$$Z_{in} = \frac{AZ_L + B}{CZ_L + D}$$

b) Use esse resultado para calcular a impedância de entrada do transformador do exercício 5 (Figura E18.1), quando terminado pela impedância Z_L e supondo acoplamento perfeito (isto é, $M^2 = L_1 L_2$).

Resp.: b) $\dfrac{sL_1 Z_L}{sL_2 + Z_L}$

9 Mostre que o circuito com amplificador operacional ideal da figura E18.3 é um *conversor de impedância negativa,* isto é, $Z_{in} = -Z_L$.

Figura E18.3 Conversor de impedância negativa.

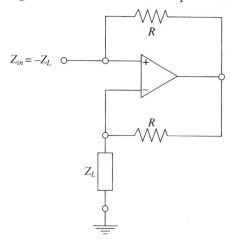

10 a) Mostre que o quadripolo da figura E18.4 é um *girador,* com *raio de giro K*.

b) Terminando o quadripolo com um capacitor de capacitância C, qual será a sua impedância de entrada?

Figura E18.4 Circuito de girador.

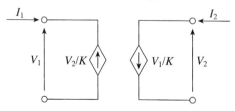

Resp: b) $Z_{in} = \dfrac{V_1}{I_1} = K^2 sC$

Capítulo 19

POTÊNCIA E ENERGIA EM REGIME PERMANENTE SENOIDAL

19.1 Potência nos Bipolos; Fator de Potência

Até agora ocupamo-nos sobretudo do cálculo de correntes e tensões nos circuitos. Numa grande classe de aplicações esses cálculos não são suficientes; em numerosas instâncias, um objetivo importante é a determinação da *potência elétrica* em jogo no circuito, ou da *energia elétrica* por ele absorvida.

Para justificar a importância desses cálculos, basta notar que os *sistemas elétricos de potência* têm por objetivo produzir energia elétrica e transportá-la até os *centros de carga*, onde estão os utilizadores. A energia elétrica fornecida aos utilizadores — grandes ou pequenos — é o produto das empresas concessionárias e a base de seu faturamento.

Vamos iniciar nosso estudo considerando um bipolo atravessado por uma corrente $i(t)$ e com a tensão $v(t)$ entre seus terminais. Admitimos ainda que corrente e tensão são medidas com a *convenção do receptor*, como indicado na figura 19.1.

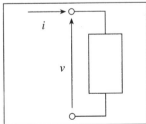

Figura 19.1 Bipolo alimentado por tensão.

Sabemos já (ver Capítulo 1, Vol. I) que a *potência instantânea* fornecida ao bipolo é dada por

$$p(t) = v(t) \cdot i(t) \qquad \text{(W, V, A)} \qquad (19.1)$$

588 Potência e Energia em Regime Permanente Senoidal

Suponhamos agora que a tensão é senoidal; adotando-a como referência de fases, tomaremos

$$v(t) = V_m \cos(\omega t)$$

Se o bipolo for linear e invariante no tempo e existir regime permanente, a corrente será também uma co-senóide, com a mesma freqüência da tensão, mas defasada de um ângulo φ em relação à tensão:

$$i(t) = I_m \cos(\omega t - \varphi)$$

Normalmente tomaremos $-\pi < \varphi < \pi$. Se for $\pi/2 \geq \varphi > 0$, a corrente estará *atrasada* em relação à tensão. Pelo que já sabemos, o bipolo será *indutivo*.

Substituindo esses valores da tensão e da corrente na expressão da potência instantânea (19.1), obtemos

$$p(t) = V_m I_m \cos(\omega t) \cdot \cos(\omega t - \varphi)$$

ou, usando identidades trigonométricas conhecidas,

$$p(t) = \frac{1}{2} V_m I_m \cos\varphi + \frac{1}{2} V_m I_m \cos(2\omega t - \varphi) \qquad (19.2)$$

Verifica-se assim que a potência instantânea tem um componente constante e outro componente variável, com freqüência 2ω. Esse último componente é designado por *potência flutuante.*

Convém introduzir desde logo os *valores eficazes* da tensão e da corrente. Como já sabemos, o *valor eficaz* de uma função periódica $f(t)$, de período T, define-se pela raiz quadrada da média quadrática da função:

$$F_{ef} = \left[\frac{1}{T} \int_0^T f^2(t)dt \right]^{1/2} = \left[\frac{1}{T} \int_{-T/2}^{T/2} f^2(t)dt \right]^{1/2}$$

No caso particular de funções co-senoidais, o valor eficaz é igual ao valor máximo dividido pela raiz quadrada de 2:

$$F_{ef} = \left[\frac{1}{T} \int_0^T F_m^2 \cos^2(\omega t + \theta)dt \right]^{1/2} = F_m \Big/ \sqrt{2}$$

Os valores eficazes de correntes e tensões senoidais, respectivamente com valores máximos I_m e V_m, serão, portanto,

$$I = I_{ef} = I_m / \sqrt{2}, \quad V = V_{ef} = V_m / \sqrt{2}$$

Introduzindo os valores eficazes na expressão (19.2) da potência instantânea, obtemos então

$$p(t) = V I \cos\varphi + V I \cos(2\omega t - \varphi) \qquad (19.3)$$

A integral da potência instantânea, realizada durante um certo intervalo de tempo, dá a *energia absorvida* pelo bipolo nesse intervalo:

$$w(t, t_0) = \int_{t_0}^t p(\tau)d\tau \qquad \text{(joules)} \qquad (19.4)$$

Potência nos Bipolos; Fator de Potência **589**

Nas medidas práticas de energia, o intervalo de medida $t - t_0$ é muito maior que um período; para fins de faturamento de energia elétrica, por exemplo, esse intervalo é de um mês. O _medidor de energia_, instalado nos pontos de consumo, é um aparelho integrador, pois efetua a integral acima, desde o momento de sua instalação até o momento da sua leitura.

Nos sistemas de potência, a energia habitualmente é medida em _quilowatts-hora_ (kWh) ou _megawatts-hora_ (MWh), sendo

$$1 \text{ kWh} = 3,6 \cdot 10^6 \text{ joules} \tag{19.5}$$

Vamos em seguida definir, pela ordem, a _potência ativa_, o _fator de potência_ e a _potência reativa_.

a) Potência ativa ou real

Definiremos a _potência ativa ou real_ P num circuito em regime permanente senoidal, com tensões e correntes de período T, pela média da potência instantânea fornecida ao bipolo:

$$P = \frac{1}{T} \int_0^T p(t)dt = \frac{1}{T} \int_{-T/2}^{T/2} p(t)dt$$

Tendo em vista a (19.3), a potência ativa no bipolo será

$$P = V I \cos\varphi \tag{19.6}$$

pois o valor médio do componente de freqüência 2ω de (19.3) é obviamente nulo.

Por ser de longe a mais empregada, a potência ativa é normalmente designada apenas por _potência_, quando não houver perigo de confusão.

A potência ativa é medida em watts (W), ou seus múltiplos e submúltiplos decimais. Assim, para os sistemas de potência utilizam-se também os quilowatts (kW) ou megawatts (MW), ao passo que em sistemas de comunicação teremos muitas vezes potências de miliwatts (mW) ou mesmo microwatts (μW).

b) Fator de potência

O _fator de potência_ de um bipolo, em regime permanente, é definido operacionalmente por

$$fp = \frac{P}{V I} \tag{19.7}$$

ou seja, pela relação entre a potência ativa no bipolo e o produto da sua tensão pela corrente eficaz.

Essa definição é _operacional_, pois as três grandezas que nela comparecem podem ser determinadas, respectivamente, pelas leituras de um wattímetro, um voltímetro e um amperímetro, adequadamente ligados ao bipolo. Essa definição exige regime permanente periódico, mas não necessariamente senoidal.

No caso de um bipolo linear e invariante no tempo, em regime permanente senoidal, levando em conta a (19.6), obtemos

$$fp = \frac{VI\cos\varphi}{VI} = \cos\varphi \qquad (19.8)$$

e, portanto, o fator de potência fica igual ao co-seno da defasagem entre tensão e corrente (senoidais) no bipolo.

c) Potência reativa

Retomemos agora a expressão (19.3) da potência instantânea em regime senoidal. Desenvolvendo o termo em $\cos(2\omega t - \varphi)$ e reagrupando os demais termos, obtemos

$$p(t) = VI\cos\varphi \cdot (1 + \cos2\omega t) + VI\,\mathrm{sen}\varphi \cdot \mathrm{sen}2\omega t \qquad (19.9)$$

A primeira parcela do segundo membro dessa equação varia entre 0 e $+2VI\cos\varphi$, sendo sempre não negativa. Nesse sentido, pode ser considerada como correspondendo à potência realmente fornecida ao bipolo. A segunda parcela, por outro lado, varia no intervalo de $-VI\,\mathrm{sen}\varphi$ a $+VI\,\mathrm{sen}\varphi$ e é *alternativa*, isto é, tem valor médio num período igual a zero. Devido às variações de sinal, pode ser considerada como uma potência que vai e vem entre o bipolo e o gerador que o alimenta. Para caracterizar essa troca continuada de energia entre o gerador e o bipolo convém definir a *potência reativa* por

$$Q = VI\,\mathrm{sen}\varphi \qquad \text{(VAr, kVAr)} \qquad (19.10)$$

justamente igual à amplitude desse segundo componente.

A potência reativa não é uma potência no sentido físico; daí empregarmos como unidade para sua medida o *volt-ampère reativo*, abreviado por *VAr.* Em sistemas de potência usa-se comumente o *quilovolt-ampère reativo* ou, abreviado, *quilovar* (kVAr), ou mesmo o *megavolt-ampère reativo* ou *megavar* (MVAr).

Pela convenção de sinais introduzida para a defasagem φ, a potência reativa resultará *positiva* nos bipolos indutivos e *negativa* nos bipolos capacitivos.

Nessa altura, a definição de potência reativa pode parecer artificial e dispensável. Veremos mais tarde que existe um *princípio de conservação de potências reativas*, que justificará o emprego dessas "potências".

Das relações (19.6) e (19.10) obtemos imediatamente uma relação entre potências ativas e reativas:

$$VI = \sqrt{P^2 + Q^2} \qquad (19.11)$$

A definição da potência reativa por (19.10) só se aplica ao regime senoidal. Vejamos agora como estender essa definição ao regime permanente periódico, mas não necessariamente senoidal.

De fato, resolvendo (19.11) em relação a Q, podemos obter uma *definição operacional para a potência reativa* num bipolo, com corrente e tensão eventualmente não senoidais, mas periódicas:

$$Q = \pm\sqrt{(VI)^2 - P^2} \qquad (19.12)$$

Nessa expressão, V, I e P podem ser entendidos como a leitura de três instrumentos adequadamente ligados ao bipolo. O sinal "+" será atribuído a bipolos indutivos (corrente atrasada) e o sinal "−" a bipolos capacitivos (corrente adiantada).

Antes de prosseguir, notemos que nos bipolos operando como receptores, e usando a convenção do receptor, a defasagem entre os fasores de corrente e de tensão fica sempre no intervalo $[-\pi/2, +\pi/2]$ e, portanto, o fator de potência e a potência ativa são sempre não negativos. Num bipolo operando como gerador, ao contrário, a defasagem entre corrente e tensão situa-se no intervalo $[\pi/2, 3\pi/2]$, de modo que potência e fator de potência são sempre negativos. Nos extremos do intervalo a potência ativa é nula.

Exemplo 1:

Um motor de corrente alternada (CA), alimentado por uma linha monofásica de 220 V (eficazes), consome 10 kW, com fator de potência 0,8 atrasado (ou indutivo). Determine:

a) a corrente eficaz na linha;
b) a energia gasta em 20 minutos de operação desse motor;
c) sua potência reativa.

Solução

a) A corrente eficaz de linha será dada por
$I = 10.000/(220 \cdot 0,8) = 56,81$ A;

b) em 20 minutos de operação será consumida uma energia
$W = 10 \cdot 20/60 = 3,33$ kWh;

c) a potência reativa será
$Q = VI \operatorname{sen}\varphi = 220 \cdot 56,81 \cdot 0,6 = 7.498,9$ VAr, ou
$Q = 7,4989$ kVAr

Exemplo 2:

Consideremos a associação dos dois bipolos, B1 e B2, indicados na figura 19.2. Vamos calcular o fator de potência e as potências ativas e reativas para os dois bipolos, usando as definições já introduzidas e sabendo que $\hat{V}_1 = 110 \angle 0°$ volts eficazes.

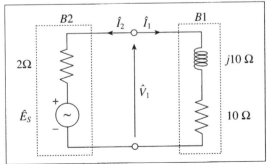

Figura 19.2 Cálculo de potências ativas e reativas numa associação de bipolos.

A corrente $\hat{I}_1$ será então dada por

$$\hat{I}_1 = \frac{110}{10 + j10} = 7,778 \angle -45° \quad (A_{ef})$$

de modo que a corrente está atrasada em relação à potência do ângulo $\varphi_1 = 45°$ e o fator de potência é 0,71, atrasado ou indutivo.

Em conseqüência, as potências ativa e reativa no bipolo B1 são

$P_1 = 110 \cdot 7,78 \cdot \cos45° = 605$ W
$Q_1 = 110 \cdot 7,78 \cdot \text{sen}45° = 605$ VAr

Passemos agora ao bipolo B2, que, evidentemente, é um bipolo gerador. Para aplicar as fórmulas da seção anterior temos que a usar a convenção do receptor, de modo que devemos considerar a corrente

$$\hat{I}_2 = -\hat{I}_1 = 7,78 \angle 135° \, A_{ef}$$

Portanto, essa corrente está adiantada 135° em relação à tensão, de modo que as potências ativa e reativa do bipolo B2 serão

$P_2 = 110 \cdot 7,78 \cos(-135°) = -605$ W
$Q_2 = 110 \cdot 7,78 \,\text{sen}(-135°) = -605$ VAr

Então o bipolo B2 *recebe* uma potência ativa de –605 watts e uma potência reativa de –605 VAr; se preferirmos, podemos dizer que esse bipolo *fornece* as potências ativa de 605 W e reativa de 605 VAr.

Para completar este exemplo, o estudante poderá verificar que a tensão do gerador ideal é $\hat{E}_s = 121,5 \angle -5,2°$ e que este gerador *fornece* a potência ativa de 726,3 W e a potência reativa de 605 VAr. É possível assim verificar a conservação das potências ativa e reativa nesse circuito.

Esse último exemplo sugere que se investigue a possibilidade de calcular as potências ativa e reativa diretamente a partir dos fasores de tensão e de corrente. É o que faremos na seção seguinte.

19.2 Representação Complexa da Potência

Consideremos um bipolo em regime permanente senoidal, com as seguintes correntes e tensões, medidas com a convenção do receptor:

$$\begin{cases} v(t) = \sqrt{2}V \cos(\omega t + \theta) \\ i(t) = \sqrt{2}I \cos(\omega t + \psi) \end{cases}$$

onde V e I representam, respectivamente, os valores eficazes da tensão e da corrente no bipolo. Os fasores correspondentes a essas variáveis são (figura 19.3)

$$\begin{cases} \hat{V} = Ve^{j\theta} \\ \hat{I} = Ie^{j\psi} \end{cases} \tag{19.13}$$

Representação Complexa da Potência

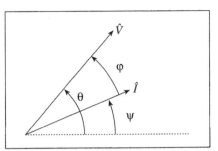

Figura 19.3 Fasores da tensão e da corrente num bipolo.

O ângulo de potência φ da seção anterior será então

$$\varphi = \theta - \psi$$

sendo positivo quando a corrente estiver atrasada em relação à tensão.

Vamos agora multiplicar o fasor da tensão pelo *conjugado* do fasor da corrente $\hat{I}^* = Ie^{-j\psi}$. Obtemos então

$$\hat{V} \cdot \hat{I}^* = VI e^{j(\theta - \psi)}$$

Desenvolvendo pela fórmula de Euler, obtemos

$$\hat{V} \cdot \hat{I}^* = VI \cos(\theta - \psi) + jVI \sen(\theta - \psi) = VI \cos\varphi + jVI \sen\varphi \qquad (19.14)$$

Tendo em vista (19.6) e (19.10), podemos escrever

$$\hat{V} \cdot \hat{I}^* = P + jQ \qquad (19.15)$$

Construímos assim um complexo, cuja parte real é a potência ativa e cuja parte imaginária é a potência reativa no bipolo. Convém então definir a *potência aparente complexa* P_{ap} por

$$P_{ap} = \hat{V} \cdot \hat{I}^* = VI e^{j\varphi} \qquad (19.16)$$

ou, em vista de (19.15),

$$P_{ap} = P + jQ \qquad (19.17)$$

O módulo da potência aparente é, pois, igual ao produto volts-ampères (eficazes) no bipolo e seu argumento é igual ao ângulo φ.

Valem então as seguintes relações:

$$|P_{ap}| = \sqrt{P^2 + Q^2} = VI \qquad (19.18)$$

$$\tan\varphi = \frac{Q}{P} \qquad (19.19)$$

$$\cos\varphi = \frac{P}{\sqrt{P^2 + Q^2}} = \frac{P}{|P_{ap}|} \qquad (19.20)$$

Essas três relações serão úteis na solução de problemas relacionados com a potência em regime senoidal.

Antes de prosseguirmos, convém tabular alguns resultados relativos aos sinais de φ e de Q nos *bipolos receptores*:

Bipolo capacitivo:	Corrente adiantada	$\varphi < 0, \quad Q < 0$
Bipolo indutivo:	Corrente atrasada	$\varphi > 0, \quad Q > 0$

Note-se que esses sinais são um resultado das convenções aqui adotadas e, nesse sentido, são arbitrários. Assim, poderíamos optar por definir a potência aparente complexa pelo produto $P_{ap} = \hat{V}^* \cdot \hat{I}$; nesse caso, os sinais da potência reativa passariam a ser invertidos.

Vejamos em seguida duas aplicações desses conceitos.

a) Primeira aplicação: cálculo de corrente de linha

Em *instalações elétricas monofásicas* a energia elétrica é transmitida às cargas por meio de uma *linha* de dois fios; todas as cargas ficam ligadas em paralelo, através desses dois fios. Supondo desprezível a queda de tensão nos fios, todas as cargas serão alimentadas pela mesma tensão (figura 19.4).

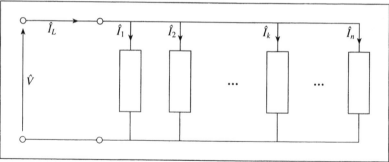

Figura 19.4 Circuito de distribuição monofásico.

A corrente de linha será

$$\hat{I}_L = \sum_{k=1}^{n} \hat{I}_k$$

e, portanto, a potência aparente complexa fornecida pela linha resulta

$$P_{ap} = \hat{V} \cdot \hat{I}_L^* = \sum_{k=1}^{n} \hat{V} \cdot \hat{I}_k^* = \sum_{k=1}^{n} P_{apk}$$

onde P_{apk} é a potência aparente complexa no k-ésimo bipolo. Tendo em vista a (19.17), podemos escrever

$$P_{ap} = \hat{V} \cdot \hat{I}_L^* = \sum_{k=1}^{n} P_k + j \sum_{k=1}^{n} Q_k$$

onde P_k e Q_k são as potências ativa e reativa no k-ésimo bipolo.

Representação Complexa da Potência **595**

O valor eficaz da corrente de linha e o fator de potência do circuito calculam-se então por

$$\left|\hat{I}_L\right| = \frac{\left|P_{ap}\right|}{\left|\hat{V}\right|} = \frac{\sqrt{\left(\sum_{k=1}^{n} P_k\right)^2 + \left(\sum_{k=1}^{n} Q_k\right)^2}}{\left|\hat{V}\right|} \qquad (19.21)$$

e

$$\cos\varphi_L = \frac{\sum_{k=1}^{n} P_k}{\left|P_{ap}\right|} = \frac{P}{P_{ap}} \qquad (19.22)$$

Exemplo:

Consideremos uma linha monofásica de um circuito de distribuição de 110 V, 60 Hz, alimentando as seguintes cargas:

1. cinco lâmpadas incandescentes, de 100 W cada;

2. dez lâmpadas fluorescentes, consumindo 44 W cada (inclusive reator), com fator de potência 0,6 indutivo (ou em atraso);

3. um motor de indução monofásico, que consome 1 kW, com 12 A, também indutivo;

4. um conjunto de capacitores com 120 μF e perdas desprezíveis.

Deseja-se calcular a corrente de linha e o fator de potência global do circuito (ou seja, o fator de potência visto pela linha).

Para calcular a corrente de linha notamos, em primeiro lugar, que a carga de lâmpadas incandescentes é praticamente resistiva, tendo, portanto, fator de potência igual a 1; o banco de capacitores, sendo puramente reativo, tem fator de potência igual a zero, com a corrente adiantada em relação à tensão.

A partir dos dados fornecidos e usando as expressões práticas

$kVA = 10^{-3} V I$

$P(kW) = (kVA) \cdot \cos\varphi$

$Q(kVAr) = (kVA) \cdot \text{sen}\varphi$

podemos preencher o seguinte quadro:

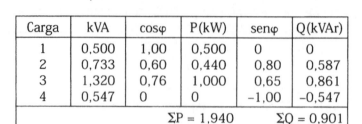

Carga	kVA	cosφ	P(kW)	senφ	Q(kVAr)
1	0,500	1,00	0,500	0	0
2	0,733	0,60	0,440	0,80	0,587
3	1,320	0,76	1,000	0,65	0,861
4	0,547	0	0	−1,00	−0,547
			$\Sigma P = 1,940$		$\Sigma Q = 0,901$

Para preencher a linha correspondente à carga capacitiva, pode-se calcular primeiro

$$I_4 = \omega C V = 377 \cdot 0,12 \cdot 10^{-3} \cdot 110 = 4,98 \quad (A)$$

resultado esse que, multiplicado por $V = 110$, fornece os 547 VA.

Somando agora as potências ativa e reativa na carga, calculamos a corrente eficaz de linha

$$I_L = \frac{\sqrt{1,94^2 + 0,901^2}}{0,110} = 19,45 \quad (A)$$

onde a tensão foi tomada em kV, para fornecer a corrente em ampères.

O fator de potência global do circuito calcula-se por (19.22):

$$\cos\varphi_L = \frac{1,940}{0,110 \cdot 19,45} = 0,91 \quad (\text{indutivo})$$

Novamente tomamos aqui a tensão em kV, para acertar as dimensões. Globalmente o circuito é indutivo (ou a corrente de linha $\hat{I}_L$ está em atraso com relação à tensão de linha $\hat{V}_L$) pois a potência reativa total resultou positiva.

Passemos agora a uma outra aplicação.

b) **Segunda aplicação: correção do fator de potência de uma instalação monofásica**

A maioria das instalações elétricas é *indutiva*, isto é, a corrente está atrasada em relação à tensão. Como as companhias de distribuição têm, para consumidores industriais, uma tarifa mais alta para cargas cujo fator de potência é inferior a um certo limite (0,92 atualmente), muitas vezes pode ser economicamente interessante *corrigir o fator de potência* da instalação, tornando-o igual a esse limite. Essa correção numa instalação monofásica se faz, muito simplesmente, ligando um capacitor (ou um banco de capacitores) em paralelo com a carga, como indicado na figura 19.5, a). Na mesma figura, b), indicamos o diagrama de fasores correspondente a esse circuito. Vemos aí que a corrente capacitiva do capacitor compensa o componente $\hat{I}_q$ da corrente de carga em quadratura com a tensão, reduzindo assim a corrente de linha, sem alterar a potência ativa do circuito, já que a corrente ativa $\hat{I}_a$, em fase com a tensão, não foi alterada. Aumenta-se, em conseqüência, o fator de potência global do circuito.

Representação Complexa da Potência

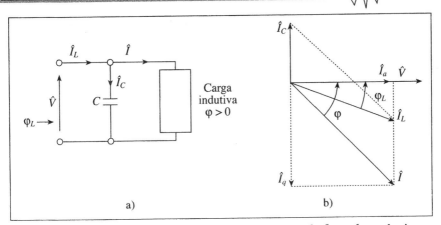

Figura 19.5 a) Instalação monofásica com correção do fator de potência;
b) diagrama de fasores do circuito.

Suponhamos então conhecidos a tensão de linha eficaz, V, as potências ativa P e reativa Q da carga e o fator de potência desejado, $\cos\varphi_L$ (normalmente igual a 0,92). Do circuito da figura 19.5 temos

$$\hat{I}_L = \hat{I}_C + \hat{I}$$

A potência aparente complexa no circuito será

$$\hat{V} \cdot \hat{I}_L^* = \hat{V} \cdot \hat{I}_C^* + \hat{V} \cdot \hat{I}^* = P + jQ_L \qquad (19.23)$$

pois o capacitor não consome potência ativa. Temos também

$$\begin{cases} \hat{V} \cdot I_C^* = 0 + jQ_C \\ \hat{V} \cdot \hat{I}^* = P + jQ \end{cases} \qquad (19.24)$$

Comparando (19.23) com as (19.24) obtemos

$$Q_L = Q + Q_C \rightarrow Q_C = Q_L - Q$$

Mas

$$Q_C = V \cdot I_C \operatorname{sen}(-90°) = -V \cdot I_C = -V^2 \cdot \omega \cdot C$$

Substituindo na equação anterior e resolvendo em relação a C obtemos

$$C = \frac{Q - Q_L}{\omega \cdot V^2} \qquad (19.25)$$

Podemos ainda notar que $Q_L = P \cdot \tan\varphi_L$, onde φ_L é o ângulo de potência corrigido e $Q = P \cdot \tan\varphi$. Então a (19.25) fornece

$$C = \frac{P(\tan\varphi - \tan\varphi_L)}{\omega \cdot V^2} \qquad (19.26)$$

Essa fórmula permite o cálculo direto da capacitância do capacitor que corrige o fator de potência para $\cos\varphi_L$.

19.3 Potências Ativa e Reativa nas Impedâncias e nas Admitâncias

Vamos agora examinar o cálculo de potências ativas e reativas em impedâncias e admitâncias, chegando assim a uma generalização da lei de Joule.

Para isso, começaremos notando que impedâncias e admitâncias, consideradas como funções de valor complexo da freqüência, podem ser decompostas em parte real e parte imaginária, ambas funções de valor real da freqüência. Esses componentes reais e imaginários têm designações especiais, como indicado abaixo:

a) *impedância*

$$Z(j\omega) = R(\omega) + jX(\omega) \qquad (19.27)$$

com:

$R(\omega)$ = *componente resistivo* da impedância;
$X(\omega)$ = *componente reativo* da impedância, ou *reatância*;

b) *admitância*

$$Y(j\omega) = G(\omega) + jB(\omega) \qquad (19.28)$$

com:

$G(\omega)$ = *componente condutivo* da admitância;
$B(\omega)$ = *componente susceptivo* da admitância, ou susceptância.

Convém ressaltar que em geral o componente resistivo da impedância não corresponde a uma resistência (pois seu valor varia com a freqüência), nem, dualmente, o componente condutivo corresponde a uma condutância, pois seu valor também varia com a freqüência.

Em vista das decomposições em parte real e imaginária, segue-se que impedâncias e admitâncias podem, numa dada freqüência, ser representadas por um segmento orientado no plano complexo. Se fizermos a freqüência ω variar, a ponta desse segmento orientado descreve o *lugar geométrico* da impedância ou da admitância; esse lugar geométrico poderá ser graduado com uma escala de freqüências, em geral não uniforme.

A título de exemplo, consideremos um circuito R, L, C série, cuja impedância é

$$Z(j\omega) = R + j\left(\omega L - \frac{1}{\omega C}\right)$$

Portanto,

$$\begin{cases} R(\omega) = R \\ X(\omega) = \omega L - 1/(\omega C) \end{cases}$$

É fácil verificar que o lugar geométrico de $Z(j\omega)$ é a reta vertical indicada na figura 19.6.

Potências Ativa e Reativa nas Impedâncias e nas Admitâncias **599**

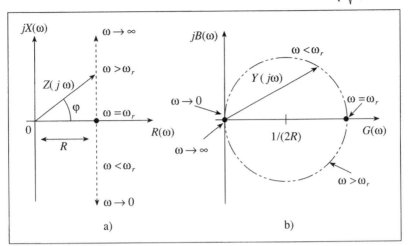

Figura 19.6 a) Lugar geométrico da impedância de um circuito R, L, C série; b) idem, para a admitância do mesmo circuito.

Vejamos agora a admitância do mesmo circuito R, L, C série. Temos

$$Y(j\omega) = \frac{1}{R + j \cdot [\omega L - 1/(\omega C)]} = \frac{R}{R^2 + [\omega L - 1/(\omega C)]^2} - j\frac{[\omega L - 1/(\omega C)]}{R^2 + [\omega L - 1/(\omega C)]^2}$$

Portanto, as partes condutiva e susceptiva da admitância são, respectivamente,

$$\begin{cases} G(\omega) = \dfrac{R}{R^2 + [\omega L - 1/(\omega C)]^2} \\ B(\omega) = \dfrac{-[\omega L - 1/(\omega C)]}{R^2 + [\omega L - 1/(\omega C)]^2} \end{cases}$$

É fácil demonstrar que o lugar geométrico de $Y(j\omega)$ é uma circunferência de diâmetro $1/R$ e com centro no ponto $[0; 1/(2R)]$. Esse lugar geométrico está indicado na figura 19,6, b).

Lugares geométricos de outras funções de rede também podem ser construídos e têm propriedades interessantes, mas sua discussão não cabe neste curso.

Vamos agora procurar exprimir as potências ativa e reativa num bipolo de impedância $Z(j\omega)$, em termos dos componentes da impedância e em regime permanente senoidal.

A potência aparente complexa no bipolo é

$$P_{ap} = \hat{V} \cdot \hat{I}^* = Z(j\omega) \cdot \hat{I} \cdot \hat{I}^* = Z(j\omega) \cdot |\hat{I}|^2$$

pois $\hat{V} = Z(j\omega) \cdot \hat{I}$. Separando agora $Z(j\omega)$ em suas partes real e imaginária obtemos

$$P_{ap} = R(\omega) \cdot |\hat{I}|^2 + jX(\omega) \cdot |\hat{I}|^2$$

Comparando com (19.17) obtemos a *potência ativa*

$$P = R(\omega) \cdot |\hat{I}|^2 \qquad (19.29)$$

e a *potência reativa*

$$Q = X(\omega) \cdot |\hat{I}|^2 \qquad (19.30)$$

Suponhamos agora que é dada a admitância $Y(j\omega)$ do bipolo. Dualmente ao caso anterior temos

$$P_{ap} = \hat{V} \cdot \hat{I}^* = \hat{V} \cdot Y^*(j\omega) \cdot \hat{V}^*$$

Notando que $\hat{V} \cdot \hat{V}^* = |\hat{V}|^2$ e que $Y^*(j\omega) = G(\omega) - jB(\omega)$, da expressão acima obtemos

$$P_{ap} = G(\omega) \cdot |\hat{V}|^2 - jB(\omega) \cdot |\hat{V}|^2$$

Portanto, as potências ativa e reativa no bipolo serão dadas, respectivamente, por

$$P = G(\omega) \cdot |\hat{V}|^2 \qquad (19.31)$$

e

$$Q = -B(\omega) \cdot |\hat{V}|^2 \qquad (19.32)$$

As expressões (19.29) e (19.31) fornecem a desejada generalização da lei de Joule. Note-se que em (19.29) e (19.30) a corrente através do bipolo é suposta conhecida, ao passo que em (19.31) e (19.32) a tensão é conhecida.

Exemplo:

Consideremos o circuito da figura 19.7, com $R = 10\Omega$, $L = 0,01$ H e $C = 1$ μF. Suponhamos ainda que $\hat{I}_s = 10 \angle 0°$ mA$_{ef}$, com freqüência angular $\omega = 10^4$ rad/seg. Vamos determinar as potências ativa e reativa em jogo no circuito, assim como a tensão eficaz nos terminais do gerador.

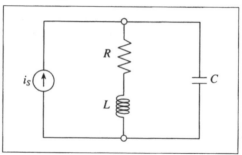

Figura 19.7 Circuito para exemplo do cálculo de potências.

Potências Ativa e Reativa nas Impedâncias e nas Admitâncias

A impedância vista pelo gerador é

$$Z = \frac{(R + jX_L) \cdot jX_C}{R + j(X_L + X_C)}$$

onde $X_L = \omega L$, $X_C = -1/(\omega C)$.

Separando nas partes real e imaginária,

$$Z = \frac{RX_C^2}{R^2 + (X_L + X_C)^2} + j\frac{X_C \cdot [R^2 + X_L(X_L + X_C)]}{R^2 + (X_L + X_C)^2}$$

Portanto,

$$\begin{cases} R(\omega) = \dfrac{RX_C^2}{R^2 + (X_L + X_C)^2} \\ X(\omega) = \dfrac{X_C \cdot [R^2 + X_L(X_L + X_C)]}{R^2 + (X_L + X_C)^2} \end{cases}$$

No nosso caso,

$X_L = 10^4 \cdot 10^{-2} = 100\Omega$

$X_C = -1/(10^4 \cdot 10^{-6}) = -100\Omega$;

Em conseqüência, $R(\omega) = 1.000$ e $X(\omega) = -100\Omega$, de modo que

$$\begin{cases} P = R(\omega) \cdot \left|\hat{I}_s\right|^2 = 1.000 \cdot 10^{-4} = 0,1 \text{ W} \\ Q = X(\omega) \cdot \left|\hat{I}_s\right|^2 = -10^2 \cdot 10^{-4} = -0,01 \text{ VAr} \end{cases}$$

O circuito é capacitivo nessa freqüência, pois sua potência reativa é negativa.

A potência aparente complexa é

$$P_{ap} = 0,1 - j0,01 \rightarrow |P_{ap}| = 100,5 \cdot 10^{-3} \text{ VA}$$

Como $|P_{ap}| = VI$, resulta a tensão eficaz nos terminais do gerador

$$V = \frac{|P_{ap}|}{I} = \frac{100,5 \cdot 10^{-3}}{10^{-2}} = 10,05 \text{ V}$$

Vamos explorar um pouco mais esse exemplo, determinando a freqüência ω_r, em que a impedância fica puramente resistiva. Nessa freqüência teremos $X(\omega_r) = 0$. Como X_C é diferente de zero, essa condição implica

$$R^2 + X_L \cdot (X_L + X_C) = 0$$

ou, substituindo X_L e X_C,

$$R^2 + \omega_r^2 L^2 - \frac{L}{C} = 0$$

donde

$$\omega_r = \sqrt{\frac{1}{LC} - \frac{R^2}{L^2}} = 10^3 \cdot \sqrt{99} = 9.950 \quad \text{rad/seg}$$

19.4 Transferência de Potência em Regime Permanente Senoidal

Em muitas situações, sobretudo na área de Comunicações, é essencial que se possa obter a máxima transferência de potência de um gerador a um bipolo passivo e linear. Passemos então a examinar as condições para obter essa máxima transferência de potência, supondo fixada a impedância interna do gerador e variando a impedância da carga.

Consideremos então um gerador senoidal que, representado pelo gerador equivalente de Thévenin, tem uma impedância interna

$$Z_i = R_i + jX_i$$

Admitamos que este gerador alimenta um bipolo (carga) de impedância $Z = R + jX$, como indicado na figura 19.8. Note-se que, em geral, R, R_i, X e X_i serão funções da freqüência; o argumento dessas funções foi omitido apenas para simplificar a escrita. Portanto, as condições a que chegaremos vão depender da freqüência.

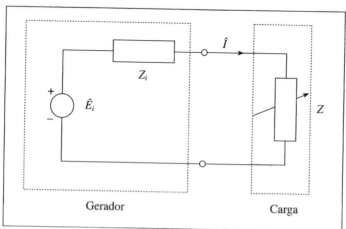

Figura 19.8 Transferência de potência de um gerador a uma carga.

Sendo $\hat{I}$ a corrente no circuito, a potência ativa recebida pela carga é

$$P = R|\hat{I}|^2$$

Transferência de Potência em Regime Permanente Senoidal

Mas

$$\left|\hat{I}\right|^2 = \frac{\left|\hat{E}_i\right|^2}{(R+R_i)^2 + (X+X_i)^2}$$

e, portanto,

$$P = \frac{R}{(R+R_i)^2 + (X+X_i)^2} \cdot \left|\hat{E}_i\right|^2 \tag{19.33}$$

Como as reatâncias podem ser positivas ou negativas, para maximizar essa potência, numa dada freqüência, devemos impor inicialmente a condição

$$X = -X_i \tag{19.34, a}$$

Portanto, se o gerador for indutivo a carga deve ser capacitiva, e vice-versa, de tal modo que as duas reatâncias se anulem. Essa é, justamente, a condição de ressonância série no circuito da figura 19.8.

Satisfeita então essa primeira condição, a potência transferida será

$$P = \frac{R}{(R+R_I)^2} \cdot \left|\hat{E}_I\right|^2$$

Para obter outra condição, procuramos o máximo dessa expressão em relação a R. Verifica-se assim, sem dificuldade, que a segunda condição é

$$R = R_i \tag{19.34, b}$$

As condições [19.34, a)] e [19.34, b)] podem ser reunidas na condição única

$$Z = Z_i^* \tag{19.35}$$

isto é, a máxima transferência de potência de um gerador a uma carga se obtém quando a impedância da carga é igual ao conjugado da impedância interna do gerador. Quando essa condição está satisfeita, diz-se que as impedâncias do gerador e da carga estão *combinadas* (ou *casadas*).

A máxima potência que se pode extrair do gerador, quando a (19.35) estiver satisfeita, é então

$$P_{\text{máx}} = \frac{\left|\hat{E}_i\right|^2}{4\,R_i} \tag{19.36}$$

Essa potência é chamada *máxima potência disponível do gerador.*

Quando gerador e carga estão *combinados*, no sentido acima, a potência perdida no gerador é igual à potência dissipada na carga, de modo que o rendimento do sistema é de 50%.

Esse rendimento é proibitivamente baixo para as técnicas de potência; por isso, as máquinas elétricas raramente operam com cargas com impedâncias combinadas. Na técnica de comunicações, ao contrário, a máxima potência disponível dos geradores deve ser totalmente aproveitada, justificando a necessidade de combinação de impedâncias.

Passemos agora a examinar o efeito da *descombinação de impedâncias* entre o gerador e o receptor. Para isso, vamos dividir a potência P, efetivamente transferida, pela potência máxima disponível, $P_{\text{máx}}$. Tendo em vista (19.33) e (19.36), obtemos

$$\frac{P}{P_{\text{máx}}} = \frac{4 \cdot \dfrac{R}{R_i}}{\left(1 + \dfrac{R}{R_i}\right)^2 + \dfrac{(X + X_i)^2}{R_i^2}}$$

ou, supondo $(X + X_i)^2/R_i^2 \ll 1$, condição que geralmente pode ser satisfeita,

$$\frac{P}{P_{\text{máx}}} \cong 4 \cdot \frac{R}{R_i} \cdot \frac{1}{(1 + R/R_i)^2}$$

Na figura 19.9 representamos $P/P_{\text{máx}}$ em função de R/R_i. Como se vê, a função $P/P_{\text{máx}}$ varia lentamente em torno do ponto $R/R_i = 1$. Em conseqüência, na prática não haverá necessidade de satisfazer exatamente às condições de combinação de impedância; basta que se tenha

$$\begin{cases} (X + X_i)^2 / R_i^2 \ll 1 \\ R \cong R_i \end{cases} \qquad (19.37)$$

Examinamos aqui a combinação de impedâncias somente sob o aspecto da máxima transferência de potência. Convém notar desde já que a combinação de impedâncias pode decorrer da imposição de outras condições, tais como a ausência de reflexões (na teoria de filtros ou de linhas de transmissão); nesses casos, eventualmente aparecerão outros critérios para a combinação de impedâncias.

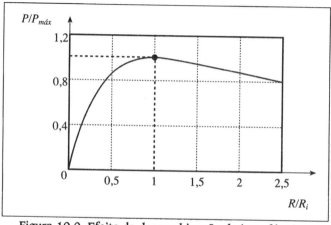

Figura 19.9 Efeito da descombinação de impedâncias.

Transformação e Combinação de Impedâncias **605**

O estudo que acabamos de fazer para a combinação de impedâncias usou o modelo de Thévenin para o gerador. Por dualidade, esse estudo pode ser estendido para admitâncias, considerando o gerador representado pelo modelo de Norton. Sendo Y a admitância da carga e Y_i a admitância interna do gerador de Norton, verifica-se que ambas devem ser conjugadas para a máxima transferência de potência, isto é, devemos ter

$$Y = Y_i^* \tag{19.38}$$

*19.5 Transformação e Combinação de Impedâncias

Nem sempre é possível variar as impedâncias do gerador e da carga. A combinação de impedâncias se faz então inserindo um *quadripolo combinador* (ou *adaptador*) entre gerador e carga.

Os métodos que discutiremos aqui se referem à combinação de impedâncias numa só freqüência; esses métodos podem ser utilizados praticamente para uma *faixa estreita* de freqüências. O problema da combinação de impedâncias numa faixa larga é bem mais complicado, e não será discutido aqui.

Na técnica de rádiocomunicações, por exemplo, a necessidade de combinação de impedâncias ocorre quando se deseja ligar um transmissor a uma antena. Nesse caso, usam-se basicamente três tipos de quadripolos reativos para combinar as impedâncias. Esses tipos de quadripolos são designados, respectivamente, por *células* **L**, *células* **T** ou *células* **π**, com as estruturas indicadas na figura 19.10. Examinaremos brevemente esses tipos de combinação de impedâncias, com exceção da célula **T**, menos usada.

Em outras situações, como, por exemplo, em Eletroacústica, a combinação de impedâncias pode ser feita por *transformadores*.

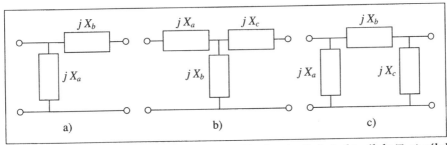

Figura 19.10 Quadripolos adaptadores de impedância: a) célula **L**; b) célula **T**; c) célula **π**.

a) Combinação de impedâncias com célula L

Suponhamos que se deseja combinar a impedância $Z_i = R_i + jX_i$ de um gerador, de freqüência ω conhecida e fixa, com a impedância $Z = R + jX$ de uma carga, por meio de uma célula **L** reativa (figura 19.11). As duas reatâncias indicadas estão calculadas na freqüência do gerador.

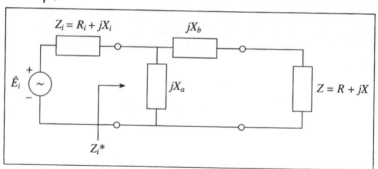

Figura 19.11 Combinação de impedâncias com célula **L**.

Pela condição de combinação, a impedância vista pelo gerador deverá ser

$$Z_i^* = R_i - jX_i = \frac{jX_a[R + j(X_b + X)]}{R + j(X + X_a + X_b)}$$

Multiplicando ambos os membros pelo denominador do segundo membro, separando as partes reais e as imaginárias em ambos os membros e impondo as respectivas igualdades, obtemos as relações de condição

$$\begin{cases}(X_1 + X)\cdot X_a + X_a \cdot X_b + X_i \cdot X_b = -R\cdot R_i - X\cdot X_i \\ (R_i - R)\cdot X_a + R_i \cdot X_b = R\cdot X_i - R_i \cdot X\end{cases} \quad (19.39)$$

Esse é um sistema não linear em X_a e X_b, cujas soluções são

$$\begin{cases}X_a = \dfrac{-R\cdot X_i \pm k_1}{R - R_i} \\ X_b = -X \pm \dfrac{k_1}{R_i}\end{cases} \quad (19.40)$$

onde

$$k_1 = \sqrt{R\cdot R_i\,(R_i^2 + X_i^2 - R\cdot R_i)} \quad (19.41)$$

Como X_a e X_b devem ser reais, gerador e carga devem ser tais que

$$R_i + \frac{X_i^2}{R_i} \geq R \quad (19.42)$$

Se essa condição não for satisfeita, pode-se tentar inverter o **L**, trocando as posições do gerador e da carga. A demonstração dessa possibilidade fica a cargo do leitor.

b) Combinação de impedâncias com célula π e com mínimo índice de mérito Q

Para maior facilidade, vamos agora representar o gerador por seu equivalente de Norton e trabalhar com admitâncias, condutâncias e susceptâncias, como indicado na figura 19.12.

Transformação e Combinação de Impedâncias **607**

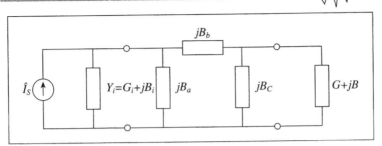

Figura 19.12 Combinação de impedâncias com célula π (componentes em siemens).

A condição de combinação fornece agora

$$G_i - jB_i = j \cdot B_a + \frac{j \cdot B_b \cdot [G + j \cdot (B + B_c)]}{G + j \cdot (B + B_b + B_c)}$$

Dessa condição obtemos o sistema não linear de equações em B_a, B_b e B_c:

$$\begin{cases} G_i \cdot G + (B_i + B_a) \cdot (B + B_b + B_c) = -B_b \cdot (B + B_c) \\ -G \cdot (B_i + B_a) + G_i \cdot (B + B_b + B_c) = G \cdot B_b \end{cases} \quad (19.43)$$

Como temos três parâmetros disponíveis e apenas duas equações, podemos impor alguma condição suplementar.

Assim, podemos impor

$$B_c = -B \quad \text{ou} \quad X_c = -X \quad (19.44)$$

o que corresponde à *solução de mínimo Q* (ou menor seletividade)[1]. Assim sendo, de (19.43) obtemos o sistema de equações

$$\begin{cases} B_a \cdot B_b + B_i \cdot B_b = -G_i \cdot G \\ -G B_a + (G_i - G) \cdot B_b = G \cdot B_i \end{cases} \quad (19.45)$$

Resolvendo esse sistema obtemos

$$\begin{cases} B_a = \mp \sqrt{G_i(G - G_i)} - B_i \\ B_b = \pm G \cdot \sqrt{G_i / (G - G_i)} \end{cases} \quad (19.46)$$

As expressões (19.44) e (19.46) resolvem o problema proposto. Podemos ainda exprimi-las em termos de resistências e reatâncias, tomando

$$\begin{cases} R_i = 1/G_i, \quad X_i = -1/B_i \\ R = 1/G, \quad X = -1/B \\ X_a = -1/B_a, \quad X_b = -1/B_b, \quad X_c = -1/B_c \end{cases} \quad (19.47)$$

Com relação a essas definições convém prestar atenção e não confundir as resistências e as reatâncias *em paralelo* aqui introduzidas com as resistências e as reatâncias em série, usadas no modelo da figura 19.11. Se forem dados os elementos série, será necessário

---

[1] PRZEDPELSKY, A. B., Simplify conjugate bilateral matching, *Electronic Design*, 5, págs. 54-56, 1978.

convertê-los para os elementos paralelos equivalentes. As fórmulas para essa conversão obtêm-se igualando partes reais e imaginárias das admitâncias, como indicado na figura 19.13. Obtêm-se facilmente

$$R_p = \frac{R_s^2 + X_s^2}{R_s}, \quad X_p = \frac{R_s^2 + X_s^2}{X_s} \qquad (19.48)$$

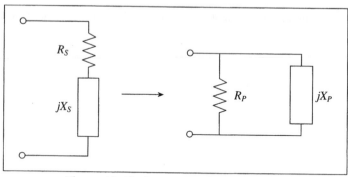

Figura 19.13 Conversão série—paralelo.

Substituindo agora as (19.47) em (19.46) e (19.44), vem

$$\begin{cases} X_a = \dfrac{X_i \cdot R_i}{\pm Q_{\text{mín}} \cdot X_i - R_i} \\ X_b = \mp R Q_{\text{mín}} \\ X_c = -X \\ Q_{\text{mín}} = \sqrt{(R_i - R)/R} \end{cases} \qquad (19.49)$$

Naturalmente, temos aqui a imposição $R_i \geq R$.

Note-se também que $Q_{\text{mín}} = |X_b|/R$ corresponde ao Q do circuito ressonante constituído por X_b em série com R.

c) Combinação de impedâncias com célula π e com Q arbitrário

Vamos definir o Q do nosso circuito pela relação entre a soma das duas susceptâncias em paralelo com o gerador (ver figura 19.12) e a condutância G_i:

$$Q = \frac{B_i + B_a}{G_i} \qquad (19.50)$$

Esse valor de Q será fixado *a priori*, podendo ser positivo ou negativo. Daí resulta imediatamente o valor da susceptância B_a:

$$B_a = Q \cdot G_i - B_i \qquad (19.51)$$

Retomemos agora as equações de condição (19.43), já eliminando B_a por (19.51). Obtemos assim as equações em B_b e B_c:

Transformação e Combinação de Impedâncias

$$\begin{cases} G_iG + QG_i(B + B_b + B_c) = -B_b(B + B_c) \\ -G_iG + G_i(B + B_b + B_c) = GB_b \end{cases} \quad (19.52)$$

Resolvendo essas equações e rearrajando os resultados, obtemos (após alguma álgebra)

$$B_b = \frac{GG_i}{G - G_i} \cdot (-Q \pm k_2) \quad (19.53)$$

$$B_c = \pm Gk_2 - B \quad (19.54)$$

onde

$$k_2 = \sqrt{\frac{G_i}{G} \cdot (1 + Q^2) - 1} = \sqrt{\frac{R}{R_i} \cdot (1 + Q^2) - 1} \quad (19.55)$$

As fórmulas (19.51), (19.53) e (19.54) resolvem o problema proposto. Evidentemente, fixado um valor de Q, teremos duas possíveis soluções.

Como restrição, k_2 deve ser real, de modo que deve ser satisfeita a condição

$$R(1 + Q^2) \geq R_i \quad (19.56)$$

Se preferirmos trabalhar com impedâncias, usando as definições (19.47), obteremos as seguintes fórmulas de projeto:

$$X_a = \frac{-1}{Q / R_i + 1 / X_i} \quad (19.57, a)$$

$$X_b = \frac{R_i - R}{Q \mp k_2} \quad (19.57, b)$$

$$X_c = \frac{-1}{1 / X \pm k_2 / R} \quad (19.57, c)$$

onde k_2 é o mesmo radicando (19.55).

Evidentemente não esgotamos aqui as possíveis soluções para o problema da combinação de impedâncias por meio de quadripolos reativos. Outras soluções encontram-se descritas na literatura (ver, por exemplo, o artigo citado de Przedpelsky ou manuais, tais como *RCA Solid-State Power Circuits*, RCA, 1971, págs. 447 e segs.).

O problema da combinação de impedâncias pode ser complicado por outros fatores que não foram considerados acima, como, por exemplo, a banda passante do acoplador, seu papel na rejeição de harmônicas, etc. Em particular, estudamos a combinação numa só freqüência; os circuitos vistos acima certamente são adequados para bandas passantes estreitas, mas podem não convir para bandas largas. Neste último caso, pode ser mais conveniente a *combinação com transformador,* que será examinada a seguir.

d) Combinação de impedâncias com transformador

Como já vimos, um transformador ideal, terminado por uma impedância Z_2, reflete, no primário, uma impedância $r^2 \cdot Z_2$, onde r é a relação de transformação do transformador.

Essa propriedade sugere o uso de transformadores com relação de transformação adequada na combinação de impedâncias.

Sendo real a relação de transformação, é claro que só com o transformador não podemos satisfazer à condição de impedância conjugada. Por causa disso, admitiremos aqui que as partes reativas das impedâncias Z_1 e Z_2 a combinar são previamente ressoadas por elementos reativos adequados.

Como, por outro lado, devemos usar um transformador real em vez do ideal, torna-se necessário analisar o problema com mais detalhes. Para simplificar os cálculos, consideramos um transformador real, mas sem perdas, usando o modelo da figura 19.14.

As equações de análise de malhas do circuito da figura são

$$\begin{cases} j\omega L_1 \hat{I}_1 - j\omega M \hat{I}_2 = \hat{V}_1 \\ -j\omega M \hat{I}_1 + (Z_2 + j\omega L_2) \cdot \hat{I}_2 = 0 \end{cases} \quad (19.58)$$

donde

$$\hat{I}_1 = \frac{(Z_2 + j\omega L_2) \cdot \hat{V}_1}{\omega^2(M^2 - L_1 L_2) + j\omega L_1 Z_2}$$

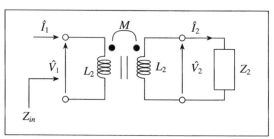

Figura 19.14 Combinação de impedâncias com transformador sem perdas.

A impedância de entrada será então

$$Z_{in} = \frac{\hat{V}_1}{\hat{I}_1} = \frac{\omega^2(M^2 - L_1 L_2) + j\omega L_1 Z_2}{Z_2 + j\omega L_2} \quad (19.59)$$

Suponhamos agora que o coeficiente de acoplamento do transformador é $k \cong 1$, isto é, o acoplamento do transformador é quase perfeito. Assim sendo, a primeira parcela do numerador de (19.59) pode ser desprezada e temos

$$Z_{in} \cong \frac{L_1}{L_2} \cdot \frac{j\omega L_2 Z_2}{Z_2 + j\omega L_2} \quad (19.60)$$

Sendo N_1 e N_2 os números de espiras do primário e do secundário do transformador,

Exemplos de Combinação de Impedâncias **611**

tem-se que $L_1/L_2 \cong N_1^2/N_2^2 = r^2$, pois $k \cong 1$. Substituindo na expressão da impedância de entrada,

$$Z_{in} \cong r^2 \cdot \frac{j\omega L_2 Z_2}{Z_2 + j\omega L_2} \tag{19.61}$$

Aparece assim no primário uma impedância igual à impedância da associação em paralelo de L_2 com Z_2, multiplicada pelo quadrado da relação de transformação. Finalmente, se for $\omega L_2 >> |Z_2|$ resulta

$$Z_{in} = r^2 \cdot Z_2 \tag{19.62}$$

Essa expressão mostra que um transformador, com baixas perdas, acoplamento forte e com a impedância de carga muito menor que a reatância ωL_2, multiplica a impedância Z_2 pelo quadrado da sua relação de transformação.

Eventualmente, um elemento reativo pode ser introduzido no primário, para satisfazer à condição de impedâncias conjugadas. Passemos agora a exemplos de combinação de impedâncias.

*19.6 Exemplos de Combinação de Impedâncias

Consideremos um gerador cujo modelo de Thévenin tem como impedância interna $Z_i = 10 - j\, 20\ \Omega$ e vamos procurar quadripolos para acoplá-lo, com máxima transferência de potência, a uma carga de $50\ \Omega$ (puramente resistiva). Vamos examinar todas as possibilidades indicadas na seção 19.5.

a1) Combinação com célula L

Por (19.41) temos

$$k_1 = \sqrt{500 \cdot (100 + 400 - 500)} = 0$$

Portanto, pelas (19.40),

$$\begin{cases} X_a = -\dfrac{RX_i}{R - R_i} = -\dfrac{50 \cdot (-20)}{50 - 10} = 25\Omega \\[2mm] X_b = -X = 0 \end{cases}$$

Resulta então o circuito indicado na figura 19.15, a).

a2) Combinação com célula L invertida

Trocando as posições do gerador e da carga, nossas fórmulas devem ser aplicadas com $R_i = 50$, $R = 10$ e $X = -20\Omega$.

Por (19.41) temos agora

$$k_1 = \sqrt{500 \cdot (2.500 - 500)} = 1.000$$

Portanto, aplicando as (19.40) vem

$$\begin{cases} X_a = \pm \dfrac{k_1}{R - R_1} = \pm \dfrac{1.000}{10 - 50} = \mp 25\Omega \\ X_b = -(-20) \pm \dfrac{1.000}{50} = \begin{cases} 40\Omega \\ 0\Omega \end{cases} \end{cases}$$

A solução correspondente ao sinal inferior reduz-se ao caso a1); a segunda solução está indicada na figura 19.5, b).

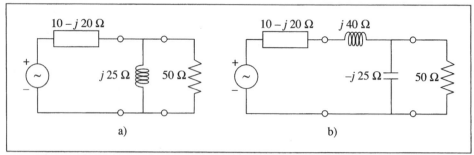

Figura 19.15 Exemplo de combinação com célula L: a) direta; b) invertida.

b) Combinação com célula π e mínimo Q

A impedância do gerador fornecida refere-se ao modelo de Thévenin, ou série. Para usar nossas fórmulas, vamos transformá-la em associação paralela. Pelas (19.48) temos

$$R_{pi} = \dfrac{100 + 400}{10} = 50\Omega; \quad X_{pi} = \dfrac{100 + 400}{-20} = -25\Omega$$

Para o receptor, como $B = 0$, seguem-se $X = \infty$ e $R = 50\Omega$. Podemos agora aplicar as (19.49), pois a condição $R_{pi} \geq R$ está satisfeita:

$$Q_{\min} = \sqrt{(50 - 50)/50} = 0$$

e, portanto,

$$\begin{cases} X_a = -X_{pi} = +25\Omega \\ X_b = 0 \\ X_c = -X \to \infty \end{cases}$$

Recaímos assim no circuito da figura 19.15, a). A célula π degenerou numa célula **L**.

c) Combinação com célula π e Q arbitrário

Vamos admitir $Q = 10$. Como no caso anterior, $R_i = R_{pi} = 50\Omega$, $X_{pi} = X_i = -25\Omega$, $X \to \infty$ e $R = 50\Omega$.

Exemplos de Combinação de Impedâncias **613**

Como a condição (19.56) está satisfeita, podemos aplicar as (19.55) e (19.57), obtendo

$$k_2 = \sqrt{101-1} = 10$$

$$X_a = \frac{1}{\dfrac{10}{50} - \dfrac{1}{25}} = -6,25\,\Omega$$

$$X_b = \begin{cases} \infty & \text{(sinal}-) \\ 0 & \text{(sinal}+) \end{cases}$$

$$X_c = \pm \frac{R}{k_2} = \pm 5$$

Temos então duas soluções:

$$\begin{cases} X_a = -6,25; & X_b = \infty; & X_c = -5\,\Omega \\ X_a = -6,25; & X_b = 0; & X_c = +5\,\Omega \end{cases}$$

A primeira solução obviamente não serve, porque receptor e carga ficam desacoplados. A segunda solução está indicada na figura 19.16.

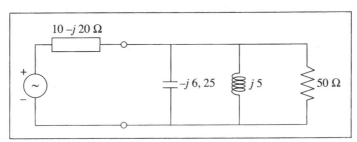

Figura 19.16 Exemplo de acoplamento com célula π.

Provavelmente a melhor solução para o problema proposto será a indicada na figura 19.15, a), que usa um só componente.

d) Combinação com transformador

Inicialmente associamos uma impedância de $+j20\,\Omega$ em série com o gerador. Com isso, nosso problema se reduz a combinar $10\,\Omega$ com $50\,\Omega$, o que exige um transformador com relação de transformação

$$r = \sqrt{\frac{R_1}{R_2}} = \sqrt{\frac{1}{5}}$$

Naturalmente, ao escolher um transformador, devemos cuidar que a reatância de seu secundário seja muito maior que $50\,\Omega$.

*19.7 Potência de Bipolos em Regime Permanente não Senoidal

Consideremos um bipolo operando em regime permanente periódico, mas não senoidal, com a corrente e a tensão dadas, respectivamente, pelas séries de Fourier

$$
\begin{cases}
v(t) = \displaystyle\sum_{k=-\infty}^{\infty} c_k e^{jk\omega_0 t} = V_0 + \sum_{k=1}^{\infty} V_{mk} \cdot \cos(k\omega_0 t + \theta_k) \\
i(t) = \displaystyle\sum_{n=-\infty}^{\infty} d_n e^{jn\omega_0 t} = I_0 + \sum_{n=1}^{\infty} I_{mn} \cdot \cos(n\omega_0 t + \psi_n)
\end{cases}
\tag{19.63}
$$

sendo ambos medidos com a convenção do receptor.

A potência média, ou ativa, nesse bipolo será dada por

$$
P = \frac{1}{T_0} \cdot \int_{T_0} \sum_{k=-\infty}^{\infty} c_k e^{jk\omega_0 t} \cdot \sum_{n=-\infty}^{\infty} d_n e^{jn\omega_0 t} \cdot dt
$$

Trocando a ordem dos somatórios e da integral, resulta

$$
P = \frac{1}{T_0} \cdot \sum_{k=-\infty}^{\infty} \sum_{n=-\infty}^{\infty} \int_{T_0} c_k \cdot d_n \cdot e^{j(k+n)\omega_0 t} \cdot dt
$$

Considerando a ortogonalidade das exponenciais, a integração fornece, muito simplesmente,

$$
P = \sum_{k=-\infty}^{\infty} c_k \cdot d_{-k} = c_0 d_0 + \sum_{k=1}^{\infty} (c_k \cdot d_{-k} + c_{-k} \cdot d_k)
\tag{19.64}
$$

As relações entre os valores máximos dos componentes da tensão e da corrente, indicados em (19.63) e os correspondentes coeficientes de Fourier são

$$
\begin{cases}
c_0 = V_0, \quad c_k = \dfrac{1}{2} \cdot V_{mk} \cdot e^{j\theta_k}, \quad c_{-k} = \dfrac{1}{2} \cdot V_{mk} \cdot e^{-j\theta_k} \\
d_0 = I_0, \quad d_n = \dfrac{1}{2} \cdot I_{mn} \cdot e^{j\psi_n}, \quad d_{-n} = \dfrac{1}{2} \cdot I_{mn} \cdot e^{-j\psi_n}
\end{cases}
$$

Introduzindo esses valores em (19.64), decorre

$$
P = V_0 \cdot I_0 + \frac{1}{4} \cdot \sum_{k=1}^{\infty} \left(V_{mk} \cdot I_{mk} \cdot e^{j(\theta_k - \psi_k)} + V_{mk} \cdot I_{mk} \cdot e^{-j(\theta_k - \psi_k)} \right)
$$

Colocando o fator comum em evidência, usando a fórmula de Euler e introduzindo os valores eficazes

$$
V_k = V_{mk} / \sqrt{2}, \quad I_k = I_{mk} / \sqrt{2}
$$

Conservação das Potências Ativa e Reativa em Regime Permanente Senoidal

obtemos o resultado final:

$$P = V_0 \cdot I_0 + \sum_{k=1}^{\infty} V_k \cdot I_k \cdot \cos(\theta_k - \psi_k) \qquad (19.65)$$

Esse resultado decorre diretamente do teorema de Parseval: a potência ativa absorvida pelo bipolo é a soma das potências ativas devidas a cada um dos componentes harmônicos da tensão e da corrente.

*19.8 Conservação das Potências Ativa e Reativa em Regime Permanente Senoidal

Vamos demonstrar agora um *teorema de conservação das potências ativas e reativas* numa rede operando em regime permanente senoidal. Com relação às potências ativas, essa conservação é esperada, pois trata-se de um caso particular do princípio de conservação de energia. O resultado realmente novo é a conservação das potências reativas.

Consideremos então uma rede elétrica $\mathcal{N}$, passiva, linear e invariante no tempo, excitada por geradores ideais de corrente e de tensão, como indicado na figura 19.17. Vamos admitir ainda que todos os geradores sejam senoidais, de mesma freqüência e sincronizados. Suporemos ainda que a rede admita um regime permanente senoidal.

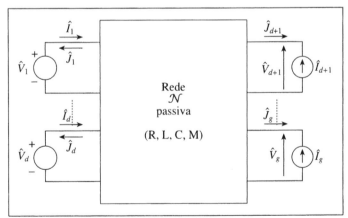

Figura 19.17 Extração dos geradores para aplicação do teorema de Tellegen.

Podemos então representar todas as correntes e tensões nos r ramos da rede pelos respectivos fasores. Usaremos aqui fasores com módulos iguais aos valores eficazes das respectivas tensões ou correntes. Supondo ainda que no k-ésimo ramo temos a tensão $\hat{V}_k$ e a corrente $\hat{J}_k$, relacionadas pela *convenção do receptor*, o teorema de Tellegen nos assegura que

$$\sum_{k=1}^{r} \hat{V}_k \hat{J}_k = 0$$

616   *Potência e Energia em Regime Permanente Senoidal*

Suponhamos ainda que g dos r ramos da rede completa correspondem a geradores ideais, de corrente ou de tensão, como indicado na figura 19.17. Nesses ramos faremos $\hat{I}_d = -\hat{J}_d$, $d = 1, 2, \ldots g$, passando assim da convenção do receptor à convenção do gerador.

Se modificarmos os geradores, de modo que todos os fasores das tensões ou correntes dos geradores sejam substituídos por seus conjugados, é fácil ver que os fasores de todas as tensões e correntes nos ramos passariam também a seus conjugados, de modo que os $\hat{V}_k^*$ e $\hat{J}_k^*$ são também soluções de um circuito com a mesma topologia. Pela segunda parte do teorema de Tellegen podemos então escrever

$$\sum_{k=1}^{r} \hat{V}_k \cdot \hat{J}_k^* = 0 \tag{19.66}$$

Vamos agora passar para o segundo membro as parcelas correspondentes aos geradores, com a mudança de variável atrás indicada. Obtemos então

$$\sum_{k=g+1}^{r} \hat{V}_k \cdot \hat{J}_k^* = \sum_{d=1}^{g} \hat{V}_d \cdot \hat{I}_d^* \tag{19.67}$$

Cada parcela do primeiro membro dessa relação corresponde à potência aparente

$$P_{apk} = P_k + jQ_k$$

recebida pelo correspondente bipolo passivo; no segundo membro temos a soma das potências aparentes

$$P_{apd} = P_d + jQ_k$$

fornecidas pelos geradores. Igualando partes reais e imaginárias, obtemos

$$\sum_{k=g+1}^{r} P_{apk} = \sum_{d=1}^{g} P_{apd} \tag{19.68}$$

$$\sum_{k=g+1}^{r} P_k = \sum_{d=1}^{g} P_d \tag{19.69}$$

$$\sum_{k=g+1}^{r} Q_k = \sum_{d=1}^{g} Q_d \tag{19.70}$$

Concluímos portanto que:

a) a soma (complexa) das potências aparentes nos bipolos receptores é igual à soma (complexa) das potências aparentes fornecidas pelos geradores;

b) a soma das potências ativas dissipadas nos bipolos receptores é igual à soma das potências ativas fornecidas pelos bipolos geradores (conservação das potências ativas);

c) a soma *algébrica* das potências reativas *recebidas* pelos bipolos receptores é igual à soma *algébrica* das potências reativas *fornecidas* pelos geradores (conservação das potências reativas).

Conservação das Potências Ativa e Reativa em Regime Permanente Senoidal **617**

Nos cálculos da corrente numa linha de distribuição monofásica e da correção do fator de potência, apresentados como aplicações na seção 19.2, usamos a conservação de potências ativas e reativas, verificando casos particulares do teorema acima demonstrado. Esse teorema dá lugar a muitas outras aplicações, sobretudo no campo de Potência. Antes de estudá-las, examinemos alguns exemplos simples, mas elucidativos.

Exemplo 1:

Determinar as potências ativas e reativas fornecidas pelas duas fontes, em cada um dos circuitos da figura 19.18, operando em regime senoidal.

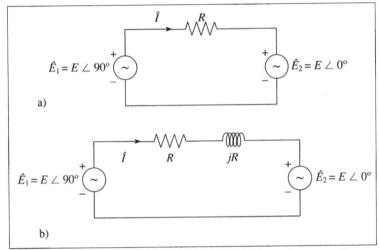

Figura 19.18 Exemplos de cálculo de potências ativas e reativas.

No circuito da figura 19.18, a), temos

$$\hat{I} = (\hat{E}_1 - \hat{E}_2) / R = \frac{E}{R} \cdot (-1 + j)$$

Portanto as potências aparentes complexas fornecidas pelos dois geradores serão

$$P_{ap1} = \hat{E}_1 \cdot \hat{I}^* = jE \cdot \frac{E}{R} \cdot (-1 - j) = \frac{E^2}{R} \cdot (1 - j)$$

$$P_{ap2} = \hat{E}_2 \cdot (-\hat{I})^* = E \cdot \left[\frac{E}{R} \cdot (1 - j)\right]^* = \frac{E^2}{R} \cdot (1 + j)$$

Verifica-se que cada um dos geradores fornece metade da potência ativa dissipada na resistência. Além disso, cada gerador corresponde a uma carga reativa para o outro gerador.

Para o circuito da figura 19.18, b), teremos

$$\hat{I} = \frac{jE - E}{R + jR} = j \cdot \frac{E}{R}$$

As potências aparentes *fornecidas* pelos geradores são agora

$$P_{ap1} = jE\hat{I}^* = \frac{E^2}{R}$$

$$P_{ap2} = E(-\hat{I})^* = j \cdot \frac{E^2}{R}$$

Agora o primeiro gerador fornece toda a potência ativa dissipada no circuito, sem nenhuma potência reativa. O segundo gerador, ao contrário, só fornece potência reativa.

Do ponto de vista do primeiro gerador, tudo se passa como se o segundo gerador fosse um capacitor. Geradores operando nessa situação são realmente utilizados na correção do fator de potência de sistemas elétricos, recebendo o nome de *capacitores síncronos*.

Exemplo 2:

Um gerador com tensão eficaz de 220 V e freqüência de 60 Hz fornece a uma certa carga uma potência aparente de 20 + j5 kVA, por meio de uma linha monofásica, cuja impedância é $Z_l = 0,1 + j0,5 \Omega$. Determinar:

a) a corrente na linha e a tensão na carga, em valores eficazes;
b) as potência ativa e reativa fornecidas pelo gerador, bem como o fator de potência visto pelo gerador.

O modelo do sistema, com as notações a serem empregadas, está indicado na figura 19.19.

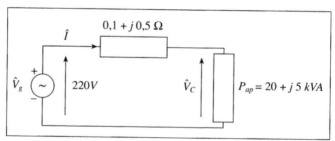

Figura 19.19 Circuito para o Exemplo 2.

Vamos adotar a fase do gerador como referência, fazendo $\hat{V}_g = 220 \angle 0°$ (volts eficazes).

a) A potência aparente complexa fornecida pelo gerador será igual à soma das potências aparentes complexas consumidas na linha e na carga, ou seja,

$$(0,1 + j0,5) \cdot |\hat{I}|^2 + 20 \cdot 10^3 + j5 \cdot 10^3 = 220 \cdot \hat{I}^*$$

Igualando os quadrados dos módulos dos dois membros dessa equação,

Conservação das Potências Ativa e Reativa em Regime Permanente Senoidal

$$(0,1 \cdot |\hat{I}|^2 + 20 \cdot 10^3)^2 + (0,5 \cdot |\hat{I}|^2 + 5 \cdot 10^3)^2 = 220^2 \cdot |\hat{I}|^2$$

Segue-se daqui a equação de segundo grau no quadrado do módulo da corrente:

$$0,26 \cdot |\hat{I}|^4 - 39,4 \cdot 10^3 \cdot |\hat{I}|^2 + 425 \cdot 10^6 = 0$$

Resolvendo-a, obtemos duas soluções:

$$|\hat{I}| = \begin{cases} 108,12 & (A) \\ 373,97 & (A) \end{cases}$$

A corrente eficaz de linha pode assumir os valores de 108,12 ou 373,97 A.

A tensão eficaz na carga calcula-se por

$$\left| \hat{V}_C \cdot \hat{I}^* \right| = \sqrt{P_c^2 + Q_c^2} \rightarrow |\hat{V}_c| = \frac{10^3 \cdot \sqrt{20^2 + 5^2}}{|\hat{I}|} = \begin{cases} 190,71 & (V) \\ 55,15 & (V) \end{cases}$$

As duas soluções correspondem portanto a

1º $|\hat{V}_c| = 190,71$ volts, $|\hat{I}| = 108,12$ ampères
2º $|\hat{V}_c| = 55,14$ volts, $|\hat{I}| = 373,97$ ampères

À primeira solução corresponde uma perda na linha

$$P_{la} = 0,1 \cdot 108,12^2 = 1,169 \text{ kW}$$

ao passo que a segunda solução leva à perda na linha

$$P_{lb} = 0,1 \cdot 373,97^2 = 13,985 \text{ kW}$$

No caso de um problema real, essa segunda solução deve ser descartada, por corresponder a um sistema com rendimento de transmissão muito baixo. Vamos então prosseguir só com a primeira solução.

b) Adotada então a primeira solução acima, a potência aparente complexa fornecida pelo gerador será

$$P_{apg} = 20 \cdot 10^3 + 0,1 \cdot 108,12^2 + j \cdot (5 \cdot 10^3 + 0,5 \cdot 108,12^2) =$$
$$= 21,2 \cdot 10^3 + j \cdot 10,85 \cdot 10^3 \quad \text{(kVA)}$$

O fator de potência global do sistema, visto do gerador, é então

$$\cos \varphi_g = \frac{P_g}{\sqrt{P_g^2 + Q_g^2}} = \frac{21,2}{\sqrt{21,2^2 + 10,85^2}} = 0,89$$

Esse fator de potência é indutivo, pois a potência reativa é positiva.

*19.9 O Fluxo de Potência nos Sistemas em Regime Permanente Senoidal

Nos sistemas elétricos de potência, a energia gerada por várias *usinas geradoras* é encaminhada, através de um conjunto de *linhas de transmissão*, até um *centro de carga*, onde a energia é utilizada.

Supondo conhecidas as potências ativa e reativa consumidas no centro de carga, bem como a tensão de alimentação do centro de carga, coloca-se o importante problema de distribuir as potências ativas e reativas geradas pelas várias usinas, de modo a otimizar, em algum sentido, a operação do sistema elétrico. Nessa *otimização* podem ser considerados, por exemplo, os custos de geração das várias usinas, suas capacidades de geração, a capacidade de transmissão e perdas nas linhas, a confiabilidade do sistema, etc.

Evidentemente, a *otimização* de um sistema real é um problema complexo, que só pode ser atacado com o emprego de computadores.

Como exemplo de aplicação de resultados obtidos neste curso, vamos examinar um problema simples de *fluxo de potência*, com o intuito de introduzir métodos de solução do problema e de examinar algumas possibilidades.

No exemplo que consideraremos aqui as linhas de transmissão serão simuladas por elementos concentrados, o que constitui uma boa aproximação para linhas curtas em relação ao comprimento da onda eletromagnética de 60 Hz no vácuo (5.000 km). Além disso, admitiremos *geradores monofásicos,* enquanto que, na grande maioria dos sistemas reais, os geradores são *trifásicos.* Veremos, no próximo capítulo, como reconduzir um problema trifásico a problemas monofásicos.

Consideremos então um sistema de potência com duas usinas geradoras, representadas por seus circuitos equivalentes de Norton, interligadas por uma linha de transmissão e alimentando, por duas outras linhas, uma carga que consome uma potência aparente $P_{apc} = P_c + jQ_c$, sob uma tensão $\hat{V}_c$. O modelo a ser utilizado para a análise do problema está indicado na figura 19.20, onde as linhas de transmissão estão representadas por suas admitâncias.

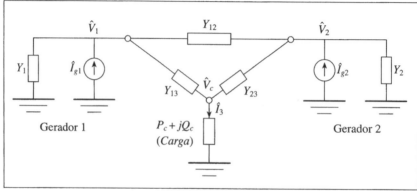

Figura 19.20 Modelo de circuito para o estudo de fluxo de potência.

O Fluxo de Potência nos Sistemas em Regime Permanente Senoidal

As equações nodais do circuito serão

$$\begin{cases} (Y_1 + Y_{12} + Y_{13}) \cdot \hat{V}_1 - Y_{12} \cdot \hat{V}_2 - Y_{13} \cdot \hat{V}_c = \hat{I}_{g1} \\ -Y_{12} \cdot \hat{V}_1 + (Y_2 + Y_{12} + Y_{23}) \cdot \hat{V}_2 - Y_{23} \cdot \hat{V}_c = \hat{I}_{g2} \\ -Y_{13} \cdot \hat{V}_1 - Y_{23} \cdot \hat{V}_2 + (Y_{13} + Y_{23}) \cdot \hat{V}_c = -\hat{I}_3 \end{cases}$$

Para fazer aparecerem as potências aparentes, vamos tomar o conjugado do sistema acima e multiplicar ambos os membros de cada uma das equações respectivamente por $\hat{V}_1$, $\hat{V}_2$ e $\hat{V}_c$. Obteremos assim

$$\begin{cases} (Y_1^* + Y_{12}^* + Y_{13}^*)\hat{V}_1^*\hat{V}_1 - Y_{12}^*\hat{V}_2^*\hat{V}_1 - Y_{13}^*\hat{V}_c^*\hat{V}_1 = \hat{V}_1 \hat{I}_{g1}^* = P_{g1} + jQ_{g1} \\ -Y_{12}^*\hat{V}_1^*\hat{V}_2 + (Y_2^* + Y_{12}^* + Y_{23}^*)\hat{V}_2^*\hat{V}_2 - Y_{23}^*\hat{V}_c^*\hat{V}_2 = \hat{V}_2 \hat{I}_{g2}^* = P_{g2} + jQ_{g2} \\ -Y_{13}^*\hat{V}_1^*\hat{V}_c - Y_{23}^*\hat{V}_2^*\hat{V}_c + (Y_{13}^* + Y_{23}^*)\hat{V}_c^*\hat{V}_c = -\hat{I}_3^*\hat{V}_c = -(P_c + jQ_c) \end{cases} \quad (19.71)$$

Nesse sistema são dadas as admitâncias, a tensão $\hat{V}_c$ e a potência aparente $P_c + jQ_c$; são desconhecidas as tensões $\hat{V}_1$ e $\hat{V}_2$, bem como as potências aparentes dos geradores. Note-se que as tensões dos geradores devem ser ajustadas de modo que a tensão na carga tenha o valor desejado. Há menos equações do que incógnitas, de modo que podemos fazer algumas imposições suplementares. Essas imposições podem referir-se, por exemplo, à distribuição de geração entre os dois geradores.

Vamos prosseguir com o exemplo numericamente, admitindo valores simples (normalizados) para os vários parâmetros. Tomaremos então

$$Y_{12} = Y_{13} = Y_{23} = -j10$$
$$Y_1 = Y_2 = -j1$$
$$\hat{V}_c = 1\angle 0°, \quad P_c + jQ_c = 1 + j0{,}5$$

Note-se que admitimos carga e admitâncias indutivas, para facilitar o cálculo. Com esses valores, as (19.71) reduzem-se a

$$\begin{cases} j21 \cdot |\hat{V}_1|^2 - j10 \cdot \hat{V}_2^* \cdot \hat{V}_1 - j10 \cdot \hat{V}_1 = P_{g1} + j \cdot Q_{g1} \\ -j10 \cdot \hat{V}_1^* \cdot \hat{V}_2 + j21 \cdot |\hat{V}_2|^2 - j10 \cdot \hat{V}_2 = P_{g2} + j \cdot Q_{g2} \\ -j10 \cdot \hat{V}_1^* - j10\hat{V}_2^* + j20 = -(P_c + j \cdot Q_c) \end{cases} \quad (19.72)$$

Como primeira alternativa, vamos supor que só o gerador 1 está em operação, de modo que $P_2 + jQ_2 = 0$. Assim o sistema (19.72) fica determinado e reduz-se a um *sistema não linear* em $\hat{V}_1, \hat{V}_2$ e P_{ap1}. O sistema (19.72) fornece então

$$\begin{cases} j21 \cdot |\hat{V}_1|^2 - j10 \cdot \hat{V}_2^* \cdot \hat{V}_1 - j10 \cdot \hat{V}_1 = P_{g1} + jQ_{g1} \\ -j10 \cdot \hat{V}_1^* \cdot \hat{V}_2 + j21 \cdot |\hat{V}_2|^2 - j10 \cdot \hat{V}_2 = 0 \\ -j10 \cdot \hat{V}_1^* - j10 \cdot \hat{V}_2^* + j20 = -1 - j0{,}5 \end{cases} \quad (19.73)$$

Da última equação obtemos

$$\hat{V}_1 + \hat{V}_2 = 2,05 + j0,1$$

e da segunda equação, com $\hat{V}_2 \neq 0$, segue-se

$$10 \cdot \hat{V}_1 - 21 \cdot \hat{V}_2 = -10$$

Finalmente, dessas duas últimas equações calculamos

$$\begin{cases} \hat{V}_1 = 1,066 + j0,06777 = 1,0681\angle 3,63° \\ \hat{V}_2 = 0,984 + j0,0323 = 0,9845\angle 1,88° \end{cases}$$

Entrando com esses valores na primeira equação de (19.73), obtemos a potência aparente do gerador 1:

$$P_1 + jQ_1 = j21 \cdot (1,0681)^2 - j10 \cdot 0,9845\angle -1,88° \cdot 1,0681\angle 3,63° - j10 \cdot 1,0681\angle 3,63° = \\ = 1,00 + j \cdot 2,34$$

Como era de esperar, a potência ativa do gerador é igual à potência ativa da carga. A potência reativa é maior, pois o gerador supre também as demais reatâncias do circuito.

Passemos agora a uma segunda alternativa, um pouco mais complicada. Vamos supor que impomos agora ao gerador 2 a potência aparente $P_{g2} = 0,5 + j0,5$, mantendo as mesmas potência e tensão na carga. Vejamos qual será a potência aparente P_{g1} do gerador 1.

O sistema (19.72) fornece agora

$$\begin{cases} j21 \cdot \left|\hat{V}_1\right|^2 - j10 \cdot \hat{V}_2^* \cdot \hat{V}_1 - j10 \cdot \hat{V}_1 = P_{g1} + jQ_{g1} \\ -j10 \cdot \hat{V}_1^* \cdot \hat{V}_2 + j21 \cdot \left|\hat{V}_2\right|^2 - j10 \cdot \hat{V}_2 = 0,5 + j0,5 \\ -j10 \cdot \hat{V}_1^* - j10 \cdot \hat{V}_2^* + j20 = -1 - j0,5 \end{cases} \qquad (19.74)$$

Como no caso anterior, da última equação obtemos

$$\hat{V}_1 + \hat{V}_2 = 2,05 + j0,1$$

Tirando daqui $\hat{V}_1^* = 2,05 - j0,1 - \hat{V}_2^*$ e substituindo na segunda equação de (19.74), obtemos uma equação em $\hat{V}_2$ e $\hat{V}_2^*$:

$$j31 \cdot \hat{V}_2 \cdot \hat{V}_2^* - (1 + j30,5) \cdot \hat{V}_2 = 0,5 + j0,5$$

Para determinar $\hat{V}_2$ a partir desta equação, devemos separar as partes reais e imaginárias. Para isso, façamos

$$\hat{V}_2 = \alpha + j\beta \rightarrow \hat{V}_2^* = \alpha - j\beta$$

Substituindo na equação anterior e igualando as partes real e imaginária, obtemos o sistema

$$\begin{cases} -\alpha + 30{,}5\beta = 0{,}5 \\ 31\alpha^2 + 31\beta^2 - 30{,}5\alpha - \beta = 0{,}5 \end{cases}$$

Caímos novamente num sistema não linear. Resolvendo-o, chegamos às duas soluções

$$\begin{cases} \alpha_1 = 0{,}999198, & \beta_1 = 0{,}049154 \\ \alpha_2 = -0{,}016402, & \beta_2 = 0{,}015856 \end{cases}$$

A segunda solução, correspondente a um $\hat{V}_2$ muito baixo, vai ser desprezada. Ficamos então com

$$\hat{V}_2 = 0{,}999198 + j0{,}049154 = 1{,}00041 \angle 2{,}816°$$

e, portanto,

$$\hat{V}_1 = 2{,}05 + j0{,}1 - \hat{V}_2 = 1{,}05080 + j0{,}05086 = 1{,}05203 \angle 2{,}770°$$

A potência aparente complexa fornecida pelo gerador 1 determina-se agora a partir da primeira das equações (19.74):

$$j21 \cdot (1{,}05203)^2 - j10 \cdot 1{,}0004\angle -2{,}816° \cdot 1{,}05203\angle 2{,}77° - \\ -j10{,}5203\angle 2{,}77° = P_{g1} + jQ_{g1}$$

Finalmente resulta

$$P_{g1} + jQ_{g1} = 0{,}50005 + j2{,}20960$$

A menos de um pequeno erro numérico, $P_{g1} + P_{g2} = 1$, como exigido pela conservação de energia. O gerador 1 fornece uma potência reativa cerca de 4 vezes maior que o gerador 2, o que seria certamente inconveniente. Poderíamos procurar outra solução, que distribuísse melhor os reativos entre os dois geradores.

Esse exemplo simples mostra a possibilidade de se controlarem as tensões e de distribuir as gerações nos sistemas de potência. Nos casos reais, os modelos terão dezenas ou mesmo centenas de nós, de modo que a solução do problema exige o emprego de computadores. Em qualquer caso, porém, o método de análise é basicamente o exposto acima, exceto pela possível introdução de métodos de otimização.

EXERCÍCIOS BÁSICOS DO CAPÍTULO 19

1. Determine o valor eficaz da tensão periódica representada na figura E19.1.

   Figura E19.1

   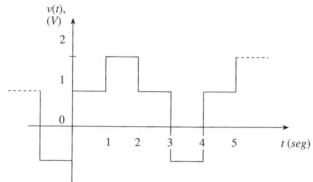

   Resp.: $V_{ef} = 1,323$.

2. Um bipolo indutivo monofásico, alimentado por uma linha de 220 V (eficazes) consome 10 kW com corrente de linha eficaz de 56,81 A (eficazes). Determine:

   a) a potência reativa e o fator de potência desse bipolo;
   b) a potência aparente complexa.

   Resp.: a) + 7,497 kVAr, fator de potência = 0,8 indutivo;

   b) $P_{ap} = 10 + j \cdot 7,497$ kVA.

3. Um bipolo indutivo, operando em *regime permanente não senoidal*, com tensão $V = 100$ volts eficazes e corrente $I = 8$ ampères eficazes, consome uma potência $P = 400$ W. Determine a potência reativa e o fator de potência desse bipolo.

   Resp.: $Q = + 692,8$ VAr; $f_p = 0,5$ indutivo.

4. Uma tomada de 110 V eficazes está interligada ao quadro por um circuito empregando fio de cobre de seção de 2,5 mm², com uma capacidade aproximada de 20 A eficazes. Se o fator de potência da carga for igual 0,8 indutivo, qual a máxima potência ativa que pode ser solicitada dessa tomada?

   Resp.: 1,76 kW.

5. Uma indústria (operando em 60 Hz, monofásico) possui as seguintes cargas:
   - motor de 10 kVA, 380 V_{ef}, $f_p = 0,6$ indutivo;
   - lâmpadas totalizando 1.400 W, 110 V_{ef}, $f_p = 0,8$ indutivo;
   - capacitor ideal (220 V_{ef}) com reatância $X_C = -25\Omega$ a 60 Hz.

   Determine as potências ativa, reativa e o módulo da potência aparente complexa da instalação.

   Resp.: 7,4 kW; 7,114 kVAr; 10,26 kVA.

Exercícios Básicos do Capítulo 19 **625**

6. No sistema monofásico a três fios da figura E19.2 tem-se que as cargas Z_1 e Z_2 são duas lâmpadas incandescentes de 110 V_{ef}, de 25 W e 150 W respectivamente. Havendo um rompimento no ponto A do fio neutro, quais serão as tensões nas duas lâmpadas? O que aconteceria provavelmente?

Figura E19.2

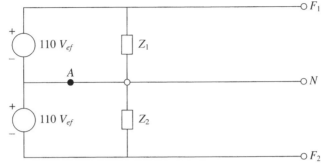

Resp.: $V(Z_1)$ = 188,6 V_{ef}, $V(Z_2)$ = 31,4 V_{ef}. A lâmpada 1 ficaria mais brilhante e a lâmpada 2 ficaria quase "apagada".

7. Dois alternadores monofásicos, trabalhando em paralelo, alimentam uma carga resistiva de 3.000 kW e um conjunto de motores que absorve 5.000 kW, a fator de potência 0,71 (atrasado). Sabendo-se que um dos alternadores está fornecendo 5.000 kW, a fator de potência 0,8 (atrasado), quanto fornece o outro alternador? Qual o seu fator de potência?

Resp.: 3.000 kW, a fator de potência 0,93 atrasado.

8. Dois bipolos ligados em série recebem, respectivamente, as potências aparentes complexas

P_{a1} = 100 + j200 (VA)

P_{a2} = 200 – j100 (VA)

quando a associação é alimentada por uma tensão senoidal de 200 volts eficazes. Calcule:

a) a impedância complexa da associação;

b) as impedâncias complexas dos dois bipolos.

Resp.: a) Z_1 = 120 + j40Ω;

b) Z_1 = 40 + j80Ω; Z_2 = 80 – j40Ω.

9. A impedância de carga Z_L no circuito da figura E19.3 é ajustada até ser obtida máxima potência em Z_L. Pede-se determinar:

a) a máxima potência ativa transferida à carga Z_L;

b) o valor de Z_L nestas condições.

Figura E19.3

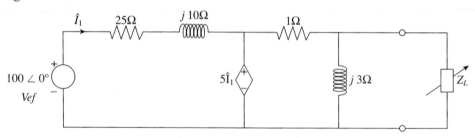

Resp.: a) O circuito que alimenta a carga Z_L pode ser representado por um gerador de Thévenin com $\hat{E}_0 = 15 \angle 0°$, $Z_0 = 0,9 + j0,3\Omega$, resultando $P_{máx} = 62,5$ W.

b) $Z_L = 0,9 - j0,3\Omega$.

10 No circuito da figura E19.4, onde o gerador em aberto fornece 100 volts eficazes, tendo uma impedância interna $Z_0 = 50 + j30$ ohms, deseja-se ajustar a relação de transformação n_1/n_2 do transformador ideal e a impedância Z_2 de modo que haja máxima transferência de potência do gerador à carga $Z_C = 5$ ohms. Determine:

a) os valores de n_1/n_2 e de Z_2;

b) a potência transferida à carga.

Figura E19.4

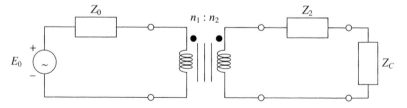

Resp.: a) $n_1/n_2 = 3,162$; $Z_2 = -j3$ ohms;

b) $P = 50$ W.

Capítulo **20**

REDES TRIFÁSICAS E SUAS APLICAÇÕES

20.1 Os Sistemas Elétricos de Potência

Os sistemas elétricos de potência têm a finalidade de produzir energia elétrica em grande quantidade e distribuí-la aos utilizadores finais. A maioria desses sistemas opera com *circuitos trifásicos*. Por isso, vamos preceder o estudo das redes trifásicas por uma breve descrição dos sistemas elétricos de potência.

Os sistemas elétricos de potência compõem-se de três subsistemas, dedicados a:

1. *geração* da energia elétrica;

2. *transmissão* da energia elétrica;

3. *distribuição* da energia elétrica.

Ao subsistema de geração compete a produção de energia elétrica, a partir de outras fontes de energia, nas *usinas geradoras.* As grandes usinas geradoras podem ser *hidroelétricas, termoelétricas* ou *nucleares.* Em instalações de menor porte também são utilizadas as energias eólica, das marés, geotérmica, solar e outras.

Nas instalações de grande porte, normalmente a energia é gerada em *trifásico*, em tensões da ordem de centenas de volts até dezenas de quilovolts.

O subsistema de transmissão transporta a energia das usinas até os centros de consumo, ou *centros de carga,* por meio de *linhas de transmissão*. Em sua maioria, as linhas de transmissão operam em corrente alternativa trifásica, com tensões que podem chegar até centenas de kV.

Excepcionalmente, para vencer grandes distâncias ou para compatibilizar diferentes freqüências de geração e utilização, são usadas *linhas de transmissão de corrente contínua,* operando com tensões muito elevadas, da ordem de megavolts. No Brasil existe uma linha de transmissão em corrente contínua, ligando a usina de Itaipu a São Paulo, operando a ± 600 kV, com cerca de 800 km de comprimento. Por essa linha se transmite parte da energia de Itaipu, gerada a 50 Hz.

Finalmente, o subsistema de distribuição recebe a energia das linhas de transmissão e a encaminha aos consumidores, em níveis de tensão adequados. Esse subsistema se divide em dois:

- sistema de *distribuição primária,* que fornece a energia a grandes consumidores, com tensões da ordem de dezenas a centenas de kV;

- sistema de *distribuição secundária,* que leva a energia elétrica aos pequenos consumidores, agora com tensões da ordem de centenas de volts.

Como já notamos, a maioria dos sistemas opera em trifásico. Como exceções, temos as grandes linhas de transmissão em corrente contínua e as "pontas" do sistema de distribuição secundária, que operam em *monofásico a dois fios* ou *monofásico a três fios.*

Os três tipos de subsistemas, operando em níveis diferentes de tensão, devem ser conectados por interfaces, constituídas por:

- *subestações transformadoras,* que operam em corrente alternativa (CA) e mudam o nível de tensão entre dois subsistemas, elevando-o (subestações elevadoras) ou abaixando-o (subestações abaixadoras);

- *subestações retificadoras ou conversoras*, que transformam corrente alternativa (CA) em corrente contínua (CC) ou vice-versa. Subestações desses tipos, por exemplo, são instaladas nas duas pontas de uma linha de transmissão em tensão contínua.

Nas subestações realizam-se também as medições do sistema e efetua-se o controle de sua operação.

Os sistemas elétricos de potência, por suas grandes dimensões, pela sua complexidade e pela sua grande importância em nossa civilização, constituem um vasto campo de estudos, e a eles são dedicadas muitas disciplinas dos cursos de Engenharia Elétrica. Vamos nos contentar aqui com essa brevíssima introdução e passar ao estudo dos *circuitos polifásicos,* que incluem os *circuitos trifásicos* como caso especial mais importante.

20.2 Sistemas Polifásicos Simétricos

Um conjunto de $n > 2$ grandezas alternativas co-senoidais (correntes ou tensões) constitui um *sistema polifásico simétrico com n fases*, se essas grandezas tiverem todas a mesma amplitude e forem defasadas, sucessivamente, de $2\pi/n$ radianos. Assim, genericamente, um sistema de n fases pode ser representado por

$$\begin{cases} f_1(t) = \sqrt{2} \cdot A \cdot \cos(\omega t + \theta) \\ f_2(t) = \sqrt{2} \cdot A \cdot \cos(\omega t + \theta \pm 2\pi / n) \\ \dots \\ f_n(t) = \sqrt{2} \cdot A \cdot \cos\left(\omega t + \theta \pm \frac{n-1}{n} \cdot 2\pi\right) \end{cases} \tag{20.1}$$

Sistemas Polifásicos Simétricos

onde A é o valor eficaz da grandeza. Os fasores representativos desse sistema são

$$\begin{cases} \hat{F}_1 = A\angle\theta° \\ \hat{F}_1 = A\angle(\theta° \pm 360°/n) \\ \dots \\ \hat{F}_n = A\angle\left(\theta° \pm 360° \cdot \dfrac{n-1}{n}\right) \end{cases} \quad (20.2)$$

Para $n = 3$ teremos um *sistema trifásico*, que é o mais corrente. Mais raramente são empregados os sistemas *hexafásicos* ($n = 6$) ou *dodecafásicos* ($n = 12$). Usam-se ainda, também raramente, os sistemas *difásicos*, que não obedecem à especificação acima.

Os diagramas fasoriais dos sistemas polifásicos simétricos n-fásicos constituem uma estrela regular de n lados [figura 20.1, a), para $n = 6$]. Se resolvermos desenhar os segmentos representativos dos fasores, um em seguida ao outro, o diagrama fasorial constitui um polígono regular de n lados, como indicado na figura 20.1, b).

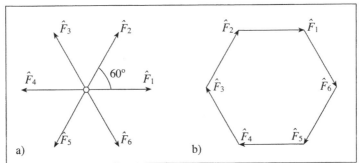

Figura 20.1 Diagramas fasoriais de um sistema hexafásico simétrico.

Se escolhermos os sinais *negativos* em (20.1) ou (20.2), diremos que a *seqüência de fases é positiva*, pois os máximos das funções se sucedem, no tempo, na ordem 1, 2, ...n. Se, ao contrário, escolhermos os sinais *positivos*, teremos a *seqüência de fases negativa*, em que os máximos se sucedem na ordem n, n–1, ...1. Assim, o sistema da figura 20.1 tem seqüência de fases negativa.

É fácil verificar que é nula a soma das grandezas alternativas que constituem um sistema polifásico simétrico; de fato, do diagrama fasorial resulta imediatamente

$$\hat{F}_1 + \hat{F}_2 + \dots + \hat{F}_n = 0 \quad (20.3)$$

o que implica

$$f_1(t) + f_2(t) + \dots + f_n(t) = 0 \quad (20.4)$$

Em alguns casos especiais empregam-se também *sistemas difásicos*, como, por exemplo, em alguns servomecanismos. Esses sistemas são constituídos por duas grandezas co-senoidais, mas defasadas de 90°. Assim, por exemplo, as duas tensões

$$\begin{cases} v_1(t) = \sqrt{2} \cdot V \cdot \cos \omega t \\ v_2(t) = \sqrt{2} \cdot V \cdot \cos(\omega t + \pi/2) \end{cases} \quad (20.5)$$

constituem um *sistema difásico*.

Um sistema difásico pode alimentar uma carga composta por *duas fases*, por meio de uma linha de três fios, como indicado na figura 20.2. O fio central é designado por *fio neutro* e os demais são *fios-fase*. Na mesma figura, b), indicamos o diagrama de fasores das correntes e das tensões no circuito. A corrente no fio neutro não é nula, mesmo se as duas fases da carga forem iguais; ao contrário, o diagrama de fasores mostra que seu valor eficaz é maior que o das correntes nos fios-fase.

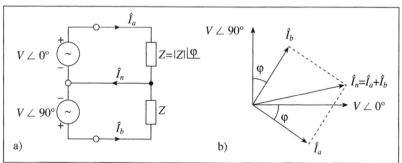

Figura 20.2 Sistema difásico a três fios.

A carga nos sistema polifásicos habitualmente compõe-se de um número de bipolos igual ao número de fases do sistema polifásico. Esses bipolos são chamados *fases da carga* (com algum perigo de confusão). Se todos os bipolos das fases forem iguais, a carga é dita *equilibrada*.

Se um sistema n-fásico simétrico de tensões alimentar uma carga também n-fásica e equilibrada, designaremos o sistema assim constituído por *sistema n-fásico simétrico e equilibrado*. Veremos que, nesse caso, a simetria do sistema facilita bastante os cálculos, pois bastará fazê-los para uma das fases e estender o resultado às demais, usando a *simetria* do sistema.

Como já dissemos, os *sistemas trifásicos* são, de longe, os mais utilizados. Basta lembrar que a maior parte da geração, transmissão e distribuição dos sistemas de potência opera em trifásico. Por isso examinaremos aqui, com mais detalhes, os sistemas trifásicos simétricos e equilibrados.

Convém notar que, na prática, os sistemas trifásicos são sempre ligeiramente assimétricos e desequilibrados. O seu estudo se complica, pois não se pode mais usar a simetria. É necessário recorrer então a técnicas de cálculo especiais, tais como as *componentes simétricas*, que serão introduzidas em disciplinas específicas de Sistemas de Potência.

20.3 Sistemas Trifásicos Simétricos e Equilibrados

Os sistemas trifásicos de tensões que alimentam os circuitos trifásicos são obtidos de *geradores trifásicos* (ou *alternadores trifásicos*).

Esses geradores são máquinas elétricas que contêm três enrolamentos, dispostos de modo que três tensões alternativas, de mesmo valor eficaz e sucessivamente defasadas de ± 120°, são neles induzidas. Os enrolamentos são chamados *fases* do gerador. Essencialmente, portanto, um gerador trifásico contém três geradores de tensão, sincronizados e com seis terminais disponíveis para ligações externas [figura 20.3, a)].

Sistemas Trifásicos Simétricos e Equilibrados

Admitamos que os fasores das três tensões do gerador sejam, respectivamente,

$$\begin{cases} \hat{E}_1 = E\angle 0° \\ \hat{E}_2 = E\angle -120° \\ \hat{E}_3 = E\angle -240° = E\angle +120° \end{cases} \quad (20.6)$$

como indicado na figura 20.3, b). Adotamos, portanto, a seqüência de fases positiva. Os seis terminais do gerador (*a, b, c, x, y, z*) podem ser interligados em *triângulo* (Δ), com indicado na figura 20.3, c), ou em *estrela* (Y), como indicado na figura 20.3, d). Note-se que na ligação em triângulo não circula corrente na malha constituída pelos três geradores, não havendo carga ligada, pois a soma das três tensões trifásicas é nula, de acordo com (20.3). Naturalmente na prática, antes de "fechar o triângulo", ou seja, antes de completar sua ligação, convém verificar, com um voltímetro, se a tensão entre os dois últimos pontos a serem ligados é efetivamente nula. Caso contrário, a polaridade de um dos geradores estará invertida e o fechamento do triângulo acarretará um forte curto-circuito.

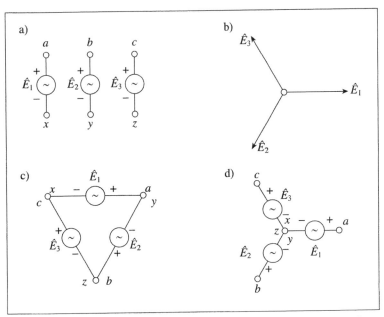

Figura 20.3 a) Sistema de geradores trifásicos; b) diagrama de fasores das tensões (seqüência de fases positiva); c) ligação triângulo (ou Δ); d) ligação estrela (ou Y).

Dado então um gerador trifásico, podemos ligá-lo em estrela ou em triângulo. No primeiro caso, o gerador fica com quatro terminais acessíveis, ao passo que no segundo caso são acessíveis apenas três terminais.

Admitamos agora que o nosso gerador é ligado a uma carga, por meio de uma *linha trifásica*. Se o gerador estiver ligado em estrela essa linha pode ter quatro fios, sendo três *fios-fase*, ligados aos terminais *a, b, c*, e um *fio neutro*, ligado ao terminal comum *xyz* [figura 20.3, d)]. Teremos então um *trifásico de quatro fios*.

Se, diferentemente, tivermos o gerador em triângulo, a linha só terá três *fios-fase*, ligados aos três terminais disponíveis do gerador, e teremos um *trifásico de três fios*.

O fio neutro do trifásico de quatro fios habitualmente é ligado em terra (algumas vezes através de uma impedância adequada), para fins de proteção do circuito. Excepcionalmente, o fio neutro poderá ser suprimido.

Normalmente, a *carga* do nosso sistema trifásico, constituída por três bipolos iguais, ou por alguma máquina trifásica com três fases iguais (*carga equilibrada* ou *balanceada*), será ligada ao gerador por meio de uma *linha trifásica*. As fases da carga poderão também ser ligadas em *estrela* ou em *triângulo*, possibilitando assim as seguintes combinações:

$$\begin{cases} \text{gerador em } \Delta \begin{cases} \text{carga em triângulo } (\Delta) \\ \text{carga em estrela } (Y) \end{cases} \\ \text{gerador em } Y \begin{cases} \text{carga em estrela } (Y) \\ \text{carga em triângulo } (\Delta) \end{cases} \end{cases}$$

Vamos agora examinar as relações entre correntes e tensões de linha e de fase nessas quatro combinações. Salvo menção expressa em contrário, consideraremos sempre um *sistema trifásico simétrico e equilibrado*, isto é, com o gerador fornecendo um sistema trifásico simétrico de tensões e com a carga constituída por três fases idênticas.

a) Ligação estrela—estrela (ou Y—Y)

Gerador e carga estão interligados por uma linha trifásica de quatro fios, como indicado na figura 20.4. Admitamos que o gerador é simétrico e a carga equilibrada.

Antes de prosseguir, verifique cuidadosamente as convenções para referência de correntes e tensões, indicadas na figura 20.4. A obediência estrita a essas convenções é essencial.

As correntes ou tensões podem ser medidas na linha ou nas fases. Teremos assim a distinguir entre *grandezas de linha* ou *grandezas de fase*.

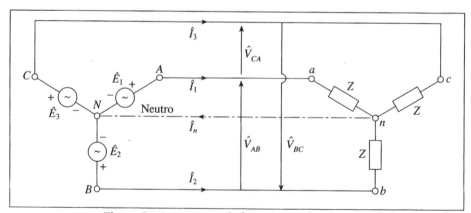

Figura 20.4 Esquema de ligação estrela—estrela.

Sistemas Trifásicos Simétricos e Equilibrados

Nessa ligação são iguais as correntes nas fases correspondentes do gerador e da carga, bem como as correntes nas linhas que os interligam. Por sua vez, as tensões de linha são as somas fasoriais das tensões de fase. De fato, pela 2.ª lei de Kirchhoff a tensão entre as linhas A e B vale

$$\hat{V}_{AB} = \hat{E}_1 - \hat{E}_2 \tag{20.7}$$

Determinado o fasor $\hat{V}_{AB}$, as demais tensões de linha obtêm-se defasando-o, sucessivamente, de 120°. O diagrama de fasores relacionando tensões de fase do gerador e tensões de linha está representado na figura 20.5, com a admissão de seqüência de fases positiva.

A simetria ternária do diagrama fasorial é evidente. Tomemos agora (seqüência de fases positiva!)

$$\hat{E}_1 = E\angle 0°, \quad \hat{E}_2 = E\angle -120°, \quad \hat{E}_3 = E\angle +120° \tag{20.8}$$

todos em volts eficazes. O fasor $\hat{E}_1$ foi adotado como *base* do trifásico, por ter sido escolhido com defasagem zero.

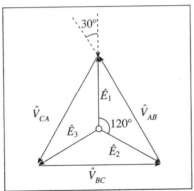

Figura 20.5 Diagrama fasorial das tensões de linha e de fase na ligação estrela—estrela.

Do diagrama da figura 20.5 verifica-se que as tensões de linha e de fase estão ligadas pelas relações

$$\begin{cases} \hat{V}_{AB} = \sqrt{3} \cdot E\angle 30° \\ \hat{V}_{BC} = \sqrt{3} \cdot E\angle -90° \\ \hat{V}_{CA} = \sqrt{3} \cdot E\angle 150° \end{cases} \tag{20.9}$$

Portanto, as três tensões de linha constituem um trifásico simétrico; seu valor eficaz é $\sqrt{3}$ vezes o valor eficaz da tensão de fase, e cada uma delas está *adiantada* 30° em relação à correspondente tensão de fase.

As três correntes de linha (figura 20.4), dadas por

$$\hat{I}_1 = \hat{E}_1 / Z, \quad \hat{I}_2 = \hat{E}_2 / Z, \quad \hat{I}_3 = \hat{E}_3 / Z \tag{20.10}$$

constituem também um trifásico simétrico; cada uma das correntes está atrasada, em relação à correspondente tensão de fase, de um ângulo φ, igual ao ângulo da impedância.

Essas considerações mostram que num trifásico simétrico e equilibrado basta calcular correntes e tensões em apenas uma das fases. As demais correntes e tensões obtêm-se apenas defasando sucessivamente de ± 120° a grandeza calculada em primeiro lugar.

Finalmente, notemos que a corrente no fio neutro é nula, pois pela aplicação da 1.ª lei de Kirchhoff ao nó N temos

$$\hat{I}_n = \hat{I}_1 + \hat{I}_2 + \hat{I}_3 = 0 \qquad (20.11)$$

pois as três correntes do segundo membro constituem um trifásico simétrico.

Assim sendo, o fio neutro poderia ser eliminado, pois nele não passa corrente. Na prática, porém, o fio neutro não pode ser eliminado, por causa dos inevitáveis desbalanços ou assimetrias nos circuitos reais. Como esses desbalanços ou assimetrias são pequenos, o fio neutro conduz, em média, menos corrente que os fios-fase, de modo que pode ser feito com um condutor de seção menor.

Resumindo, numa ligação estrela—estrela, ou Y—Y, de um circuito trifásico simétrico e equilibrado temos as seguintes relações entre os valores eficazes das grandezas de linha e de fase:

$$\begin{cases} \text{tensão de linha} = \sqrt{3} \cdot \text{tensão de fase} \\ \text{corrente de linha} = \text{corrente de fase} \\ \text{corrente de neutro} = 0 \end{cases}$$

O sistema trifásico com neutro, ou a quatro fios, é largamente utilizado em distribuição, por permitir a obtenção de um trifásico e de monofásicos a três fios, como indicado na figura 20.6. Nessa situação vemos a possibilidade de alimentar cargas monofásicas de 220 V e de $220/\sqrt{3} = 127$ V.

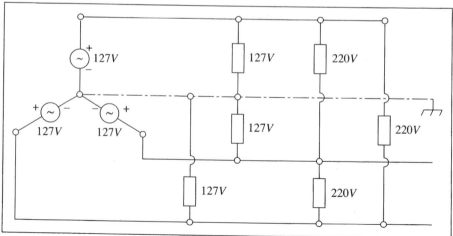

Figura 20.6 Utilização de trifásico a quatro fios, para distribuição em duas tensões diferentes.

Sistemas Trifásicos Simétricos e Equilibrados

Como sempre, o fio neutro vai ligado em terra, e as cargas monofásicas são distribuídas pelas três fases do circuito, de modo a mantê-lo equilibrado (ao menos estatisticamente). Note-se que nessa figura representamos apenas uma parte das possíveis cargas monofásicas, para não sobrecarregar o desenho.

b) Ligação triângulo—estrela (ou Δ—Y)

Consideremos agora um gerador trifásico em *triângulo*, ligado a uma carga em *estrela*, através de uma linha trifásica de três fios (figura 20.7).

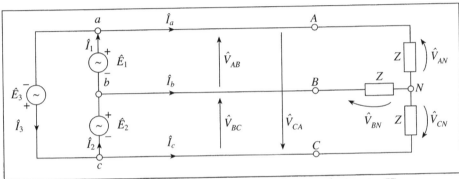

Figura 20.7 Esquema de ligação triângulo—estrela (ou Δ—Y).

Admitiremos que o gerador fornece um trifásico simétrico e que a carga é equilibrada, isto é, suas três impedâncias são iguais. As tensões e correntes serão medidas de acordo com as convenções indicadas na figura.

As três tensões de linha evidentemente constituem um trifásico simétrico, com a mesma seqüência de fases do gerador, pois obviamente temos

$$\hat{V}_{AB} = \hat{E}_1, \quad \hat{V}_{BC} = \hat{E}_2, \quad \hat{V}_{CA} = \hat{E}_3$$

Verifique cuidadosamente a notação empregada na figura 20.7!

Do lado da carga, a aplicação repetida da 2.ª lei de Kirchhoff fornece

$$\begin{cases} \hat{V}_{AB} = \hat{V}_{AN} - \hat{V}_{BN} \\ \hat{V}_{BC} = \hat{V}_{BN} - \hat{V}_{CN} \\ \hat{V}_{CA} = \hat{V}_{CN} - \hat{V}_{AN} \end{cases} \quad (20.12)$$

Por simetria, as tensões de fase na carga $\hat{V}_{AN}$, $\hat{V}_{BN}$ e $\hat{V}_{CN}$ constituem também um trifásico simétrico, sempre com a mesma seqüência de fases do gerador. Em conseqüência, os dois conjuntos de tensões podem ser relacionados pelo diagrama fasorial da figura 20.8, a), supondo seqüência de fases positiva.

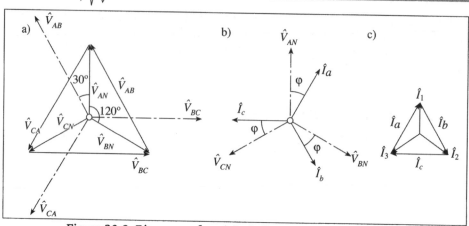

Figura 20.8 Diagramas fasoriais da ligação triângulo—estrela.

Desse diagrama verifica-se facilmente que as tensões de fase na carga são dadas por

$$\begin{cases} \hat{V}_{AN} = \dfrac{1}{\sqrt{3}} \cdot \hat{V}_{AB} \cdot e^{-j30°} \\ \hat{V}_{BN} = \dfrac{1}{\sqrt{3}} \cdot \hat{V}_{BC} \cdot e^{-j30°} \\ \hat{V}_{CN} = \dfrac{1}{\sqrt{3}} \cdot \hat{V}_{CA} \cdot e^{-j30°} \end{cases} \qquad (20.13)$$

ou seja, as tensões de fase na carga têm módulos (ou valores eficazes) iguais aos das respectivas tensões de linha, divididos por raiz de três e estão respectivamente atrasadas de 30° em relação às tensões de linha.

As correntes de linha são iguais, respectivamente, às correntes de fase na carga e, sendo φ o ângulo da impedância da fase, calculam-se por

$$\begin{cases} \hat{I}_a = \hat{V}_{AN} / Z = \left(\hat{V}_{AN} / |Z|\right) \cdot e^{-j\varphi} \\ \hat{I}_b = \hat{V}_{BN} / Z = \left(\hat{V}_{BN} / |Z|\right) \cdot e^{-j\varphi} \\ \hat{I}_c = \hat{V}_{CN} / Z = \left(\hat{V}_{CN} / |Z|\right) \cdot e^{-j\varphi} \end{cases} \qquad (20.14)$$

e, obviamente, constituem um sistema trifásico simétrico de correntes [ver figura 20.8, b)].

Resta determinar as três correntes $\hat{I}_1$, $\hat{I}_2$ e $\hat{I}_3$, nas fases do gerador. Essas correntes relacionam-se com as correntes de linha pelas relações

$$\begin{cases} \hat{I}_a = \hat{I}_1 - \hat{I}_3 \\ \hat{I}_b = \hat{I}_2 - \hat{I}_1 \\ \hat{I}_c = \hat{I}_3 - \hat{I}_2 \end{cases} \qquad (20.15)$$

Sistemas Trifásicos Simétricos e Equilibrados

e, conseqüentemente, constituem também um trifásico simétrico [figura 20.8, c)]. O diagrama fasorial mostra que as correntes nas fases do gerador têm valor eficaz igual a $1/\sqrt{3}$ dos valores eficazes das correntes de linha e estão adiantadas de 30° em relação a estas.

Mais uma vez verificamos que basta fazer os cálculos para uma das grandezas de um trifásico equilibrado. As outras duas obtêm-se, simplesmente, por simetria.

Notemos também que nossos cálculos foram feitos para a seqüência de fases positiva. Para passar à seqüência negativa, basta inverter a ordem dos fasores.

c) Ligações triângulo—triângulo e estrela—estrela

As relações entre grandezas de fase e de linha nessas ligações obtêm-se sem dificuldade, de maneira análoga aos casos anteriores e sempre usando a simetria do trifásico. Na figura 20.9 indicamos essas relações para os quatro tipos de ligações.

Antes de passar para outro assunto, notemos que algumas vezes as cargas trifásicas são passadas da ligação em estrela para a ligação em triângulo, ou vice-versa, durante a operação do circuito. Essa modificação, feita por meio de uma *chave estrela—triângulo*, é usada, por exemplo, na partida de alguns motores trifásicos.

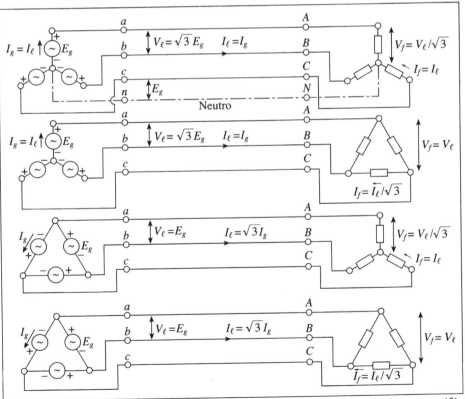

Figura 20.9 Relações entre grandezas de linha e de fase nos vários tipos de ligações trifásicas.

Exemplo 1:

Um gerador trifásico simétrico, ligado em triângulo, alimenta uma carga constituída por três impedâncias iguais a $Z = 4 + j10\Omega$, ligadas em estrela. A ligação é feita por uma linha com reatância de $j1\Omega$ por fio (figura 20.10). Sabe-se ainda que $\hat{V}_{ab} = 100 \angle 0°$ volts eficazes e a seqüência de fases do gerador é ab—bc—ca (positiva). Vamos determinar os fasores das três correntes de carga e o valor eficaz da tensão $\hat{V}_{AB}$.

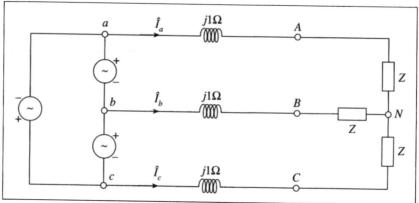

Figura 20.10 Exemplo de cálculo de circuito trifásico.

As tensões $\hat{V}_{aN}$, $\hat{V}_{bN}$ e $\hat{V}_{cN}$ constituem um trifásico simétrico, a seqüência positiva. Bastará então calcular a primeira tensão e aplicar a simetria.

As tensões $\hat{V}_{aN}$ e $\hat{V}_{ab}$ relacionam-se como na ligação triângulo—estrela. Em conseqüência,

$$\hat{V}_{aN} = \frac{\hat{V}_{ab}}{\sqrt{3}} \angle -30° = \frac{100}{\sqrt{3}} \angle -30° = 57{,}74 \angle -30° \text{ volts}$$

A corrente $\hat{I}_a$ será então

$$\hat{I}_a = \frac{57{,}74 \angle -30°}{j1 + 4 + j10} = 4{,}94 \angle -100{,}02° \text{ ampères}$$

As demais correntes de fase obtêm-se por simetria:

$$\hat{I}_b = 4{,}94 \angle(-100{,}02° - 120°) = 4{,}94 \angle -220{,}02° \text{ ampères}$$
$$\hat{I}_c = 4{,}94 \angle(-100{,}02° + 120°) = 4{,}94 \angle 19{,}98° \text{ ampères}$$

Para calcular o valor eficaz de $\hat{V}_{AB}$, começamos notando que

$$|\hat{V}_{AN}| = |Z \cdot \hat{I}_a| = 53{,}21 \text{ volts}$$

Como $\hat{V}_{AN}$ e $\hat{V}_{AB}$ estão relacionados como tensões de fase e de linha,

$$|\hat{V}_{AB}| = \sqrt{3}|\hat{V}_{AN}| = 92{,}15 \text{ volts}$$

Sistemas Trifásicos Simétricos e Equilibrados

O exemplo que acabamos de ver e o método seguido mostram a possibilidade de reduzir os cálculos de circuitos trifásicos simétricos e equilibrados a um cálculo monofásico, efetuado sobre uma só fase, designada como *fase de referência*. Usando em seguida as relações entre grandezas de linha e de fase, bem como a simetria do trifásico, obtêm-se facilmente as demais variáveis.

Exemplo 2:

Uma linha trifásica simétrica, com tensão de linha de 200 V, seqüência de fases positiva, alimenta uma carga trifásica desequilibrada ligada em triângulo, como indicado na figura 20.11, a). Calcular os fasores $\hat{I}_a$, $\hat{I}_b$ e $\hat{I}_c$ das correntes de linha e as potências ativa e reativa consumidas na carga.

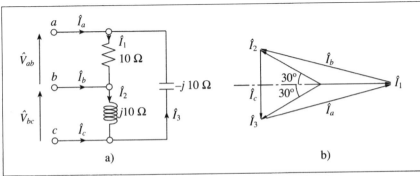

Figura 20.11 Circuito trifásico desequilibrado.

Vamos adotar a tensão $\hat{V}_{ab}$ como referência, isto é, vamos fazer $\hat{V}_{ab} = 200 \angle 0°$. Portanto, como temos uma seqüência de fases que é positiva, $\hat{V}_{bc} = 200 \angle -120°$ e $\hat{V}_{ca} = 200 \angle +120°$, estando todas as tensões em volts. Como o circuito é desequilibrado, não podemos usar a simetria.

As correntes de fase na carga, em ampères, serão

$$\begin{cases} \hat{I}_1 = \hat{V}_{ab}/10 = 20\angle 0° \\ \hat{I}_2 = \hat{V}_{bc}/(j10) = 20\angle -210° \\ \hat{I}_3 = \hat{V}_{ca}/(-j10) = 20\angle +210° \end{cases}$$

Essas três correntes estão indicadas no diagrama de fasores da figura 20.11, b).

Em conseqüência, as correntes de linha, também em ampères, são

$$\begin{cases} \hat{I}_a = \hat{I}_1 - \hat{I}_3 = 20\angle 0° - 20\angle -150° = 38{,}64\angle 15° \\ \hat{I}_b = \hat{I}_2 - \hat{I}_1 = 38{,}64\angle 165° \\ \hat{I}_c = \hat{I}_3 - \hat{I}_2 = 20\angle -90° \end{cases}$$

Essas três correntes estão também indicadas no diagrama de fasores da figura 20.11, b).

A corrente $\hat{I}_a$ foi calculada. As outras duas foram obtidas diretamente por inspeção do diagrama fasorial.

A potência ativa na carga é só a potência consumida no resistor:

$P_C = 10 \cdot 20^2 = 4.000$ (W)

A potência reativa calcula-se por

$Q_C = 10 \cdot 20^2 - 10 \cdot 20^2 = 0$ (VAr)

Esse último resultado é óbvio.

Exemplo 3:

No circuito da figura 20.12, a), as tensões de linha constituem um trifásico simétrico, com seqüência de fases ab—ca—bc e com $\hat{V}_{ab} = 346 \angle 0°$ volts eficazes. Vamos determinar o fasor $\hat{V}_{NN'}$ e os fasores das três correntes de linha.

Como primeira etapa da solução, construímos o diagrama fasorial das tensões de linha e de fase, como indicado na figura 20.12, b). Seguem-se imediatamente as relações (as duas últimas foram obtidas por simetria):

$$\begin{cases} \hat{V}_{AN} = \dfrac{346}{\sqrt{3}} \angle 30° = 200 \angle 30° \quad \text{(volts eficazes)} \\ \hat{V}_{BN} = \ldots = 200 \angle 150° \quad \text{(volts eficazes)} \\ \hat{V}_{CN} = \ldots = 200 \angle -90° \quad \text{(volts eficazes)} \end{cases}$$

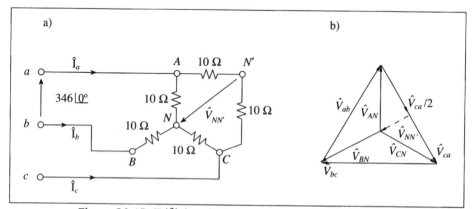

Figura 20.12 Trifásico simétrico com carga desequilibrada.

Aplicando agora a 2.ª lei de Kirchhoff a uma curva fechada que passa pelos pontos A, N e N', obtemos

$\hat{V}_{NN'} + \hat{V}_{AN} + \hat{V}_{N'A} = 0$

Impedâncias Mútuas e Impedâncias Cíclicas **641**

Considerando porém que $\hat{V}_{N'A} = \hat{V}_{ca}/2$, vem

$$\hat{V}_{NN'} = -(\hat{V}_{AN} + \hat{V}_{ca} / 2)$$

Do diagrama fasorial da figura 20.12, b), obtemos imediatamente

$$\hat{V}_{NN'} = 100\angle 150° \quad \text{volts eficazes}$$

O cálculo das correntes de linha se faz pelas seguintes etapas:

$$\hat{I}_a = \hat{V}_{AN} / 10 - \hat{V}_{CA} / 20 = 36,03\angle 43,9° \quad (A_{ef})$$

$$\hat{I}_b = \hat{V}_{BN} / 10 = 20\angle 150° \quad (A_{ef})$$

$$\hat{I}_a + \hat{I}_b + \hat{I}_c = 0 \rightarrow \hat{I}_c = -(\hat{I}_a + \hat{I}_b) = 36,03\angle -103,9° \quad (A_{ef})$$

Completa-se assim a solução do problema proposto.

20.4 Impedâncias Mútuas e Impedâncias Cíclicas

Em todos os exemplos de trifásicos que examinamos não havia nenhum acoplamento mútuo entre as fases, como poderia ser feito, por exemplo, com indutâncias mútuas entre fases. Consideremos agora o caso em que esse acoplamento mútuo existe, caracterizado por *impedâncias mútuas* entre as várias fases.

Havendo acoplamento mútuo, ainda pode ser mantida a simetria do trifásico, desde que esses acoplamentos também sejam simétricos. Nesse caso convém introduzir o conceito de *impedância cíclica*. Passemos a estabelecer esse conceito.

Sejam então $\hat{V}_1$, $\hat{V}_2$ e $\hat{V}_3$ três tensões simétricas de fase, e $\hat{I}_1$, $\hat{I}_2$ e $\hat{I}_3$ as correspondentes correntes de fase. Havendo impedância mútua entre as fases, valem então as seguintes relações

$$\begin{cases} \hat{V}_1 = z_{11}\hat{I}_1 + z_{12}\hat{I}_2 + z_{13}\hat{I}_3 \\ \hat{V}_2 = z_{21}\hat{I}_1 + z_{22}\hat{I}_2 + z_{23}\hat{I}_3 \\ \hat{V}_3 = z_{31}\hat{I}_1 + z_{32}\hat{I}_2 + z_{33}\hat{I}_3 \end{cases} \tag{20.16}$$

onde os z_{ii} são as *impedâncias próprias* e os z_{ij}, $i \neq j$, são as *impedâncias mútuas*. Se todas as fases da carga (ou dispositivo trifásico) forem idênticas e simetricamente dispostas no espaço, então

$$z_{11} = z_{22} = z_{33} = Z_p = \text{impedância própria}$$

$$z_{12} = z_{13} = z_{21} = z_{23} = z_{31} = z_{32} = Z_m = \text{impedância mútua}$$

e as relações anteriores podem ser postas na forma

$$\begin{bmatrix} Z_p & Z_m & Z_m \\ Z_m & Z_p & Z_m \\ Z_m & Z_m & Z_p \end{bmatrix} \cdot \begin{bmatrix} \hat{I}_1 \\ \hat{I}_2 \\ \hat{I}_3 \end{bmatrix} = \begin{bmatrix} \hat{V}_1 \\ \hat{V}_2 \\ \hat{V}_3 \end{bmatrix} \tag{20.17}$$

Somando membro a membro todas as equações acima, obtemos

$$(Z_p + 2Z_m) \cdot (\hat{I}_1 + \hat{I}_2 + \hat{I}_3) = \hat{V}_1 + \hat{V}_2 + \hat{V}_3 = 0$$

pois a soma das três tensões de fase é nula (trifásico simétrico). Como, em geral, $Z_p + 2Z_m \neq 0$, segue-se que $\hat{I}_1 + \hat{I}_2 + \hat{I}_3 = 0$. De (20.17) obtemos então

$$\begin{cases} \hat{V}_1 = Z_p \hat{I}_1 + Z_m(\hat{I}_2 + \hat{I}_3) = (Z_p - Z_m)\hat{I}_1 \\ \hat{V}_2 = Z_p \hat{I}_2 + Z_m(\hat{I}_1 + \hat{I}_3) = (Z_p - Z_m)\hat{I}_2 \\ \hat{V}_3 = Z_p \hat{I}_3 + Z_m(\hat{I}_1 + \hat{I}_2) = (Z_p - Z_m)\hat{I}_3 \end{cases} \quad (20.18)$$

Definindo agora a *impedância cíclica* Z_c por

$$Z_c = Z_p - Z_m \quad (20.19)$$

obtemos as relações entre correntes e tensões por fase

$$\begin{cases} \hat{V}_1 = Z_c \hat{I}_1 \\ \hat{V}_2 = Z_c \hat{I}_2 \\ \hat{V}_3 = Z_c \hat{I}_3 \end{cases} \quad (20.20)$$

Essas expressões mostram que as três correntes de fase também constituem um trifásico simétrico. Portanto, nesse caso podemos novamente efetuar os cálculos apenas para uma fase, obtendo as demais correntes por simetria.

Exemplo:

Consideremos o circuito trifásico indicado na figura 20.13, com uma carga trifásica, cujas fases compõem-se de um resistor R, em série com um indutor de indutância L e com mútuas M, com as polaridades indicadas

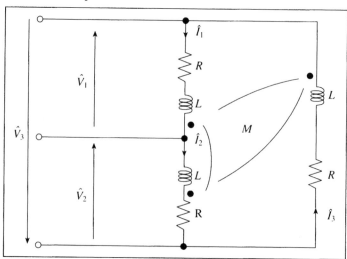

Figura 20.13 Carga trifásica equilibrada com indutâncias mútuas.

A tensão $\hat{V}_1$ será dada por

$$\hat{V}_1 = (R + j\omega L) \cdot \hat{I}_1 + j\omega M \hat{I}_2 + j\omega M \hat{I}_3$$

As demais tensões serão dadas por equações análogas.

Comparando com (20.18), verificamos que

$$\begin{cases} Z_p = R + j\omega L \\ Z_m = j\omega M \end{cases}$$

e, portanto, a impedância cíclica será

$$Z_c = Z_p - Z_m = R + j\omega(L - M)$$

Usando a (20.20), a corrente $\hat{I}_1$ calcula-se por

$$\hat{I}_1 = \hat{V}_1 / Z_c = \hat{V}_1 / [j\omega(L - M)]$$

As demais correntes obtêm-se pela simetria trifásica.

*20.5 Verificação da Seqüência de Fases no Trifásico

A definição da seqüência de fases num sistema trifásico exige, previamente, a atribuição de uma designação às fases do sistema. Usam-se, para isso, as letras a—b—c ou R—S—T.

Designadas assim as fases, sua seqüência pode ser determinada de várias maneiras:

a) examinando o sentido de rotação de um motor trifásico previamente calibrado numa linha com seqüência de fases conhecida. Isso é possível porque o sentido de rotação desses motores depende da seqüência de fases. Há pequenos motores, chamados *medidores de seqüência de fases,* especialmente construídos para essa finalidade;

b) verificando as defasagens das várias fases com um osciloscópio (cuidado com as ligações de terra, para não causar um curto-circuito!);

c) examinando o comportamento de alguma carga desequilibrada.

Como exemplo desse terceiro método, consideremos o circuito da figura 20.14, de fácil realização experimental. Vamos escolher a resistência e a capacitância de modo que $R = X_C$, na freqüência de operação.

Vamos mostrar que se a seqüência de fases for *positiva,* isto é, ab—bc—ca, a leitura do voltímetro é *menor* que a tensão de linha. Inversamente, se a seqüência de fases for *negativa,* a leitura será *maior* que a tensão de linha. Suporemos aqui que o voltímetro tem impedância interna infinita. Praticamente, basta que essa impedância seja muito maior que R ou X_C.

Assim sendo, temos

$$\hat{I} = \frac{\hat{V}_{ab}}{R - jR}, \quad \text{pois} \quad X_C = R \tag{20.21}$$

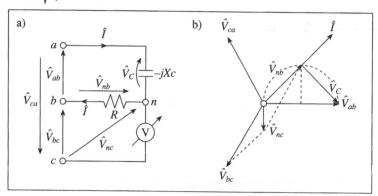

Figura 20.14 Circuito para medida da seqüência de fases a) e o correspondente diagrama fasorial b), para seqüência de fases positiva.

Por outro lado [ver figura 20.14, b)]

$$\hat{V}_{nc} = \hat{V}_{nb} + \hat{V}_{bc} = R\hat{I} + \hat{V}_{bc}$$

Substituindo a corrente por (20.21),

$$\hat{V}_{nc} = \frac{\hat{V}_{ab}}{1-j} + \hat{V}_{bc} \qquad (20.22)$$

Tomando agora $\hat{V}_{ab} = V_\ell \angle 0°$ (isto é, tensão de referência, com V_ℓ = tensão de linha, em volts eficazes) e $\hat{V}_{bc} = V_\ell \angle -120°$ (seqüência positiva), resulta

$$\hat{V}_{nc} = V_\ell \left(e^{j45°} / \sqrt{2} + e^{-j120°} \right) = -j \cdot \frac{1-\sqrt{3}}{2} \cdot V_\ell$$

A leitura do voltímetro é pois

$$\left| \hat{V}_{nc} \right| = 0{,}37\ V_\ell \qquad (20.23)$$

como queríamos demonstrar.

No caso de a seqüência de fases ser negativa, basta fazer, em (20.22), a substituição $\hat{V}_{bc} = V_\ell \angle 120°$. Como antes, obtemos

$$\hat{V}_{nc} = V_\ell \left(e^{j45°} / \sqrt{2} + e^{j120°} \right) = j \cdot \frac{1+\sqrt{3}}{2} \cdot V_\ell$$

correspondendo à leitura do voltímetro

$$\left| \hat{V}_{nc} \right| = 1{,}37\ V_\ell \qquad (20.24)$$

O diagrama fasorial correspondente à seqüência de fases positiva está construído na figura 20.14, b). Note-se que essa construção envolveu a aplicação de um lugar geométrico.

20.6 A Transformação Estrela—Triângulo e vice-versa

Nos cálculos de redes trifásicas muitas vezes é conveniente transformar uma porção da rede, ligada em estrela, numa porção equivalente, mas ligada em triângulo, ou vice-versa.

Essas transformações, para o caso de impedâncias, já foram estudadas nos Capítulos 4 (Vol. 1) e 15 (Vol. 2). Transpondo as fórmulas vistas nesse caso para triângulos e estrelas de impedâncias, indicados na figura 20.15, visando a que a estrela e o triângulo sejam equivalentes devemos ter

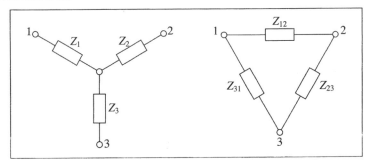

Figura 20.15 Transformações estrela—triângulo e triângulo—estrela.

onde

$$\begin{cases} Z_{12} = Z_1 \cdot Z_2 / Z_Y \\ Z_{23} = Z_2 \cdot Z_3 / Z_Y \\ Z_{31} = Z_3 \cdot Z_1 / Z_Y \end{cases} \quad (20.25)$$

onde

$$Z_Y = \frac{1}{1/Z_1 + 1/Z_2 + 1/Z_3} \quad (20.26)$$

é o inverso da *admitância da estrela, Y_Y*.

Dualmente, para equivalência entre triângulo e estrela, valem as relações

$$\begin{cases} Z_1 = Z_{12} \cdot Z_{31} / Z_\Delta \\ Z_2 = Z_{23} \cdot Z_{12} / Z_\Delta \\ Z_3 = Z_{23} \cdot Z_{31} / Z_\Delta \end{cases} \quad (20.27)$$

onde

$$Z_\Delta = Z_{12} + Z_{23} + Z_{31} \quad (20.28)$$

é a *impedância do triângulo*.

No caso de impedâncias iguais nos ramos da estrela ou do triângulo essas relações simplificam-se para

$$\begin{cases} Z_{(estrela)} = \dfrac{1}{3} \cdot Z_{(triângulo)} \\ Z_{(triângulo)} = 3 \cdot Z_{(estrela)} \end{cases} \quad (20.29)$$

Consideremos agora a transformação dos geradores trifásicos, admitindo que as três fases tenham impedâncias internas iguais, e que as três tensões de fase constituam um trifásico simétrico (figura 20.16).

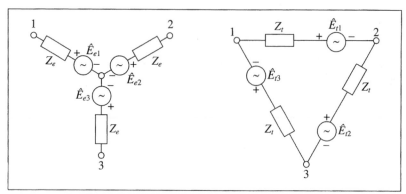

Figura 20.16 Equivalência de geradores trifásicos simétricos em estrela e em triângulo.

Como a equivalência deve ser válida para qualquer valor da tensão, em particular para a tensão nula, concluímos que as impedâncias da estrela e do triângulo devem satisfazer às relações (20.25) e (20.27). Além disso, as tensões em aberto entre dois pares de terminais homônimos devem ser iguais, de modo que devemos ter

$$\begin{cases} \hat{E}_{e1} - \hat{E}_{e2} = \hat{E}_{t1} \\ \hat{E}_{e2} - \hat{E}_{e3} = \hat{E}_{t2} \\ \hat{E}_{e3} - \hat{E}_{e1} = \hat{E}_{t3} \end{cases} \quad (20.30)$$

pois não circula corrente no triângulo, uma vez que $\hat{E}_{t1} + \hat{E}_{t2} + \hat{E}_{t3} = 0$, porque o trifásico é simétrico.

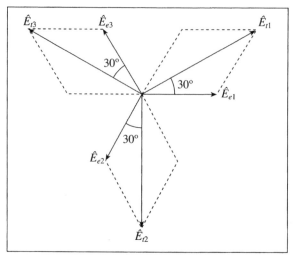

Figura 20.17 Diagrama fasorial das tensões na transformação de geradores trifásicos simétricos.

A Transformação Estrela–Triângulo e vice-versa

Admitamos que as tensões da estrela são a seqüência positiva. As tensões do triângulo podem ser obtidas facilmente do diagrama fasorial da figura 20.17:

$$\begin{cases} \hat{E}_{t1} = \sqrt{3} \cdot \hat{E}_{e1} \cdot e^{j30°} \\ \hat{E}_{t2} = \sqrt{3} \cdot \hat{E}_{e2} \cdot e^{j30°} \\ \hat{E}_{t3} = \sqrt{3} \cdot \hat{E}_{e3} \cdot e^{j30°} \end{cases} \qquad (20.31)$$

As relações inversas e o caso das seqüências de fase negativa ficam a cargo do leitor interessado.

Exemplo:

Uma linha trifásica simétrica alimenta duas cargas equilibradas ligadas, respectivamente, em estrela e em triângulo, que apresentam impedâncias por fase de $Z_1 = 10 + j10\,\Omega$ e $Z_2 = 18 - j24\,\Omega$. Sabendo que $\hat{V} = 200 \angle 0°$ e que a seqüência de fases é positiva, determinar os fasores $\hat{I}_a$, $\hat{I}_b$ e $\hat{I}_c$ (figura 20.18).

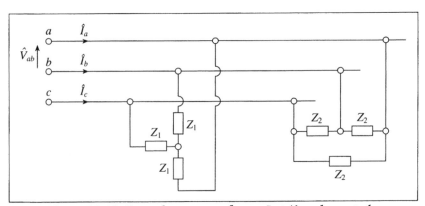

Figura 20.18 Exemplo com transformação triângulo—estrela.

Nesse caso a transformação estrela—triângulo permite a solução rápida do problema. De fato, passando a segunda carga para estrela, temos

$Z_{2e} = Z_2 / 3 = 6 - j8$

Como os pontos centrais das duas estrelas estarão ao mesmo potencial, Z_1 e Z_{2e} estarão efetivamente em paralelo. Vamos fazer associação:

$Z_1 = 10 + j10 \rightarrow Y_1 = 0,05 - j0,05$ (S)

$Z_{2e} = Z_2 / 3 = 6 - j8 \rightarrow Y_{2e} = 0,06 + j0,08$ (S)

Portanto,

$Y_{eq} = Y_1 + Y_{2e} = 0,11 + j0,03 = 0,114 \angle 15,26°$ (S)

As duas cargas podem então ser substituídas por uma só carga em estrela, com uma admitância por fase de $0,114 \angle 15,26°$ siemens.

A tensão na fase 1 será, como já sabemos,

$$\hat{V}_{f1} = \hat{V}_{ab}e^{-j30°} / \sqrt{3} = 115,47\angle - 30° \quad \text{(volts)}$$

pois a seqüência de fases é positiva.

A corrente nessa fase, igual à corrente de linha, é, então,

$$\hat{I}_a = Y_{eq} \cdot \hat{V}_{f1} = 0,114\angle15,26° \cdot 115,47\angle - 30° = 13,16\angle - 14,47° \quad \text{(ampères)}$$

As demais correntes obtêm-se por simetria. Como a seqüência de fases é positiva,

$$\begin{cases} \hat{I}_b = \hat{I}_a e^{-j120°} = 13,16\angle - 134,74° \\ \hat{I}_c = \hat{I}_a e^{j120°} = 13,16\angle105,26° \end{cases}$$

Veremos logo mais que problemas desse tipo podem também ser resolvidos usando o teorema da conservação das potências ativas e reativas.

20.7 As Potências Ativas e Reativas nos Trifásicos Simétricos e Equilibrados

Consideremos uma carga trifásica equilibrada, ligada em estrela ou em triângulo, e sejam, respectivamente, $v_1(t)$, $i_1(t)$, $v_2(t)$, $i_2(t)$, $v_3(t)$ e $i_3(t)$ as tensões e correntes instantâneas por fase, medidas com a convenção do receptor. A potência instantânea recebida pela carga será então

$$p(t) = v_1(t) \cdot i_1(t) + v_2(t) \cdot i_2(t) + v_3(t) \cdot i_3(t) \tag{20.32}$$

Se o sistema for equilibrado, usando a tensão v_1 como referência, designando por φ a defasagem entre tensão e corrente de fase e supondo seqüência positiva, teremos

$$\begin{cases} v_1(t) = V_{\text{máx}} \cos(\omega t); \quad i_1(t) = I_{\text{máx}} \cos(\omega t - \varphi) \\ v_2(t) = V_{\text{máx}} \cos(\omega t - 2\pi / 3); \quad i_2(t) = I_{\text{máx}} \cos(\omega t - 2\pi / 3 - \varphi) \\ v_3(t) = V_{\text{máx}} \cos(\omega t - 4\pi / 3); \quad i_3(t) = I_{\text{máx}} \cos(\omega t - 4\pi / 3 - \varphi) \end{cases}$$

Substituindo esses valores na expressão da potência instantânea (20.32) e simplificando por identidades trigonométricas conhecidas, chegamos a

$$p(t) = \frac{1}{2} \cdot V_{\text{máx}} \cdot I_{\text{máx}} \cdot$$

$$\cdot \left[3 \cdot \cos\varphi + \cos(2\omega t - \varphi) + \cos\left(2\omega t - \frac{4\pi}{3} - \varphi\right) + \cos\left(2\omega t - \frac{8\pi}{3} - \varphi\right) \right]$$

Como os três últimos termos dentro do colchete constituem um trifásico simétrico, sua soma é nula, e resulta

$$p(t) = 3 \cdot \frac{V_{\text{máx}} \cdot I_{\text{máx}}}{2} \cdot \cos\varphi = 3 \cdot V_{ef} \cdot I_{ef} \cos\varphi \tag{20.33}$$

As Potências Ativas e Reativas nos Trifásicos Simétricos e Equilibrados

649

onde V_{ef} e I_{ef} são, respectivamente, os valores eficazes da tensão e da corrente de fase na carga.

A expressão (20.33) mostra que *é nula a potência flutuante num circuito trifásico simétrico e equilibrado*. Em conseqüência, o fluxo de potência não tem a alternância dos circuitos monofásicos.

A *potência real ou ativa*, média da potência instantânea num período, é, em conseqüência, dada pela própria (20.33). Eliminando agora as grandezas de fase em termos da tensão e da corrente de linha, V_ℓ e I_ℓ, em qualquer tipo de ligação (estrela ou triângulo) a *potência ativa no trifásico* resulta

$$P = \sqrt{3} \cdot V_\ell \cdot I_\ell \cos\varphi \quad \text{(watts)} \tag{20.34}$$

Nesse cálculo da potência ativa começamos pelo domínio do tempo, com o intuito único de mostrar que a potência flutuante é nula.

Vamos agora passar ao domínio de freqüência, para obter também as potências reativas e as potências aparentes complexas.

Sendo V_f a tensão eficaz de fase, resultam os três fasores das tensões eficazes na carga:

$$\hat{V}_{f1} = V_f \cdot e^{j0°}, \quad \hat{V}_{f2} = V_f \cdot e^{-j120°}, \quad \hat{V}_{f3} = V_f \cdot e^{-j240°}$$

sempre admitindo seqüência de fases positiva.

Designando por $Z = |Z| \angle \varphi$ a impedância complexa de cada fase, as correntes de fase serão, respectivamente,

$$\begin{cases} \hat{I}_{f1} = \hat{V}_{f1} / Z = \dfrac{V_f}{|Z|} \cdot e^{-j\varphi} = I_f e^{-j\varphi} \\[3mm] \hat{I}_{f2} = \hat{V}_{f2} / Z = \dfrac{V_f}{|Z|} \cdot e^{-j(120°+\varphi)} = I_f e^{-j(120°+\varphi)} \\[3mm] \hat{I}_{f3} = \hat{V}_{f3} / Z = \dfrac{V_f}{|Z|} \cdot e^{-j(240°+\varphi)} = I_f e^{-j(240°+\varphi)} \end{cases}$$

A potência aparente complexa total na carga é a soma das potências aparentes complexas nas três fases:

$$P_{ap} = \hat{V}_{f1} \cdot \hat{I}_{f1}^* + \hat{V}_{f2} \cdot \hat{I}_{f2}^* + \hat{V}_{f3} \cdot \hat{I}_{f3}^*$$

Substituindo os valores das correntes e das tensões na expressão acima e simplificando, chega-se a

$$P_{ap} = 3 \cdot V_f \cdot I_f \cdot e^{j\varphi} = 3 \cdot V_f \cdot I_f \cdot \cos\varphi + j \cdot 3 \cdot V_f \cdot I_f \cdot \text{sen}\,\varphi \quad \text{(VA)}$$

Esse resultado não é nenhuma novidade, pois corresponde apenas a uma caso particular do princípio de conservação das potências ativa e reativa.

A potência reativa na carga trifásica equilibrada é, pois,

$$Q = 3 \cdot V_f \cdot I_f \cdot \text{sen}\varphi \quad (\text{VAr}) \tag{20.35}$$

ou, em termos de grandezas de linhas,

$$Q = \sqrt{3} \cdot V_\ell \cdot I_\ell \cdot \text{sen}\varphi \quad (\text{VAr}) \tag{20.36}$$

Pela nossa convenção de sinais, a potência reativa será positiva para circuitos indutivos e negativa para circuitos capacitivos.

Em termos das grandezas de linha, a potência aparente complexa resulta então

$$P_{ap} = \sqrt{3} \cdot V_\ell \cdot I_\ell \cdot e^{j\varphi} \quad (\text{VA}) \tag{20.37}$$

com o módulo

$$\left| P_{ap} \right| = \sqrt{P^2 + Q^2} = \sqrt{3} \, V_\ell \cdot I_\ell \quad (\text{VA}) \tag{20.38}$$

O fator de potência do trifásico simétrico e equilibrado é igual ao fator de potência da carga. Pode ser calculado por

$$fp = \cos\varphi = \frac{P}{\left| P_{ap} \right|} \tag{20.39}$$

Os conceitos de potência aparente, potência ativa e potência reativa são úteis para vários cálculos nos sistemas trifásicos simétricos e equilibrados, tais como o cálculo de correntes de linha e de correção do fator de potência. Os exemplos seguintes ilustram essas aplicações.

Exemplo 1:

Vamos retomar o circuito da figura 20.18, calculando agora as correntes de linha usando as potências ativa e reativa.

A corrente eficaz por fase na primeira carga (em estrela) será

$$I_{f1} = V_f \, / \left| Z \right| = 115,47 \, / \, 14,14 = 8,16 \quad (A_{ef})$$

Como a impedância por fase é igual a $10 + j10\Omega$, as potências ativa e reativa *por fase* serão, respectivamente,

$$P_1 = 10 \cdot 8,16^2 = 665,9 \quad W, \qquad Q_1 = 10 \cdot 8,16^2 = 665,9 \quad VAr$$

Na segunda carga (em triângulo) a corrente de fase é

$$I_{f2} = 200 \, / \, 30 = 6,6667 \quad (A_{ef})$$

Como a impedância da fase é $18 - j24\Omega$, seguem-se

$$P_2 = 18 \cdot 6,67^2 = 801 \, W, \qquad Q_2 = -24 \cdot 6,67^2 = -1.067,7 \, VAr$$

Portanto, por fase das duas cargas temos a potência aparente complexa

$P_{ap1} = P_1 + P_2 + j(Q_1 + Q_2) = 1.466,9 - j399,77 = 1.520,4 \angle -15,4°$ VA

Para o trifásico todo,

$P_{ap} = 3 \cdot P_{ap1} = 4.561,2 \angle -15,4°$ VA

de modo que a corrente eficaz de linha será

$I_\ell = \dfrac{P_{ap}}{\sqrt{3} \cdot V_\ell} = \dfrac{4.561,2}{\sqrt{3} \cdot 200} = 13,17 \ A_{ef}$

O fator de potência do trifásico é

$fp = 1.466,9 / 1.520,4 = 0,96$ (capacitivo)

que é, evidentemente, o co-seno de 15,4°.

Exemplo 2:

Um motor trifásico, alimentado por uma linha trifásica simétrica de 220 V, consome 10 kVA com fator de potência 0,6 (indutivo). A mesma linha alimenta uma carga em Δ, com impedância de $16 - j12 \Omega$ por fase (carga capacitiva). Calcular a potência total no circuito, o seu fator de potência e a corrente de linha.

No motor temos

$P_1 = 10 \cdot 0,6 = 6$ kW, $\quad Q_1 = 10 \cdot 0,8 = 8$ kVAr

A corrente (eficaz) de fase na impedância é

$I_f = 220 / \sqrt{12^2 + 16^2} = 11$ A

de modo que as potências ativa e reativa nas três fases da impedância são

$P_2 = 3 \cdot 16 \cdot 11^2 \cdot 10^{-3} = 5,808$ kW

$Q_2 = -3 \cdot 12 \cdot 11^2 \cdot 10^{-3} = -4,356$ kVAr

As potências ativa e reativa totais no circuito são, portanto,

$P_t = P_1 + P_2 = 11,808$ kW, $\quad Q_t = Q_1 + Q_2 = 3,644$ kVAr

Portanto, o módulo da potência aparente complexa total fica

$|P_{apt}| = \sqrt{P_t^2 + Q_t^2} = 12,357$ kVA

A corrente de linha calcula-se imediatamente por

$I_\ell = |P_{apt}| / (\sqrt{3} \cdot V_\ell) = 12.357 / (\sqrt{3} \cdot 220) = 32,43 \ A_{ef}$

O fator de potência do trifásico fica

$\cos \varphi_t = P_t / |P_{apt}| = 0,956$ (indutivo, pois $Q_t > 0$)

Exemplo 3 — Correção do fator de potência:

Neste exemplo vamos ilustrar o cálculo de um banco trifásico de capacitores para fazer a correção do fator de potência de um circuito trifásico.

Consideremos então um motor trifásico que consome 10 kVA, a fator de potência 0,6 (indutivo), alimentado por uma linha trifásica simétrica de 220 V. Vamos calcular as capacitâncias que corrigem o fator de potência para 0,92. Examinaremos também as possíveis ligações (em estrela ou em triângulo) do banco de capacitores.

No motor temos então as potências ativa e reativa

$$P_1 = 10 \cdot 0,6 = 6 \text{ kW}, \quad Q_1 = 10 \cdot 0,8 = 8 \text{ kVAr}$$

O fator de potência corrigido será $\cos \varphi_t = 0,92$, de modo que $\text{tg } \varphi_t = 0,426$. Sendo Q_C a potência reativa consumida por cada capacitor (supostos com perdas desprezíveis), a potência reativa total do sistema será

$$Q_t = Q_1 + 3 \cdot Q_C$$

Mas, como as perdas nos capacitores são desprezíveis, a potência reativa corrigida resulta

$$Q_t = P_1 \cdot \text{tg}\varphi_t = 6 \cdot 0,426 = 2,556 \text{ kVAr}$$

A potência reativa de cada capacitor será então

$$Q_C = \frac{Q_t - Q_1}{3} = \frac{2,556 - 8}{3} = -1,8147 \text{ kVAr}$$

Sendo V_f a tensão por fase do banco de capacitores,

$$Q_C = -\omega C V_f^2 \rightarrow C = -Q_C / (\omega V_f^2) \tag{20.40}$$

Se os capacitores forem ligados em triângulo, $V_f = V_\ell$, de modo que

$$C_\Delta = -\frac{Q_C}{(\omega V_\ell^2)} = \frac{1.814,7}{(377.220^2)} = 99,47 \cdot 10^{-6} \text{ F}$$

Note-se que entramos com Q_C em VArs, para obter C_Δ em farads.

Ligando os capacitores em Y, temos $V_f = V_\ell / \sqrt{3}$, de modo que

$$C_Y = -3 \cdot Q_C / (\omega V_\ell^2) \tag{20.41}$$

O capacitor será então três vezes maior que no caso anterior, de modo que

$$C_Y = 3 \cdot 99,47 \cdot 10^{-6} = 298,41 \cdot 10^{-6} \text{ F}$$

A escolha dos capacitores e do tipo de sua ligação será decidida pelo seu custo. No caso da ligação em triângulo, a capacitância é menor, mas a tensão máxima de trabalho será igual a $\sqrt{2} \, V_\ell$, ao passo que na ligação em estrela a capacitância é maior, mas a tensão de trabalho dos capacitores é $\sqrt{3}$ vezes menor, o que pode baratear os capacitores.

20.8 A Potência nos Sistemas Polifásicos e Sua Medida

As considerações que fizemos acima sobre potências ativa, reativa e aparente complexa e sobre o fator de potência só se aplicam ao trifásico simétrico e equilibrado. Evidentemente, só nesse caso podem ser utilizadas as fórmula simples, em função das tensões e das correntes de linha.

No caso de um polifásico assimétrico ou desequilibrado, ou ambos, a potência ativa deve ser calculada somando-se as potências ativas de cada fase, isto é,

$$P_t = \sum_k V_{fk} \cdot I_{fk} \cdot \cos\varphi_k \qquad \text{(W ou kW)} \qquad (20.42)$$

onde V_{fk}, I_{fk} e φ_k são, respectivamente, a tensão eficaz, a corrente eficaz e a defasagem corrente—tensão na k-ésima fase, sendo a soma feita sobre todas as fases.

Analogamente, a potência reativa no polifásico será

$$Q_t = \sum_k V_{fk} \cdot I_{fk} \cdot \text{sen}\varphi_k \qquad \text{(VAr, kVAr)} \qquad (20.43)$$

onde, novamente, o somatório é estendido a todas as fases.

Pelo teorema de conservação das potências ativas e reativas, a potência aparente complexa do polifásico será

$$P_{apt} = P_t + j \cdot Q_t \qquad \text{(VA, kVA)} \qquad (20.44)$$

com o módulo

$$|P_{apt}| = \sqrt{P_t^2 + Q_t^2} \qquad \text{(VA, kVA)} \qquad (20.45)$$

Finalmente, o *fator de potência global* do polifásico é

$$fp = P_t / |P_{apt}| \qquad (20.46)$$

Evidentemente, esse fator de potência não será, em geral, igual a nenhuma defasagem entre corrente e tensão no circuito.

A medida da potência ativa nos sistemas polifásicos tem grande importância prática e é feita utilizando *wattímetros eletrodinâmicos,* ou *wattímetros digitais.* Essa medida se baseia no *teorema de Blondel:*

Se uma carga polifásica for alimentada por n fios, a potência ativa total na carga será dada, em regime permanente senoidal, pela soma algébrica das leituras de n wattímetros, ligados de maneira que cada um dos fios de alimentação atravesse uma bobina de corrente de um dos aparelhos, cuja bobina de potencial vai ligada entre o mesmo fio e um ponto qualquer do circuito, comum a todas as bobinas de potencial. Se esse ponto comum estiver sobre um dos n fios de alimentação, bastam $n-1$ wattímetros.

Antes de fazer a demonstração desse teorema, lembremos que um wattímetro analógico (monofásico) contém uma bobina de corrente e uma bobina de potencial. A leitura do aparelho é dada pelo valor médio, num período, da integral do produto da tensão na bobina de potencial pela corrente na bobina de corrente. No caso de wattímetros digitais, vale o mesmo princípio, embora a integração seja feita digitalmente e a leitura seja afixada numericamente. A leitura do aparelho pode ser positiva ou negativa, conforme a relação entre a direção do fluxo de potência através do aparelho e as polaridades das bobinas de corrente e de tensão. Nesse sentido, o wattímetro é uma aparelho direcional, pois pode indicar o sentido do fluxo de potência.

Isso posto, passemos à demonstração do teorema de Blondel.

Consideremos então uma carga polifásica, contida no bloco indicado por $\mathcal{N}$ na figura 20.19, alimentada por n fios condutores, atravessados respectivamente pela correntes $i_1(t)$, $i_2(t)$, ... $i_n(t)$ e cujos potenciais instantâneos com relação a uma referência arbitrária são, respectivamente, $v_1(t)$, $v_2(t)$,...$v_n(t)$. A potência instantânea fornecida ao circuito será então

$$p(t) = v_1(t) \cdot i_1(t) + v_2(t) \cdot i_2(t) + \ldots + v_n(t) \cdot i_n(t) \tag{20.47}$$

Pela 1.ª lei de Kirchhoff

$$i_1(t) + i_2(t) + \ldots + i_n(t) = 0 \quad (\forall t)$$

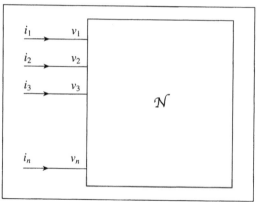

Figura 20.19 Carga polifásica com n fios, para demonstração do teorema de Blondel.

Multiplicando ambos os membros dessa relação por um potencial v_0 arbitrário e subtraindo da relação (20.47), obtemos

$$p(t) = [v_1(t) - v_0(t)] \cdot i_1(t) + [v_2(t) - v_0(t)] \cdot i_2(t) + \ldots + [v_n(t) - v_0(t)] \cdot i_n(t)$$

A potência ativa fornecida à carga será, pois, o valor médio da potência instantânea num período

$$\begin{cases} P = \dfrac{1}{T_0} \cdot \int_{T_0} [v_1(t) - v_0(t)] \cdot i_1(t) dt + \\ \quad + \dfrac{1}{T_0} \cdot \int_{T_0} [v_2(t) - v_0(t)] \cdot i_2(t) dt + \ldots \\ \ldots + \dfrac{1}{T_0} \cdot \int_{T_0} [v_n(t) - v_0(t)] \cdot i_n(t) dt \end{cases} \tag{20.48}$$

onde T_0 é o período das tensões e correntes.

A Potência nos Sistemas Polifásicos e Sua Medida   **655**

Ora, cada integral do segundo membro de (20.48) corresponde à leitura de um wattímetro, ligado como expresso no enunciado do teorema. Indicando por P_k a leitura (que pode ser positiva ou negativa) do k-ésimo instrumento, a (20.48) fornece

$$P = \sum_{k=1}^{n} P_k \qquad (20.49)$$

e, portanto, a potência da carga polifásica é a soma algébrica das leituras dos n instrumentos.

Fica assim demonstrada a primeira parte do teorema. Para demonstrar a segunda parte, basta notar que se v_0 for igual a um dos v_k (isto é, se o ponto comum for tomado sobre um dos fios) a leitura do wattímetro correspondente se anula. Em conseqüência, se o ponto comum das bobinas de tensão for tomado sobre um dos n fios, bastam $n-1$ wattímetros para a medida da potência.

Aplicando o teorema de Blondel aos sistemas trifásicos, concluímos que bastam dois wattímetros para a medida de potência num trifásico de três fios, ou três wattímetros no caso de um trifásico de quatro fios. Em ambos os casos, o trifásico pode ou não ser simétrico ou equilibrado. Nas figuras 20.20 e 20.21 indicamos o esquema de ligação dos aparelhos para os trifásicos de três ou quatro fios, respectivamente.

Em ambas as figuras os pontos nas bobinas dos wattímetros indicam suas respectivas *polaridades*.

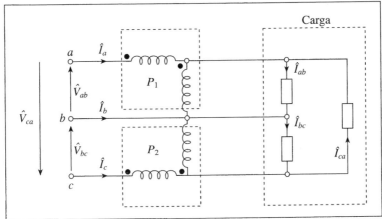

Figura 20.20 Medida de potência com dois wattímetros, em trifásico de três fios.

Vamos agora discutir o método das leituras dos wattímetros nessas ligações. Preliminarmente, um fato básico deve ser lembrado: a leitura de um wattímetro monofásico é dada por

$$P = V \cdot I \cdot \cos \varphi \qquad (20.50)$$

onde V e I são, respectivamente, os valores eficazes da tensão na bobina de potencial e da corrente na bobina de corrente, medidos de acordo com as referências fixadas pelas *marcas de polaridade*, como indicado na figura 20.22, e φ é a defasagem entre corrente e tensão.

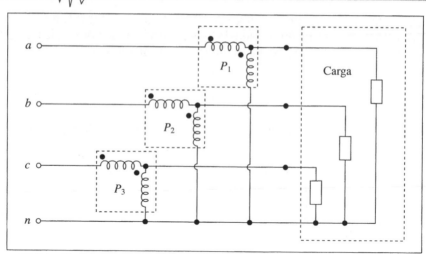

Figura 20.21 Medida da potência com três wattímetros, num trifásico com quatro fios.

Assim sendo, uma *leitura positiva* corresponde a $-\pi/2 < \varphi < \pi/2$, indicando que a carga à direita da figura *recebe* potência.

Inversamente, uma *leitura negativa* corresponde a uma defasagem fora do intervalo acima mencionado e indica que a carga à direita *fornece potência*. O wattímetro pode, assim, ser considerado como um quadripolo que indica o sentido do fluxo de potência através de si mesmo.

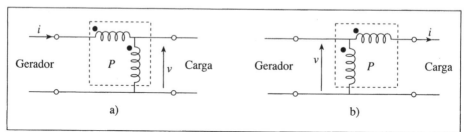

Figura 20.22 Marcas de polaridade e sentidos de referência nos wattímetros.

Normalmente os wattímetros analógicos são aparelhos de zero à esquerda, de modo que não podem dar leitura negativa. Alguns aparelhos dispõem então de uma chave que permite inverter a bobina de potencial, no caso de indicação negativa.

Nos wattímetros digitais habitualmente as leituras afixam também o sinal negativo, quando for o caso.

Isso posto, vamos determinar as leituras dos dois wattímetros da figura 20.20, supondo o trifásico simétrico e a carga equilibrada, com fator de potência cosφ. Consideremos ainda a seqüência de fases positiva (a—b—c) e a carga ligada em triângulo. Com essa última hipótese não perdemos em generalidade, pois se a carga estiver em estrela bastará aplicar a transformação estrela—triângulo.

A Potência nos Sistemas Polifásicos e Sua Medida   **657**

As leituras dos dois wattímetros serão então (ver figura 20.20):

$$\begin{cases} P_1 = |\hat{V}_{ab}| \cdot |\hat{I}_a| \cdot \cos(\hat{V}_{ab}, \hat{I}_a) \\ P_2 = |\hat{V}_{cb}| \cdot |\hat{I}_c| \cdot \cos(\hat{V}_{cb}, \hat{I}_c) \end{cases} \tag{20.51}$$

Note-se que tomamos aqui os fasores com os sentidos de referência determinados pelas polaridades das bobinas dos wattímetros.

As tensões e correntes nessas expressões são, em módulo, iguais às grandezas de linha, V_ℓ e I_ℓ. Resta-nos apenas determinar os ângulos entre $\hat{V}_{ab}$ e $\hat{I}_a$ e entre $\hat{V}_{cb}$ e $\hat{I}_c$. Para isso, construímos o diagrama de fasores do sistema, considerando seqüência de fases positiva e que

$$\begin{cases} \hat{I}_a = \hat{I}_{ab} - \hat{I}_{ca} \\ \hat{I}_c = \hat{I}_{ca} - \hat{I}_{bc} \end{cases}$$

Suporemos ainda que os wattímetros são ideais, isto é, que suas bobinas de corrente têm impedância nula, ao passo que as bobinas de potencial têm impedância infinita.

Obtemos assim o diagrama de fasores da figura 20.23, a). Para maior clareza separamos, na figura 20.23, b), os fasores das correntes e das tensões nos dois aparelhos.

Substituindo em (20.51) os módulos das tensões e das correntes pelos valores de linha e colocando os ângulos no diagrama fasorial, obtemos

$$\begin{cases} P_1 = V_\ell I_\ell \cos(30° + \varphi) \\ P_2 = V_\ell I_\ell \cos(30° - \varphi) \end{cases} \tag{20.52}$$

(para seqüência de fases positiva).

Pelo teorema de Blondel a potência na carga será a soma algébrica

$$P = P_1 + P_2 \tag{20.53}$$

As expressões (20.52) mostram que:

a) se for $\varphi = 60°$, o primeiro wattímetro dá indicação nula, e fica $P = P_2$;

b) se for $|\varphi| > 60°$, um dos wattímetros dá indicação negativa.

Neste último caso e para os aparelhos analógicos, deveremos inverter a ligação da correspondente bobina de tensão para refazer a leitura, que será considerada negativa.

As expressões (20.52) permitem também a determinação do fator de potência da carga. De fato, verifica-se sem dificuldade que

$$\tan\varphi = \sqrt{3} \cdot \frac{P_2 - P_1}{P_1 + P_2} \tag{20.54}$$

Ainda partindo das mesmas expressões, é fácil calcular a potência reativa a partir das duas leituras, obtendo-se

$$Q = \sqrt{3} \cdot V_\ell I_\ell \, \text{sen}\varphi = \sqrt{3} \cdot (P_2 - P_1) \tag{20.55}$$

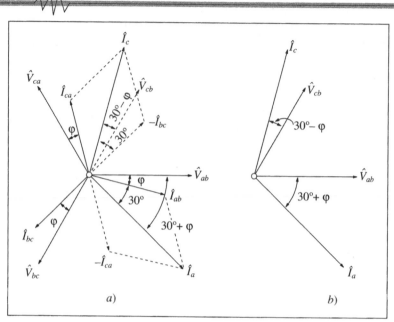

Figura 20.23 Diagramas fasoriais do circuito de medida de potência pelo método dos dois wattímetros.

Convém ressaltar que as expressões desde (20.53) até (20.55) foram deduzidas admitindo seqüência de fases positiva. Na seqüência negativa, basicamente mudam as posições de P_1 e P_2.

Algumas vezes não se conhece a polaridade dos wattímetros ou a seqüência de fases, o que não permite saber qual das duas leituras P_1 ou P_2 é eventualmente negativa. Pode-se então aplicar a seguinte regra para calcular a (20.53):

a) atribui-se um sinal positivo à maior das duas leituras (em módulo) dos dois wattímetros;

b) divide-se a leitura de maior módulo pelo produto $V_\ell \cdot I_\ell$ e compara-se o resultado com $\sqrt{3}/2 = 0,866$;

c) se o quociente acima for *maior* que 0,866, a leitura de menor módulo também é *positiva*; caso contrário, a menor leitura será *negativa*.

Essa regra justifica-se pela análise e discussão das expressões (20.52).

O caso da medida com três wattímetros limita-se, quando a carga é em estrela, a uma simples medida de potência por fase. Sua discussão fica a cargo do leitor.

Concluindo esta seção, vamos salientar que os métodos de medida de potência, com dois ou três wattímetros, fornecem corretamente as potências nos trifásicos, quer estes sejam, ou não, simétricos e equilibrados. No entanto, as deduções que apresentamos, com exceção do teorema de Blondel, referem-se apenas a sistemas simétricos e equilibrados.

20.9 Transformadores Trifásico–Trifásico e Trifásico–Monofásico

Já vimos que um sistema elétrico de potência se decompõe nos seguintes subsistemas:

- geração;
- transmissão (e subtransmissão);
- distribuição primária;
- distribuição secundária.

Esses subsistemas operam em níveis de tensões muito diferentes, de modo que em cada interface entre subsistemas devemos dispor de um *banco de transformadores*, abaixadores ou elevadores de tensão, conforme o caso. Até o nível de distribuição primária, inclusive, os circuitos são trifásicos, na grande maioria dos casos. No nível de distribuição secundária aparecem, podendo mesmo predominar, os *circuitos monofásicos de dois ou três fios.* Em conseqüência, os bancos de transformadores de distribuição secundária devem, além de reduzir a tensão, permitir a obtenção dos dois tipos de monofásicos, a partir do trifásico.

Os transformadores usados nos sistemas de potência podem ser *monofásicos,* com ou sem *tomada central,* ou *trifásicos.*

Os transformadores monofásicos, constituídos essencialmente por um enrolamento primário e um ou mais enrolamentos secundários, dispostos sobre um mesmo circuito magnético, já foram examinados neste curso. Associados em bancos de três, esses transformadores podem ser utilizados nos trifásicos. Os primários dos transformadores do banco, alimentados pelo circuito trifásico, podem ser ligados em estrela ou em triângulo. Temos assim quatro possibilidades de ligação: estrela—estrela (Y—Y), estrela—triângulo (Y—Δ), triângulo—estrela (Δ—Y) ou triângulo—triângulo (Δ—Δ). A escolha de um determinado tipo de ligação depende de um conjunto de fatores técnicos e econômicos, que não cabe discutir neste curso. Basta notar aqui que, em cada transformador, a relação das tensões no primário e no secundário será dada, aproximadamente, pela relação de transformação do transformador.

Na figura 20.24 apresentamos um exemplo de ligação Y—Δ, com um banco de três transformadores monofásicos. Eventualmente o ponto comum do Y poderá estar ligado em terra.

Indicando por

$$r = n_1 / n_2$$

a relação de transformação dos transformadores monofásicos, teremos, no circuito da figura 20.24,

$$V_{f2} = \frac{1}{r} \cdot V_{f1} \tag{20.56}$$

com boa aproximação. Mas $V_{f1} = V_{\ell1}/\sqrt{3}$ e $V_{f2} = V_{\ell2}$, de modo que a relação entre as tensões de linha nos dois lados do circuito será

$$V_{\ell2} = \frac{V_{\ell1}}{r \cdot \sqrt{3}} \tag{20.57}$$

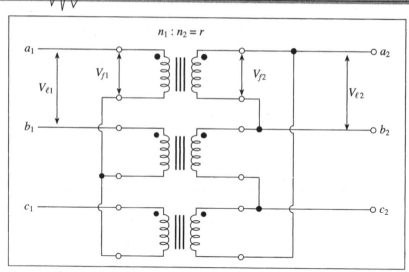

Figura 20.24 Banco de transformadores na ligação Y—Δ.

É claro que (20.56) e, portanto, (20.57) são apenas aproximadas, mas suficientes na maior parte dos casos práticos. Para um cálculo mais preciso, será necessário substituir cada transformador por um dos circuitos equivalentes estudados no Capítulo 13.

Para obter as defasagens entre as tensões do primário e do secundário devemos também, a rigor, usar os circuitos equivalentes dos transformadores. Numa primeira aproximação, suficiente em muitos casos, podemos admitir que as tensões no primário e no secundário (medidas de acordo com a polaridade do transformador) estão em fase.

O uso de bancos de transformadores monofásicos nem sempre é conveniente ou econômico. Muitas vezes é preferível usar um *transformador trifásico*.

Numa das construções típicas de transformador trifásico, o circuito magnético tem três "pernas", de seções transversais iguais; os enrolamentos primário e secundário de cada fase são dispostos sobre uma mesma "perna" do núcleo, como indicado na figura 20.25. Como será demonstrado na disciplina de Conversão Eletromecânica, no caso de sistemas trifásicos simétricos e equilibrados, cada um desses pares de bobinas se comporta essencialmente como se fosse um transformador monofásico.

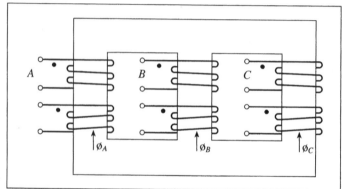

Figura 20.25 Esquema de transformador trifásico do tipo nuclear.

Esses transformadores podem também ter seus primários ou secundários ligados em estrela ou em triângulo, como no caso dos transformadores monofásicos.

Nos esquemas de ligação de transformadores trifásicos (ou mesmo de bancos de transformadores monofásicos) convém ordenar o desenho de modo que fiquem paralelos os enrolamentos em que as tensões estejam praticamente em fase.

Assim, à ligação triângulo—estrela, indicada na figura 20.26, a), correspondem as tensões indicadas em b) da mesma figura. Subentende-se que as marcas de polaridade indicadas correspondem às bobinas representadas em paralelo.

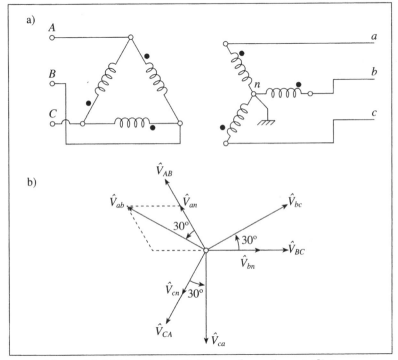

Figura 20.26 Ligação Δ—Y de transformadores trifásicos.

As relações entre os fasores das tensões de linha no primário e no secundário obtêm-se, em primeira aproximação, considerando que as tensões nas bobinas indicadas em paralelo na figura estão em fase. Do diagrama fasorial da figura 20.26, b), obtemos então

$$\begin{cases} \hat{V}_{ab} = \hat{V}_{AB} e^{j30°} \\ \hat{V}_{bc} = \hat{V}_{BC} e^{j30°} \\ \hat{V}_{ca} = \hat{V}_{CA} e^{j30°} \end{cases} \qquad (20.58)$$

Os transformadores trifásico—trifásico, em qualquer das ligações mencionadas, são usados nos subsistemas de geração, transmissão e distribuição primária.

*20.10 Os Sistemas de Distribuição Monofásicos

A maioria dos usuários finais de energia elétrica é alimentada por algum tipo de sistema monofásico, derivado de um sistema trifásico.

Os seguintes tipos de sistemas são usados na distribuição:

a) *monofásicos:*

- monofásicos de dois fios (fase e neutro);
- monofásico de dois fios, sem neutro;
- monofásico de três fios (dois fios-fase e um neutro);

b) *trifásicos:*

- trifásico de três fios (sem neutro);
- trifásico de quatro fios (com neutro).

Essas várias modalidades de fornecimento são obtidas por diversos tipos de ligação dos secundários dos transformadores de distribuição.

A tendência atual é obterem-se os monofásicos e o trifásico para a distribuição a partir do secundário, ligado em estrela, de um transformador trifásico. O ponto central da estrela, que constitui o neutro, deve ser ligado em terra, como indicado na figura 20.27, a). Obtêm-se assim as tensões V e $\sqrt{3}\,V$ (tipicamente, 120/208 ou 127/220 V). O fio neutro pode ser omitido, obtendo-se o monofásico a partir de dois fios-fase. Esse esquema ainda é usado (por exemplo, em Santos, com 220 V), mas não é recomendável, por oferecer menos proteção contra choques.

Outra possibilidade, ainda usada em São Paulo, é utilizar uma tomada central numa das fases do secundário [figura 20.27, b)]. Essa tomada central, que não está ao potencial do neutro do trifásico, vai ligada à terra. Obtêm-se então as tensões $V/2$ (entre o fio neutro e os fios a e b) ou V (entre fios-fase). Tipicamente, obtemos assim tensões de 110/220 ou 115/230 volts eficazes.

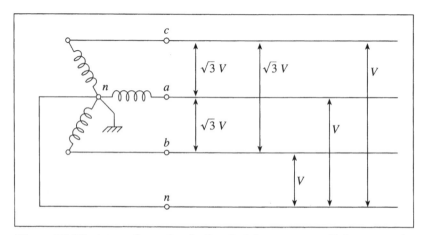

Figura 20.27, a) transformador de distribuição com secundário em estrela e neutro em terra.

Exemplos de Sistemas Monofásicos **663**

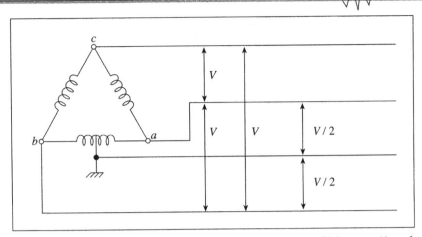

Figura 20.27, b) transformador de distribuição com secundário em triângulo e centro de um enrolamento ligado em terra.

Os cálculos de correntes e tensões nos circuito de distribuição se fazem pelos métodos habituais, usando a simetria sempre que possível. Nas ligações com tomada central a simetria é perdida, e o cálculo fica mais longo.

Em seguida vamos examinar, com mais detalhes, o monofásico a três fios e a ligação designada por *delta aberto*.

20.11 Exemplos de Sistemas Monofásicos

a) Monofásico a três fios

O sistema monofásico a três fios obtém-se de um banco de transformadores trifásico—monofásico, em que os secundários são independentes e com uma tomada central, como indicado na figura 20.28. Nessa figura, o primário do transformador monofásico vai ligado a uma das fases de um trifásico. Os fios ligados aos extremos do secundário são chamados *condutores de fase*. O terceiro fio, ligado à tomada central do secundário, é o *fio neutro*. Normalmente esse fio é ligado à terra, para proteção dos usuários e dos equipamentos.

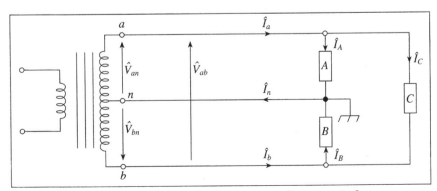

Figura 20.28 Esquema de sistema monofásico a três fios.

No sistema da figura 20.28 tipicamente existem tensões iguais e de fases opostas entre o fio neutro e os dois fios-fase. Assim, com referência ao circuito da figura, teremos

$$\hat{V}_{an} = V\angle\theta°, \quad \hat{V}_{bn} = V\angle\theta° + 180°$$

onde θ depende da referência de fases escolhida.

Entre os fios extremos, ou fios de fase, haverá uma tensão dupla:

$$\hat{V}_{ab} = 2 \cdot V\angle\theta°$$

Se, por exemplo, for V =110 volts, teremos uma tensão de 110 volts eficazes entre qualquer dos fios-fase e o neutro, e 220 volts eficazes entre os dois fios-fase. O sistema pode, assim, alimentar cargas de 110 ou 220 volts.

Normalmente procura-se *equilibrar* o sistema, distribuindo cargas iguais entre o fio neutro e cada um dos fios extremos (fases). É fácil verificar que a corrente no fio neutro será nula se for obtido um equilíbrio perfeito. Naturalmente, os vários sistemas monofásicos alimentados por um mesmo circuito trifásico devem ser dispostos de modo a manter o sistema trifásico equilibrado (ou tão próximo do equilíbrio quanto possível). Na prática, esse equilíbrio só pode se estabelecer estatisticamente.

Exemplo 1:

Como primeiro exemplo de aplicação, admitamos que o circuito da figura 20.28 tem V=110 volts eficazes, que cada uma das cargas A e B consome 600 W a fator de potência de 0,6 indutivo (ou em atraso) e a carga C consome 2 kW, a fator de potência unitário. Adotando $\hat{V}_{an}$ como referência de fase, isto é, fazendo θ = 0, obtemos

$$\hat{I}_A = \frac{600}{110 \cdot 0,6} \angle - 53,1° = 9,09\angle - 53,1° \quad (A)$$

$$\hat{I}_B = 9,09\angle(180° - 53,1°) = 9,09\angle126,9° \quad (A)$$

A corrente $\hat{I}_B$ foi obtida por simetria, defasando $\hat{I}_A$ de 180°. Por outro lado,

$$\hat{I}_C = \frac{2.000}{220} \angle0° = 9,09\angle0°$$

As correntes nos fios de linha serão, pois,

$$\hat{I}_a = \hat{I}_A + \hat{I}_C = 9,09\angle - 53,1° + 9,09\angle0° = 16,27\angle - 26,6°$$

$$\hat{I}_b = \hat{I}_B - \hat{I}_C = 9,09\angle - 126,9° - 9,09\angle0° = 16,27\angle 153,4°$$

Note-se que $\hat{I}_b$ está defasada de 180° em relação a $\hat{I}_a$ e tem o mesmo valor eficaz. Portanto, $\hat{I}_n = \hat{I}_a + \hat{I}_b = 0$ e a corrente no neutro é nula.

Vamos agora desequilibrar bastante esse circuito, desligando a carga B. As tensões nas outras cargas continuam as mesmas, por causa do fio terra, mas as correntes de linha se desequilibram. De fato, a corrente $\hat{I}_a$ não muda, mas as demais correntes ficam

$$\hat{I}_n = \hat{I}_A = 9,09\angle - 53,1°, \quad \hat{I}_b = 0 - \hat{I}_C = 9,09\angle180°$$

Exemplos de Sistemas Monofásicos **665**

A corrente no fio neutro deixou de ser nula, em virtude do desequilíbrio da carga.

O papel do fio neutro é, essencialmente, o de manter constantes as tensões nas fases da carga, mesmo que haja desequilíbrio. Por essa razão, a continuidade do fio neutro deve ser mantida ao longo de toda a instalação. Em particular, fusíveis ou disjuntores não devem ser colocados no fio neutro.

Exemplo 2:

Como segundo exemplo, consideremos o caso de uma residência, alimentada por um monofásico de três fios, 110/220 V, com as seguintes cargas instaladas:

a) em 110 V:

- 2 kW de lâmpadas de incandescência (fator de potência unitário);

- 1 kW de aparelhos vários, com fator de potência 0,6, indutivo;

b) em 220 V:

- 5 kW de aquecedores de água, com fator de potência unitário.

Admitindo que essa carga está perfeitamente equilibrada, isto é, metade dos aparelhos de 110 V está ligada entre cada um dos fios-fase e o fio neutro, sendo possível, no entanto, que nem todas as cargas estejam ligadas ao mesmo tempo. Vamos determinar os máximos valores eficazes possíveis das correntes nos três fios da linha.

Para calcular de maneira eficiente essas correntes, vamos decompor a corrente em cada bipolo da carga em duas componentes:

a) *corrente ativa* I_a, em fase com a tensão aplicada;

b) *corrente em quadratura* (ou *reativa*) I_q, defasada de ± 90° em relação à tensão aplicada (sinal positivo para bipolo capacitivo, sinal negativo para bipolo indutivo).

Essa decomposição já foi usada, no Capítulo 19, no estudo da correção do fator de potência (ver figura 19.5).

Temos então as seguintes relações:

$$\begin{cases} P = VI \cos \varphi = V \cdot I_a \rightarrow I_a = P/V \\ Q = VI \operatorname{sen} \varphi = V \cdot I_q \rightarrow I_q = Q/V \end{cases} \tag{20.59}$$

Como $Q = P \tan \varphi$, temos ainda

$$I_q = \frac{P}{V} \tan \varphi = \frac{P}{V} \cdot \frac{\operatorname{sen} \varphi}{\cos \varphi} \tag{20.60}$$

Como as correntes ativas estão em fase em todas as cargas alimentadas pelos mesmos fios, a corrente ativa no fio de alimentação será a soma escalar das correntes ativas nas cargas; as correntes em quadratura estarão ou em fase ou defasadas de 180°, de modo que a corrente em quadratura total nos fios de alimentação será dada pela soma algébrica das correntes em quadratura nas cargas.

O máximo valor da corrente no fio-fase obtém-se, naturalmente, quando todas as cargas estiverem ligadas, correspondendo assim à soma fasorial da corrente da carga de aquecimento (5 kW) mais as correntes que alimentam metade das cargas de iluminação e dos aparelhos.

O valor eficaz da componente ativa dessa corrente, em fase com a tensão de 110 V, à vista das (20.59), será

$$I_{at} = \frac{1.000}{110} + \frac{500}{110} + \frac{5.000}{220} = 36,36 \quad (A)$$

ao passo que a *componente em quadratura* (ou *reativa*), atrasada de 90°, é, por (20.60),

$$I_{qt} = \frac{500 \cdot 0,8}{110 \cdot 0,6} = 6,06 \quad (A)$$

Portanto, o máximo valor eficaz da corrente no fio-fase será

$$I_{\ell máx} = \sqrt{I_{at}^2 + I_{qt}^2} = 36,86 \quad (A)$$

A máxima corrente eficaz no fio neutro ocorre quando estiver desligada a carga monofásica que fica entre um dos fios-fase e o neutro, com todas as demais cargas ligadas. O valor eficaz da componente ativa da corrente no neutro será então

$$I_{nat} = \frac{1.000}{110} + \frac{500}{110} = 13,64 \quad (A)$$

ao passo que a componente em quadratura fica

$$I_{nqt} = \frac{500 \cdot 0,8}{110 \cdot 0,6} = 6,06 \quad (A)$$

A máxima corrente eficaz no neutro é pois

$$I_{n máx} = \sqrt{I_{nat}^2 + I_{nqt}^2} = 14,93 \quad (A)$$

b)   O sistema de distribuição em delta aberto

No sistema em *delta aberto*, ilustrado na figura 20.29, usam-se dois transformadores monofásicos, ligados a duas fases de um trifásico em delta. Se as duas tensões $\hat{V}_{ab}$ e $\hat{V}_{ca}$ forem iguais em valor eficaz e defasadas de 120°, então, pela 2.ª lei de Kirchhoff, a tensão $\hat{V}_{bc}$ completará um trifásico simétrico com as duas tensões anteriores.

Esse sistema é utilizado quando se deseja distribuir uma potência relativamente alta em monofásico, acompanhada de uma potência relativamente baixa em trifásico. A potência em trifásico pode ser aumentada, se necessário, instalando-se um terceiro transformador monofásico para "fechar o delta". Recaímos, assim, no caso da distribuição com o secundário em triângulo.

Ilustremos o cálculo desse circuito com o exemplo a seguir.

Exemplos de Sistemas Monofásicos

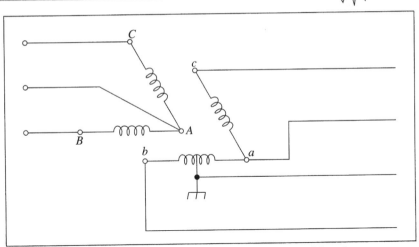

Figura 20.29 Transformador de distribuição em delta aberto.

Exemplo 3:

Um circuito de distribuição em delta aberto, com $\hat{V}_{ab} = 230 \angle +120°$ volts eficazes, alimenta as seguintes cargas:

a) cargas monofásicas de 115 V, 4 kW, $\cos\varphi = 0,6$ (indutivo) e 5 kW, $\cos\varphi = 1$;

b) carga trifásica de 230 V, 10 kW, $\cos\varphi = 0,7$ (indutivo).

As cargas monofásicas estão distribuídas de maneira equilibrada, como indicado na figura 20.30. Vamos calcular os três fasores das correntes de linha e as correntes eficazes nos dois enrolamentos secundários do transformador.

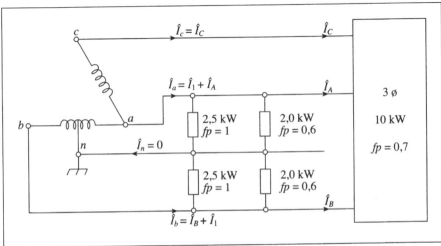

Figura 20.30 Exemplo de circuito de distribuição secundária em delta aberto.

Observe-se, em primeiro lugar, que a corrente no neutro é nula. Portanto, tudo se passa como se tivéssemos ligado, entre a e b uma carga com potência ativa $P_1 = 5 + 4 = 9$ kW, e uma potência reativa de

$$Q_1 = 4 \cdot \tan(\text{arccos}\,0,6) = 5,33 \quad \text{kVAr}$$

A essa carga corresponde uma corrente

$$|\hat{I}_1| = \frac{\sqrt{9^2 + 5,33^2}}{230} \cdot 10^3 = 45,48 \quad \text{(A)}$$

atrasada em relação a $\hat{V}_{ab}$ de um ângulo φ_1, tal que

$$\tan\varphi_1 = \frac{5,33}{9} = 0,592 \rightarrow \varphi_1 = 30,63°$$

Portanto, o fasor dessa corrente será

$$\hat{I}_1 = 45,48\angle - 30,63°$$

Passemos agora à carga trifásica, que tem

$$P_2 = 10 \text{ kW}, \quad Q_2 = 10 \cdot \tan(\text{arccos}\,0,7) = 10,2 \text{ kVAr}$$

A defasagem entre corrente e tensão na carga trifásica será

$$\varphi_2 = \text{arccos}\,0,7 = 45,57°$$

A corrente eficaz de linha, correspondente à carga trifásica, calcula-se por

$$I_{\ell\,t} = \frac{\sqrt{10^2 + 10,2^2}}{\sqrt{3} \cdot 230} \cdot 10^3 = 35,86 \quad \text{(A)}$$

Levando-se em conta ainda a defasagem de 30° entre as grandezas de linha e de fase, obtemos os fasores das componentes das correntes de linha devidas à carga trifásica:

$$\hat{I}_A = 35,86 \angle - 75,57°, \quad \hat{I}_B = 35,86 \angle - 195,77°, \quad \hat{I}_C = 35,86 \angle 44,43° \quad \text{(A)}$$

Podemos agora calcular os fasores totais das correntes de linha:

$$\hat{I}_a = \hat{I}_1 + \hat{I}_A = 45,48\angle - 30,63° + 35,86\angle - 75,57° = 75,25\angle - 50,3° \quad \text{(A)}$$
$$\hat{I}_b = \hat{I}_B - \hat{I}_1 = 35,86\angle - 195,57° - 45,48\angle - 30,63° = 80,64\angle 156° \quad \text{(A)}$$
$$\hat{I}_c = \hat{I}_C = 35,86\angle 44,43° \quad \text{(A)}$$

As correntes eficazes nos secundários do transformador serão, respectivamente,

$$|\hat{I}_b| = 80,64, \quad |\hat{I}_c| = 35,86 \quad \text{(A)}$$

A título de verificação, podemos calcular a potência aparente complexa fornecida pelo transformador:

$P_{ap} = 230\angle 120° \cdot 35,86\angle -44,43° + 230\angle 180° \cdot 80,64\angle -156° =$
$= 18.999 + j15.531$ (VA)

Note-se que essas potências foram calculadas usando-se a convenção do gerador; correspondem então, efetivamente, a potências fornecidas. É fácil ver que, a menos de pequenas imprecisões de cálculo numérico, a parte real de P_{ap} é a potência ativa total no circuito, e a sua parte imaginária corresponde à potência reativa total fornecida às cargas.

EXERCÍCIOS BÁSICOS DO CAPÍTULO 20

1   Num sistema trifásico simétrico e equilibrado, o gerador ligado em triângulo alimenta diretamente uma carga em estrela, com impedância de $10 + j5$ ohms por fase. Sabendo que a tensão eficaz do gerador é de 220 V, determine:

   a) a tensão e a corrente eficazes por fase da carga;

   b) a corrente eficaz por fase do gerador.

   Resp.: a) $127\ V_{ef}$; $11,36\ A_{ef}$;

   b) $6,56\ A_{ef}$.

2   Um motor trifásico equilibrado, ligado a um sistema trifásico simétrico com tensão de linha de 220 volts eficazes, consome 5 kVA, com fator de potência 0,6 em atraso. Determine as potências ativa e reativa consumidas pelo motor.

   Resp.: $P = 3$ kW; $Q = +4$ kVAr.

3   Uma linha trifásica simétrica de três fios, com tensão de linha de 220 volts eficazes, alimenta uma carga trifásica resistiva e equilibrada, com resistência de 10 ohms por fase. A carga é sucessivamente ligada em estrela e em triângulo. Determine as potências ativas consumidas na carga e as correntes eficazes de linha nos dois casos.

   Resp.: Com ligação em estrela: $P = 4,839$ kW, $I_{ef} = 12,7$ A; com ligação em triângulo: $P = 14,52$ kW, $I_{ef} = 38,1$ A.

4   Uma carga trifásica equilibrada é alimentada por uma linha trifásica de três fios, com tensão de linha de 440 V_{ef}. Sabe-se que a carga consome 5 kW, com fator de potência 0,7 em atraso. Determine a corrente eficaz de linha.

   Resp.: $9,37\ A_{ef}$.

5. Em um sistema trifásico simétrico, com carga equilibrada, a potência complexa em cada fase da carga é dada por $384 + j288$ kVA. A tensão de linha nos terminais da carga é igual a 4.160 volts eficazes. Determine:

a) o valor eficaz da corrente na linha que alimenta a carga;

b) R e X, sabendo que a carga está em conexão delta e que a impedância da carga é composta por uma resistência R em paralelo com uma reatância X. Diga ainda se a reatância é indutiva ou capacitiva.

Resp.: a) $199,85\ A_{ef}$;

b) $R = 45,07\Omega;\ X = 60,09\Omega$, indutiva.

6. Em uma residência tem-se o circuito indicado na figura E20.1, operando em 60 Hz.

Figura E20.1

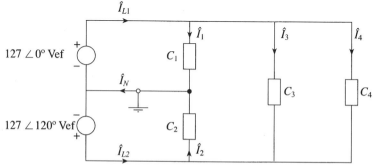

As cargas indicadas na figura são as seguintes:

C_1 = lâmpadas incandescentes (400 W, $fp = 1$);

C_2 = lâmpadas fluorescentes (100 W, $fp = 0,7$ indutivo);

C_3 = motor (5 kVA, $fp = 0,5$ indutivo);

C_4 = chuveiro (4.000 W, $fp = 1$).

Determine:

a) os fasores das correntes $\hat{I}_{L1}, \hat{I}_{L2}, \hat{I}_N$;

b) as potências ativa e reativa totais consumidas pelas cargas na instalação;

c) o fator de potência global da instalação e o valor da capacitância (220 Vef) que deveríamos adicionar na instalação de modo a corrigir esse fator de potência para 0,92 indutivo.

Resp.: a) $\hat{I}_{L1} = 37\ \angle -59,3°;\ \hat{I}_{L2} = 36,35\ \angle 115,14°;\ \hat{I}_N = 3,62\ \angle 17,4°$;

b) $P = 7.000$ W; $Q = 4.432,32$ VAr;

c) $fp = 0,845$ (indutivo); $C = 79,5\ \mu F$.

PROBLEMAS PROPOSTOS

PROBLEMAS DO CAPÍTULO 9

1. Sabendo que uma *função par* satisfaz a $f(t) = f(-t)$, ao passo que para uma *função ímpar* vale $f(t) = -f(-t)$, mostre que
    a) são nulos os coeficientes b_n, $n = 1, 2, \ldots$ da expansão de uma função par em série de Fourier trigonométrica retangular;
    b) são nulos todos os coeficientes a_n, $n = 1, 2, \ldots$ da mesma expansão de uma função ímpar.
    c) Quais são as implicações de a) e b) nos coeficientes da série complexa de Fourier?
    d) Use os resultados anteriores para calcular a expansão em série de Fourier, na forma trigonométrica, das duas funções periódicas da figura P9.1.

Figura P9.1

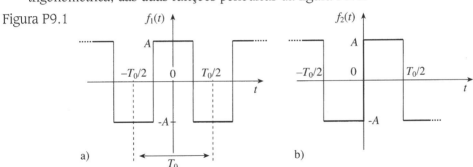

2 Considere a função periódica da figura P9.1, a), decomposta em série complexa de Fourier. Mostre como obter os coeficientes do mesmo desenvolvimento da função da figura P9.1, b), a partir dos coeficientes anteriores. Indique a expressão desses novos coeficientes.

3 Determine os coeficientes da série de Fourier real e complexa (quando existirem) dos seguintes sinais:

a) e^{j200t};

b) $\cos[\pi(t-1)/4]$;

c) $\cos(4t) + \operatorname{sen}(6t)$;

d) $s(t)$ periódico, com período 2 e tal que $s(t) = e^{-t}$, $-1 < t < 1$;

e) $s_1(t)$ (sinal periódico) tal que

$$s_1(t) = \begin{cases} \operatorname{sen}(2\pi t), & 0 \le t \le 2 \\ 0, & 2 < t \le 4 \end{cases}$$

f) $s_2(t)$, sinal da figura P9.2, onde as flechas indicam impulsos de Dirac com as amplitudes assinaladas.

Figura P9.2

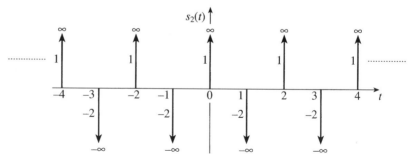

4 Considere o sinal $s(t) = \cos(2\pi t)$, com período igual a 1. Esse sinal pode também ser considerado periódico com período N, sendo N qualquer inteiro positivo. Quais serão os coeficientes da correspondente série complexa de Fourier, se considerarmos o sinal como tendo período 3?

5 a) Mostre que um sinal periódico $s(t)$ qualquer, de valor real e período T_0, pode ser escrito como sendo a soma de um sinal periódico $p(t)$, de simetria par, com um segundo sinal $i(t)$, de simetria ímpar, e determine a relação entre os coeficientes espectrais dos desenvolvimentos, em série complexa de Fourier, de $s(t), p(t)$ e $i(t)$.

b) Determine os coeficientes espectrais do desenvolvimento em série complexa de Fourier do sinal

$s(t) = \cos(\omega_0 t) + \mathbf{1}[\operatorname{sen}(\omega_0 t)]$,

onde $\mathbf{1}(t)$ representa a função degrau unitário.

Problemas do Capítulo 9

6   Uma função é definida no intervalo [0, 2) por

$$s(t) = \begin{cases} 2 - 2t, & 0 \le t < 1 \\ 0, & 1 \le t < 2 \end{cases}$$

a) Complete a definição dessa função de modo que ela seja par e periódica, com período 4.
b) Determine os componentes contínuo e fundamental dessa função.

Nota: $\int x \cdot e^{ax} dx = e^{ax}\left[\dfrac{x}{a} - \dfrac{1}{a^2}\right]$

7   O componente fundamental da análise de Fourier de uma certa onda quadrada, sem componente contínuo, é $(10/\pi) \cdot \cos(\pi t)$ volts/segundo. Desenhe a correspondente onda quadrada.

8   A tensão em onda quadrada periódica da figura P9.3 é aplicada a um resistor de 6Ω. Pede-se:

a) Calcule exatamente a potência média dissipada no resistor.
b) Aproxime agora a onda quadrada por uma série de Fourier, truncada no 5.º harmônico. Qual será a potência média dissipada no resistor? Como se compara com o resultado do item a)?
c) A taxa de trabalho τ/T_0 da onda é agora reduzida para 1/4. Como se modificam os resultados anteriores?

Figura P9.3

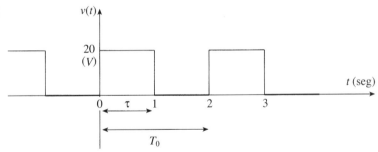

9   Um sinal periódico real $v_1(t)$ volts, com período igual a 0,2 segundo, tem apenas os seguintes coeficientes não-nulos da série complexa de Fourier, para os $n > 0$:

$c_3 = -j1,5; \quad c_5 = -j3; \quad c_{10} = j1$

a) Verifique se a função dada é par ou ímpar.
b) A $v_1(t)$ é medida com um voltímetro de valor eficaz. Qual será a leitura do aparelho?
c) Essa tensão é aplicada a um quadripolo com ganho de tensão

$G_V(s) = V_2(s)/V_1(s) = 1/(1 + 0,2s)$

Qual será o espectro da tensão de saída, em regime permanente?

674   *Problemas Propostos*

10^1 Mostre que

$$v_1(t) = \sum_{n=-M}^{M} e^{jn\omega_0 t} = 1 + 2 \cdot \sum_{n=1}^{M} \cos(n\omega_0 t) = \frac{\text{sen}[(M+1/2)\omega_0 t]}{\text{sen}(\omega_0 t / 2)}$$

Sugestão: para demonstrar a última igualdade, faça $a = e^{j\omega_0 t}$ e use a fórmula da soma da progressão geométrica.

11 Conhecem-se os coeficientes $c_n(n = -\infty, \dots -1, 0, 1, \dots \infty)$ da expansão em série complexa de Fourier de uma função $f(t)$, de período $T_0 = 2\pi/\omega_0$. Em função desses coeficientes c_n, determine os coeficientes da expansão de Fourier das funções

a) $f_1(t) = f(t) \cdot e^{j\omega_a t}$

b) $f_2(t) = f(t) \cdot \cos(\omega_a t)$, $\omega_a \in \mathbf{R}$

12 Um certo circuito tem a resposta impulsiva

$$h(t) = e^{-4t} \cdot \mathbf{1}(t)$$

Determine a representação em série de Fourier da saída do circuito, se forem aplicadas as seguintes entradas:

a) $u(t) = 2\cos(2\pi t)$

b) $u(t) = \text{sen}(4\pi t) + \cos(6\pi t + \pi / 4)$

c) $u(t) = \sum_{n=-\infty}^{\infty} \delta(t - n)$

d) $u(t) = \sum_{n=-\infty}^{\infty} (-1)^n \cdot \delta(t - n)$

13 A função ganho de tensão do circuito da figura P9.4 é

$$G_V(s) = V(s) / E_S(s) = 100 / (s^2 + 0,5s + 100)$$

em unidades A. F.

a) Sabendo que $R = 50$ ohms, determine L e C (indique claramente suas unidades).

b) O circuito é excitado por uma seqüência impulsiva periódica

$$e_s(t) = \sum_{n=-\infty}^{\infty} 5\delta(t - 2\pi) \quad \text{(unidades A.F.)}$$

Determine a expansão de $v(t)$, na forma de série complexa de Fourier.

---

[1]PAPOULIS, A., *Circuits and Systems, A Modern Approach*, pág. 386, Tóquio, Holt-Saunders Japan, 1981.

c) Quais as indicações de um voltímetro de corrente contínua ao medir, respectivamente, $e_s(t)$ e $v(t)$?

d) Determine a freqüência e a amplitude do maior componente harmônico de $v(t)$.

Figura P9.4

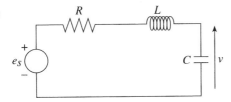

14. O filtro da figura P9.5, com a terminação indicada, tem a admitância de transferência

$$Y_{21}(j\omega)^{\Delta} = \hat{I}_2(j\omega) / \hat{E}_1(j\omega)$$

com

$$Y_{21}(j\omega) = \begin{cases} 1, & 40 < \omega < 60 \\ 1, & -60 < \omega < -40 \\ 0, & \text{fora desses intervalos} \end{cases}$$

onde ω está em rad/s.

Figura P9.5

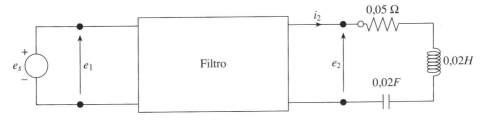

a) Sabendo que a tensão do gerador é a onda quadrada

$$e_s(t) = 2\left(\operatorname{sen}10t + \frac{1}{3}\operatorname{sen}30t + \frac{1}{5}\operatorname{sen}50t + \ldots\right) \text{ volts}$$

determine a tensão $e_2(t)$ e a corrente $i_2(t)$, em regime permanente.

b) Recalcule $i_2(t)$, sabendo que agora

$$e_s(t) = \sum_{n=-\infty}^{\infty} 2 \cdot \delta\left(t - n\frac{\pi}{28}\right) \text{ volts}$$

15 O amplificador de áudio indicado na figura P9.6 alimenta uma carga de 8 ohms e sua característica entrada—saída pode ser aproximada por

$$v_2(t) = [10 - 0{,}02 \cdot v_1^2(t)] \cdot v_1(t), \quad |v_1(t)| \leq 5 \quad \text{volts}$$

Na entrada desse amplificador aplica-se a tensão

$$v_1(t) = 5\cos(2.000\pi t) \quad (\text{V, s})$$

a) Determine os coeficientes da expansão de $v_2(t)$ em série complexa de Fourier.
b) Qual será a leitura de um voltímetro CA ligado à carga?
c) Qual será a potência dissipada no resistor?

Figura P9.6

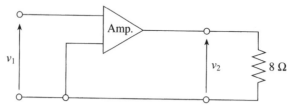

PROBLEMAS DO CAPÍTULO 10

1[1] Os elementos da série de Fourier de tempo discreto (DTFS) de uma seqüência $\{s(n)\}$ de N elementos podem ser escritos na seguinte forma matricial:

$$\begin{bmatrix} S(0) \\ S(1) \\ \vdots \\ S(N-1) \end{bmatrix} = \mathbf{F} \cdot \begin{bmatrix} s(0) \\ s(1) \\ \vdots \\ s(N-1) \end{bmatrix}$$

onde a matriz $\mathbf{F}$, $N \times N$ e com as linhas e colunas numeradas de 0 a $N-1$, tem o elemento genérico

$$f_{nk} = e^{-j(2\pi/N)\cdot n \cdot k}, \quad (n,k = 0,1,\ldots,N-1)$$

a) Demonstre que $\mathbf{F}^2 = N \cdot \mathbf{R}$, onde $\mathbf{R}$ é uma matriz cujo elemento (i, k) é igual a 1, se for $i + k = 0 \pmod{N}$ e é igual a zero nos demais casos. (*Nota*: Também os elementos de $\mathbf{R}$ estão numerados de 0 a $N-1$.)

b) Mostre que $\mathbf{R}^2 = \mathbf{I}$, onde $\mathbf{I}$ é a matriz identidade de ordem adequada, e que, portanto,

$$\mathbf{F}^4 = N^2 \cdot \mathbf{R}^2 = N^2 \cdot \mathbf{I}$$

c) A partir de $\mathbf{F}^2 = N \cdot \mathbf{R}$, mostre que $\mathbf{F}^{-1} = \mathbf{F} \cdot \mathbf{R}/N$.

d) Mostre que o resultado c) permite obter a expressão matricial da série discreta de Fourier inversa.

2 Mostre que se a seqüência $\{f(n)\}$ for par e real, sua DTFS $\{F(k)\}$ também será uma seqüência par e real.

3 a) Verifique que a DTFS da seqüência *onda retangular periódica,* presente na figura P10.1, é dada por

$$\begin{cases} S(k) = \dfrac{1}{N} \cdot \dfrac{\operatorname{sen}[2k\pi(N_1 + 1/2)/N]}{\operatorname{sen}(2k\pi/2N)}, & k \neq 0, \pm N, \pm 2N,\ldots \\ S(k) = \dfrac{2N_1 + 1}{N}, & k = 0, \pm N, \pm 2N,\ldots \end{cases}$$

onde N e N_1 estão presentes nessa figura.

b) Faça um gráfico de $|S(k)|$, para $N = 9$ e $N_1 = 4$.

---

[1]STEIGLITZ, *Introduction to Discrete Systems*, pág 144, Wiley, New York, 1974.

Figura P10.1

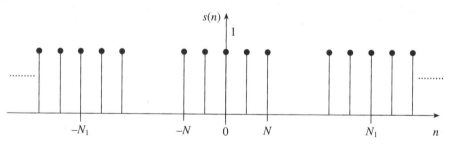

4. Calcule a transformada discreta de Fourier das seguintes seqüências de N pontos:

   a) $s(n) = e^{-n/(2N)}$

   b) $s(n) = a^n$

   sendo $0 \leq n < N-1$.

5. Uma seqüência é obtida tomando oito amostras eqüidistantes num período do sinal

   $s(t) = 10\cos(20t) + 5\cos(60t + 60°)$

   A amostragem foi iniciada em $t_0 = 0$.

   a) Calcule a série de Fourier discreta da seqüência acima, da maneira mais simples possível. Justifique claramente o método de cálculo.

   b) Qual será a DTFS obtida se a mesma amostragem começar em $t_1 = 0,05\pi$?

   c) Suponha agora que a freqüência de amostragem é duplicada e consideram-se 16 amostras a partir de $t_0 = 0$. Como fica o espectro da nova DTFS?

6.[2] Determine as constantes c_n de modo que

   $$\sum_{n=-3}^{3} c_n \cdot e^{jnt} = t$$

   para $t = m \cdot T_1$, $T_1 = 2\pi/7$, $m = 0, 1, ..., 6$.

7. Os coeficientes não-nulos da expansão em série de Fourier de um sinal periódico $s(t)$, na forma trigonométrica retangular, são:

   $a_1 = 5,0$; $a_3 = 8,660$; $b_3 = -5$

   Sabe-se ainda que o período do sinal é $T_0 = \pi/2.000$ segundos.

   a) Determine a expansão de $s(t)$ em série complexa de Fourier.

   b) Tomando oito amostras eqüidistantes do sinal $s(t)$, num período T_0, obteve-se a seqüência

---

[2]PAPOULIS, A., op.cit., pág. 389.

Problemas do Capítulo 10 **679**

{s(n)} = {13,6603; –6,1237; 5,000; –0,9473; –13,6603; 6,1237; –5,000; 0,9473}

Usando as informações sobre o sinal, calcule a DTFS dessa seqüência.

c) Suponha agora que o sinal dado é uma tensão, em volts. Qual será a potência dissipada, se esse sinal for aplicado a uma resistência de 5 ohms?

8 Um certo sinal periódico $s(t)$ foi amostrado com três amostras num período, resultando a seqüência $\{s(n)\}_{n=0}^{2}$ = {5, –10, 5}.

Sabe-se que a freqüência de amostragem foi f_a = 477,5 Hz e que a harmônica mais elevada do sinal tem freqüência menor que 230 Hz.

a) Sabendo que $S(1)$ = 7,5 + j12,99, determine os demais elementos da série de Fourier discreta da seqüência acima.

b) É possível determinar a expansão em série complexa desse sinal a partir da DTFS acima determinada?

c) Determine a expressão analítica do sinal $s(t)$, em termos de funções de valor real.

9 Um sinal periódico $s(t)$, real e de período T_0 = 1 segundo, é amostrado, a partir de t = 0 e durante um período, a uma taxa de amostragem f_a = 10 Hz, maior que o dobro da máxima freqüência de componente do sinal.

A partir das amostras obtidas foi calculada a DTFS $\{S(k)\}$ do sinal. Os únicos coeficientes não-nulos da DTFS, para $0 \le k < 5$, são

$S(1) = 1; \quad S(2) = 2e^{j45°}; \quad S(4) = 2e^{-j45°}$

a) Determine os coeficientes c_n da expansão desse sinal em série complexa de Fourier.

b) Suponha que o sinal $s(t)$ seja uma tensão em volts, aplicada a uma resistência de 10 ohms. Qual a potência dissipada nessa resistência?

c) Como se modificam os $S(k)$ e os c_n se a $s(t)$ for amostrada, durante um segundo, a uma freqüência f_a = 40 Hz, a partir do mesmo t = 0?

10 Um período de uma DTFS é dado por

$\{S(k)\}_{k=0}^{3} = \{2, 2, 0, 2\}$

Essa DTFS foi obtida a partir da amostragem de um sinal periódico $s(t)$, com freqüência de amostragem de 4 kHz.

a) Admita as hipóteses necessárias para determinar univocamente a $s(t)$ a partir da DTFS dada, e faça o cálculo da $s(t)$.

b) Se a DTFS fosse {2, 2, 2, 2} seria possível reconstruir o sinal original? Justifique sua resposta.

PROBLEMAS DO CAPÍTULO 11

1. No circuito da figura P11.1:

   a) Escreva as equações de análise nodal no domínio do tempo;

   b) Usando a transformação de Laplace, determine a função de transferência $G(s) = E_2(s)/E_S(s)$;

   c) Sendo $e_S(t) = 10\cos(5 \cdot 10^4\, t)$ (V, seg), indique o fasor de $e_2(t)$;

   d) Calcule $e_2(t)$, supondo condições iniciais nulas e excitação por impulso unitário, isto é, $e_S(t) = \delta(t)$; aponte qual a relação entre as soluções dos itens b) e d);

   e) Calcule $e_2(t)$, supondo agora que $e_S(t) = 10 \cdot \mathbf{1}(t)$ volts e $v_{20} = -10$ volts é uma tensão inicial no capacitor de 2 µF.

   Nota: Use unidades A.F.

   Figura P11.1
   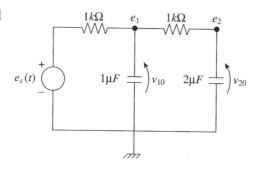

2. Dada a rede com gerador controlado da figura P11.2, pede-se:

   a) Escreva as equações de análise nodal no domínio do tempo, com as condições iniciais $v_C(0_-) = v_0$ e $j(0_-) = j_0$.

   b) Determine a função de rede $V(s)/E_S(s)$ e coloque-a na forma de relação de polinômios mônicos.

   c) Calcule a tensão $v(t)$, supondo $e_S(t) = 100 \cdot \mathbf{1}(t)$ volts e condições iniciais nulas.

   d) Indique como se modifica o item anterior se for $v_0 = 50$ volts.

   Figura P11.2
   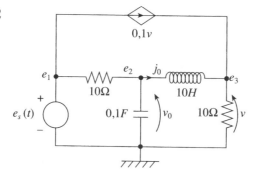

Problemas do Capítulo 11   **681**

3 Escreva as equações de análise nodal, transformadas segundo Laplace, e com condições iniciais nulas, do circuito com amplificador operacional ideal da figura P11.3, a). Posteriormente, execute essa mesma atividade, representando o operacional pelo modelo da figura P11.3, b).

Calcule também a função ganho de tensão $G_V(s) = V_{sai}(s)/V_{ent}(s)$ e mostre que esse ganho tende à forma $K \cdot s/(s^2 + as + b)$, quando $\mu \to \infty$.

Figura P11.3

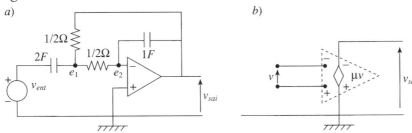

4 Dado o circuito da figura P11.4, com $i_2(0_-) = 0$ A, e usando o nó de referência indicado, determine:

a) Suas equações de análise nodal no domínio do tempo, para os $t \geq 0$;

b) Suas equações de análise nodal modificada, transformadas segundo Laplace, com condições iniciais nulas;

c) A potência instantânea fornecida pelo gerador vinculado.

Figura P11.4

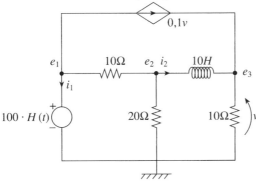

5 Para o circuito da figura P11.5, $i_L(0_-) = i_0$ e $v_C(0_-) = v_0$, pede-se:

a) Redesenhe o circuito, no domínio do tempo, substituindo as condições iniciais e o gerador de tensão por geradores adequados à análise nodal.

b) A partir das condições iniciais indicadas no item a), escreva as equações de análise nodal, no domínio transformado, nas incógnitas e_1 e e_2 e coloque-as na forma $\mathbf{Y_n}(s) \cdot \mathbf{E}(s) = \mathbf{I_S}(s)$.

c) Determine a função de transferência $F(s) = E_1(s)/I_S(s)$, considerando $C = 1$ F, $L = 1$ H, $G = 1$ S e $\mu = 0$. Coloque a função na forma de relação de polinômios mônicos.

d) Para os mesmos valores dos parâmetros, e para $i_S(t) = 100 \cdot \text{sen}(100 \cdot t)$ (A) determine $e_1(t)$, em regime permanente senoidal.

Figura P11.5

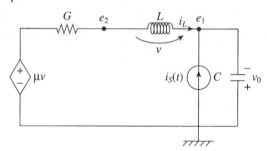

6. Dado o circuito da figura P11.6, pede-se:

   a) Escreva suas equações de análise nodal, transformadas segundo Laplace, com condições iniciais nulas;

   b) Admitindo $L = 2$, $C = 1$ e $R = 1$ (unidades A. F.), determine, se existir, uma freqüência angular ω_1 tal que, em regime permanente senoidal, $i_S(t)$ e $e_1(t)$ estejam em fase.

Figura P11.6

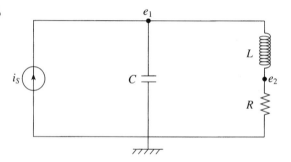

7. Para o circuito da figura P11.7, pede-se:

   a) Prepare o circuito para análise nodal no domínio transformado e escreva as correspondentes equações de análise nodal, com condições iniciais nulas;

   b) Como ficam as equações se as condições iniciais forem $v(0_-) = v_0$ e $i(0_-) = i_0$?

   c) Faça $G_2 = 0$, $G_1 = 5$, $L = 0,5$, $C_2 = 2$ e $e_S(t) = 8 \cdot \mathbf{1}(t)$ (unidades SI) e suponha condições iniciais nulas. Admitindo $\beta = 15$, calcule $E_1(s)$ em função de $I_S(s)$.

   d) Faça agora $i_S(s) = 10 \cdot \cos(5t + 45°)$, no mesmo sistema de unidades, e calcule $e_1(t)$ em regime permanente senoidal.

Figura P11.7

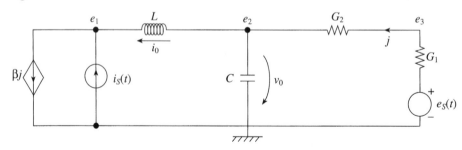

Problemas do Capítulo 11

8. Deseja-se obter as equações de análise de uma certa rede linear, na forma

$$\begin{bmatrix} G_n & B \\ F & -R \end{bmatrix} \cdot \begin{bmatrix} e \\ i \end{bmatrix} + \begin{bmatrix} C_n & 0 \\ 0 & -L_n \end{bmatrix} \cdot \frac{d}{dt} \begin{bmatrix} e \\ i \end{bmatrix} = \begin{bmatrix} i_{sn} \\ e_{sn} \end{bmatrix}$$

Sabe-se que a rede não contém geradores de tensão (independentes ou vinculados), nem geradores controlados por correntes. O circuito tem quatro nós não-de-referência, cujas tensões nodais serão designadas por e_i, $i = 1, 2, 3, 4$. *Todos* os elementos armazenadores de energia dessa rede estão representados na figura P11.8.

a) Escreva as matrizes C_n e L_n da rede em questão.

b) As equações da rede serão integradas a partir das condições iniciais $v_1(0_-) = v_{10}$ no capacitor, $i_5(0_-) = 0$ e $i_6(0_-) = i_{60}$ nos indutores. Qual a contribuição dessas condições iniciais para o segundo membro das equações de análise, na forma acima indicada?

Figura P11.8

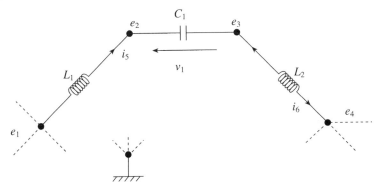

9. Considere o filtro representado na figura P11.9.

a) Escreva uma equação matricial para análise nodal do circuito, no domínio do tempo e com condições iniciais nulas.

b) Calcule a função ganho $F(j\omega) = \hat{E}_2/\hat{E}_s$, e mostre que o filtro em questão é do tipo *passa-baixas*.

Figura P11.9

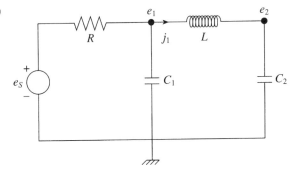

PROBLEMAS DO CAPÍTULO 12

1. a) Dado o circuito da figura P12.1, escreva as correspondentes equações de análise de malhas, no domínio do tempo, com as condições iniciais indicadas.

   b) Repita, para o circuito em regime permanente senoidal, supondo $e_S = E_m \cos(\omega t)$.

   Figura P12.1

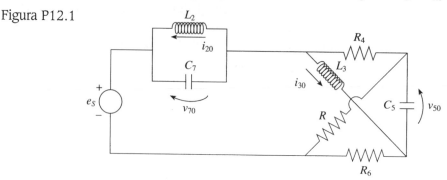

2. Considere o circuito da figura P12.2, em que todos os resistores valem 2Ω e todos os capacitores valem $1/2$ F. Esse circuito pode ser resolvido por análise de malhas, utilizando-se a tensão v_S como incógnita auxiliar. Pede-se então:

   a) Justifique a afirmação acima e escreva um conjunto de equações de análise de malhas do circuito, no domínio do tempo e com condições iniciais nulas.

   b) Determine $v_2(t)$, supondo $i_S(t) = \mathbf{1}(t)$, ou seja, um degrau unitário, a partir de condições iniciais nulas.

   Figura P12.2

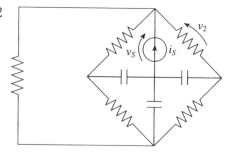

3. Considere o circuito da figura P12.3.

   a) Escreva suas equações de análise nodal e de análise de malhas, ambas no domínio do tempo e com as condições iniciais v_{01} e v_{02} indicadas.

   b) A partir das equações do item a), e com condições iniciais nulas, determine a relação $E_3(s)/V_{in}(s)$. Use o tipo de análise que for mais expedito.

   c) Sabendo que $v_{in}(t) = 5 \cdot \cos(2t/3)$ volts, determine o fasor $\hat{E}_3$, em regime permanente senoidal.

Problemas do Capítulo 12

Figura P12.3

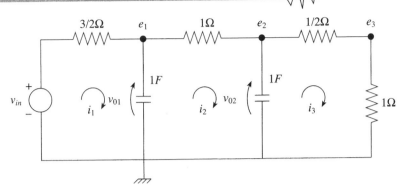

4. a) Escreva as equações de análise de malhas, transformadas segundo Laplace, do circuito da figura P12.4, admitindo condições iniciais nulas.

   b) Determine a função de transferência $\hat{E}_3/\hat{E}_1$, em regime permanente senoidal.

   c) Discuta o comportamento do circuito em regime permanente senoidal. Em particular, estime quanto tempo se deve esperar para que esse regime se estabeleça.

Figura P12.4.

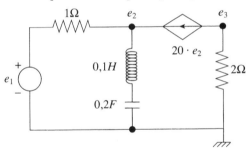

5. A análise de malhas do circuito da figura P12.5 no domínio de Laplace, com unidades SI, resultou em:

$$\begin{bmatrix} \dfrac{10^6}{s} + 10^3 & \dfrac{-10^6}{s} \\ \dfrac{-10^6}{s} & 2\cdot 10^{-3}s + 5\cdot 10^3 + \dfrac{10^6}{s} \end{bmatrix} \cdot \begin{bmatrix} I_1(s) \\ I_2(s) \end{bmatrix} = \begin{bmatrix} 1/s \\ \dfrac{2}{s} + 2\cdot 10^{-4} \end{bmatrix}$$

Determine os valores dos parâmetros R_1, R_2, L, C, K e as condições iniciais $v_C(0_-)$ e $i_L(0_-)$.

Figura P12.5

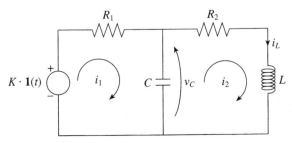

6. No modelo de sistema de potência indicado na figura P12.6, operando à freqüência de 60 Hz, $\hat{E}_S$ é o fasor da tensão que alimenta o sistema e $\hat{E}_L$ é o fasor da tensão na carga. Os valores numéricos indicados na figura são impedâncias na freqüência de operação, em ohms. Determine o ganho $\hat{E}_L/\hat{E}_S$, em forma polar. Qual deve ser o valor de $|\hat{E}_S|$ para que $|\hat{E}_L|$ seja igual a 220 volts?

Nota: Convém usar um programa computacional adequado para resolver o sistema algébrico linear no campo complexo.

Figura P12.6

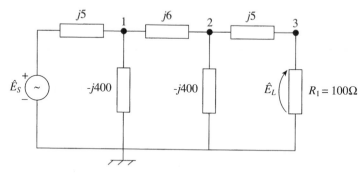

7. Deseja-se fazer a análise de malhas do circuito da figura P12.7, com $i_L(0_-) = i_0$ e $v_C(0_-) = v_0$.

   a) Redesenhe o circuito, substituindo as condições iniciais e o gerador de corrente controlado por geradores equivalentes adequados.

   b) Determine as equações de análise de malhas do circuito, na forma matricial, adotando i_1 e i_2 como incógnitas.

   c) Suponha $e_S(t) = V \cdot \text{sen}(\omega t)$ e determine os fasores de i_1 e de i_2, em regime permanente senoidal.

Figura P12.7

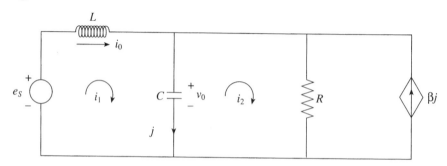

PROBLEMAS DO CAPÍTULO 13

1. Sabendo que $e(t) = 12 \cdot \cos(12t)$ volts (t em segundos), determine $v_0(t)$, em regime permanente senoidal, no circuito da figura P13.1 e nas hipóteses:

   a) $M = 1/2$ H;

   b) $M = 1$ H.

   Figura P13.1

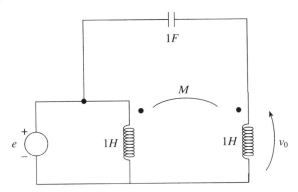

2. No circuito da figura P13.2 determine a tensão $v_2(t)$, em regime permanente senoidal e usando os seguintes valores de indutância mútua:

   a) $M = 1$ H;

   b) $M = \sqrt{5}$ H.

   Discuta os resultados.

   Figura P13.2

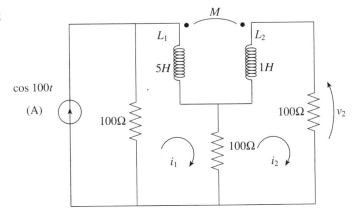

3. Substitua o gerador de corrente no circuito da figura P13.2 por um gerador em degrau $i_S(t) = 5 \cdot \mathbf{1}(t)$ ampères, e calcule $v_2(t)$, $t \geq 0$, no caso b) do problema anterior, supondo condições iniciais nulas.

4   a) Demonstre que a condição necessária e suficiente para que uma equação algébrica de segundo grau $x^2 + a_1 x + a_2 = 0$ tenha raízes com parte real estritamente negativa é que sejam $a_1 > 0$ e $a_2 > 0$.

b) Escreva as equações de análise de malhas para o circuito da figura P13.2, suposto livre (isto é, com $i_S(t) \equiv 0$). Por razões físicas, é de se esperar que todos os transitórios do circuito tendam a zero quando $t \to \infty$. Demonstre que isso só é possível se for $|M| \leq \sqrt{L_1 L_2}$.

5   O circuito da figura P13.3 é um modelo simplificado do sistema de ignição (mecânico) de um automóvel. A chave S (platinado) está fechada há muito tempo e abre em $t = 0$. A tensão $v_2(t)$ é aplicada à vela de ignição; a bobina L_1, com 100 espiras, tem 100 mH. O acoplamento entre as duas bobinas é suposto perfeito, e L_2 tem 10.000 espiras. Sabe-se ainda que $R = 10\Omega$ e $C = 0,1$ μF. Quando $v_2(t)$ alcançar o primeiro pico de tensão, salta um arco na vela, que curto-circuita o secundário. Isto posto, determine:

a) O pico da tensão $v_2(t)$.
b) O pico da corrente no secundário.

Figura P13.3

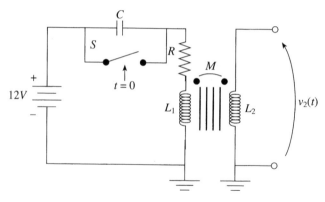

6   Suponha que as bobinas do circuito da figura P13.4 têm, sucessivamente, os valores $M = 1$ e $M = \sqrt{5}$ H. Determine:

a) A impedância $Z(s) = V_1(s)/I_S(s)$ vista pelo gerador ideal de corrente, nos dois casos;
b) A corrente $i_2(t)$, $t \geq 0$, sendo $i_S(t) = 2 \cdot \mathbf{1}(t)$ ampères, com $M = \sqrt{5}$ e condições iniciais nulas.

Figura P13.4

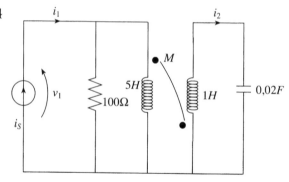

Problemas do Capítulo 13

7 Duas bobinas de um transformador são enroladas sobre um núcleo magnético toroidal de alta permeabilidade. Sabe-se que a bobina L_1 contém 20 espiras. Com esse transformador monta-se o circuito da figura P13.5.

Aplicando-se uma tensão $v_1(t) = 10\cos(200 \cdot t)$ (V, s) ao circuito, obtêm-se as seguintes leituras dos instrumentos:

- amperímetro no primário: 0,1 A (eficazes);
- voltímetro no secundário: 100 V (eficazes).

Determine, se possível, os seguintes parâmetros do transformador: L_1, L_2, M e o número de espiras do secundário.

Figura P13.5

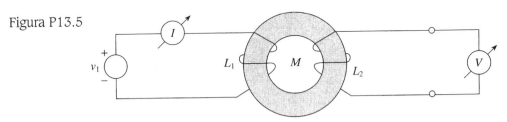

8 Um transformador com núcleo ferromagnético pode ser representado, na freqüência de 60 Hz, pelo modelo com transformador ideal (T.I.), indicado na figura P13.6, a). Pede-se:

a) Converta esse modelo no modelo com duas indutâncias e uma mútua, indicado na figura P13.6, b);

b) Determine a relação $\hat{V}_2/\hat{V}_1$.

Figura P13.6 a)

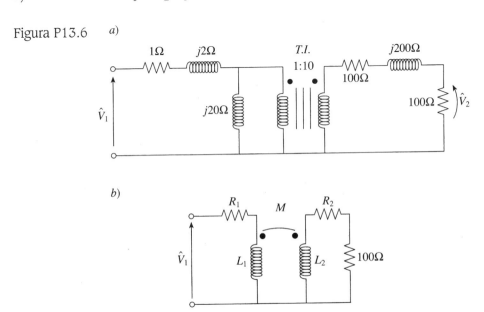

9. No circuito da figura P13.7, com um transformador ideal de relação 5:1, operando em 60 Hz, sabe-se que $\hat{I}_2 = 0{,}5 \angle 0°$ (ampères eficazes).

   a) Determine os fasores $\hat{I}_1$ e $\hat{V}_{ef}$.

   b) Se as ligações do secundário forem invertidas, qual será o novo valor de $\hat{V}_{ef}$ para que $\hat{I}_2$ mantenha o valor indicado acima?

Figura P13.7

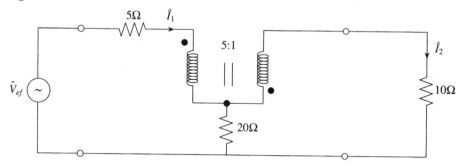

10. O circuito da figura P13.8 opera em regime permanente senoidal, com $e_s(t) = E_m \cos(\omega t)$. Pede-se:

    a) Determine o fasor $\hat{V}_2$, com os terminais A—B abertos.

    b) Os terminais A—B são agora curto-circuitados. Determine o fasor $\hat{I}_C$ da corrente de curto, uma vez atingido o regime permanente senoidal.

    c) Qual seria o fasor da corrente de curto, se não houvesse indutância mútua entre as bobinas?

Figura P13.8.

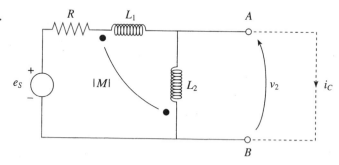

11. No circuito da figura P13.9, $e_S = 10 \cos(377t)$ volts, $R_S = 50\,\Omega$, $L_1 = 2$ H, $L_2 = 0{,}02$ H e $Z_L = j75\,\Omega$, na freqüência de operação.

    a) Escreva a equação matricial para análise de malhas do circuito, em regime permanente senoidal, utilizando as correntes de malhas i_I e i_{II} indicadas na figura.

    b) Calcule $i_I(t)$, em regime permanente.

    c) Mostre que a impedância transformada vista pelo gerador é
    $$Z_m(s) = R_S + (L_1/L_2) \cdot [sL_2 // Z_L(s)]$$

d) Qual o novo valor de $i_1(t)$, se substituirmos o modelo de transformador com acoplamento perfeito, indicado na figura, pelo modelo de um transformador ideal, mantendo os números de espiras no primário e no secundário?

Figura P13.9

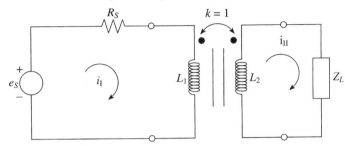

12 Considere o circuito ressonante paralelo da figura P13.10, em que o coeficiente de acoplamento entre as bobinas é k.

a) Escreva a equação matricial de análise nodal modificada do circuito, com as seguintes condições iniciais:

$v_C(0_-) = v_{C0}$; $i_{L1}(0_-) = i_{10}$; $i_{L2}(0_-) = i_{20}$

b) Determine as freqüências complexas próprias do circuito, para os casos de $k = 0$ e $k = 0{,}2$.

Dados: $R = 10$ kΩ, $L_1 = 4$ mH, $L_2 = 9$ mH, $C = 5$ μF.

Figura P13.10

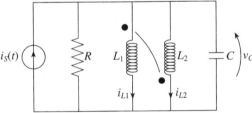

PROBLEMAS DO CAPÍTULO 14

1. Dado o circuito com mútuas da figura P14.1, pede-se:

   a) Escreva suas equações de análise nodal modificada, transformadas segundo Laplace e com condições iniciais nulas, usando as variáveis indicadas na figura.

   b) Determine a equação característica do circuito e mostre que, no caso de acoplamento perfeito, só existem duas freqüências complexas próprias.

   Figura P14.1

   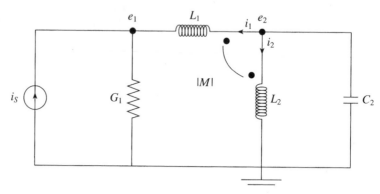

2. a) Determine as freqüências complexas próprias dos circuitos a), b) e c) da figura P14.2.

   b) Use a informação do item anterior para determinar a tensão $e_2(t)$, $t \geq 0$ no primeiro circuito, sabendo que $e_S(t) = 4 \cdot \mathbf{1}(t)$ e $e_2(0_-) = 0$.

   Figura P14.2

   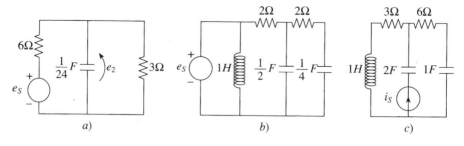

3. Sendo dado o circuito da figura P14.3, calcule suas freqüências complexas próprias nos seguintes casos:

   a) Com coeficiente de acoplamento igual a 1;

   b) Com coeficiente de acoplamento igual a 3/5.

   c) No caso a), determine também a tensão $v_2(t)$, supondo que $i_S(t) = \mathbf{1}(t)$ ampère e que as condições iniciais são nulas.

Figura P14.3

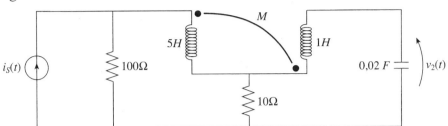

4 A chave do circuito da figura P14.4, fechada há muito tempo, abre em $t = 0$. Pede-se:
   a) Determine as freqüências complexas próprias do circuito, para os $t \geq 0$.
   b) Usando essa informação, juntamente com os estados inicial e final do circuito, calcule $i_2(t)$ para os $t \geq 0$.

Figura P14.4

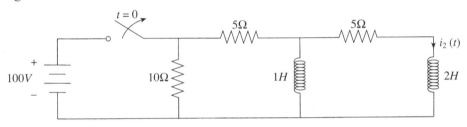

5 O modelo de um certo amplificador a FET, com realimentação por R_f, está indicado na figura P14.5. Pede-se:
   a) Mostre que o circuito tem as duas freqüências complexas próprias
   $$s_{1,2} = -(1+G_f) \pm \sqrt{G_f \cdot (G_f - g_m)}$$
   onde $G_f = 1/R_f$.
   b) Imponha condições em G_f e g_m para que essas freqüências sejam reais.
   c) Responda se será possível escolher esses parâmetros de modo que o circuito seja instável.

Figura P14.5

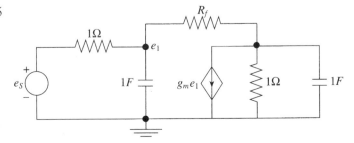

6 Substitua a resistência de realimentação R_f do circuito do problema anterior por uma capacitância C_f e calcule as novas freqüências complexas próprias do circuito. É possível escolher g_m e C_f de modo que o circuito seja instável?

7 Dado o circuito da figura P14.6, com $i_L(0_-) = i_0 = 5$ A e $v_C(0_-) = v_0 = 4$ V, pede-se:
   a) Escreva as equações nodais, transformadas segundo Laplace, nas variáveis $E_1(s)$ e $E_2(s)$.
   b) Determine as freqüências complexas próprias do circuito, para $\alpha = 1$ e $\alpha = 2$. Comente os resultados.
   c) Desenhe o diagrama de pólos e zeros da função $E_2(s)$, para $\alpha = 0$, $\alpha = 1$ e $\alpha = 2$. Comente os resultados.

Figura P14.6

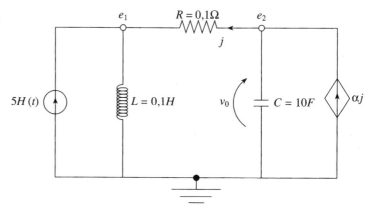

8 O quadripolo da figura P14.7 é excitado pelos terminais da esquerda e os terminais da direita ficam abertos.
   a) Calcule as funções de rede
   $$Z_{in}(s) = V_1(s)/I_1(s)\big|_{c.i.n.}, \quad G_V(s) = V_2(s)/V_1(s)\big|_{c.i.n.}$$
   Forneça os resultados na forma de relação de polinômios em s.
   b) Determine $\hat{V}_2(j\omega)$, supondo que
      b1) O circuito é excitado por um gerador de corrente $\hat{I}_1$;
      b2) O circuito é excitado por um gerador de tensão $\hat{V}_1$.

Figura P14.7

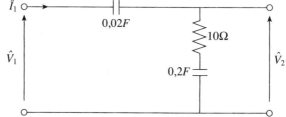

9 A função ganho de tensão $G_V(s) = V_2(s)/V_1(s)$ do filtro ativo da figura P14.8 (os valores numéricos indicados na figura correspondem às condutâncias dos resistores, em mS, e às capacitâncias dos capacitores, em μF) tem um fator de escala $K = 1000$, um zero na origem e pólos em

$p_{1,2} = -50 \pm j998,75$ (rad / seg)

a) Mostre que este circuito é um *filtro passa-banda*, e determine sua freqüência de ressonância ω_r [freqüência em que $|G_V(j\omega)|$ é real e $\neq 0$].

b) Determine as freqüências em que $\hat{V}_2$ está defasado de $\pm 45°$ em relação a $\hat{V}_1$.

c) Um sinal periódico, de período $2\pi/1.000$ segundos, é aplicado à entrada do filtro. Sabendo que os coeficientes não-nulos da expansão em série complexa desse sinal são $c_1 = 2 \angle 30°$, $c_{-1} = 2 \angle -30°$, $c_2 = 20 \angle 90°$, $c_{-2} = 20 \angle -90°$ (volts), determine o sinal $v_2(t)$ à saída do filtro, em regime permanente.

Figura P14.8

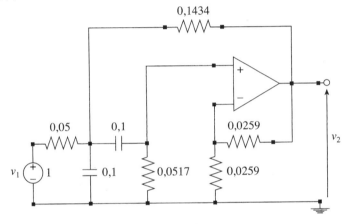

10 Nos circuitos da figura P14.9, determine:

a) A impedância de entrada $V_1(s)/I_1(s)$;
b) A impedância de transferência $V_2(s)/I_1(s)$;
c) Os pólos e zeros das funções do item b);
d) As freqüências complexas próprias das duas redes;
e) As respostas $v_2(t)$, respectivamente para excitações impulsiva e em degrau unitário, com condições iniciais nulas;
f) A resposta $v_2(t)$ em regime permanente senoidal, sendo $i_1(t) = \cos t$, (A, seg)

Figura P14.9

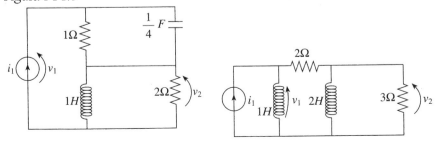

696   Problemas Propostos

11. O circuito da figura P14.10 é um modelo de *ponta de prova atenuadora* para osciloscópio. Deseja-se observar $v_1(t)$, mas a tensão efetivamente fornecida ao aparelho é $v_2(t)$. Por isso, deve-se ajustar C_1 de modo que $v_2(t) = k \cdot v_1(t)$, $\forall t$, onde a constante k é a *atenuação* da ponta de prova.

   a) Calcule a função ganho de tensão $G_V(s) = V_2(s)/V_1(s)$ e mostre que ela se reduz a uma constante se for $R_1 \cdot C_1 = R_2 \cdot C_2$.

   b) Sabendo que, tipicamente, $R_2 = 1 M\Omega$ e $C_2 = 50$ pF, determine R_1 e C_1 de modo que $k = 0{,}1$.

   c) Determine a resposta impulsiva do circuito.

Figura P14.10

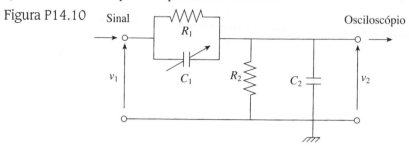

12. No circuito da figura P14.11 verifica-se que a tensão nos terminais do diodo semicondutor é $v_d = 0{,}050$ V. Usando o teorema da substituição, calcule a corrente i_d que passa pelo diodo.

Figura P14.11

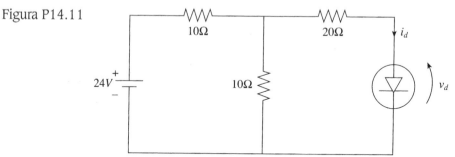

13. Usando o teorema da superposição, calcule a tensão v no circuito da figura P14.12.

Figura P14.12

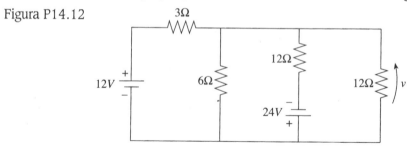

Problemas do Capítulo 14

14 Na figura P14.13 representa-se o circuito equivalente de um amplificador a emissor comum, alimentando uma carga resistiva não-linear, com característica

$$v = 2.600 \cdot i + 100 \cdot i^3 \quad (V, A)$$

Determine o gerador de Thévenin equivalente ao resto do circuito e use esse resultado para calcular a tensão e a corrente no resistor não-linear[1].

Figura P14.13

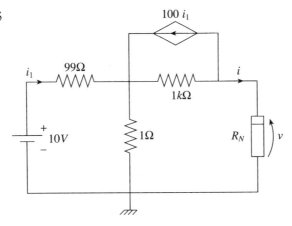

15 Um dado bipolo tem uma impedância transformada dada por

$$Z(s) = \frac{2s^2 + 8s + 50}{s^3 + s^2 + 4s + 30}$$

a) Sabendo que $s = -3$ é um pólo de $Z(s)$, alimente o bipolo com um gerador de corrente e verifique se a resposta $v(t)$ é ou não é estável.

b) Alimente agora o bipolo com um gerador ideal de tensão e verifique a estabilidade da resposta $i(t)$.

16 a) Dado o circuito da figura P14.14a, escreva as correspondentes equações de análise nodal, no domínio do tempo, para $Z_L = R_L$, puramente resistivo.

b) Mostre que esse circuito é estável em entrada—saída, para quaisquer valores positivos de G_f e g_m.

c) Para determinados valores de G_f e g_m o equivalente de Thévenin do circuito à esquerda da impedância Z_L está mostrado na figura P14.14, b). Sendo a carga um indutor de $L = 1$ H, determine a resposta permanente à excitação

$$i_S(t) = 10 \cdot \mathbf{1}(t) + 5\cos(2t + 45°) \quad (A, \text{seg})$$

d) Substitui-se agora a carga do circuito por um resistor não-linear R_L tal que nele a relação entre corrente e tensão é

$$v(t) = 2i(t) + 4i^3(t) \quad (V, A)$$

---

[1] DESOER, C. A. e KUH, E. S., *Teoria Básica de Circuitos*, pág. 660, Rio de Janeiro, Guanabara Dois, 1979.

Sabe-se que a corrente através dessa carga é constante e igual a 1 A. Mostre como determinar a excitação que produz tal corrente.

Figura P14.14

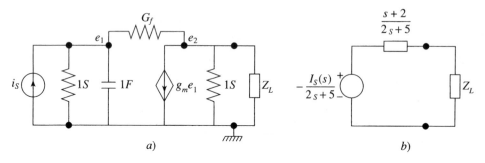

17 Observe o circuito da figura P14.15.

a) Escreva as equações de análise nodal modificada, nos domínios do tempo e transformado, com as condições iniciais indicadas na figura.

b) Escreva a equação matricial de análise nodal, no domínio transformado e considerando condições iniciais nulas.

c) Para um determinado conjunto de componentes, os parâmetros do equivalente de Thévenin à esquerda dos pontos A e B são:

$$E_0(s) = \frac{s+1}{s+2} \cdot I_S(s), \quad Z_0(s) = \frac{2s^2 + 2s + 1}{2s + 1}$$

Determine a função de transferência $F(s) = E_2(s)/I_S(s)$ para uma carga resistiva $G_L = 1$ siemens.

d) Determine os coeficientes da série complexa de Fourier do sinal $e_2(t)$, quando a excitação for o sinal

$$i_S(t) = \sum_{n=-\infty}^{\infty} \delta(t - nT_0)$$

com $T_0 = 2\pi$ segundos.

Figura P14.15

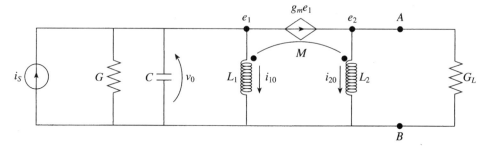

PROBLEMAS DO CAPÍTULO 15

1. Um possível circuito para obter tensões elevadas em corrente alternada está indicado na figura P15.1.

   a) Determine o ganho de tensão $G(\omega) = \hat{E}_2(\omega)/\hat{E}_1(\omega) = |G(\omega)| \angle \theta°$; explicite os valores de $|G(\omega)|$ e de θ.

   b) Para $R = 1\Omega$, $C = 10^{-4}$ F, $L = 1$ H e $|\hat{E}_1| = 100$ volts, calcule a freqüência ω em que $|G|$ é máximo, e o correspondente valor de $|\hat{E}_2|$.

Figura P15.1

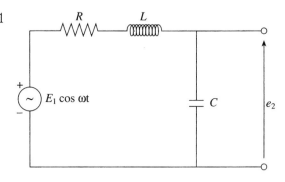

2. O quadripolo da figura P15.2 é usado como "armadilha" para a portadora de som nos circuitos de freqüência intermediária de vídeo nos receptores de TV. Para examinar algumas propriedades desse circuito, faça o seguinte:

   a) Determine a impedância $Z_{21}(s) = V_2(s)/I_1(s)$, na forma de relação de polinômios em s.

Figura P15.2

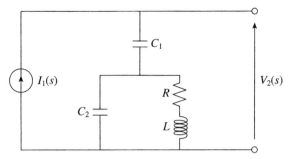

   b) Admita que $R = 0$ e calcule $|Z_{21}(j\omega)|$ nas freqüências

   $\omega_1 = 1/[L(C_1 + C_2)]$ e $\omega_2 = 1/(LC_2)$

   Em que freqüências a armadilha age?

   c) Ainda com $R = 0$, verifique o que acontece nas freqüências ω_1 e ω_2, se o quadripolo for terminado por uma resistência R_C.

3   O gerador de corrente da figura P15.3 fornece uma corrente

$$i_S(t) = 2 + 5\cos(0,1\pi t) + 5\cos(0,3\pi t) \quad (mA, ms)$$

Os amperímetros I_1 e I_2 medem, respectivamente, o componente contínuo e o valor eficaz da corrente que os atravessa. Analogamente, V_1 e V_2 medem o componente contínuo e o valor eficaz da tensão aplicada entre os seus terminais. Todos os aparelhos são ideais e o circuito está em regime permanente. Determine:

a)   As leituras dos dois amperímetros.

b)   A função de rede que relaciona os fasores $\hat{V}$ e $\hat{I}_s$.

c)   As leituras dos dois voltímetros.

Figura P15.3

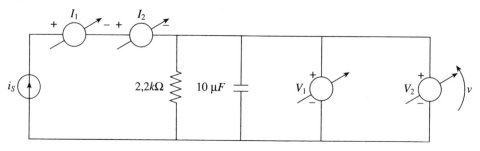

4   Sabe-se que a resposta impulsiva de um certo circuito é dada por

$$i(t) = 10e^{-10t} + 15e^{-5t} \quad (A, seg) \quad t \geq 0$$

Determine:

a)   A resposta do mesmo circuito a um degrau unitário, com condições iniciais nulas.

b)   Sua reposta em regime permanente, a uma excitação igual a $10\cos(10t)$.

5   O ganho de tensão de um quadripolo tem pólos em -2 e -5 seg^{-1}, e não tem zeros finitos. Sabe-se que ligando uma pilha de 6 V à entrada do circuito resulta, na saída, uma tensão final de 6 V. Determine:

a)   A função ganho de tensão do quadripolo.

b)   A tensão de saída $v_2(t)$, para os $t \geq 0$, supondo a pilha ligada em $t = 0$.

6   Dado o circuito da figura P15.4, pede-se que:

a)   Supondo $v_C(t) = \cos(2t)$, construa um diagrama fasorial mostrando os fasores correspondentes às correntes i_C e i_{R2} e às tensões v_{R1}, v_L, v_C e $e_1(t)$.

b)   Obtenha a tensão $e_1(t)$ do gerador, em regime permanente senoidal.

Figura P15.4

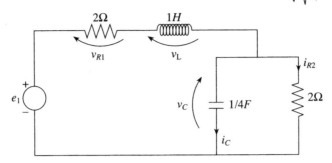

7   No circuito da figura P15.5, operando em regime permanente senoidal, os amperímetros de ferro móvel A_1 e A_2 indicam, respectivamente, 2 e 5A eficazes. Adotando o fasor $\hat{V}$ como referência de fase (isto é, ângulo nulo), pede-se:

a) Esboce o diagrama de fasores do circuito, representando claramente os fasores indicados na figura.

b) Determine o fasor $\hat{E}_s$.

Figura P15.5

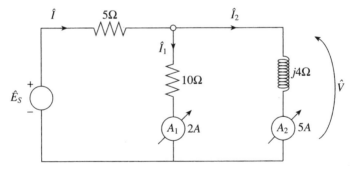

8   Uma instalação residencial alimentada por uma linha 110/220 V (2 fios a e b de *linha*, um fio *neutro n*) pode ser modelada pelo circuito da figura P15.6, para efeito de cálculo das correntes de linha.

a) Sabendo que $Z_1 = 4 + j3\Omega$, $Z_2 = 4 - j3\Omega$, construa o diagrama fasorial das tensões e das correntes no circuito, com as orientações indicadas. Determine o fasor graficamente e verifique seu resultado analiticamente.

b) Usando o diagrama de fasores, determine a condição em Z_1 e Z_2 para que $\hat{I}_n = 0$.

Dados: $\begin{cases} \hat{V}_1 = 110\angle 0° \quad V_{ef} \\ \hat{V}_2 = 110\angle 180° \quad V_{ef} \end{cases}$

Figura P15.6

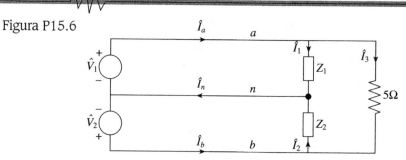

9. Num circuito RLC paralelo com C = 500 pF, sabe-se que a freqüência de ressonância é $\omega_0 = 1.000\pi$ krad/s e que a banda passante é igual a 10 kHz. Determine:

   a) Os valores da resistência e da indutância do circuito.

   b) A tensão eficaz nos terminais do circuito quando alimentado por um gerador de corrente, com corrente eficaz de 1 mA e freqüência de 500 kHz.

   c) O novo valor da tensão eficaz se a freqüência do gerador passar a 400 kHz.

PROBLEMAS DO CAPÍTULO 16

1. Dado o circuito da figura P16.1, pede-se:

   a) Determine o ganho de tensão $\hat{V}_2/\hat{V}_1$ e sua impedância de entrada.

   b) Faça mudanças de nível de impedância e escala de freqüências, de modo que a impedância de entrada em CC passe a 666 Ω e que as freqüências complexas próprias do circuito sejam multiplicadas por 10^3.

   c) Determine a função $\hat{V}_2/\hat{V}_1$ para o novo circuito.

Figura P16.1

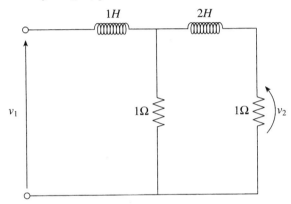

2. O circuito da figura P16.2 é um filtro passa-baixas, e deseja-se determinar a transimpedância $\hat{V}_2/\hat{I}_1$. Para isso, proceda da seguinte maneira:

   a) Mude o nível de impedâncias, de modo que as resistências passem a 1 Ω.

   b) Mude a escala de freqüências, de modo que os capacitores passem a 1 F.

   c) Determine a transimpedância do circuito normalizado e a sua freqüência de corte superior, em rad/seg.

   d) Aplicando a desnormalização, determine a freqüência de corte superior, em Hz, do circuito original.

Figura P16.2

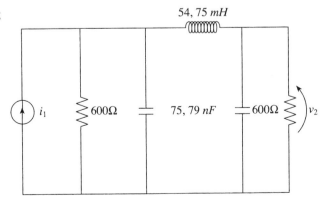

3 a) Determine a função ganho de tensão $G(s) = V(s)/E_S(s)$ do circuito da figura P16.3.

b) Determine os pólos e os zeros da $G(s)$ e construa o correspondente diagrama no plano S.

c) Faça um gráfico da resposta em freqüência $M(\omega) = |G(j\omega)|$ do mesmo circuito.

d) Desnormalize o circuito, para que sua freqüência de corte (em $-3dB$) passe a ser 1.000 rad/seg e o nível de impedância seja igual a 50Ω.
(PAPOULIS, A., *Circuits and Systems*, pag. 247.)

Figura P16.3

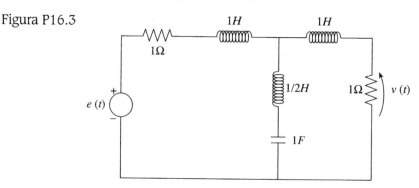

4 Um circuito R, L, C série, com $\omega_0 = 20\pi$ krad/seg, $C = 0,001$ μF e $Q_0 = 50$, é alimentado por um gerador de tensão, com tensão eficaz de 100 V e freqüência de 10 kHz.

a) Determine os valores de R e L.

b) Qual será a tensão eficaz nos terminais do capacitor, em regime permanente senoidal?

c) Calcule os valores dos parâmetros R_n, L_n e C_n desse circuito, normalizado para $\omega_0 = 1$ rad/seg e nível de impedância 50Ω. Qual o índice de mérito do circuito normalizado?

5 Um filtro de Butterworth passa-baixas de 3.ª ordem normalizado (com nível de impedância = 1, $\omega_c = 1$) tem ganho (normalizado)

$$G_v(s) = \frac{1}{s^3 + 2s^2 + 2s + 1}$$

e pode ser realizado pelo circuito ativo, com amplificador operacional ideal, de ganho infinito, representado na figura P16.4.

a) Desnormalize esse circuito, de modo que seu nível de impedâncias passe a 50Ω e sua freqüência de corte seja $f_c = 20$ kHz.

b) Qual a função de transferência do circuito desnormalizado, com s medido em seg^{-1}?

Problemas do Capítulo 16

Figura P16.4

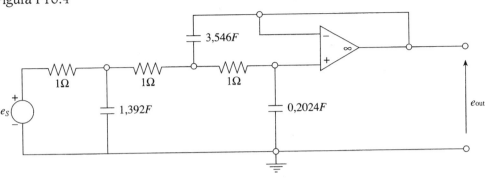

(Ref.: CHUA, DESOER e KUH, pág. 799.)

6. O ganho $G(s) = V_2(s)/V_1(s)$ do circuito da figura P16.5 é dado por

$$G(s) = \frac{25s}{s^2 + 25s + 100} \quad (s \text{ em mseg}^{-1})$$

Com o gerador inativado, um ohmímetro ligado aos terminais de saída indica 0,25 kΩ.

a) Determine os parâmetros R, L e C do circuito, os pólos e os zeros da função ganho. Use o sistema A. F. de unidades.

b) Supondo o circuito em regime permanente senoidal, com excitação

$\hat{V}_1(j4) = 1 \angle 0°$ (volts máximos, krad/seg)

determine a leitura de um voltímetro de valor eficaz ligado à saída do circuito.

Figura P16.5

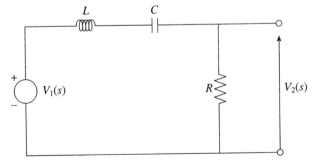

7. Deseja-se medir um sinal composto por uma componente contínua (nível DC) e uma parcela AC, composta por freqüências na faixa de 200 a 500 Hz. O gerador equivalente de Thévenin que representa a fonte desse sinal está indicado na figura P16.6.

Ao se fazer a medida do sinal com um osciloscópio (representado pela resistência de 10MΩ na figura P16.6), notou-se uma forte interferência de um sinal de 60 Hz (representado também pelo equivalente de Thévenin na mesma figura).

Para reduzir o efeito dessa interferência, será utilizado um filtro RLC, também representado na figura. Pede-se :

a) Considerando $e_s(t) = 5 + 3\cos(2\pi \cdot 300t)$ (V, s) e levando-se em conta o sinal interferente, qual será o sinal $v(t)$ medido no osciloscópio, quando não se utiliza o filtro RLC?

b) Suponha que o filtro RLC seja realizado com um indutor L de 0,5 H, com resistência série $R_s = 2\Omega$, conectado a uma caixa de capacitores ideais (valores de 1 a 20 μF, com passos de 10 nF). Qual deve ser o valor do capacitor utilizado?

c) Qual será a amplitude do sinal interferente no osciloscópio ao se conectar o filtro ao circuito?

(V. H. NASCIMENTO, EPUSP, 2002.)

Figura P16.6

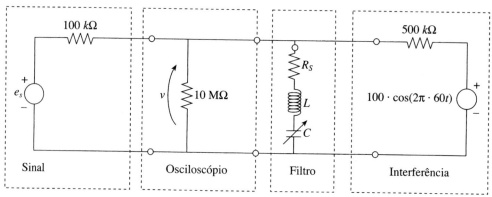

8 Construa os diagramas de Bode (reposta em freqüência e defasagem) das seguintes funções de rede:

a) $F_1(s) = \dfrac{200}{(s+1)\cdot(s+2)\cdot(s+20)}$

b) $F_2(s) = \dfrac{2.500 \cdot s}{(s+10)\cdot(s+2.000)}$

c) $F_3(s) = \dfrac{50}{s^2 \cdot (s+5)}$

d) $F_4(s) = \dfrac{10^6 \cdot s}{s^2 + 100 \cdot s + 10^6}$

Problemas do Capítulo 16

9. Um circuito de controle de graves é realizado como indicado na figura P16.7.
   a) Determine as funções de transferência $\hat{V}_2/\hat{V}_1$, com o cursor do potenciômetro nas duas posições extremas.
   b) Construa os correspondentes diagramas de Bode (módulo e fase).
   c) Usando esses diagramas, explique a operação do circuito.

   Figura P16.7

   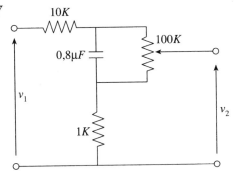

10. A resposta em freqüência de um certo quadripolo está indicada na figura P16.8.
    a) Procure determinar aproximadamente as suas freqüências características (no sentido de Bode).
    b) Desenhe assíntotas razoáveis para o gráfico.
    c) A partir dessas assíntotas, determine uma aproximação para a função de rede do circuito.
    d) A partir da função de rede determinada, calcule a resposta do quadripolo nas freqüências características.

    Figura P16.8

    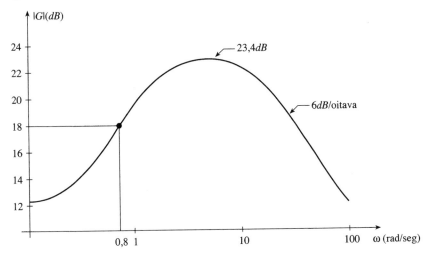

PROBLEMAS DO CAPÍTULO 17

1. Considere um filtro de Butterworth passa-baixas, de ordem 3 e normalizado. Determine:
   a) A expressão da função ganho, $G(s) = K_0/D(s)$.
   b) Os pólos da função ganho.
   c) A expressão da resposta em freqüência $G(j\omega)$.
   d) A expressão do módulo do ganho, $M(\omega) = |G(j\omega)|$.

2. Determine a expressão da função ganho de um filtro Buttterworth passa-altas de ordem 3, com freqüência de corte inferior igual a 1 krad/seg e nível de impedâncias unitário.

3. Determine a expressão do módulo $M(\omega)$ do ganho de um filtro de Chebyshev passa-baixas normalizado, de ordem dois e com ondulação de $1dB$.

4. O filtro rejeita-faixa da figura P17.1 foi projetado a partir de um protótipo passa-baixas normalizado de Butterworth. Determine:
   a) A ordem do protótipo normalizado.
   b) A freqüência central de rejeição e a banda de rejeição de $3dB$ do filtro.

Figura P17.1

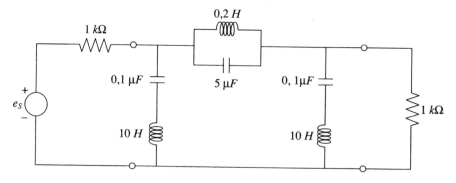

5. Considere a curva de ganho representada na figura P17.2. Determine:
   a) A mínima ordem n de um filtro de Butterworth passa-baixas que atenda às especificações:

   $\alpha_p = 20 \log M(\omega_p) = 20 \log M_1 = -1 dB$;

   $\alpha_s = 20 \log M(\omega_s) = 20 \log M_2 \leq -25 dB$;

   $\omega_s/\omega_p = 1,5$

b) Os valores de ω_p e ω_s.

Figura P17.2

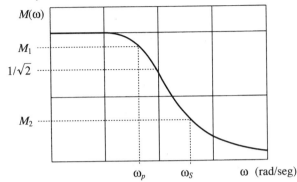

6   Referindo-se à figura P17.3, determine a mínima ordem de um filtro Chebyshev passa-baixas que atenda às seguintes especificações:

$\alpha_p = 20\log M(\omega_p) = 20\log M_1 = -1 dB$;

$\alpha_s = 20\log M(\omega_s) = 20\log M_2 \leq -25 dB$;

$\omega_s/\omega_p = 1,5$

Nota: $M_1 = 1/\sqrt{1+\varepsilon}$.

Figura P17.3

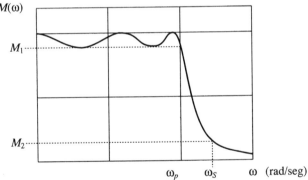

7   O circuito da figura P17.4 pode ser utilizado para realizar um filtro de Butterworth passa-baixas de ordem 3, com

$$H(s) = \frac{E_2(s)}{E_1(s)} = \frac{K}{s^3 + 2s^2 + 2s + 1}$$

Determine:

a) A expressão de $H(s)$ em função dos parâmetros C_1, L_2 e C_2.

b) Os valores dos parâmetros K, C_1, L_2 e C_2.

Figura P17.4

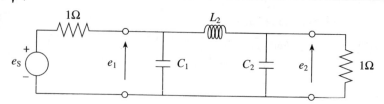

8. O circuito da figura P17.5 é um filtro Chebyshev passa-baixas, com um fator de ondulação de 0,01dB. A partir desse circuito:

   a) Obtenha um filtro passa-faixa, com a mesma ondulação, entre 50 e 100 Hz e que opere entre resistência do gerador de 50Ω e resistência de carga de 100Ω.

   b) Responda como se modificaria o circuito para se obter um filtro rejeita-faixa (entre 100 e 500 Hz), com as mesmas resistências do item a).

Figura P17.5

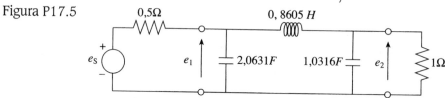

PROBLEMAS DO CAPÍTULO 18

1. A figura P18.1 representa o modelo incremental de um transistor CMOS. Determine as correspondentes matrizes **Z**, **Y**, **H** e **T**, se existirem.

   Figura P18.1

   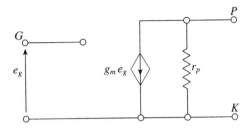

2. Demonstre as relações (18.5).

3. Dado o circuito com girador da figura P18.2, determine o valor de R para que não haja transmissão inversa.

   Figura P18.2

   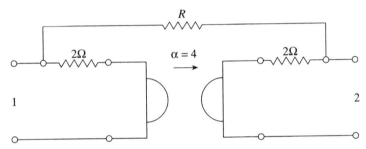

4. Os quadripolos indicados por T (figura P18.3) são caracterizados pela matriz de transmissão

   $$\mathbf{T} = \begin{bmatrix} A & B \\ C & D \end{bmatrix}$$

   Determine a impedância de entrada da associação, em termos dos parâmetros A, B, C e D.

   Figura P18.3

   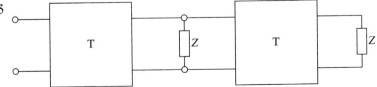

5   Determine as matrizes **H** e **T** dos quadripolos indicados na figura P18.4.

Figura P18.4

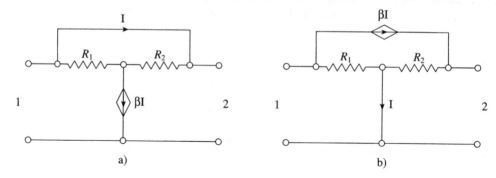

a)   b)

6   Calcule a matriz de admitâncias de curto-circuito dos quadripolos da figura P18.5. Para isso, decomponha cada uma das redes em associação de quadripolos mais simples.

Figura P18.5

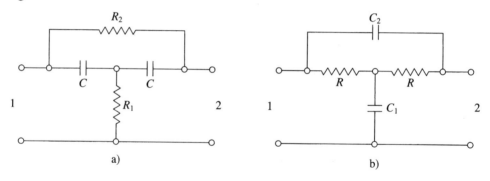

a)   b)

7   Dado o circuito com transformadores ideais da figura P18.6, pede-se:

a)   Decomponha-o em quadripolos convenientes, identifique as associações e aplique os testes de Brune adequados.

b)   Determine a matriz **Z** do quadripolo completo.

Figura P18.6

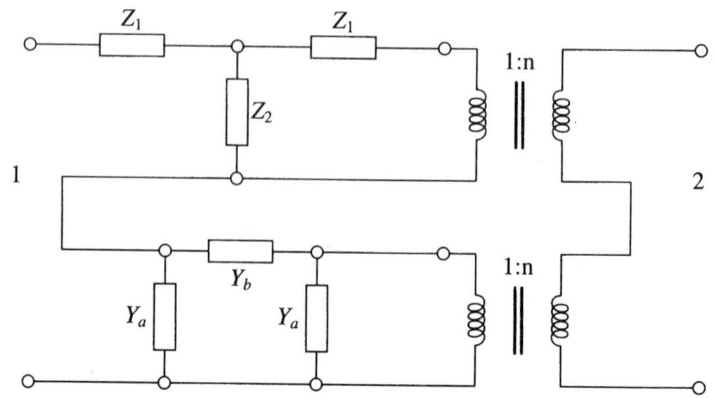

PROBLEMAS DO CAPÍTULO 19

1. O circuito da figura P19.1 opera em regime permanente senoidal com $e_s(t) = \text{sen}(2\,t)$.

   a) Calcule $i(t)$ e $v_c(t)$ em RPS, pelo método que achar mais indicado, exprimindo as respostas em função do tempo.

   b) Calcule o valor médio da energia armazenada no circuito e o valor médio da energia dissipada, por período da excitação.

   c) O índice de mérito desse circuito na freqüência ω_0 pode ser calculado pela expressão $Q = \omega_0 L/R$. Verifique que o mesmo resultado pode ser obtido a partir da relação:

   $$Q = \omega_0 \frac{\text{energia armazenada num período}}{\text{energia dissipada num período}}$$

   aplicada aos resultados do item b), onde ω_0 é a freqüência de ressonância do circuito.

   (W. ZUCCHI, EPUSP, 2002.)

   Figura P19.1

   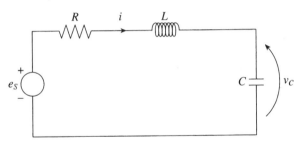

2. Um bipolo alimentado por uma fonte senoidal de 200 volts eficazes consome 10 kW e 15 kVA, com a corrente atrasada em relação à tensão. Determine os componentes condutivo e susceptivo de sua admitância, bem como sua impedância complexa (sob forma polar).

3. Em um certo circuito série, uma tensão senoidal de 10 volts eficazes, 25 Hz, produz uma corrente de 100 mA. A mesma tensão, mas a 75 Hz, produz 60 mA. Construa um modelo do circuito e determine as potências média e aparente dissipadas em cada caso.

4. Uma subestação de distribuição alimenta as seguintes cargas:
   - 250 kW, a fator de potência unitário;
   - 1.500 kW, a fator de potência 0,9 atrasado;
   - 1.000 kW, a fator de potência 0,8 atrasado;
   - 700 kW, a fator de potência 0,9 adiantado.

Pede-se:

a) Determine o fator de potência visto pela subestação.

b) Se todas essa cargas forem alimentadas por uma mesma linha, calcule a potência que essa linha poderia transportar, com o mesmo aquecimento, mas com fator de potência unitário.

5 Determine as potências ativa e reativa fornecidas pelos geradores do circuito da figura P19.2. Verifique a conservação das potências ativa e reativa.

Figura P19.2

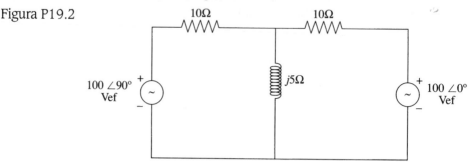

6 a) Sabendo que uma carga monofásica, alimentada pela tensão fasorial $\hat{V}$, recebe uma potência aparente complexa $P_{ap} = P + jQ$, demonstre que o fasor da corrente de carga é dado por

$$\hat{I} = (P/\hat{V}^*) - jQ/\hat{V}^*$$

Para os itens seguintes considere o circuito da figura P19.3, onde

$\hat{E}_1 = 127 \angle 0°$, $\hat{E}_2 = 127 \angle 120°$ (volts eficazes),

as cargas indutivas 1 e 1' consomem 25 kVA e 12 kW, cada uma, ao passo que a carga 2 consome 50 kVA, com uma potência reativa igual a −12 kVAr.

Figura P19.3

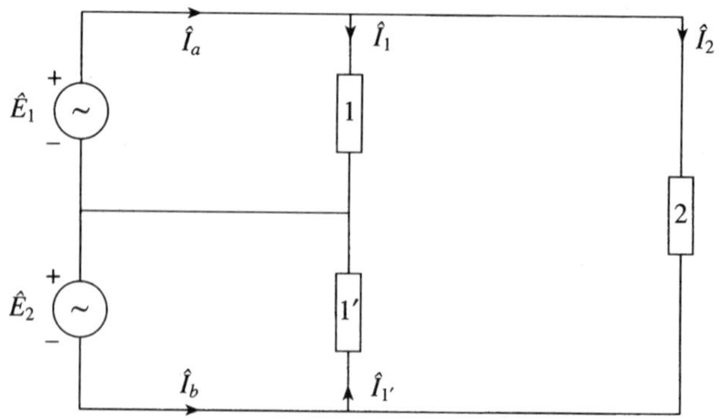

b) Determine o fasor $\hat{I}_a$.

c) Sabe-se que o gerador de $\hat{E}_1$ fornece 36,76 kVA, com fator de potência 0,7041 adiantado. Qual será a potência aparente complexa fornecida pelo gerador $\hat{E}_2$?

Problemas do Capítulo 19

7. As três cargas do circuito da figura P19.4 podem ser descritas como segue:
   C_1 – absorve 3 kW e 4 kVAr;
   C_2 – absorve 10 kVA a um fator de potência 0,28, adiantado (capacitivo);
   C_3 – resistor de 5Ω em paralelo com reator de reatância igual a 5Ω.

   Supondo que $\hat{V}_{g1} = \hat{V}_{g2} = 100 \angle 0°\ V_{ef}$, e que a freqüência é de 60 Hz, pede-se:

   a) Calcule a potência complexa total recebida pelas cargas.

   b) Calcule as potências aparentes complexas fornecidas por cada um dos geradores e verifique a conservação das potências ativas e reativas no circuito.

   c) Supondo que a instalação esteja protegida por fusíveis de 120 A, verifique se algum dos fusíveis se abrirá nas condições de carga descritas.

   d) Determine as especificações de um capacitor (capacitância, tensão de pico, potência reativa em kVAr) para ser conectado em paralelo com a carga C_3, de modo a modificar seu fator de potência para 0,98, em atraso.

Figura P19.4

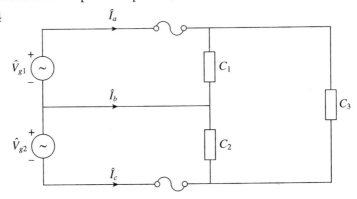

8. Uma carga de 1.000 kW, fator de potência 0,71 (indutiva), é alimentada com 4.000 volts eficazes por dois geradores G_1 e G_2, ligados em paralelo. Os geradores equivalentes de Thévenin de G_1 e G_2 têm impedância interna $1 + j0,5Ω$ e tensões em aberto $\hat{E}_{g1}$ e $\hat{E}_{g2}$. Use a tensão de carga como referência, isto é, faça $\hat{V} = 4.000 \angle 0°\ V_{ef}$ (figura P19.5).

   a) Supondo que os geradores são ajustados de modo que $\hat{E}_{g1} = \hat{E}_{g2}$, determine as potências aparentes complexas P_{ap1} e P_{ap2} por eles fornecidas, bem como as tensões $\hat{E}_{g1}$ e $\hat{E}_{g2}$.

   b) Suponha agora que $\hat{E}_{g2} = \hat{E}_{g1} \cdot e^{j90°}$. Quais serão as novas tensões $\hat{E}_{g1}$ e $\hat{E}_{g2}$, sempre mantendo 4 kV na carga?

Figura P19.5

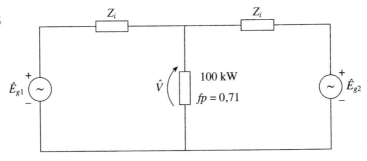

PROBLEMAS DO CAPÍTULO 20

1. Mostre que as raízes da equação $x^n - 1 = 0$, com n inteiro e maior que 2, constituem um sistema n-fásico simétrico. Sugestão: Faça $1 = 1 \cdot e^{j2k\pi}$, com k inteiro e maior ou igual a zero.

2. No circuito da figura P20.1 a carga 1 consome 1 kW, a fator de potência unitário; a carga 2 consome também 1 kW, mas com fator de potência 0,7, indutivo, ao passo que a carga 3 tem uma impedância complexa igual a $8 + j6$ ohms. Determine:

   a) As correntes $\hat{I}_1$, $\hat{I}_2$ e $\hat{I}_3$.

   b) As potências ativa e reativa fornecidas por cada um dos geradores.

   Figura P20.1

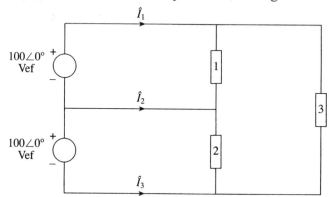

3. No circuito trifásico simétrico e equilibrado da figura P20.2, a impedância por fase da carga é igual a $8 + j6$ ohms. Determine:

   a) A corrente eficaz de linha.

   b) As potências ativa e reativa consumidas pela carga.

   c) As correntes complexas $\hat{I}_a$, $\hat{I}_b$ e $\hat{I}_c$.

   Figura P20.2

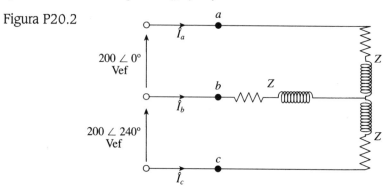

Problemas do Capítulo 19

4. Religue em triângulo as impedâncias do problema anterior e refaça os itens a), b) e c). Qual a relação das potências ativas e reativas no caso dos dois problemas?

5. Uma linha trifásica simétrica alimenta as duas cargas indicadas na figura P20.3 com 200 volts eficazes. Sabendo que $\hat{V}_{ab} = 200 \angle 0°$ e que a seqüência de fases é positiva, determine:
   a) As potências ativa e reativa fornecidas pela linha.
   b) A corrente $\hat{I}_a$.
   c) O fator de potência global do circuito.

Figura P20.3

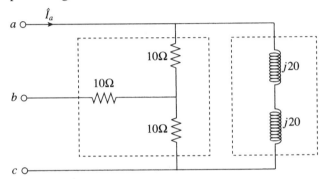

6. Um gerador trifásico foi ligado, *erradamente*, como indica a figura P20.4. Pergunta-se:
   a) Quais são os valores eficazes da tensões de linha?
   b) Qual é o fasor da corrente $\hat{I}_a$?
   c) Qual será o novo valor de $\hat{I}_a$, uma vez corrigido o erro de ligação?

Dados:

$\hat{E}_1 = 100 \angle 0°$, $\hat{E}_2 = 100 \angle 120°$, $\hat{E}_3 = 100 \angle -120°$ volts eficazes, $Z_f = 5 + j5\Omega$.

Figura P20.4

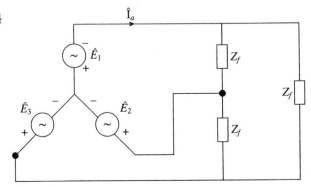

718   *Problemas Propostos*

7   Dois geradores trifásicos de 60 Hz, sincronizados, alimentam uma linha com 220 volts eficazes (tensão de linha). A essa linha estão ligadas duas cargas:

- um motor trifásico, consumindo 20 kW, *fp* 0,8 (indutivo);

- uma carga de $8 - j6\Omega$ por fase, ligada em estrela.

Sabe-se que o primeiro gerador fornece 10 kW e 12 kVA. Calcule:

a)   A potência ativa fornecida pelo outro gerador.

b)   O fator de potência desse outro gerador, nas condições do problema.

8   a)   No circuito trifásico simétrico e equilibrado da figura P20.5, determine as reatâncias dos capacitores, ligados em estrela, que corrigem para 1 o fator de potência da carga.

b)   Por um defeito, desligou-se o capacitor do fio *c*. Qual será o novo fator de potência global do circuito?

Dados: Tensão de linha igual a 220 volts (eficazes), seqüência de fases *a—b—c*, carga de 6 kVA, com fator de potência 0,6, indutivo.

Figura P20.5

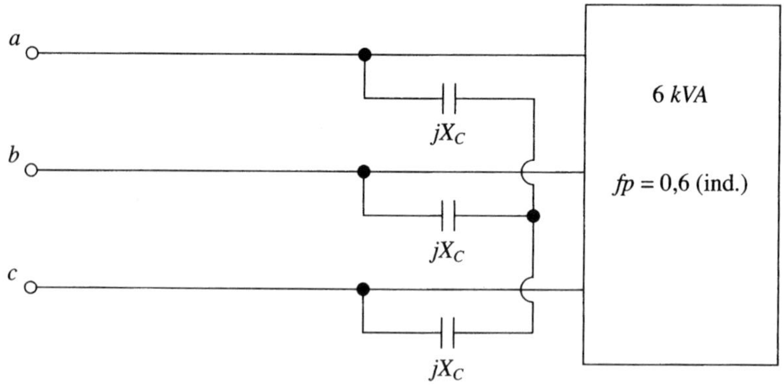

9   No circuito trifásico simétrico e equilibrado da figura P20.6 sabemos que:

- $\hat{E}_1 = 220 \angle 0° \; V_{ef}$;

- a seqüência de fases é positiva;

- a impedância de cada fase da carga é a associação série de uma resistência de 100Ω e um indutor de 0,35 H;

- a freqüência de operação é de 60 Hz.

Pede-se:

a)   Determine as tensões de fase $\hat{V}_{AN}$, $\hat{V}_{BN}$ e $\hat{V}_{CN}$ e as correspondentes correntes de linha $\hat{I}_a$, $\hat{I}_b$ e $\hat{I}_c$.

b)   Determine a potência aparente complexa absorvida pela carga trifásica.

c) Qual a capacitância que deve ser ligada em paralelo com cada fase da carga para que o fator de potência do circuito trifásico seja corrigido para 0,85, em atraso?

Figura P20.6

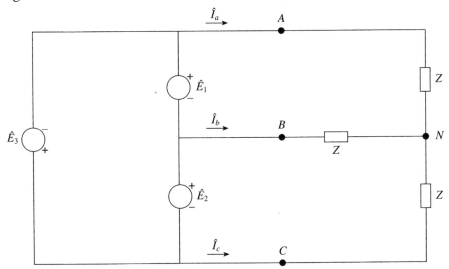

Índice alfabético

acoplamento crítico, 499
acoplamento imperfeito, 423
acoplamento perfeito, 423
adaptador, 605
admitância da estrela, 645
admitância de entrada, 454
algoritmo trapezoidal, 378
alternadores trifásicos, 630
amortecimento crítico, 523
amortecimento normalizado, 526
amostragem do sinal, 316
amostragem uniforme, 337
amperímetros de alicate, 436
amplificador a emissor comum, 697
amplificador operacional ideal, 366
analisadores espectrais, 346
Análise CA, 376
Análise CC, 376
análise de Fourier, 287
Análise de laços, 388
Análise de malhas, 389
Análise nodal, 354
Análise nodal modificada, 372
Análise transitória, 377
assíntotas, 515
assintoticamente estáveis, 450
Associação em cascata, 510, 581
Associação paralela de quadripolos, 579
Associação série de quadripolos, 577
atenuação, 534
atenuação da fonte para a carga, 536
banco de transformadores, 659
banda passante, 492, 533
batimento, 499
bobinas acopladas, 416
CTFS, 340
capacitâncias parasitas, 426, 428
capacitores síncronos, 618
carga equilibrada ou balanceada, 632

carga presa, 449
célula L, 605
célula L invertida, 611
célula π, 606, 608
centros de carga, 587, 627
chave estrela—triângulo, 637
Circuito com diodo túnel, 461
Circuito de impedância constante, 444
circuito defasador, 488
circuito equivalente em T, 576
circuito equivalente em π, 576
Circuito instável em entrada—saída, 453
circuito magnético linear, 423
circuito marginalmente estável, 450
circuito ressonante, 485
Circuito T-paralelo, 371
circuitos de modulação, 483
circuitos normalizados, 506
circuitos polifásicos, 628
circuitos trifásicos, 627, 628
coeficiente de acoplamento, 426
coeficientes de Fourier, 292
combinação de impedâncias, 604, 605
combinação de impedâncias com
   transformador, 610
componente contínuo, 292
comportamento livre, 441
condição de reciprocidade, 572
condição de simetria, 573
condições de Dirichlet, 290
condições de Nyquist, 317
condições iniciais, 361
controle de agudos, 518
convenção do receptor, 587
Conversão de parâmetros, 570
conversor de impedância negativa, 574, 575,
   586
correção do fator de potência, 596, 652
corrente de curto-circuito, 469

Índice alfabético

corrente de fase, 636
corrente de linha, 636
curva de defasagem, 489
curva de resposta em freqüência, 489
curva universal, 508
curvas de transferência, 376
DTFS, 340
decibéis, 511
definição operacional para a potência reativa, 590
descombinação de impedâncias, 604
desdobramento das freqüências próprias, 497
desnormalização, 506, 508, 544
diagrama de pólos e zeros, 456
diagramas de Bode, 478, 512
diagramas de fasores, 482
diagramas fasoriais, 478
dispersão de fluxo, 425
distribuição primária, 628
distribuição secundária, 628
Divisores de freqüência, 396
domínio de freqüência complexa, 357
domínio transformado, 357
Dualidade, 399
duração da amostragem, 328
energia absorvida, 588
energia elétrica, 587
ensaio de um reator, 487
entrada por alicate, 458
entrada por ferro de soldar, 458
entreferro, 426
equação característica, 442
equação de análise, 329
equação de síntese, 329
erro de fase, 435
erro quadrático médio, 307
erros de efeito cerca, 347
erros de recobrimento, 347
erros de vazamento, 347
espectro, 287
espectro de potência, 308
espectro limitado, 299, 339
espectros contínuos, 288
espectros discretos, 288
estabilidade, 441
estabilidade BIBO, 450
Extensão da análise de malhas, 393
Extensões da análise nodal, 363

faixas bloqueadas, 533
faixas de passagem, 533
fase de referência, 639
fator de amortecimento, 491
fator de escala de freqüência, 507
fator de escala de impedância, 507
fator de potência, 589
fator de potência do trifásico, 650
fator de potência global, 653
fenômeno de Gibbs, 307
Filtro ativo passa-banda, 494
Filtro de Butterworth, 537
Filtro de Chebyshev, 540
filtro ideal, 533
filtro passa-altas, 397
filtro passa-baixas, 397, 537
filtro passa-baixas normalizado, 536
filtros analógicos, 533
filtros analógicos passivos, 533
filtros ativos, 533
filtros digitais, 533
filtros passivos, 533
fio neutro, 630, 663
fios-fase, 630
fluxo concatenado, 408
fluxo de potência, 620
fluxo ligado, 408
fluxo mútuo, 407
fontes equivalentes, 364
força magnetomotriz, 426
forma trigonométrica polar, 295
forma trigonométrica retangular, 296
Fórmula de Euler-Moivre, 289
freqüência angular fundamental, 290
freqüência de amostragem, 317, 328
freqüência de corte, 398, 492, 533
freqüência de Nyquist, 317, 339
freqüência de rejeição, 371
freqüência fundamental, 288
freqüência normalizada, 544
freqüência própria não amortecida, 491
freqüências características, 515
freqüências complexas próprias, 441
freqüências de corte, 492
freqüências de quebra, 515
função positiva real, 458
função sinc, 303
funções com simetria de 1/2 onda, 299

funções de entrada, 454
funções de rede, 454
funções de transferência, 454
funções ímpares, 298
funções pares, 298
ganho de corrente, 455
ganho de tensão, 454
ganho em dB, 536
Gerador de Thévenin, 468
geradores controlados, 365
geradores trifásicos, 630
girador ideal, 574
giradores, 574
grafo articulado, 399
grafo dual, 400
grafos não articulados, 399
grandezas de fase, 632
grandezas de linha, 632
impedância cíclica, 641, 642
impedância de entrada, 454, 569
impedância do triângulo, 645
impedância refletida no primário, 434
impedâncias de entrada em circuito aberto, 561
impedâncias de transferência em circuito aberto, 561
impedâncias mútuas, 641
impedâncias próprias, 641
índice de mérito, 492, 522
indutância de magnetização, 431
Indutância mútua, 407
indutâncias de dispersão, 431
indutâncias próprias, 409
instalações elétricas monofásicas, 594
integração numérica, 378
inversor de impedâncias, 574
janela de amostragem, 316
Jean Baptiste Joseph Fourier, 287
lei de Faraday-Neumann, 424
ligação estrela, 631
ligação estrela—estrela, 632, 635, 637
ligação triângulo, 631
ligação triângulo—estrela, 635
ligação triângulo—triângulo, 637
linha trifásica, 631
linhas de transmissão, 627
linhas de transmissão de corrente contínua, 627
marcas de polaridade, 409

material ferromagnético, 407
MathCad, 329
MATLAB, 329
matriz das admitâncias em curto-circuito, 562
matriz das imitâncias, 442
Matriz de impedâncias em circuito aberto, 560
matriz de indutâncias de ramos, 418
matriz de transmissão, 568
matriz dos laços fundamentais, 388
matriz dos operadores de impedâncias de malhas, 389
matriz dos parâmetros g_{ij}, 568
matriz inversa das indutâncias, 418
matrizes de parâmetros, 560
Matrizes híbridas, 566
máxima potência disponível, 603
máxima transferência de potência, 602
medida de indutância mútua, 414
medida de potência com dois wattímetros, 655
medidor de energia, 589
medidores de seqüência de fases, 643
megavar, 590
método das impedâncias, 478, 479
método dos três voltímetros, 486
Modelo de transformador, 429
Modelo incremental de transistor, 583
modelo T-equivalente, 429
modelos não-lineares, 375
modos naturais, 441
monofásico a dois fios, 628, 662
monofásico a três fios, 628, 662
neper, 512
níveis de impedância, 506
nó de referência, 354
núcleo ferromagnético, 434
núcleo não magnético, 428
onda periódica retangular, 302
onda quadrada, 303
ondulações (*ripple*), 534
operador de admitância capacitiva, 356
operador de admitância indutiva, 356
operador de derivação, 356
operador de impedância capacitiva, 389
operador de impedância indutiva, 389
ordem do filtro, 537
ortogonalidade, 291
oscilador a ponte de Wien, 367
osciladores, 452

Índice alfabético **723**

otimização, 620

parâmetros ABCD, 583

parâmetros de admitância em curto-circuito, 562

parâmetros de impedância em circuito aberto, 560

parâmetros do quadripolo, 559

parâmetros h, 567

passo de integração, 378

passo de tempo, 378

perda de inserção, 535

perda de inserção, em dB, 536

perdas no cobre, 426

perdas no ferro, 426

período de amostragem, 328

período fundamental, 290

planura máxima, 539

polinômio de Chebyshev, 540

polinômio de Fourier, 306

ponta de prova atenuadora, 696

ponto de operação, 376

potência aparente complexa, 593

potência ativa, 600, 649

potência ativa no trifásico, 649

potência elétrica, 587

potência flutuante, 588, 649

potência instantânea, 587

potência média, 309

potência real, 589, 649

potência reativa, 590, 600

princípio de conservação de potências reativas, 590

princípio de superposição, 311

problema da aproximação, 525

problema de valor inicial, 357

programas simbólicos, 489

Projeto de filtro, 509

protótipo, 543

PSPICE, 377

quadripolo, 558, 571

quadripolo combinador, 605

quadripolos equivalentes, 575

quadripolos lineares e invariantes no tempo, 559

quadripolos recíprocos, 564

quadripolos simétricos, 573

quilovar, 590

quilowatts-hora (kWh), 589

raio de giro, 574

ramos tipo impedância, 372

reatância, 598

recíproco, 571

rede de dois acessos (*two-port network*), 558

redes duais, 402

redes livres estáveis, 450

redes livres instáveis, 450

Regime permanente, 311

regime permanente senoidal, 369

Relação de Parseval, 308

relação de transformação, 424

relutância, 426

resistência de carga, 509

resistência de terminação, 509

Resposta em freqüência, 488

ressoador ativo, 494

ressonância, 485

seqüência constante periódica, 332

seqüência de fases, 629, 643

seqüência impulsiva periódica, 344

seqüência periódica de impulsos, 300

série de Fourier de tempo discreto, 318

série exponencial complexa de Fourier, 290

séries de Fourier, 287

séries de Fourier de tempo discreto, 327

Séries de Fourier truncadas, 306

Sinais amostrados, 337

síntese de Darlington, 536

síntese de Fourier, 291

síntese de redes, 458, 525

síntese de redes ativas e passivas, 583

sistema em delta aberto, 666

sistema monofásico a três fios, 663

sistema n-fásico simétrico e equilibrado, 630

sistema polifásico simétrico, 628

sistema trifásico, 629

sistemas difásicos, 629

sistemas elétricos de potência, 587, 627

sistemas hexafásicos, 629

solução de mínimo Q, 607

SPICE, 377

subestações retificadoras ou conversoras, 628

subestações transformadoras, 628

superposição no domínio da freqüência, 465

superposição no domínio do tempo, 465

susceptância, 598

taxa de corte, 541

taxa de Nyquist, 339
taxa de ondulação, 541
taxa de trabalho, 302
técnica dos transitórios repetidos, 314
técnicas de matrizes esparsas, 375
tensões nodais, 354
Teorema da amostragem, 338
Teorema da substituição, 460
Teorema da superposição, 463
Teorema de Blondel, 653
Teorema de conservação das potências ativas e reativas, 615
Teorema de Norton, 469
Teorema de Parseval-Rayleigh, 335
Teorema de Tellegen, 462
Teorema de Thévenin, 469
Teorema do deslocamento no tempo, 305
teste de Brune, 578
transadmitância, 454
transformação de freqüência, 544
transformação estrela—triângulo, 645
transformação triângulo—estrela, 647
transformações de frequência e desnormalização, 536
transformada inversa discreta, 331
transformada rápida de Fourier, 318, 327
transformador, 407

transformador ideal, 426, 573
transformador perfeito, 426
transformador ressonante, 496
transformador trifásico, 660
transformadores, 605
transformadores de corrente, 435
transformadores de medidas, 435
transformadores de potencial, 435
transformadores monofásicos, 659
transimpedância, 454
trifásico de quatro fios, 631, 662
trifásico de três fios, 632, 662
trifásico simétrico e equilibrado, 634
usinas geradoras, 627
valor eficaz, 308, 588
valor instantâneo, 483
valor médio, 292
valor médio quadrático, 309
vetor da correntes de ramos, 388
vetor da tensões de ramos, 388
vetor das fontes independentes de tensão, 388
vetor girante, 482
volt-ampère reativo, 590
wattímetros digitais, 653
wattímetros eletrodinâmicos, 653
zeros de transmissão, 537

GRÁFICA PAYM
Tel. [11] 4392-3344
paym@graficapaym.com.br